AF827557

DAS GROSSE GEMÜSE- UND OBSTGARTEN-BUCH

Planen, anbauen, pflegen und erfolgreich ernten für Selbstversorger

Joachim Mayer

Stiftung Warentest

INHALT

6 PLANUNG, EINRICHTUNG, ZUBEHÖR

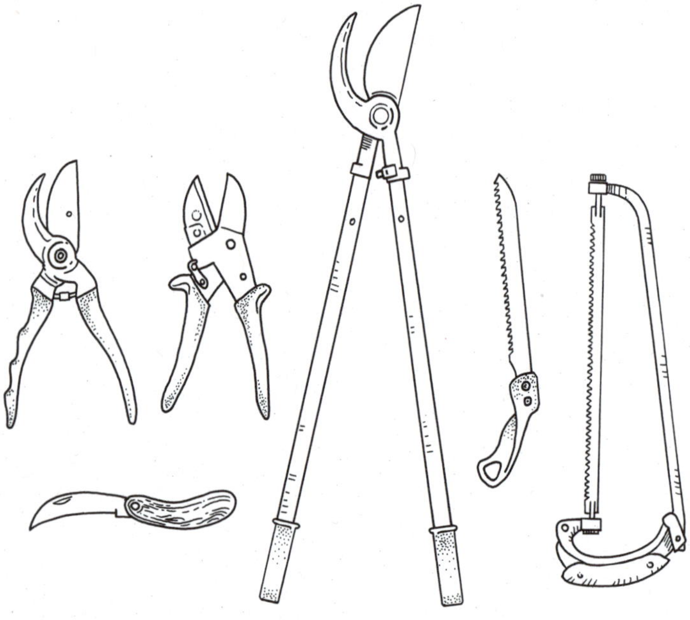

PLANUNG, EINRICHTUNG, ZUBEHÖR

WAS IST MÖGLICH, WAS IST NÖTIG? Ein Garten ohne Gemüse, Obst und Kräuter? Das wäre in den traditionellen Bauerngärten genauso undenkbar gewesen wie in den städtischen Bürger- und Arbeitergärten früherer Zeiten.

VIELFÄLTIGES ERNTEVERGNÜGEN

Die eigenen Gärten waren die Hauptquelle für schmackhafte, gesunde Abwechslung in der Küche. Doch ab den 1960er-Jahren änderte sich das grundlegend. Das Angebot an käuflichen Lebensmitteln wurde größer und preiswerter, zugleich wurden die Gartengrundstücke zunehmend kleiner. So genoss man seinen Feierabend lieber entspannt mit Rasen und Rosen, statt sich noch mit Kohl und Kopfsalat abzumühen.

In den letzten Jahrzehnten allerdings entdeckten immer mehr Gartenbesitzer wieder, welch besondere Genüsse da winken. Biogartenfans und Gourmets, umweltbewusste Gärtnerinnen und Gärtner, verantwortungsbewusste Eltern und experimentierlustige Pflanzenfreunde: Sie alle haben dazu beigetragen, dass der Eigenanbau von Gemüse, Obst und Kräutern zu neuen Ehren kam. Dabei sind die Interessen unterschiedlicher und vielfältiger geworden, ebenso wie die Gartenformen und -zuschnitte.

Auch wer kein Eigenheim mit Garten besitzt, kann heute sein eigenes Obst und Gemüse anbauen, sei es in einem Schrebergarten oder einem städtischen Gemeinschaftsgarten, wo man sich schnell und gerne auch einmal gegenseitig mit Rat und Tat unterstützt.

Ein engagiert betriebener Nutzgarten kann durchaus die Haushaltskasse entlasten, zumal Lebensmittel durch die Inflation der letzten Jahre deutlich teurer geworden sind. Aber mindestens ebenso wichtig sind heute Erntespaß und gesunde Gaumenfreuden. Frisch, saftig, knackig, mit vollem Geschmack und Aroma, ohne Lagerungsverluste, künstlichen Kühlhaus-Pep oder gar chemische Rückstände: Mit so hochwertigen Eigenprodukten kann gekauftes Gemüse und Obst kaum mithalten.

Zudem bietet der Selbstanbau interessante Möglichkeiten, seltenere und besonders schmackhafte Arten und Sorten auszuprobieren. Einerseits werden fast vergessene Schätze wie Amaranth und Wildheidelbeeren, tolle alte Tomaten- und Kartoffelsorten wiederentdeckt. Andererseits ermöglicht die Klimaerwärmung nun vielerorts den Anbau von Süßkartoffeln, Wintersalaten, Melonen, Feigen oder sogar Oliven. Nicht zuletzt deshalb finden manche Hobbygärtner heute Gemüse, Kräuter und Obst einfach spannender als Blumen und Ziersträucher.

Sogar auf vielen Balkonen sieht man jetzt häufiger Tomaten, Paprika und Erdbeeren anstelle von Geranien, Petunien & Co. Doch leider schlägt die anfängliche Begeisterung öfters in Enttäuschung um. Man muss sich schon ein wenig darauf einstellen, dass Nutzpflanzen, besonders Gemüse und kurzlebige Kräuter, nicht gerade zu den pflegeleichten Gewächsen gehören. Sie fordern meist etwas mehr Aufwand und Sorgfalt als Zierpflanzen und oft auch ein bisschen Geduld.

Zudem führt der Klimawandel teils auch schon spürbar zu unangenehmen Überraschungen: Anhaltende Trockenheit und Hitze können dem Gemüse und Obst ebenso zusetzen wie heftiger Starkregen oder gar Hagelschauer.

Doch letztlich entschädigt jede gelungene Ernte für den gelegentlichen Verdruss. Und gerade der Nutzpflanzenanbau ist Erfahrungssache – das Lernen aus eventuellen Fehlschlägen inbegriffen, ebenso das gelassene Akzeptieren der Unwägbarkeiten von Wetter und Natur.

Wer künftig üppige Ernten möchte, muss sich auf häufigere Wetterextreme wie Hitze und Trockenheit einstellen.

GEEIGNETE GARTENPLÄTZE

Für die meisten Gemüse und Obstgehölze sowie viele Kräuter sind folgende Standortverhältnisse ideal:

- vormittags und am späten Nachmittag besonnt, aber am besten nicht der prallen Mittagssonne ausgesetzt;
- warm und etwas geschützt vor starken Frösten und Winden; mit tiefgründigem, humosem, nährstoffreichem, gut bearbeitbarem Boden;
- möglichst nicht direkt an einer stark befahrenen Straße gelegen, um einer Abgasbelastung vorzubeugen.

Die Mehrzahl der Gärtnerinnen und Gärtner kann den Vorteil genießen, dass ihre grünen Freiflächen direkt beim Haus beziehungsweise bei der Wohnung liegen. In diesem Fall ist es optimal, wenn der Nutzgarten über bequeme und am besten kurze Wege gut erreichbar ist. Denn gerade im Gemüsegarten gibt es in der Wachstumszeit fast täglich etwas zu werkeln – und dann auch zu ernten.

Eine große Rolle spielt zudem die Garteneinrichtung (Seiten 25 ff.) Als sehr praktisch erweisen sich ein Geräteschuppen und ein ausreichend großer Kompostplatz in der Nähe des Nutzgartens. Noch wichtiger ist eine gute Ausstattung mit Wasserzapfstellen sowie mit Regentonnen oder unterirdischen Zisternen, sofern die Möglichkeit besteht, Regenwasser über Dachrinnen zu sammeln. Liegt der Garten stattdessen weitab vom Haus, zum Beispiel in einer Klein- oder Gemeinschaftsgartenanlage, sind eine gute Ausstattung mit Gartengeräten, Gießhilfen und Regensammelbehältern vor Ort besonders hilfreich.

Natürlich lässt sich das alles nicht überall so optimal einrichten, wie man es gern hätte. Die Grundstücksgröße und -lage sowie die Bebauung in der Umgebung geben den Rahmen vor. Die genannten „Idealbedingungen" sollen vor allem als Orientierungshilfen dienen. Oft muss man davon einige Abstriche machen. Trotzdem kann man in den allermeisten Fällen immer noch mit Spaß und Erfolg Gemüse und Obst anbauen.

Und der Klimawandel macht zwar manches kniffliger, erleichtert teils aber auch die Standortwahl. Denn für den Nutzgarten ist die volle Sonne, wie früher oft empfohlen, nicht mehr unbedingt ratsam: Selbst viele sonnenliebende Gewächse bevorzugen mittlerweile zeitweilige Beschattung, weil ihnen extreme Sommerhitze, Trockenheit und zunehmende Strahlungsintensität zu schaffen machen.

SONNENGENUSS ODER HITZESTRESS?

Nach wie vor gilt: Sonnenlicht und Wärme sind entscheidende Wachstumsfaktoren, fördern die Erntefreuden und das Aroma, besonders bei Obst und Fruchtgemüse. Doch durch die menschengemachte Verstärkung des Treibhauseffekts haben die Jahresmitteltemperaturen in den letzten 140 Jahren seit Beginn des

industriellen Zeitalters deutlich zugenommen: nach Angaben des Deutschen Wetterdienstes um rund 1,6 °C. Seit dem Jahr 2000 haben sich Hitzewellen mit Temperaturen über 30 °C gehäuft, schon öfter sogar rund 40 °C erreicht. Viele haben zum Glück längst gelernt, allzu pralle Sonne zu meiden und in heißen Sommerwochen auf anstrengende Tätigkeiten im Freien zu verzichten.

Der Trend zu Wetterextremen strapaziert aber nicht nur Gärtnerinnen und Gärtner, sondern auch zahlreiche Gartenpflanzen. Beeren und Äpfel leiden öfter unter Hitzeschäden und Sonnenbrand. Bei den Gemüsen kränkeln nicht nur Salate und Bohnen, sondern auch ausgesprochene Sonnenkinder wie Tomaten, zum Beispiel mit braunschwarzen Flecken an den Früchten. Steigen die Temperaturen längere Zeit über 30 °C, zeigen sich häufiger Schadbilder und Wachstumsprobleme.

Für die meisten Gemüse erscheint es mittlerweile vorteilhaft, wenn sie von der intensiven Sonnenstrahlung zwischen 11 Uhr und 15 Uhr verschont bleiben. Ihnen reichen in der Regel die Vormittagssonne und die späte Nachmittagssonne; im Zweifelsfall auch Halbschatten, also nur halbtags eine direkte Besonnung. Und manche Kohlarten sowie Blattgemüse, Salate, Radieschen, Erbsen und Beerenobst bringen sogar an der Nordseite eines Hauses gute Ernten, wenn sie nicht zusätzlich beschattet werden.

Zu den wichtigsten Ausnahmen gehören mediterrane Kräuter wie Oregano, Thymian und Bohnenkraut: Die stehen nach wie vor gern in der vollen Sonne, auch wenn diese etwas greller wird. Und wer gern Neues ausprobiert, kann es zum Beispiel mit Linsen und Kichererbsen versuchen, die als hitze- und trockenheitsverträglich gelten.

Zur genannten Beschattung um die Mittagszeit kann eine Vorpflanzung von Sträuchern, Hecken oder kleinen Bäumen in Süd- und Südwestrichtung verhelfen. Wenn Sie dafür robustes Wildobst wie Felsenbirne und Kornelkirsche wählen, bereichert das nebenbei auch das Fruchtangebot. Weniger Platz erfordert eine Beschattung durch Lamellen- oder Weidenflechtzäune, die etwas Licht und Luft durchlassen.

UNSERE TIPPS FÜR EINSTEIGER

Damit die Freude nicht in Frust umschlägt, ist es ratsam, sich am Anfang nicht zu viel vorzunehmen. Einige wenige, nicht übermäßig anspruchsvolle Gemüse-, Kräuter- und Obstarten, in überschaubarem Umfang: Das ist der beste Start.

- **Wichtig ist vor allem die Regelmäßigkeit in der Pflege. Wenn Sie einigermaßen kontinuierlich dranbleiben können, verbessert das deutlich die Erfolgsaussichten. Aufzeichnungen, Pflanz- und To-do-Listen erleichtern die Planung und fördern ein gutes „Timing".**
- **Nutzpflanzen sind häufig ausgesprochene Terminsache, vom richtigen Saat- oder Pflanzzeitpunkt bis hin zur passenden Erntespanne. Versuchen Sie, die Anbaumengen möglichst realistisch abzuschätzen, um übermäßigen Salat-, Radieschen- oder Zucchinischwemmen vorzubeugen. Dabei helfen skizzierte Beetpläne, ebenso beim Planen von Fruchtwechsel und Mischkulturen.**
- **Das Beachten des Witterungsverlaufs war schon immer wichtig für erfolgreiches Gärtnern. Mit der Zunahme von Wetterextremen und plötzlichen Umschwüngen ist noch mehr Aufmerksamkeit gefragt. Achten Sie auf Vorhersagen zum regionalen Gartenwetter und prüfen Sie verschiedene Online-Wetterdienste oder auch Wetter-Apps auf ihre Tauglichkeit.**

Auch **Obstarten** machen die intensive Sonne und Hitze zu schaffen, so etwa den Äpfeln, Süßkirschen, Pflaumen und Zwetschgen. Für sie ist eine Sonnenpause während der heißesten Mittagsstunden ebenfalls günstig. Brombeeren, Himbeeren, Stachelbeeren und Johannisbeeren sind im Halbschatten besser aufgehoben als in der Vollsonne: In praller Hitze können ihre Früchte regelrecht „verkochen". Das gilt auch für blaue und rote Weintrauben, obwohl die Reben an und für sich Wärme lieben.

Obstbäume können nicht nur durch Fruchtschäden sowie Brennflecken auf den Blättern beeinträchtigt werden, sondern auch durch Rindenrisse. Zu den Obstarten, die mit ganztägiger Sonne und recht trockenen Standorten besser zurechtkommen, gehören Birne, Sauerkirsche, Aprikose und Pfirsich; außerdem Spezialitäten wie Apfelbeere (Aronia), Gojibeere, Feigenbaum und Kakipflaume (Diospyros kaki), die mit ausreichendem Winterschutz auch in kühleren Regionen gedeihen.

TROCKENHEIT, NÄSSE, KÄLTE UND WINDE

Selbst die sehr sonnenliebenden, trockenheitsverträglichen Obstarten brauchen – wie alle Gehölze – in den ersten Jahren eine gute Wasserversorgung, bis sich ihr Wurzelwerk ausreichend entwickelt hat. Das gilt erst recht für die Gemüse, von denen die allermeisten regelmäßigen Wassernachschub benötigen. Dies ist ein weiterer „Knackpunkt" des Klimawandels: häufiger auftretende, anhaltende Trockenphasen und regenarme Winter, in denen die Bodenvorräte nicht ausreichend aufgefüllt werden. Zugleich erhöhen sonnenreiche Frühjahrs- und Sommerwochen den Bedarf an wachstumsförderndem Nass. In manchen Regionen gab es wegen Wasserknappheit schon sommerliche Beregnungsverbote, beispielsweise für Rasenflächen. Umso wichtiger werden das Nutzen von Regentonnen und Zisternen sowie das Mulchen freier Bodenflächen und eine gute Bodenpflege, um die Verdunstung herabzusetzen (siehe Seite 56).

Das andere Extrem, das in den letzten Jahren leider auch häufiger wurde, sind längere Phasen mit anhaltenden Regenfällen, Starkregen mit Überschwemmungen bis hin zu tragischen Hochwasserfluten. Durch die höheren Temperaturen verdunstet mehr Wasser, sodass der Wasserdampfgehalt in der Atmosphäre zunimmt und in manchen Regionen zu heftigen Niederschlägen führt. Hier sind natürlich die gärtnerischen Möglichkeiten stark begrenzt.

Zu den wichtigsten Vorbeugungsmaßnahmen gehört, möglichst wenig Flächen und Wege durch Pflaster zu versiegeln. Wo immer es möglich ist, sollte man eine wasserdurchlässige Bodenbedeckung bevorzugen: mit Bodendeckerpflanzen und Wiesengräsern, mit Mulch und mit wasserdurchlässigen Bodenbelägen, zum Beispiel mit Rasengittersteinen, Schotterrasen, Sickerpflaster oder Drainagebelägen (Steinteppichen). Wenn des Öfteren Nässeprobleme auftreten, können geschickt platzierte Drainagerohre und -gräben die Schäden in Grenzen halten; ebenso kleine Dämme und Erdwälle, die das Wasser beispielsweise in einen Teich, Bachlauf oder eine Zisterne leiten. Nicht zuletzt fördert auch das Verbessern stark tonhaltiger Böden das Versickern und Abfließen überschüssigen Regenwassers (siehe „Böden nachhaltig verbessern", Seite 52).

Hitzewellen, Trockenphasen und Starkregen sind häufiger geworden, strenge Winter und starke Fröste dagegen seltener. Teils zei-

Vorgezogene Tomaten können – wie viele andere Nutzpflanzen – immer früher ins Freiland.

gen die Schneeglöckchen, die den Vorfrühling ankündigen, ihre hübschen Blüten schon im im Januar oder gar Ende Dezember. Früher wartete man mit dem Auspflanzen von Tomaten, Paprika, Gurken & Co. bis nach den „Eisheiligen" gegen Mitte Mai, heute legen viele schon Ende April oder früher los. Auch außerhalb des Weinbauklimas gelingt nun öfter der Anbau von Tafeltrauben, Feigen, Auberginen, Chilis, Melonen und sogar von Ingwer, Granatapfel oder Maracuja im Freien.

Man sollte aber stets bedenken, dass wir bei aller Erwärmung noch längst kein mediterranes Klima haben. Frostige Winter, Kälteeinbrüche im Frühjahr und zur Zeit der Eisheiligen sowie nasskalte Sommer gehören nach wie vor zum Wetter-Repertoire, obwohl sie seltener auftreten. Das hängt auch sehr stark von der jeweiligen Region ab. Und wo Fröste ausbleiben, können stattdessen Starkregen oder Sturmwinde zum Beispiel frühe Obstbaumblüten und zarte Gemüsejungpflanzen empfindlich schädigen. Deshalb ist es nach wie vor günstig, wenn Nutzgartenbereiche etwas geschützt liegen.

Meist sind Hecken, deren Blattwerk etwas Luft durchlässt, die besten Sperren, wenn es zum Beispiel darum geht, einen exponierten Gartenteil vor kalten und austrocknenden Winden zu schützen. Sie brechen und verlangsamen die Wirkung des Windes. Die Heckengehölze müssen allerdings so gewählt und platziert werden, dass sie den Nutzgarten nicht übermäßig beschatten. Für solche Windschutzhecken eignen sich zum Beispiel Hasel, Hainbuche, Felsenbirne, Liguster und Wildrosen. Eine sehr dichte Hecke oder Mauer dagegen lenkt den Wind nach oben, sodass er die Hindernisse gewissermaßen übersteigt und schnell wieder an Geschwindigkeit zulegt.

Mauern und feste Wände bieten zwar den Vorteil der Wärmespeicherung, was für kälteempfindliche Obst- und Gemüsesorten günstig ist. Direkt vor hellen Mauern kann es jedoch zum Hitzestau und einem verstärkten Auftreten von Schädlingen wie Spinnmilben kommen. Etwas bewegte Luft beugt zudem Pilzkrankheiten vor, da sie für ein schnelleres Abtrocknen nasser Blätter sorgt, und ist zudem für windbestäubte Fruchtgemüse unerlässlich. Wo feste Barrieren gewünscht werden, eignen sich oft luftdurchlässige Weidenflecht- oder Lamellenzäune am besten, wie bereits für eine Beschattung um die Mittagszeit empfohlen.

Gerade während der Fruchtbildung brauchen die Pflanzen reichlich Wasser.

GESUND BLEIBEN

So wie die zarten Pflänzchen sich allmählich an die rauen Außenbedingungen anpassen können, so müssen auch wir uns langsam an neue Belastungen beim Gärtnern gewöhnen und entsprechende Vorsorge treffen. Gärtnern ist und bleibt gesund, sowohl körperlich als auch geistig, wie wissenschaftliche Studien immer wieder bestätigen. Man sollte auch die möglichen Gefahren, die bei allen Tätigkeiten im Freien auftreten können, keinesfalls übertreiben. Aber Unachtsamkeiten wie das Tragen zu schwerer Lasten oder schlecht gesicherte Leitern bei der Obsternte können das Vergnügen am Gärtnern doch beeinträchtigen.

Zunehmend rücken auch die Risiken ins Bewusstsein, die mit der Klimaerwärmung zusammenhängen. Steigen die Temperaturen über 30 °C und brennt die Sonne unbarmherzig, tut man gut daran, anstrengende Tätigkei-

Der breitkrempige Strohhut schützt vor sengenden Sonnenstrahlen.

ten zu verschieben und besser an einem schattigen, kühlen Plätzchen zu verweilen. Im Garten ist keine Arbeit so dringend, dass man Kreislaufprobleme oder gar einen Hitzschlag riskieren muss. Dazu können im Sommer die bodennahen Ozonwerte ansteigen, was die Atemwege belastet, die Schleimhäute reizt und zu Kopfschmerzen führen kann.

Sonnenbaden im Garten wird bei intensivem Sonnenschein mit hoher UV-Strahlung zum zweifelhaften Vergnügen. So droht nicht nur starker Sonnenbrand, sondern auf Dauer schlimmstenfalls Hautkrebs. Die Fallzahlen steigen leider seit Jahren bereits sichtbar. Nicht alle Betroffenen sind Gärtnerinnen und Gärtner, das Risiko besteht für alle Menschen, die sich ungeschützt längere Zeit intensiver Sonne aussetzen. Besser als Shorts und ärmellose Shirts sind eine leichte, luftige Bekleidung, die die Beine und Arme weitgehend bedeckt, sowie eine Kopfbedeckung – und eine gute Sonnencreme.

Körperbedeckende Kleidung hilft auch gegen manche Plagegeister, die durch die Wärme verstärkt und inzwischen teilweise fast ganzjährig auftreten. Zu den gefährlichsten gehören die Zecken. Sie können die Krankheiten Frühsommer-Hirnhautentzündung FSME und Borreliose übertragen. Gegen Ersteres gibt es vorbeugende Impfungen. Welche Gebiete zu den Risikozonen gehören, veröffentlicht jeweils aktuell das Robert Koch Institut auf www.rki.de.

Eine bakterielle Borreliose kann man nur – möglichst frühzeitig – durch eine Antibiotikabehandlung kurieren. Typisches Anzeichen einer Borreliose ist die sogenannte Wanderröte. Dabei handelt es sich um einen Fleck an der Einstichstelle, der sich Tage bis Wochen nach dem Biss ringförmig auf einen Durchmesser von mehr als fünf Zentimeter ausbreiten kann. Außerdem können bis zu sechs Wochen nach dem Stich grippeähnliche Symptome wie Fieber, Kopfschmerzen, Abgeschlagenheit auftreten. Das sollte sich dann umgehend ein Arzt anschauen.

Stiche von Wespen, Bienen und Hornissen sind für gesunde Menschen schmerzhaft, aber nicht weiter tragisch. Wirklich gefährlich werden sie, wenn allergische Reaktionen dagegen auftreten – dann sollte sofort ein Notarzt verständigt werden!

Deutlich zugenommen haben auch „Schnakenplagen", also die Ausbreitung von Stechmücken. Was können Sie im eigenen Garten tun? Zu den besten Vorbeugungsmaßnahmen gehören Bakterienpräparate, die in Regentonnen, Tümpel und Teichen ausgebracht werden, um gezielt die Larven der sich entwickelnden Mücken abzutöten. Das hat allerdings negative Auswirkungen auf die Nahrungskette, reduziert das Nahrungsangebot für alle Tiere, die sich von Mücken ernähren. Besser ist in den meisten Fällen, wenn Sie sich während der Gartenarbeit mit den wirksamen Antimückenmitteln einsprühen oder -cremen.

Kleine Verletzungen, vor allem an Händen und Armen, sind nicht weiter tragisch. Extrem gefährlich werden sie aber, wenn bakterielle Erreger des Wundstarrkrampfs (Clostridium tetani) eindringen. Mögliche Infektionsquellen sind Staub, Blumen- und Gartenerde sowie Ausscheidungen von Pferden, Hunden, Meerschweinchen, Rindern und Schafen. Dagegen gibt es seit Langem die prophylaktische Tetanus-Impfung, die spätestens alle zehn Jahre

wieder aufgefrischt werden muss. Es macht also schon Sinn, bei einer blutenden Verletzung an den Händen die verletzte Stelle mit einem wirksamen Desinfektionsmittel zu säubern.

Nicht zuletzt sollte man daran denken, dass manche Pflanzen **Giftstoffe** enthalten. Das gilt nicht nur für hochgiftige und hautreizende Wildkräuter wie Kreuzkraut (Greiskraut) und Riesen-Bärenklau. Auch durch unbedachten Verzehr mancher Gemüse sind schon Vergiftungen aufgetreten. Hohe Nitratgehalte, zum Beispiel in Roten Beten und Wintergemüse, hohe Oxalsäuregehalte, zum Beispiel in Rhabarber, unreife Tomaten und Auberginen, grüne und auskeimende Kartoffeln, rohe Bohnen, Kichererbsen und Linsen: Das alles kann die Gesundheit gefährden, bis hin zu starker Übelkeit, Durchfall und Krämpfen.

Giftig sind auch die Bitterstoffe, die manche Zucchini, Gurken und Kürbisse bei anhaltender Hitze und Trockenheit bilden. Das Essen bitterer Zucchini hat sogar schon zu Todesfällen geführt.

PLATZBEDARF UND PFLEGEAUFWAND

Ein paar sonnige Quadratmeter für einige Tomaten-, Erdbeerpflanzen und Kräuter finden sich in fast jedem Garten; zudem kann manches bei Platzmangel auch prima in Gefäßen oder kleinen Hochbeeten auf Balkon und Terrasse angebaut werden. Für einen „richtigen", vielfältigeren Gemüse- und Kräutergarten braucht man allerdings wenigstens 15 bis 20 Quadratmeter, auf denen sich ungefähr vier bis acht Beete anlegen lassen.

Mindestens 20 Quadratmeter pro Person werden nötig, falls das meiste Gemüse aus dem eigenem Garten kommen soll. Strebt man zudem üppige Erdbeer- oder Spargelernten sowie Vorräte an Kartoffeln und Lagergemüse an, steigt der Flächenbedarf pro Haushaltsmitglied auf etwa 50 Quadratmeter; bei höheren Selbstversorgungs-Ambitionen sogar auf rund 80 Quadratmeter – Obstgehölze noch nicht mitgerechnet.

Denken Sie bei der Größenplanung auch an den nötigen Platzbedarf für Wege und Pfade zwischen und neben den Beeten. Dafür kann

Zur Vollversorgung reicht es meist nicht, aber leckere Ernten sorgen für tolle Erfolgserlebnisse.

GRENZABSTÄNDE BEI OBSTGEHÖLZEN

Platzwahl und -bedarf für Obstgehölze haben auch einen wichtigen rechtlichen Aspekt: Für größere Gehölze und Hecken, ebenso für Baulichkeiten im Garten, gelten gesetzlich festgelegte Mindestabstände zur Grenze des Nachbargrundstücks. Diese können je nach Bundesland etwas variieren. Mit Obstbäumen müssen Sie je nach Wuchsstärke und Veredlung meist zwischen 2 und 4 Meter Abstand zum Nachbarn halten, mit Beerensträuchern mindestens 0,5 Meter, mit Walnussbäumen teils bis 8 Meter – jeweils gemessen von der Mitte des Stamms oder Strauchs.

Genaue Auskunft über die ortsüblichen Regelungen erhalten Sie bei der zuständigen Orts- beziehungsweise Kreisverwaltung oder Baubehörde.

man rund 20 bis 25 Prozent der Gesamtfläche veranschlagen.

Meiden Sie bei Obstgehölzen die Versuchung, durch zu enge Pflanzung Platz zu sparen – das lohnt sich im Endeffekt nicht. Bis auf wenige Ausnahmen (zum Beispiel Säulenobstbäume) müssen Sie selbst bei kleinen Obstbäumen und den meisten Beerensträuchern mindestens zweieinhalb bis fünf Quadratmeter Standraum veranschlagen (siehe auch Pflanzabstände Seite 66). Ein markanter Apfelhalbstamm kann allein schon über 20 Quadratmeter Fläche beanspruchen, ein Walnussbaum auf Dauer sogar über 70 Quadratmeter. Der gesamte Flächenbedarf ist hier – je nach bevorzugten Obstarten und Baumformen – noch wesentlich variabler als beim Gemüse.

Steht genug Platz für einen großen Nutzgarten zur Verfügung, stellt sich die Frage, was man tatsächlich ohne übermäßigen Stress bewältigen kann. Schließlich kann und soll das Pensum im eigenen Garten ganz nach Belieben erledigt werden – inklusive entspannender Päuschen, etwa auf einer Gartenbank im lauschigen Schatten oder Plaudern mit den Nachbarn.

Die folgenden Angaben sollen Ihnen nur ein wenig helfen, den Zeitaufwand grob, aber auch realistisch abzuschätzen.

Für 10 Quadratmeter **Gemüsefläche** kann man pro Woche mit rund 30 Minuten für die Pflege rechnen. Dazu kommen je nach Lage des Nutzgartens Wegzeiten, auch für das Holen und Wegräumen von Geräten. Wird in Trockenperioden tägliches Gießen nötig, kann der Zeitaufwand etwas höher liegen. In größeren Gärten reduziert sich das Ganze oft ein wenig, weil sich bei jedem Arbeitsgang mehr Fläche „auf einen Schlag" erledigen lässt. Die meiste Arbeit fällt während der Hauptsaat- und -pflanzzeit im Frühjahr und Frühsommer an und dann wieder im Herbst, wenn es an das Räumen der Beete und die Bodenbearbeitung geht.

Im Obstgarten dagegen kosten die laufenden Pflegearbeiten kaum mehr Zeit als bei Rosen oder anderen anspruchsvolleren Ziersträuchern. Sehr wichtig sind allerdings eine regelmäßige Kontrolle auf Schädlinge oder Krankheiten und die frühzeitige Durchführung von Vorbeugungs- und Bekämpfungsmaßnahmen. Ansonsten sollte man pro Baum oder Strauch rund eine halbe Stunde für eine sorgfältige Pflanzung einplanen, ebenso dann später für den jährlichen Schnitt.

Denken Sie bei all dem schließlich auch an **die Ernte.** Je nachdem, was Sie anbauen, können ab Frühsommer öfter mal einige Stunden nötig werden, um Reifes abzuernten, einzufrieren oder auf andere Weise zu konservieren. Und das duldet in der Regel wenig Aufschub. Nicht zuletzt deshalb muss der Nutzpflanzenanbau auch auf die gewünschten Urlaubszeiten abgestimmt werden. Das Gießen bei einer längeren Abwesenheit lässt sich eventuell noch dank hilfsbereiter Freunde oder mit einer automatischen Bewässerung regeln. Vielleicht springen nette Gießvertreter auch als Erntehelfer ein und werden so für ihren Einsatz belohnt.

GESTALTEN: ATTRAKTIV UND PRAXISGERECHT Die klassische, altbewährte Lösung für den Nutzgarten ist ein eigener Gartenteil mit meist rechteckigen Beeten für Gemüse, Erdbeeren und Kräuter.

NUTZPFLANZEN IM ZIERGARTEN

Oft wird der Nutzgarten durch Einfassungen oder niedrige Hecken optisch etwas abgetrennt und durch Beerensträucher oder kleine Obstbäume am Rand ergänzt.

Als „Gegenmodell" kann man die weitgehende Integration von Nutzpflanzen in den Ziergarten ansehen. Das kommt den heute oft recht kleinen Gartengrundstücken entgegen, ebenso dem Interesse an reizvollen, individuellen Gestaltungen, kann aber auch die gezielte Pflege erschweren und etwas aufwendiger machen.

Bei **Obstgehölzen** ist die recht freie Eingliederung in den Garten eine verbreitete Praxis, da sie meist in überschaubarer Anzahl gepflanzt werden, einzeln oder in kleinen Gruppen. Außerdem gedeihen und fruchten manche besser im Halbschatten, während andere die volle Sonne bevorzugen (siehe Seite 77 ff.). Mit ihren ansprechenden Wuchsformen und Blättern, hübschen Blüten und auffälligen Früchten entfalten Obstbäume in jeder Umgebung auch reichlich Zierwirkung. Man denke nur an die berühmte Kirschblüte im Frühjahr, die insbesondere in Japan traditionell besonders gefeiert wird.

Als Halb- oder Hochstämme können sie sogar die Funktion eines markanten Hausbaums übernehmen, der eine prägende Rolle in der Gesamtgestaltung übernimmt. Setzt die Krone erst ab etwa zwei Meter Höhe an, lässt sich darunter prima eine Bank platzieren, auf der man im Hochsommer den lauschigen Schatten des Laubdachs genießt. Aber auch in kleineren Buschbaumformen, als platzsparende Spalierbäume an einer wärmenden Hauswand oder als schmale Spindel- und Säulenbäume in heckenartiger Pflanzung bieten Obstbäume überall einen attraktiven Anblick.

Das gilt – von den unauffälligeren Blüten einmal abgesehen – auch für Beerensträucher. Besonders Hochstämmchen, etwa von Johannis- oder Stachelbeere, lassen sich als attraktive „Hingucker" einsetzen, zum Beispiel auch inmitten einer Stauden- oder Kleinstrauchrabatte oder an der Terrasse. Für Obsthecken bieten sich eher die normalen Strauchformen an, wobei sich Haselnusssträucher sogar gut in gemischte Wildhecken integrieren lassen. Ausgesprochen zierend präsentieren sich **Klettergehölze,** nämlich Kiwi und Weinrebe, die sich zum Begrünen von Pergolen ebenso eignen wie zum Hochleiten an Fassaden.

Auch **Kräuter** fügen sich harmonisch in viele Gartenbereiche ein, sofern die Standortverhältnisse stimmen und sie durch höhere Nachbarpflanzen nicht zu stark beschattet werden. In Blumen-, Stauden- und Kleinstrauchbeeten oder – besonders im Fall der mediterranen Kräuter – auch im Steingarten entfalten sie ihre optische Wirkung als Blattschmuckpflanzen, teils auch als anmutige Blüher. Manche, darunter Thymian, Oregano und Ysop, bereichern den Garten zudem mit ihren aromatischen Düften und können zugleich benachbarte Zierpflanzen durch intensive Gerüche vor Schädlingen bewahren. Ihr Duft, aber auch der häufige Gebrauch in der Küche machen Kräuter so auch zu idealen Kandidaten für die Umpflanzung einer Terrasse oder zum Säumen von oft benutzten Wegen.

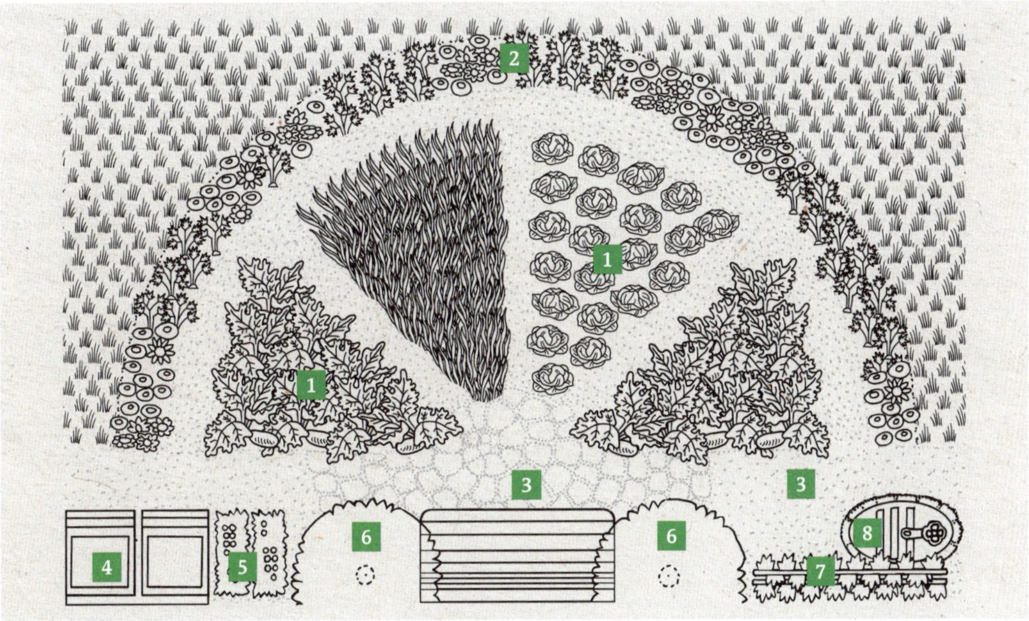

Kleiner Nutzgarten, als Halbkreis angelegt: (1) Dreieckige Beete; (2) Rabatte mit Kräutern, Erdbeeren, Blumen; (3) Hauptweg; (4) Kompost; (5) Beerensträucher; (6) kleine Obstbäume; (7) Himbeeren am Drahtgerüst; (8) Wasserzapfstelle

DER SEPARATE NUTZGARTEN

Besonders für den Anbau von Gemüse, Erdbeeren und größeren Mengen an Kräutern sind „eigenständige" Flächen schon sehr vorteilhaft. Rechteckige oder quadratische Umrisse, sowohl für die einzelnen Beete als auch für den gesamten Nutzgarten, haben sich dabei als besonders praktisch erwiesen und passen ebenso gut in einen architektonischen Garten wie zu einer Gestaltung mit rustikalem Ambiente.

Aber auch eine unregelmäßige, fantasievoll gewählte Form des Nutzareals hat ihre Reize und kann beispielsweise in einem naturnahen Garten harmonischer wirken. Eine attraktive Variante sind außerdem kreis- oder halbkreisförmige Gemüse- und Kräutergärten.

Hier präsentieren sich die einzelnen Beete dann als spitz zulaufende Dreiecke. Unregelmäßige oder runde bzw. dreieckige Formen machen allerdings die meist übliche Saat und Pflanzung in parallelen Reihen schwieriger.

Ob man den Nutzgarten optisch als besonderen Gartenteil abgrenzen möchte, beispielsweise durch niedrige Hecken, Zäune oder Mäuerchen, oder mit eher fließenden Übergängen eingliedert, ist vor allem Geschmackssache. Allerdings wirkt es oft etwas „unproportioniert", wenn eine eher bescheidene Nutzfläche durch auffällige, hohe Barrieren abgetrennt wird. Grenzt der Nutzbereich an eine Rasenfläche, vereinfachen schlichte Einfassungen mit ebenerdig verlegten Platten oder Randsteinen das Mähen der Rasenkante. Natürlich können auch hier dahinter gesetzte Hecken oder Zäune für eine augenfälligere Umrahmung sorgen.

Wählt man für die Einfassung und Wegbefestigung des Nutzgartens Materialien, die auch in anderen Gartenteilen präsent sind, ist schon einmal grundsätzlich für eine optische Anbindung gesorgt.

Auch Rabatten mit Sommerblumen, niedrigen Stauden oder Rosen, die den Nutzgarten säumen, können die gestalterische Integration fördern. Höhere Ziersträucher können schön als Kulisse an der sonnenabgewandten Seite der Nutzpflanzen platziert werden. Und natürlich lässt sich auch der Nutzgarten selbst durch charmante Blütenpracht aufpeppen.

Klassischer Nutzgarten: (1) Hauptweg; (2) Nebenwege zwischen Beeten; (3) Frühbeet; (4) Kräuterbeet mit Trittplatten; (5) Rhabarber; (6) Beerenhochstämmchen; (7) Wasserzapfstelle; (8) Blumen und Stauden; (9) Holzzaun; (10) Niedrige Hecke

Da wir aber keine „Museumsgärten" anlegen wollen, ist es ansonsten völlig in Ordnung, wenn man sich diejenigen Elemente heraussucht und beliebig kombiniert, die den eigenen Wünschen und Vorstellungen entsprechen.

In den früher traditionell größeren Nutzgärten und Bauerngärten wurde die meist rechteckig angelegte Fläche durch zwei sich überkreuzende Hauptwege in vier quadratische bis rechteckige Beetabteile untergliedert. Heute kann man das in den meist kleineren Hausgärten mit einer „halbierten" Aufteilung umsetzen, wie die Illustration links zeigt. Bevorzugte Wegbeläge sind Klinker- oder Ziegelpflaster, Steinplatten oder Kies. Für schmalere Wege eignet sich auch Rindenmulch.

In der Sichtachse des Hauptwegs zieht ein Rundbeet (Rondell) oder ein dekorativer Brunnen die Blicke auf sich. Klassiker für das Rondell sind Edel-, Beet- oder niedrige Strauchrosen; passende Alternativen wären zum Beispiel Lilien oder andere hohe Stauden, Johannisbeerhochstämmchen oder ein Lorbeerbäumchen im Kübel.

Die Beete, inklusive Rondell, werden von niedrigen, regelmäßig geschnittenen Buchshecken umrahmt. Diese kommen auch für die Einfassung des kompletten Nutzgartens infrage, sofern man hier nicht eine deutlichere Abgrenzung durch Zäune oder hohe Holzpalisaden bevorzugt. Zum ländlichen Flair passt zum Beispiel der gute alte Scherengitter- oder Jägerzaun mit sich diagonal überkreuzenden Latten. Noch rustikaler und natürlicher wirken Staketenzäune mit senkrechten, nicht gehobelten Pfosten oder Latten sowie Flechtzäune aus Weiden- oder Haselnussruten. Bei solch einer markanten Einfriedung kann dann ein Rosenbogen, an dem eine Kletterrose oder Clematis hochwächst, als attraktive Eintrittspforte das Gesamtbild abrunden. Und natürlich darf im Bauerngarten auch eine Holzbank für Arbeitspausen und Mußestunden ihren Patz finden.

In den Beeten können Blumen und Stauden auf verschiedene Weisen eingebracht werden: etwa in getrennten Beetabschnitten, reihenartig zwischen Gemüsen und Kräutern oder auch als Beeteinfassung, wofür sich besonders Tagetes (Studentenblumen) und Ringelblumen eignen. Andere typische Sommerblumen für den Bauerngarten sind Bartnelke, Kapuzinerkresse, Schmuckkörbchen und Stockrose. Zu den charakteristischen mehrjährigen Stauden zählen zum Beispiel Lupine, Pfingstrose, Rittersporn, Schafgarbe und Türkischer Mohn.

Vielleicht haben ja schon die Bäuerinnen früherer Jahrhunderte festgestellt, dass dieses bunte Nebeneinander von Gemüse, Kräutern und Blumen einen praktischen Zusatzeffekt haben kann: Tatsächlich tragen die Vielfalt der Bepflanzung und die Abwehrwirkungen mancher Kräuter und Blumen dazu bei, bestimmte Schädlinge im Zaum zu halten.

NUTZGARTEN IN KÜBELN UND KÄSTEN

Immer häufiger sieht man auf Balkonen und Terrassen Pflanzgefäße mit Kräutern, Gemüse und Obst. Das Repertoire an Töpfen, Kästen und Pflanzschalen wird zunehmend ergänzt durch Mini-Hochbeete, die sich auf fast jedem Balkon unterbringen lassen. Der Fachhandel kommt solchen Wünschen gern entgegen und bietet dafür zum Beispiel auch Kartoffelpflanzsäcke, Pflanztaschen, rustikale Fässer und Kräutertürme an.

Auch Gärtnerinnen und Gärtner, die über genug Beetflächen verfügen, schätzen solche Möglichkeiten. So lassen sich Gemüse und Kräuter für den täglichen Gebrauch leicht in Hausnähe platzieren, beispielsweise im Hof. Drohen den Pflanzen Spätfröste, Starkregen oder allzu pralle Sonne, können sie vorübergehend an einen geschützten Platz gerückt werden. Wärmeliebende Gemüse- und Obstarten wie Pepino, Andenbeere (Physalis) und Granatapfel kommen als Kübelpflanzen einfach nach drinnen, falls Minustemperaturen die Ernte gefährden. So bietet der **„mobile Anbau"** in Pflanzgefäßen gleich mehrere Vorteile.

Beflügelt wurde das alles in größerem Maßstab durch das „Urban Gardening": den Anbau von Nutzpflanzen in städtischen Gemeinschafts- und Dachgärten. Deren Grundflächen sind oft befestigt, asphaltiert oder befinden sich auf unwirtlichen Brachflächen. Wenn ein Bauvorhaben ansteht, müssen die Pflanzen manchmal ganz schnell den Platz wechseln. Deshalb wurden die praktischen, leicht umzusetzenden Bäckerkisten zu den bevorzugten Pflanzgefäßen. In Deutschland gehört der Prinzessinnengarten in Berlin zu den Vorreitern solcher Anbaumethoden und Initiativen, die heute in zahlreichen Städten verbreitet sind.

Welche Nutzpflanzen in Gefäßen und Mini-Hochbeeten angebaut werden können, ist vor allem eine Platzfrage. Die meisten Kräuter, Salate, Blattgemüse sowie Radieschen gedeihen schon in Kästen am Balkongeländer und in nicht allzu großen Töpfen auf dem Balkon- und Terrassenboden, auf Tischen oder Regalen. Besonders gut eignen sich Gemüse mit kurzer Kulturdauer und geringem Platzbedarf sowie Arten, die über längere Zeit fortlaufend Erntegut liefern, zum Beispiel Mangold, Busch- und Feuerbohne oder Tomate.

Mit Busch- oder Balkontomaten, gefolgt von Hängetomaten für Ampeln, wurden die ersten Sorten speziell für die Gefäßkultur angeboten. Mittlerweile gibt es immer mehr **„Minisorten“,** die weniger Platz brauchen als Standardsorten und zudem früher erntereif werden. Das reicht von kleinen Snackgurken über Mini-Blumenkohle bis zu „Babymöhren“.

Frische Kräuter gibt es auch auf dem Balkon aus dem Topf.

Als **Obst** im Kübel kommen vor allem Zwerg- und Säulenbäume infrage. In Gefäßkultur gedeihen zudem fast alle Beerensträucher, inklusive aufrecht wachsenden Brombeeren (am besten die stachellose wie 'Navaho'), Kiwi und Weinrebe. Erdbeeren, besonders mehrmals tragende und Monatserdbeeren, lassen sich ohnehin gut in großen Töpfen oder Balkonkästen kultivieren, und spezielle Hängesorten können sogar Ampeln schmücken.

PFLANZGEFÄSSE UND ERDEN

Zu den Vorteilen der Gefäßkultur gehören verschiedene Möglichkeiten der zeitsparenden und teils auch wassersparenden **Versorgung mit Feuchtigkeit**. Das ist auch öfter notwendig als im Beet, weil das Volumen der Erde als Wasserspeicher begrenzt ist und der Wurzelbereich auf allen Seiten einer intensiven Sonneneinstrahlung ausgesetzt ist. Zur konstanteren Wasserversorgung verhelfen zum einen Kästen, Kübel und Tröge mit integriertem Wasserspeicher. Zum andern lassen sich hier Tröpfchenbewässerungen noch einfacher einsetzen als im Garten (siehe Seite 31).

Abgesehen von Wasserspeichergefäßen ist es andererseits sehr wichtig, dass **überschüssiges Wasser** über Löcher oder Spalten an den Unterseiten ablaufen kann; sonst drohen Staunässe und Fäulnis. Tonscherben über den Abzugslöchern beugen dem Verstopfen durch Erde vor. Vor allem für größere Gefäße empfiehlt sich unten eine 2–5 cm starke Drainageschicht aus Blähtonkügelchen, Splitt oder feinem Kies. Ein darüber gelegtes Vlies verhindert das Verdichten durch eingeschwemmte Erde.

Die **Gefäßgröße** sollte für einen guten Erdvorrat ausreichen, aber auch nicht überdimensioniert sein, da dies angepasstes Gießen erschwert. Für größere Gemüsepflanzen, etwa Mangold oder Paprika, sollten die Töpfe mindestens 8–10 Liter Erde fassen, für Obstgehölze wenigstens 25 Liter. Wenn nötig, können sie nach einigen Jahren in einen größeren Kübel umgesetzt werden.

Pflanzgefäße gibt es in vielen **Materialien,** bis hin zu Metall und Fiberglas. Die Hauptrolle spielen allerdings nach wie Kunststoffe (am besten aus Recycling-Material) sowie Ton. Ton-

und Terrakottatöpfe stehen fest und sicher und ermöglichen mit ihren porösen Wänden Gasaustausch und Wasserregulierung. Größere Gefäße werden aber erheblich schwerer als Kunststofftöpfe, die dann auch oft bevorzugt werden. Kübel für Obst und andere draußen überwinterte Mehrjährige müssen unbedingt frostfest sein.

Für Gemüse, Kräuter und Erdbeeren sind die **Bäckerkisten** aus Kunststoff mit ihrer Grundfläche von 60 cm x 40 cm eine clevere Lösung. Obwohl recht geräumig, haben sie ein geringes Eigengewicht und lassen sich mit ihren Griffmulden einfach umsetzen. Werden die durchbrochenen Wände mit einem kräftigen Mulchvlies ausgekleidet, kann etwas überschüssiges Wasser trotzdem noch nach den Seiten hin ablaufen. Und stapelt man zwei erdgefüllte Kisten übereinander, fängt die untere den Wasserabfluss von der oberen auf.

Der langjährige Gebrauch von Unmengen an Torf für **Pflanzenerden** hat schon viele Moorlandschaften zerstört. Deshalb wollen nun mehrere EU-Staaten den Torfverbrauch stark reduzieren. In Deutschland sollen bis 2026 gar keine Torfprodukte mehr für den Hobbygarten angeboten werden. Mittlerweile findet man in Garten-, Bau- und sogar Supermärkten häufig torffreie Erden für Nutz- und Zierpflanzen, auch in guter Qualität. Darunter gibt es ausgewiesene Tomaten- und Gemüseerden sowie Kräutererden mit geringerem Nährstoffgehalt. Auch sogenannte Universal- und Blumenerden eignen sich für die meisten Gemüse. Obstgehölze im Topf haben als mehrjährige Pflanzen etwas höhere Ansprüche, vor allem an eine dauerhafte Strukturstabilität. Auch dafür bietet der Fachhandel torffreie Substrate an. Gute Kübelpflanzenerden taugen ebenfalls für Obst.

Torffreie Erden bestehen aus den Hauptrohstoffen Kompost, Holzfaser, Rindenhumus, Kokosfaser und Ton. Zusatzstoffe wie Blähschiefer, Lavagestein oder Pflanzenkohle lockern die Struktur auf, durchlüften den Boden und geben Nährstoffe ab. Torffreie Erden mit dem RAL-Gütesiegel stehen für sorgfältig geprüfte Qualität. Es gewährleistet zum Beispiel ein gutes Wasserspeichervermögen und dass die Erden frei von Schadstoffen sind.

Platzsparend und mobil: Gemüseernte aus der Bäckerkiste

ÜBERWINTERUNG IN TÖPFEN

Für Obst und überwinternde Gemüse gilt im Allgemeinen: Was üblicherweise im Garten wächst, kann auch über Winter draußen bleiben – am besten an einem geschützten Platz nahe der Hauswand. Drohen stärkere Fröste, empfiehlt sich eine gute Topfisolierung (Styroporplatten oder Bretter als Unterlage, Luftpolsterfolie zum Einpacken), ebenso das Abdecken der Erdoberfläche mit Fichtenzweigen und Laub; wenn nötig, auch das Umhüllen oberirdischer Teile mit Vlies oder Jutegewebe. Kommen die Pflanzen vorsichtshalber nach drinnen, stehen sie am besten hell und recht kühl (bei 4–12 °C).

EINRICHTEN: ZWECKMÄSSIG UND PFLEGELEICHT

Zwischen der Gestaltung, Einrichtung und Anlage von Nutzgartenbereichen gibt es fließende Übergänge. In diesem Kapitel soll es vor allem um praxisorientierte Planungen gehen, auch um nötige und nützliche Investitionen.

BEETE UND WEGE PLANEN

Informationen zur konkreten Umsetzung von der Bodenvorbereitung bis zur Beetanlage und Wegbefestigung finden Sie im Kapitel „Vorbereiten und anlegen" (ab Seite 42). Hier geben wir Empfehlungen und Tipps für den klassischen, separaten Nutzgarten, sie lassen sich aber leicht für andere Lösungen anpassen.

Die bewährte **Standard-Beetform** für Gemüse ist rechteckig, 1,2 Meter breit und meist zwischen 1,5 und 2,5 Meter lang. So kann man von beiden (Längs-)Seiten her noch gut die Mitte erreichen, und die Beete bieten Platz für genügend lange, parallele Reihen. Wer es noch etwas bequemer haben möchte, kann die Beetbreite auch auf rund einen Meter reduzieren. Häufig wird empfohlen, die Beete in Nord-Süd-Richtung anzulegen, damit alle Pflanzen morgens vom Osten bis abends vom Westen möglichst viel Sonne abbekommen. Doch angesichts der nun häufiger auftretenden Hitzewellen hat es Vorteile, wenn die Beete um die Mittagszeit leicht beschattet und nicht voll der intensiven Südwestsonne ausgesetzt sind. Sofern die Beete nicht direkt an einem Hauptweg liegen, verlaufen zwischen ihnen 30–40 Zentimeter breite Pflegepfade.

Für Kräuter, die oft gruppenweise statt in Reihen gepflanzt werden, wählt man gern quadratische oder rundliche Beetformen. Kräuter lassen sich auch schön in **Rabatten** unterbringen, also in schmalen, lang gezogenen Beeten, etwa an einer Hauswand, als Saum an der Terrasse oder entlang eines Weges. Sind solche Rabatten nur von einer Seite her zugänglich, sollten sie nicht viel breiter beziehungsweise tiefer als 60 Zentimeter angelegt werden, damit sich auch die Kräuter im hinteren Bereich leicht pflegen und ernten lassen. Andernfalls empfehlen sich einige gut verteilte Trittplatten oder schmale Pflegepfade innerhalb der Rabattenflächen. Rabatten eignen sich ebenso für Erdbeeren und Beerensträucher sowie Zwerg- und Säulenobstbäume, wobei sich die Rabattentiefe für Gehölze natürlich an deren Durchmesser orientieren muss.

Spezielle Beetformen mit „Ausdehnung" nach oben sind **Hoch- und Hügelbeet,** die vorrangig für Gemüse genutzt werden (siehe Seite 62 f.) und die auch gestalterisch sehr reizvolle Kräuterspirale (Seite 63 ff.). Ein Hochbeet macht zudem ein bequemes Arbeiten ohne Bücken möglich.

Wie viel Fläche man für **Wege** reserviert, ist nicht zuletzt eine Platzfrage. Dabei werden öfter Kompromisse und Abstriche nötig. Soweit möglich, empfiehlt sich aber gerade im Nutzgarten der eine oder andere Hauptweg mit 90–120 Zentimeter Breite, vor allem inmitten eines größeren Nutzgartens sowie als Verbindung zum Haus oder Garteneingang. Solche Wege bieten genug Bewegungsfreiheit für die Schub- oder Sackkarre und Platz zum Abstellen zum Beispiel von Erntekörben oder Düngersäcken. Wege mit wenigstens 60 Zentimeter Breite sind auch sehr praktisch für den Zugang zum Kompostplatz, Geräteschuppen oder zu einem Gewächshaus.

ESSENZIELL: GUTE WASSERVERSORGUNG

Gemüse und viele Kräuter müssen in Trockenphasen unbedingt regelmäßig gegossen werden; ebenso junge Obstgehölze, bis sie gut eingewachsen sind. Wie hoch der **Gießwasserverbrauch** ist, kann stark variieren. Das hängt zunächst vor allem ab von den örtlichen Niederschlagsmengen und ihrer Verteilung im Jahreslauf. Großen Einfluss haben außerdem die Bepflanzung, die Wasserhaltekraft des Bodens, die Bodenpflege und nicht zuletzt die Gieß- und Bewässerungsmethoden. Grob über den Daumen gepeilt, können für 20 Quadratmeter Gemüsefläche 8 000 bis 12 000 Liter Gießwasser im Jahr nötig werden, also bis zu 12 Kubikmeter.

Das belastet deutlich die Wasserrechnung, wenn man ganz auf Leitungswasser angewiesen ist. Zudem ist das **Trinkwasser,** das überwiegend aus dem Grundwasser gewonnen wird, ein wertvolles Gut, das in manch trockenen Jahren schon recht knapp wurde. Im Hinblick auf die Wasserqualität und Schadstoffarmut hat das Trinkwasser aus der Leitung natürlich die Nase weit vorn. Ein Problem ist aber vielerorts die hohe **Wasserhärte,** vor allem die Carbonathärte, die dann auch mit einem hohen Kalkgehalt und pH-Wert (siehe Seite 46) einhergeht. Bei kalkempfindlichen Arten wie Heidel- und Preiselbeeren kann hartes Wasser auf Dauer Wuchs und Fruchtbildung beeinträchtigen, aber auch für die meisten anderen Pflanzen ist es nicht gerade „bekömmlich". Über die Härte Ihres Trinkwassers kann Ihnen Ihr Wasserversorgungsunternehmen oder die Gemeindeverwaltung Auskunft geben. Meist betreiben die Wasserversorger auch Websites im Internet und nennen dort die regionalen Härtebereiche. Die Gesamthärte wird heute in Millimol Calciumcarbonat pro Liter (mmol/l) angegeben. Häufig findet man aber auch noch die ältere, vertraute Unterteilung nach deutschen Härtegraden (°dH).

Liegt die Gesamthärte im Härtebereich 3 beziehungsweise „hart" (mehr als 14 Grad deutsche Härte), kann der Einbau einer Wasserenthärtungsanlage sinnvoll sein. Das beugt in erster Linie Verkalkungen in Rohren und Haushaltsgeräten vor und verbessert den Wassergeschmack, kommt nebenbei aber auch den Pflanzen zugute. Zudem beugt es Kalkverstopfungen in Tropfern vor, falls Bewässerungssyteme verwendet werden. Im Allgemeinen empfehlen sich Enthärtungsanlagen auf Ionenaustausch-Basis, am besten mit einem DVGW- oder DIN-Zertifikat, das für geprüfte Wirksamkeit und Qualität steht.

Ein **Brunnen,** der aus dem Grundwasser gespeist wird, kann Wasserkosten sparen und zum Beispiel mit einer schönen Natursteinumrandung auch optisch etwas hermachen.

REGENTONNEN GUT BEDECKT HALTEN

Regentonnen sollten mit einem Deckel ausgestattet sein. Er beugt der Verschmutzung, etwa durch Falllaub, vor, bewahrt Kleintiere vor dem Ertrinken und dämmt auch ein wenig die Stechmücken ein, die leider gern in solchen Tonnen brüten. Zur aktiven Bekämpfung von Stechmückenlarven bietet der Fachhandel biologische Präparate (mit dem Bacillus thuringiensis israelensis) an, die einfach in die Regentonne gegeben werden. In typischen „Schnakengebieten", etwa am Rhein, gibt es solche Präparate teils auch bei den Gemeindeverwaltungen.

Zuerst sollte man aber bei der Unteren Wasserbehörde (bei der zuständigen Kreis- oder Stadtverwaltung) nachfragen, ob für die Brunnenbohrung eine Genehmigung oder nur eine Anzeigepflicht erforderlich ist. Es ist sehr ratsam, für solch ein Projekt eine Fachfirma mit entsprechender Erfahrung heranzuziehen. Die kann zunächst einmal feststellen, ob überhaupt genug Grundwasser im Untergrund zur Verfügung steht und, wenn ja, ob es leicht zu nutzen ist oder aufwendigere Technik und höhere Kosten nötig werden. Steht das Grundwasser erst ab sechs Meter Tiefe an, lohnt sich der Brunnenbau meist nicht.

Zudem empfiehlt sich im Vorfeld eine Wasseruntersuchung auf Nitrat, Chlorid, Pestizidreste, Schwermetalle und andere Schadstoffgehalte sowie eventuelle Krankheitserreger (coliforme Keime, Bakterien). Erkundungsbohrung und gründliche Wasseranalyse können sich schon auf einige Hundert Euro summieren. Zur Untersuchung mancher chemischer Kennwerte wie Wasserhärte, pH-Wert, Nitrat- und Eisengehalt bietet der Fachhandel Testsets an. Ebenso wie das Leitungswasser ist auch das über Brunnen geförderte Grundwasser oft recht hart; in dem Fall kann zum Beispiel ein geeignetes Wasseraufbereitungsmittel helfen. Braune oder rote Verfärbungen zeigen meist hohe Eisen- und Mangangehalte an, die auf Dauer Rohre und Schläuche stark verunreinigen können, sofern kein entsprechender Filter eingesetzt wird. Beachten Sie unbedingt, dass sich Brunnenwasser ohne gründliche Wasseruntersuchung, -reinigung und -aufbereitung nicht zum Trinken eignet.

REGENWASSER: VON OBEN FREI HAUS

Kostenlos, schon mit wenigen Investitionen nutzbar, für die Pflanzen angenehm weich und meist recht gut temperiert: Wer Regenwasser im Garten speichern und nutzen kann, verfügt über eine der besten Lösungen. Zunächst braucht es dafür natürlich eine Auffangmöglichkeit, in Form von Dachrinnen, die das Nass über Fallrohre in Sammelbehälter leiten. Ein großes Hausdach ist ideal, aber Rinnen lassen sich bei Bedarf auch an Gartenhäusern, Geräteschuppen und Gewächshäusern anbringen. Abzuraten ist allerdings vom Sammeln von Kupfer- und Zinkdächern, ebenso von Teerpappe mit Bitumenabdichtung. In diesen Fällen können Schadstoffe ins Gießwasser gelangen.

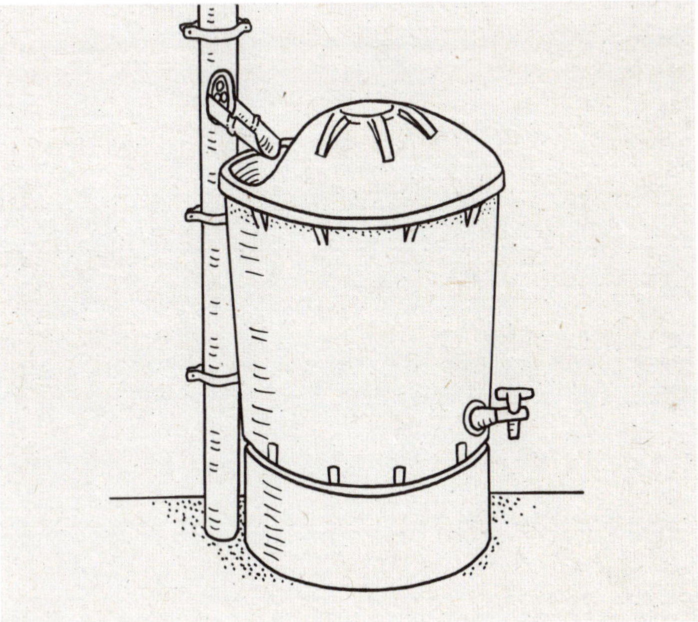

Eine Regenwassertonne mit Deckel und direktem Zulauf von der Regenrinne (Fallrohrklappe)

Aber auch auf anderen Dächern sammeln sich zumindest Schmutzstoffe an, wie Staub, Ruß, Ziegelabrieb und organische Stoffe. Deshalb sollte man den ersten Regenguss nach längerer Trockenheit besser nicht nutzen und in die Kanalisation ablaufen lassen. Wo sich häufig zum Beispiel Laubreste oder auch Vogelkot ablagern, ist regelmäßiges Reinigen der Rinnen ratsam. Regensammler mit guten Filtern können zwar manch Fragwürdiges beseitigen – aber auch danach eignet sich das gesammelte Nass keinesfalls zum Trinken! Wegen besserer Abgasreinigung und schwefelarmer Kraftstoffe droht in unseren Breiten kaum noch der sehr saure Regen, der früher viel Schaden anrichtete. Unabhängig davon sind die Niederschläge von Natur aus leicht sauer – und deshalb weich und kalkarm, was den Pflanzen gut bekommt. Allerdings muss deshalb der Boden gelegentlich etwas aufge-

Einfache Wassertonne, in der eine Gießkanne durch ein beherztes Eintauchen schnell befüllt werden kann

kalkt werden, damit er nicht versauert, also sein pH-Wert allzu stark abnimmt (siehe Seite 46).

Das Angebot an **Sammelbehältern** ist gewaltig. Grundsätzlich unterscheidet man oberirdisch aufgestellte oder angebrachte Behältnisse, meist mit Zapfhähnen, und unterirdische Tanks oder Zisternen, aus denen das Nass zum Beispiel über pumpenbetriebene Wassersäulen entnommen wird. Meist bestehen sie aus kräftigem Kunststoff, Zisternen können auch betoniert werden. **Oberirdische Tonnen,** Amphoren oder schmale Säulen fassen oft nur 200 Liter Wasser, lassen sich aber häufig über Verbindungssets miteinander koppeln.

Ab 500 Liter Fassungsvermögen werden die Gefäße als Tanks bezeichnet. Zunehmend häufiger sieht man quaderförmige IBC-Tanks aus weißem Kunststoff mit Stahlgitterrahmen, angebracht auf Paletten. Es handelt sich meist um recht preiswerte, gebrauchte, gereinigte Industrietanks, die sehr robust sind und sich gut übereinander stapeln lassen.

Je nach Material sollten oberirdische Tanks vorm Winter teilweise oder ganz entleert werden, wenn anhaltende starke Fröste drohen, oder zumindest mit geeigneten Schutzhüllen überzogen. Andernfalls kann gefrierendes Wasser zu Rissen in den Kunststoffwänden führen. Nach einer vollständigen Leerung bietet es sich an, die Behältnisse gründlich zu säubern und Schlammreste zu entfernen.

Bei unterirdisch eingebauten **Zisternen,** die 5 000 Liter und mehr speichern können ist die Reinigung aufwendiger, fällt aber nur alle fünf bis zehn Jahre an. Hier besteht keine Gefahr, dass das gespeichertes Wasser über Winter gefriert. Es schadet aber nichts, die Tanks gelegentlich überlaufen zu lassen, damit Schmutzteilchen an der Wasseroberfläche abgeschwemmt werden. Andernfalls können sich

SCHADSTOFFE IN SCHLÄUCHEN?

Die meisten Gartenschläuche bestehen aus Polyvinylchlorid (PVC) und sind innen durch ein synthetisches Gewebe verstärkt. Leider wird das PVC erst durch größere Mengen an Weichmachern (Phthalaten) biegsam und elastisch, außerdem enthält es teils schwermetallhaltige Stabilisatoren. Manche Hersteller erproben alternative Weichmacher, die aber auch nicht völlig unbedenklich sind. Ähnliches gilt für Schläuche aus synthetischem Kautschuk (EPDM), die früher als schadstofffrei eingestuft wurden. Von all diesen Materialien droht keine direkte „Giftwirkung“, aber es besteht zum Beispiel die Gefahr, dass sie hormonelle Veränderungen hervorrufen. Teils wird deshalb sogar empfohlen, beim Gemüse auf teure Trinkwasserschläuche umzusteigen. Jedenfalls sollte man Wasser, das bei hohen Temperaturen mehrere Tage im Schlauch gestanden hat, besser nicht für Nutzpflanzen verwenden.

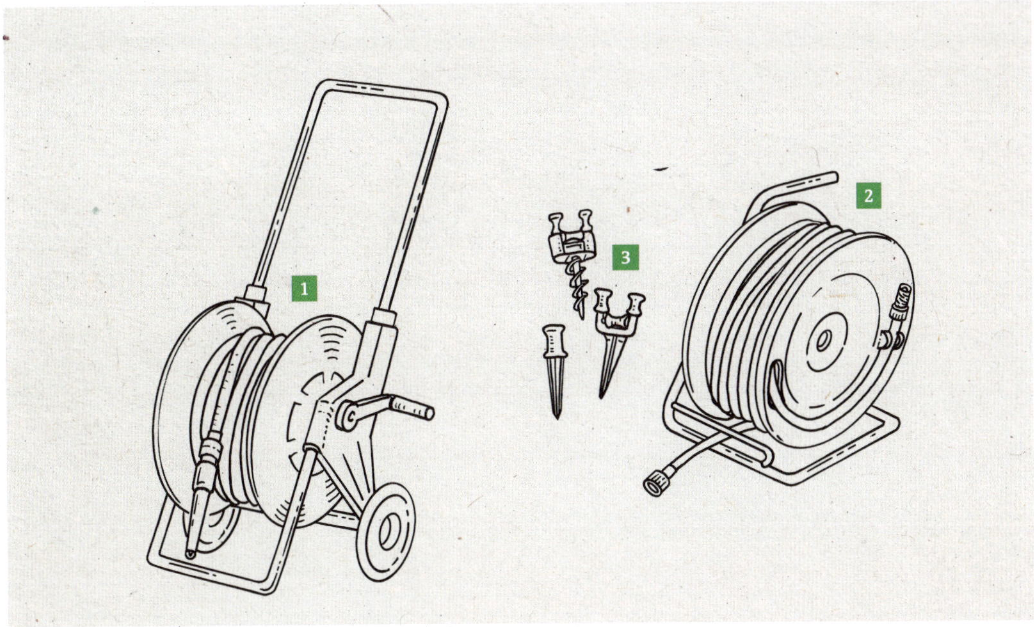

Schlauchwagen (1), Schlauchtrommel (2) und Führungsrollen (3) erleichtern die Arbeit mit langen Schläuchen.

verstärkt Algenbeläge bilden und unangenehme Gerüche entstehen. Deshalb sollten die Behältnisse auch nicht übermäßig groß bemessen werden. Viele Gartenbesitzer schätzen mittlerweile Flachtanks, die es auch mit mäßigem Fassungsvermögen gibt (zum Beispiel 1 500 Liter). Sie sind einfacher einzubauen als runde oder zylindrische Tanks, und dies selbst bei felsigem Untergrund.

Das Wasser aus größeren Regensammelbehältern und aus Brunnen kann mithilfe eines sogenannten **Hauswasserautomaten** ebenso bequem genutzt werden wie das Nass aus der Trinkwasserleitung. Hauswasserautomaten bestehen aus einer Pumpe und einem Steuerungssystem. So lässt sich mit ihnen das Wasser gut über Rohre und auch über verschiedene Stränge verteilen. Für einen reibungslosen Betrieb empfiehlt sich der Einsatz geeigneter Schmutzfilter.

Die gute alte **Gießkanne** ist nach wie vor ein unverzichtbares Hilfsmittel, besonders dort, wo eine sehr gezielte Wasserversorgung gefragt ist. Mehrere Kannen in verschiedenen Größen (hauptsächlich mit 5–15 Liter Fassungsvermögen) gehören zur Standardausstattung im Garten. Kunststoffkannen sind vergleichsweise leicht und können auch recht lange halten, wenn man beim Kauf ein wenig auf Qualität achtet und sie pfleglich behandelt. Kannen aus Edelstahl, Zink oder verzinktem Blech haben eine längere Lebensdauer und sehen zudem oft hübsch aus.

Vieles lässt sich mit dem **Schlauch** erleichtern, besonders auf größeren Flächen und wenn sich keine Wasseranschlüsse in nächster Umgebung finden. Mit passenden Brausenaufsätzen, bei denen sich Wasserdruck und Art des Strahls einstellen lassen, oder entsprechenden Gießstäben kann man auch per Schlauch bedarfs- und zielgerecht bewässern. Gartenschläuche werden meist in Längen zwischen 10 und 50 Metern angeboten. Wählen Sie im Zweifelsfall lieber einen etwas längeren Schlauch – etwas Reserve für die in der Praxis oft nötigen Umwege bei der Schlauchführung kann nicht schaden.

Billigschläuche, die häufig umknicken, verknoten und bald spröde werden, lohnen sich unterm Strich nicht. Qualitäts-Gartenschläuche

Tropf- oder Perlschlauch zur wassersparenden Bewässerung im Gemüsebeet

sind UV- und witterungsstabil, abrieb- und knickfest, frei von Schwermetallen wie Blei und Kadmium, halten einen Berstdruck von mindestens 20 bar aus und werden mit einer Herstellergarantie von wenigstens acht Jahren angeboten. Mittlerweile findet man in der Werbung auch öfter das Prädikat „hitzebeständig“. Trotzdem ist es ratsam, Schläuche und Schlauchwagen besser im Schatten aufzubewahren – und besonders bei starker Hitze die Schläuche vollständig zu entleeren.

Meist sind die Schlauchanschlüsse auf Wasserhähne mit einem Außengewinde von ½ oder ¾ Zoll ausgelegt; bei „Anpassungsschwierigkeiten“ gibt es verschiedene Adapter. Neben diversen Gieß- und Brauseaufsätzen sind Schlauchwagen, -trommeln und -führungsrollen nützliche Anschaffungen für den bequemen Umgang mit langen Schläuchen.

SPEZIELLE GIESSHILFEN

Altbekannte Gießhilfen sind **Regner** oder Sprenger, vor allem für den Rasen. Sie können zwar auch für Beete eingesetzt werden, allerdings ist der Wasserverbrauch wegen der hohen Verdunstungsrate beträchtlich. Bei warmem Wetter „verdampft“ weitaus mehr in die Luft, als bei den Wurzeln der Gemüse ankommt. Außerdem können das ständige Benässen der gesamten Pflanzen und die Erhöhung der Luftfeuchtigkeit die Ausbreitung von Pilzkrankheiten fördern. Fazit: Im Nutzgarten höchstens als gelegentliche Ergänzung oder „Notfalllösung“ empfehlenswert, in erster Linie für Flachwurzler wie Salate, Spinat und Radieschen.

Ein besseres Prinzip bieten **Bewässerungsringe,** auch für Tiefwurzler wie Tomaten. Solche halb in den Boden eingesenkte, kräftige Kunststoffringe mit 20 bis 30 Zentimeter Durchmesser sorgen dafür, dass das eingegossene Wasser direkt an die Wurzeln geleitet wird. Sie sollen sich auch sehr gut für Gurken, Zucchini, Bohnen und andere Gemüse eignen. Ähnliche Bewässerungsringe mit größerem Durchmesser werden für junge Bäume angeboten, auch für Obstbäume.

Für diese gibt es außerdem **Bewässerungssäcke.** Die werden um den Stamm gelegt, mit einem Reißverschluss fixiert und mit Wasser befüllt. Sie haben an den Unterseiten kleine

Ablauflöcher, über die sie das Nass über mehrere Stunden tröpfchenweise abgeben. Das scheint sich aber eher für junge Stadtbäume mit beengtem Wurzelraum zu eignen. Obstbäume und andere Gartengehölze entwickeln bei dieser Methode hauptsächlich oberflächennahe Wurzeln. Sie sollten aber auf Dauer besser ein möglichst tief und weit reichendes Wurzelsystem entwickeln.

Bei einer **Tröpfchenwässerung** wird das Nass in Tropfenform direkt auf den Boden neben den Pflanzen verteilt, entweder durch Einzeltropfer (oft mit Feuchtigkeitsfühlern) an dünnen Verteilerschläuchen oder durch sogenannte Tropf- oder Perlschläuche mit kleinen Perforierungen oder Düsen, die man entlang der Reihen auslegt. Diese Methode spart sehr effektiv Wasser und beugt zudem dem Auswaschen von Nährstoffen vor.

Für Pflanzen mit hohem Wasserbedarf und tief reichenden Wurzeln ist allerdings eine kräftige Durchfeuchtung des Bodens mittels Kanne oder Schlauch günstiger. Zudem müssen manche Tropfer öfters gereinigt werden. Während sich Tropfschläuche auch für größere Flächen eignen, lassen sich Systeme mit Einzeltropfern besser für kleine Beete, im Gewächshaus oder für Pflanzen in Topfkultur einsetzen.

Tröpfchenbewässerung oder auch Regner können gut als **automatische Bewässerung** betrieben werden: im einfachsten Fall mithilfe einer Zeitschaltuhr, in der raffinierten Variante mit einem Bewässerungscomputer, der das Ganze in Verbindung mit Feuchtesensoren (Tensiometern) im Boden steuert. Des Weiteren gibt es Bewässerungssysteme, bei denen die Tropfer zugleich auch Feuchtefühler sind; hier regulieren entweder druckempfindliche Membranen in Tonkegeln oder Quellhölzer in den Tropfern die Wasserabgabe. Solche Systeme brauchen weder Steuerungselektronik noch Strom. So oder so sollte man sich vor einer Anschaffung und Installation gründlich über die verschiedenen Systeme und ihre Erfordernisse (zum Beispiel Wasserdruck, nötige Ventile) informieren.

Während einer längeren Urlaubsabwesenheit ist es ideal, wenn freundliche Bekannte oder Nachbarn regelmäßig nachsehen – schließlich muss ständig die Wasserzuleitung aufgedreht bleiben. Eine Alternative bietet der Anschluss an einen genügend großen Vorratsbehälter, der dann wiederum entsprechend mit Pumpen und Filtern ausgestattet werden muss.

Komplizierte Steuermechanismen sind für **Ollas** nicht nötig: Dabei handelt es sich um in den Boden eingegrabene Tongefäße. Diese geben über ihre porösen Wände nach und nach Wasser an die umgebende Erde ab und damit an die Wurzeln. Ob diese Bewässerungshilfen ursprünglich aus Asien, Afrika, Amerika oder dem Mittelmeerraum stammen, ist unklar. Ihr Name kommt jedenfalls aus dem Spanischen und heißt übersetzt einfach „Topf". Seit Jahrhunderten bewährt in trockenen Regionen, haben die Ollas mittlerweile auch hierzulande viele Fans. Man gräbt die bauchigen, unglasierten Tontöpfe so tief in Erdbeete oder Hochbeete ein, dass oben nur der Einfüllstutzen herausschaut. Eine Olla mit etwa fünf Liter Inhalt kann einen Quadratmeter Beetfläche bis zu vier Tage lang versorgen – wassersparend und je nach Höhe 15 bis 30 Zentimeter tief. Das lässt sich leicht auch mit zwei unglasierten Tontöpfen nachahmen, die man mit ihren Öffnungen aufeinander stellt und mit Silikon oder

Höchste Zeit, dass die Keimlinge ins Beet kommen

Wachs zusammenklebt. Das Abflussloch des unteren Topfs wird verschlossen, das obere wird zum Einfüllloch für das Wasser.

FRÜHBEETE: PRAKTISCHE ANBAUHILFEN

Frühbeete eignen sich vor allem für den zeitigen Frühjahrsanbau sowie den Herbstanbau von nicht allzu hoch wachsenden Gemüsen; außerdem für die frühe Anzucht aller Arten, die keine besonders hohen Temperaturen brauchen. Über den Sommer kann man sie zum Beispiel – ohne Fensterabdeckung – für die platzsparende Anzucht von Herbst- und Wintergemüse nutzen, über den Winter, gut isoliert, auch zur Lagerung von Gemüse. Saaten und Jungpflanzen in Frühbeeten müssen häufig gegossen und öfter belüftet werden. Deshalb sollte der Standort vom Haus möglichst gut erreichbar sein. Sehr vorteilhaft ist ein etwas geschützter Platz, der vor allem zwischen Herbst und Frühjahr viel Licht abbekommt.

Käufliche Frühbeetkästen sind als recht einfach zu montierende Bausätze erhältlich: meist mit Gestellen aus Aluminium, seltener aus Holz oder Kunststoff, und üblicherweise mit UV-geschützten Stegdoppelplatten als Abdeckung. Auch die Seitenwände bestehen in der Regel aus solchen gut isolierenden Kunstglasplatten, sodass rundum eine gute Belichtung gewährleistet ist. Im Fachhandel findet man zahlreiche Größen- und Modellvarianten, die sich teils durch Verlängerungen erweitern lassen. Zumindest die kleineren Kästen können meist leicht umgesetzt und so als „Wanderkästen“ verwendet werden. Kästen mit 100 Zentimeter Länge erlauben schon eine sinnvolle Nutzung, doch wenn der Platz reicht, erweisen sich wenigstens 150 Zentimeter oft als vorteilhaft. Günstige Breiten beziehungsweise Tiefen für Einfachkästen sind 80–90 Zentimeter. Die Vorderwand beziehungsweise die Längsseiten der Kästen sollten wenigstens 30 Zentimeter hoch sein.

Beim üblichen Einfachkasten ist die Rückwand etwa 10 Zentimeter höher als die Vorderwand, sodass die Abdeckscheibe wie bei einem Pultdach aufliegt.

Bei Doppelkästen überragt eine Mittelachse die gleich hohen Vorder- und Rückwände; wie bei einem Satteldach liegen hier zwei Scheiben auf, die getrennt geöffnet werden können und so einen Zugang von beiden Seiten möglich machen. Einfachkästen stellt man mit den Längsseiten am besten in Ost-West-Richtung auf, Doppelkästen in Nord-Süd-Richtung.

Sofern automatische Fensteröffner nicht schon zur Grundausstattung gehören, kann man diese nachkaufen. Als weiteres Zubehör gibt es bei Bedarf Heizmatten oder -kabel sowie Solarwärmespeicher für Frühbeete; nicht zu vergessen die Noppen- oder Luftpolsterfolie für eine zeitweilige Zusatzisolierung an kalten Wintertagen.

Frühbeete der Marke Eigenbau ermöglichen besonders individuelle Lösungen. Ein

STEGDOPPELPLATTEN: BELIEBTER GLASERSATZ

„Richtige“ Glasscheiben für Frühbeet und Gewächshaus haben immer noch ihre Liebhaber, aber auch Nachteile: die Bruchgefahr und vor allem die geringe Wärmedämmung. Effektives Isolierglas wiederum ist schwer und zudem recht teuer. Deshalb sind schon länger die Stegdoppel- oder Hohlkammerplatten aus Polycarbonat oder Acrylglas auf dem Vormarsch. Bereits ab vier bis fünf Millimeter Stärke haben sie aufgrund der in ihnen eingeschlossenen Luft einen Isoliereffekt; 16 Millimeter dicke Platten bieten dann schon eine sehr effektive Wärmedämmung. Gute Stegdoppelplatten für draußen sind UV-Licht-beständig, wetter- und hagelfest und meist mit einer Garantie von zehn Jahren versehen. Teils werben die Hersteller auch mit besonderen Beschichtungen, die die Kondenswasserbildung oder das Anlaufen der Scheiben verhindern.

An warmen Tagen müssen Frühbeete belüftet werden.

Einfachkasten mit einem Gestell aus vier druckimprägnierten Holzbrettern ist schnell gebaut, und geeignete Verbindungswinkel und Scharniere gibt es in jedem Baumarkt. Etwas schwieriger wird es allerdings mit der Abdeckung, sofern Sie nicht gerade über geeignete ausrangierte Fenster verfügen, einen Schreiner beauftragen wollen oder sich selbst das Rahmen der Scheiben zutrauen. „Fertige" Frühbeetfenster mit Glasscheiben werden meist nur vom spezialisierten Fachhandel für Erwerbsgärtner angeboten.

Eine Alternative sind UV-geschützte Stegdoppelplatten aus transparentem Kunststoff, die sich recht leicht zusägen und mit passenden Aluprofilen einfassen lassen.

GEWÄCHSHAUS: GUT BESCHÜTZT

Ein Gewächshaus bietet noch weit mehr Möglichkeiten als ein Frühbeet und erlaubt einen Gemüse- und Kräuteranbau rund ums Jahr. Das beginnt mit der zeitigen Anzucht von Jungpflanzen und ersten Ernten schon im Vorfrühling und erstreckt sich bis zur Ernte vielfältiger Wintersalate und -gemüse. Kälteempfindliche Arten wie Auberginen, Melonen, Chilis und Okras gedeihen hier viel sicherer als draußen. Wird das Haus von Herbst bis Frühjahr frostfrei gehalten und mäßig beheizt (auf etwa 5–12 Grad Celsius), lassen sich zudem kälteempfindliche Nutzpflanzen im Kübel überwintern. So können auch Granatäpfel, Zitrusfrüchte, Maracujas und Chinesische Datteln (Jujuben) heranreifen, mit etwas Geduld und Glück sogar kleine Bananen und Mangos.

Vor dem Kauf empfiehlt es sich, gut zu überlegen, wie das Gewächshaus genutzt werden soll, wie viel Platz dafür zu Verfügung steht und wo es am besten hinpasst. Der Standort sollte sonnig, etwas windgeschützt und vom Haus möglichst gut erreichbar sein, am besten über einen befestigten Weg. Beachten Sie, dass bei Gewächshäusern die ortsüblichen Mindestabstände zum Nachbargrundstück einzuhalten sind. Bei sehr großen Bauten kann zudem eine Bauanzeige oder -genehmigung nötig werden. Empfehlenswert ist von vornherein das Einplanen von Wasseranschlüssen am oder im Gewächshaus, teils auch von Strominstallationen (die man unbedingt Fach-

leuten überlassen sollte) sowie eine Verbindung mit der Zentralheizung des Wohnhauses, falls eine intensive Nutzung über Winter vorgesehen ist.

Soll das Gewächshaus vor allem der Anzucht dienen, können vier bis fünf Quadratmeter Grundfläche reichen; ist zudem ein geschützter Anbau in Beeten vorgesehen, sollten es wenigstens acht bis zwölf Quadratmeter sein, für eine sehr vielfältige Nutzung darf es gern doppelt so groß werden. Als Firsthöhe empfehlen sich mindestens 2,20 Meter.

Im Garten **frei stehende** Häuser bieten den Vorteil, dass sie von allen Seiten gut belichtet sind. Dafür profitieren **Anlehnhäuser,** die an der Hauswand montiert werden, von der Wärmeabstrahlung der Fassade und lassen sich auch wie ein Wintergarten nutzen. Anlehnhäuser werden meist mit einem nach vorn abfallenden Pultdach und drei senkrechten Wänden konstruiert. Bei frei stehenden Häusern dominieren Modelle mit Satteldach, also mit zwei geneigten Dachflächen. Daneben gibt es tunnelartige Rund- und Spitzbogenhäuser sowie Sonderformen wie Gewächshaus-Pavillons.

Das vielfältige Angebot reicht von recht preiswerten Foliengewächshäusern bis zu aufwendigen „Nobel-Gewächshäusern" mit Holzrahmen und kräftiger Isolierverglasung. Doch die meisten Gartenbesitzer bevorzugen die verbreitete Bauweise mit einer Rahmenkonstruktion aus witterungsbeständigem Aluminium sowie Stegdoppelplatten (Hohlkammerplatten) für Bedachung und Seitenwände. Die Platten sollten wenigstens 6 Millimeter dick sein; bei 16 Millimeter Stärke genügen sie höchsten Ansprüchen.

Sehr wichtig sind ausreichende **Belüftungsmöglichkeiten:** Mindestens 10 Prozent der Glasfläche beziehungsweise 20 Prozent der Gewächshausgrundfläche sollten sich zum Lüften öffnen lassen – dies am besten über automatische Fensteröffner.

Als **Fundament** der Konstruktion dient meist ein Aluminium- oder Stahlrahmen, der im einfachsten Fall mit kräftigen Erdankern am Boden befestigt wird. Bessere Standfestigkeit gewährleisten jedoch das Aufschrauben auf Platten oder betonierte Punktfundamente. Für größere, beheizte Gewächshäuser ist ein durchlaufendes Streifenfundament aus Beton die beste Lösung.

Foliengewächshäuser sind mit UV-stabilisierter, kräftiger Folie bespannt und ähneln so großen Folientunneln. Höherwertige Modelle mit solider Stahlrohrkonstruktion und meist mit Polyethylenfolie als Abdeckung zeigen dagegen schon „richtigen" Gewächshauscharakter, teils sogar mit Lüftungsfenstern. Ansonsten erfolgt hier das Lüften über die Türen, die entsprechend groß sein sollten, oder aufklappbare Vorder- und Rückseiten. Die tragenden Rohre lassen sich im Boden verankern oder auch mit Punktfundamenten einbetonieren.

Zum hilfreichen und praktischen **Gewächshauszubehör** gehören Stelltische und Regale, die bereits erwähnten automatischen Fensteröffner, Minimum-Maximum-Thermometer und Hygrometer sowie spezielle Pflanzen- und Vermehrungsleuchten. Besonders wichtig sind Schattiermatten und -netze für prallsonnige Frühlings- und Sommertage. Gewächshaus-Ventilatoren können helfen, übermäßigen Hitzestau zu vermeiden. Die Luftbewegung beugt zudem dem Ausbreiten von Pilzkrankheiten und Schimmel vor.

Überwintern Salate, Spinat, Wirsing, Lauch und ähnlich robuste Gemüse im Gewächshaus, reichen oft schon eine gute Isolierung und, wenn nötig, eine innen angebrachte Luftpolsterfolie, um sie gut über kalte Tage zu bringen. Noch sicherer hilft ein sogenannter Frostwächter, der einschaltet, sobald die Temperaturen unter fünf Grad Celsius fallen. Je nach Wärmebedarf der „Überwinterer" können außerdem gewächshaustaugliche Elektro- oder Propangasheizungen eingesetzt werden, die gegen Feuchtigkeit und Spritzwasser geschützt sind. Auch Heizkörper, die an die Zentralheizung angeschlossen werden, müssen für diesen Zweck feuchtraumgeeignet sein.

GARTENGERÄTE, HILFSMITTEL UND ZUBEHÖR

Gute Gartengeräte können die Arbeit spürbar erleichtern – und im Angebot der Gartencenter, Baumärkte, Gartenbedarf- und Werkzeugversender herrscht wahrlich kein Mangel. Was brauchen Sie wirklich?

Selbst große Supermärkte und Discounter warten teils mit brauchbaren Geräten auf. Die Angebotsvielfalt nutzt man am besten, indem man nicht das erstbeste Gerät kauft, sondern sich ein wenig Zeit nimmt, um ein paar verschiedene Werkzeuge und Ausführungen zu vergleichen.

Ob die Geräte stabil und gut verarbeitet sind, ob sich bequem mit ihnen arbeiten lässt – das kann man natürlich beim Direktkauf besser überprüfen als bei Versandprodukten. Zumindest für eine erste Orientierung ist deshalb der Besuch entsprechender Geschäfte ratsam.

Es gibt allerhand Spezialgeräte, unterschiedliche Werkzeuge für denselben Zweck und öfter auch stark beworbene Neuheiten. Doch viel wichtiger ist zunächst die Anschaffung einer Grundausstattung mit den notwendigen „Standardgeräten" in guter Qualität. Alles Weitere ergänzt man besser nach und nach, wenn man aus der eigenen Praxis heraus fundiert erkennen kann, wo noch ein wirklicher Bedarf besteht.

GERÄTE FÜR DIE BODENBEARBEITUNG

Abgesehen vom Schnittwerkzeug hat diese Gerätegruppe die größte Bedeutung im Nutzgarten und im Garten überhaupt. Bodenbearbeitungsgeräte werden oft stark beansprucht und für anstrengende Arbeiten verwendet. Idealerweise sind sie sehr stabil und „effektiv", dabei aber nicht allzu schwer und belasten Rücken und Arme so wenig wie möglich. Die letztgenannten Punkte sind vor allem eine Sache des persönlichen Ausprobierens und Abschätzens, beispielsweise bei sogenannten „ergonomisch geformten" Stielen.

Hier in Kurzform die wichtigsten Werkzeuge und ihre Einsatzgebiete. Zur Grundausstattung gehören:

- **Spaten:** Umgraben, Ausheben von Pflanzgruben, Umschichten von Kompost und Erde, Abstechen wuchernder Pflanzenteile
- **Grabegabel** (mit vier breiten, kräftigen Zinken): nicht wendende, tiefe Bodenlockerung, Umgraben schwerer Böden, Umschichten von Kompost, Ernte von Wurzelgemüse
- **Schlaghacke** (mit breitem, kräftigem Blatt): Zerkleinern von Schollen, Aufbrechen harter Oberflächen, Entfernen starker Verunkrautung; für „stoßende" Arbeitsweise im Vorwärtsgang
- **Bügelhacke** (mit kurzem, breitem Blatt an zwei Bügeln): Lockern der Oberfläche, Unkrautentfernung; für „ziehende" Arbeitsweise im Rückwärtsgang
- **Grubber oder Kultivator** (mit drei bis vier gekrümmten Zinken, beim Kultivator mit verbreiterten Scharen an den Spitzen): Lockern der Oberfläche, Unkrautentfernung, Einarbeiten von Kompost; kann auch die Bügelhacke ersetzen
- **Rechen, Harke** (am besten zwei oder mehr mit verschiedenen Breiten und Stiellängen): Einebnen des Bodens, Herrichten von Saat-

DIE QUALITÄT UND DER GELDBEUTEL

Gerade bei Gartengeräten entpuppen sich ausgesprochene „Schnäppchen“ oft im Nachhinein als Fehlinvestition. Andererseits sind die teuersten Geräte nicht immer die besten, und ob sich „edle“ Luxusgeräte rentieren, hängt auch davon ab, wie häufig und für was man sie braucht. Im Allgemeinen bieten Markenhersteller recht verlässliche Qualität, auch in den mittleren Preisklassen.

Gute Anhaltspunkte sind zudem das GS-Zeichen für „geprüfte Sicherheit“ beziehungsweise das Tüv-Prüfsiegel. Solche Kennzeichnungen finden sich zum Teil schon bei Spaten, Hacken, Gartenscheren und Schubkarren. Besonders wichtig sind sie bei Leitern, Pflanzenschutzspritzen sowie Elektro- und Motorgeräten. Für Produktsicherheit bei Elektrogeräten steht das VDE-Prüfzeichen (siehe Seite 39).

Immer wieder testen wir auch Gartenhelfer vom Mähroboter bis zum Häcksler und veröffentlichen die Ergebnisse im test-Heft und auf www.test.de.

beeten, Einarbeiten von Kompost und Dünger

- **Schaufel:** Verteilen und Umsetzen von Erde, Kompost oder Sand, Auffüllen von Pflanzgruben Weitere hilfreiche Geräte, je nach Bedarf:
- **Gartenkralle** (mit krallenartig angeordneten Zinken, oben mit breitem Quergriff): tiefe, nicht wendende Bodenlockerung durch Drehbewegungen, bei leichten bis mäßig schweren Böden mit recht wenig Anstrengung, sowie Entfernen hartnäckiger Unkräuter
- **Sauzahn** (mit großem, kräftigem, gebogenem Zinken und zur Schar verbreiterter Spitze): tiefe, nicht wendende Bodenlockerung, Entfernen hartnäckiger Unkräuter
- **Krail** (mit vier langen, kräftigen, rechtwinklig gebogenen Zinken): Zerkleinern von Erdschollen, Bodenlockerung, Einarbeiten von Kompost, Entfernen hartnäckiger Unkräuter
- **Schuffel** (Hacke mit schmal rechteckigem, rundum scharfem Blatt): Unkrautentfernung, für ziehende und stoßende Arbeitsweise
- **Doppelhacke** (mit schmalen Blatt auf der einen, Zinken auf der anderen Seite): flexibler Einsatz als Hacke oder Grubber
- **Gartenwiesel, Rollkultivator, Sternfräse** (mit rotierenden Metallsternen): Lockern und Krümeln der Bodenoberfläche, Unkrautentfernung
- **Kurzstielige Hand- oder Kleingeräte,** zum Beispiel Grubber, Kultivator oder Hacke: gezieltes Arbeiten auf engem Raum, zwischen Reihen und empfindlichen Jungpflanzen
- **Mist-, Kompostgabel** (mit langen, leicht gebogenen Zinken): Umsetzen von Kompost, Aufnehmen und Verteilen von Laub und anderem grobem Mulchmaterial

Lange Stiele, zum Beispiel bei Schaufeln und Hacken, reichen am besten etwa bis zur Schulter; bei Rechen können auch längere Stiele (bis Kopfhöhe) praktisch sein. Für Schaufeln und Kompostgabeln empfehlen sich gebogene beziehungsweise gekrümmte Stiele. Mittellange Stiele, etwa bei Spaten und Grabegabel, werden meist am angenehmsten empfunden, wenn sie auf Bauchhöhe beziehungsweise knapp unter Brusthöhe enden. Manche Geräte, inklusive Spaten, gibt es auch mit Teleskopstielen, bei denen sich die Länge variabel einstellen lässt. Dies bringt Vorteile, wenn sehr unterschiedlich große Menschen damit arbeiten.

Bewährt haben sich Stiele aus Esche. Teils finden die ebenfalls guten Hölzer Buche und Hickory Verwendung, bei Handgeräten zudem Kirschholz oder Kunststoff.

Im Allgemeinen gelten unlackierte Eschenholzgriffe in Verbindung mit einem leicht elastischen Stiel als beste Lösung. Kunststoffgriffe oder -überzüge können angenehm sein, durch den „Arbeitsschweiß“ an den Händen werden

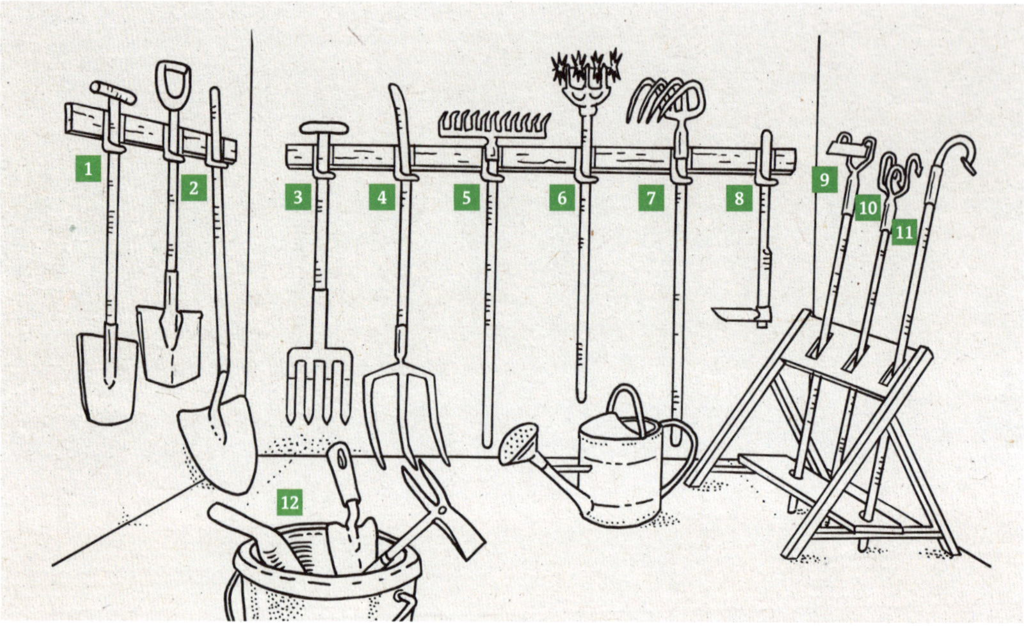

Bodenbearbeitungsgeräte (1) Spaten mit T- und D-Griff; (2) Schaufel; (3) Grabegabel; (4) Mist- bzw. Kompostgabel; (5) Rechen; (6) Gartenwiesel (Rollkultivator); (7) Krail; (8) Schlaghacke; (9) Bügelhacke; (10) Kultivator; (11) Sauzahn. (12) Im Eimer: Pflanzholz, Pflanzschaufel und kleine Handhacke (Doppelhacke)

sie aber oft rutschig und durch Witterungseinflüsse manchmal spröde und rissig.

Die Form der Griffe spielt vor allem bei Spaten und Grabegabel eine Rolle. Manche Gärtner nutzen gern einen D-förmigen Griff, doch mit T-Griffen lässt sich leichter umgreifen und der Spaten genauer führen; die Belastung fürs Handgelenk ist zudem etwas geringer.

Bei den eigentlichen Werkzeugen oder Funktionsteilen ist meist rostfreier Edelstahl die erste Wahl. Besonders bei Spaten, Grabegabel und Hacken empfehlen sich Ausführungen, bei denen alles inklusive Verbindungsteil (Dülle, Feder oder Schaft) aus einem Stück geschmiedet ist. Spaten und Grabegabel stehen hier als „Schwerarbeiter" wieder besonders im Blickpunkt. Bei ihnen kann die Metallhalterung den unteren Stielteil als Dülle (Tülle) komplett umfassen oder als Doppelfeder in Form zweier Haltezungen aufnehmen. Gut verarbeitet und vernietet, erweist sich die elastischere Doppelfeder als besonders belastbar. Bei Tüllen dagegen kann es eher zum Lockern, Aufreißen oder gar Anbrechen des Stiels kommen.

Verbreiterte Trittkanten am oberen Spatenblattende erleichtern das Einstechen mit dem Fuß. Hat man öfter schwere, tonhaltige Böden umzugraben, empfiehlt sich ein relativ schmales Spatenblatt, bei lockeren Böden kann man breitere Blätter wählen.

Hochwertig geschmiedete Spatenblätter gelten als „selbstschärfend", da sie an den Schmalseiten zur Schneide hin konisch geformt, also schmäler gewalzt sind. Dadurch bleibt die Schneide auch scharf, wenn sich der untere Rand etwas abnutzt.

Anstelle einzelner Hacken, Kultivatoren und Rechen können auch Systemgeräte Verwendung finden. Bei ihnen braucht man im Prinzip nur einen Stiel, an dem man nach Bedarf das gerade benötigte Werkzeug aufsteckt und befestigt. Oft ist es aber recht nützlich, wenn man über zwei Stiele mit verschiedener Länge verfügt. Sehr praktisch sind solche Modulsysteme auch bei kurzstieligen Kleingeräten wie Handhacke oder -grubber.

Eine Motorhacke mit rotierenden Hackmessern, die das Umgraben mit dem Spaten erspart – das ist gerade für größere Gemüsegärten sehr verlockend. Das sehen auch mehrere Hersteller so und bieten zunehmend kompakte, leichte Ausführungen für Hobbygärtner an, teils mit vergleichsweise leisem kabelgebundenem Elektro- oder sogar Akkuantrieb anstelle der Benzinmotoren. Doch leider können solche Geräte die hoch gesteckten Erwartungen nicht immer erfüllen. Viele eignen sich tatsächlich eher als Ersatz für eine Hacke, etwa zum Zerkleinern der oberen Bodenschicht nach dem Umgraben. Für eine tief greifende Bearbeitung, besonders bei mittelschweren bis schweren Böden, sind schon sehr leistungsstarke Geräte nötig. Das hat seinen Preis. Solche „Powergeräte" sind auch nicht gerade einfach zu führen, für eine gute Kontrolle bedarf es schon Kraft.

Motorhacken kann man vielerorts im Bau- oder Landmaschinenhandel oder in Gartencentern ausleihen. Dies ist auch eine gute Möglichkeit, um vor einer Anschaffung praktisch zu testen, was man tatsächlich braucht und wie man mit solch einem Gerät zurechtkommt.

Zum Zerkrümeln der obersten Bodenschicht dient eine Motorfräse. Sie dringt mit ihren sternförmigen Messern leichter in tonhaltige Böden ein als eine Motorhacke. Ihr häufiger Einsatz hat allerdings eine nachteilige Wirkung auf die Bodenstruktur und den Humusgehalt.

GS-, VDE- und LGA-Prüfzeichen

WICHTIGE HELFER IM GARTENALLTAG

Zahlreiche, oft „unspektakuläre" Utensilien sind nützliche, oft auch unverzichtbare Begleiter im Gartenalltag und sollten stets zur Hand sein. Dazu gehören zum Beispiel ein kräftiges Taschen- beziehungsweise Gärtnermesser, wetter- und reißfeste Bindeschnur, Bindebast und -draht und natürlich gute Gartenhandschuhe. Knieschoner oder -kissen verhelfen zu mehr Komfort beim Pflanzen und Pflegen.

Im Geräteschuppen sind auch ein robuster Besen und ein größerer Hammer (Fäustel), etwa zum Einschlagen von Pfählen, stets gut aufgehoben.

Unter den Kleingeräten verdient der Unkrautstecher zum Entfernen tief wurzelnder Kräuter besondere Erwähnung. Manche Hersteller bieten auch langstielige Unkrautstecher mit kräftigen „Greifwerkzeugen" an. Damit lässt sich recht bequem und zugleich effektiv im Stehen arbeiten.

Für den Kompost empfiehlt sich neben geeigneten Behältern (siehe Seiten 55 f.) ein Durchwurfsieb, das mit einem stabilen Fuß beziehungsweise Bügel schräg aufgestellt wird. Beim Durchsieben des reifen Komposts kann man damit grobe Bestandteile abtrennen und zurück auf die Kompostmiete aufbringen.

Manchmal früher, als einem lieb ist, rentiert sich die Anschaffung einer Gartenspritze zum Ausbringen von Pflanzenschutzmitteln. Die gängigen Drucksprühgeräte für den Garten fassen meist fünf Liter, was in der Regel ausreicht, und haben oft einen Tragriemen zum Umhängen. Häufig erweist sich ein kleineres, zerstäuberähnliches Handsprühgerät als gute Ergänzung.

Als Sä- und Pflanzzubehör ist für gerade Saat- und Pflanzreihen eine einfache Setzschnur, die an zwei Pflöcken aufgespannt wird, fast unentbehrlich; nicht zu vergessen der Zollstock zum schnellen Markieren und Überprüfen der richtigen Abstände. Gelochte Plastikstreifen mit Draht und ein dicker wasserunlöslicher Folienstift dienen zum Kennzeichnen der Saatflächen und Pflanzen.

Zur Grundausstattung gehört auch eine kleine Pflanzschaufel; ein kegelförmiges Pflanzholz eignet sich vor allem für Jungpflanzen ohne Wurzelballen.

Für die Aussaat kann ein rechenähnlicher Rillenzieher praktisch sein, der mit verstellbaren Scharen gleich mehrere Reihen auf einmal vorbereitet. Werden regelmäßig große Flächen eingesät, lohnt sich eventuell auch die Anschaffung eines Sägeräts mit Rad und einstellbarem Verteilermagazin, das an einem Stiel über die Reihen gezogen wird.

SCHEREN UND ANDERE SCHNITTWERKZEUGE

Vor allem im Obstgarten ein großes Thema: Werkzeuge, die ein sauberes, pflanzenschonendes Schneiden ermöglichen, und das mit möglichst angenehmer Handhabung und geringem Kraftaufwand. Gründlich umsehen und nicht am falschen Ende sparen – diese bewährten Tipps gelten ganz besonders auch für Schnittwerkzeug.

Dass ein rostfreies, klappbares Gärtnermesser zur sehr nützlichen Grundausstattung gehört, wurde bereits erwähnt. Eine spezielle Variante ist die Hippe mit geschwungener Klinge; mit ihr lassen sich unsaubere, ausgefranste Schnitt- und Sägeränder gut nacharbeiten, was die Wundverheilung fördert.

Gartenscheren, auch als Einhandscheren bekannt, sind in jedem Garten unverzichtbar. Dabei unterscheidet man grundsätzlich Bypassscheren mit zwei gebogenen, ineinander greifenden Klingen und Ambossscheren mit gerader Schneidklinge und starrer Gegenfläche. Sofern die Klingen optimal eingestellt und von guter Qualität sind, ermöglicht die Bypassschere präzisere Schnitte ohne Rindenquetschung; zudem kommt man damit etwas besser direkt an die Ansatzstellen der zu entfernenden Triebe.

Dafür schafft die Ambossschere auch kräftigere Zweige, und das mit geringerem Krafteinsatz. Wer hauptsächlich mit noch jungen Gehölzen zu tun hat, fährt mit einer Bypassschere etwas besser, wer viel altes Holz entfernen muss, mit der Ambossschere.

Hat man regelmäßig mehrere Gehölze zu schneiden, ist es ohnehin am besten, wenn man über beide Scherentypen verfügt. Im Angebot finden sich auch Modelle für Linkshänder, für große und kleine Hände sowie mit speziell gestalteten Griffen, die besonders ergonomisches Arbeiten versprechen. Da hilft nur, auszuprobieren, was wirklich gut in der Hand liegt.

Es ist ein großer Pluspunkt, wenn sich die Schneiden bei Bedarf einfach auswechseln oder nachstellen lassen. Außerdem sollte die Feststellmechanik der Schere verlässlich sein, damit sich die Schneiden nicht unverhofft öffnen, zum Beispiel in der Hosentasche.

Auch Astscheren gibt es wahlweise mit Bypass- oder Ambossschneiden. Dank ihrer langen Holme kommt man nicht nur leichter in Ecken oder höhere Regionen, sondern kann dank besserer Kraftübertragung auch Äste mit bis zu 45 Millimeter Durchmesser schneiden.

Als Baumscheren werden Geräte bezeichnet, die mittels eines ausfahrbaren Teleskopstiels das Schneiden in hohen Baumkronen ermöglichen (teils bis in fünf Meter Höhe). Die Klingen werden dabei meist über Seilzüge bewegt. In dichten Kronen sind genaue Schnitte allerdings nicht ganz einfach, und je nach Ausführung können solche Baumscheren auch recht schwer und unhandlich sein.

Bei Astsägen steht ein schmales, gerades oder geschwungenes Sägeblatt, das bei manchen Modellen einklappbar ist, an einem Handgriff. Mit ihnen lässt sich recht gut in Ecken und Winkeln sägen, wobei gängige Modelle meist 100–150 Millimeter Durchmesser schaffen. Diese Geräte gibt es ebenfalls mit Teleskopstielen, außerdem auch mit Akkuantrieb.

Die „klassische" Baumsäge für dickere Äste ist eine Bügelsäge mit im Schnittwinkel verstellbaren Sägeblatt. Beim Kauf sollte man testen, ob sich die stark gespannten Blätter problemlos verstellen lassen, und sich erkundigen, ob passende Ersatzblätter leicht zu erhalten und einzuspannen sind.

ERNTE- UND TRANSPORTHILFEN

Mit geeignetem, gut geschärftem Schnittwerkzeug verfügt man auch gleich über brauchbare Erntehilfen: Viele Kräuter und Gemüse sowie manche Obstarten lassen sich am besten mithilfe von Schere oder Messer ernten.

Ein etwas raffinierteres Utensil ist der **Obstpflücker** mit langem Stiel, mit dem sich Äpfel und Birnen aus höheren Baumregionen in den Erntekorb befördern lassen. Er besteht aus einem Auffangsäckchen und einem kronenartigen Kranz, mit dessen Hilfe man die Früchte von den Zweigen trennt.

Manches lässt sich zwar mit Geräten an langen oder ausfahrbaren Stielen erledigen, doch bei hohen Obstbäumen, Kiwis oder Weinreben kommt man oft nicht ohne **Leiter**

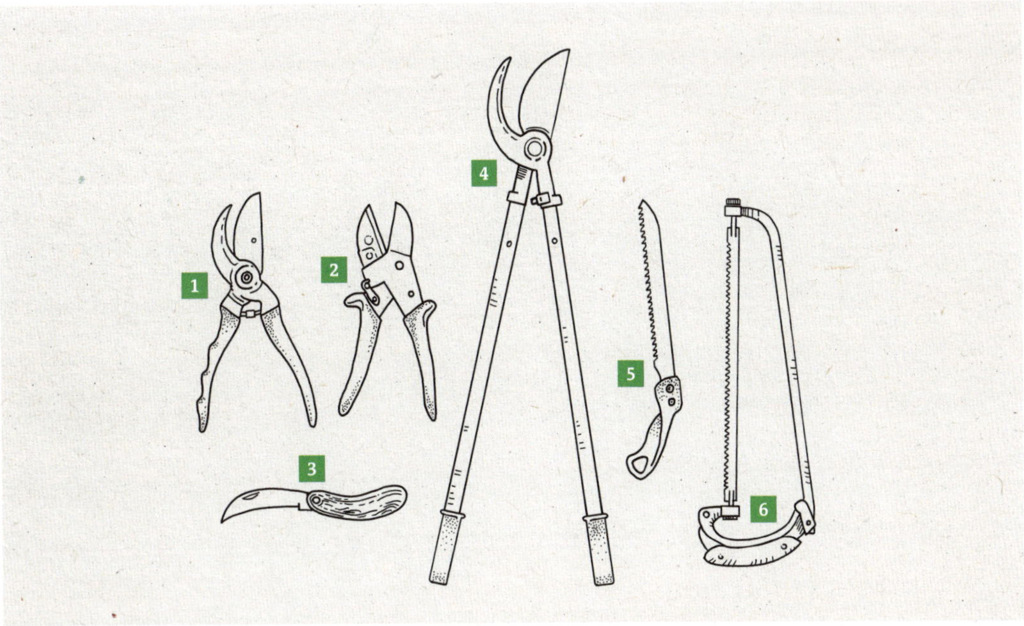

Nützliche Schnittwerkzeuge für die Gartenarbeit: (1) Bypassschere; (2) Ambossschere; (3) Hippe; (4) Astschere; (5) Astsäge; (6) Baum- oder Bügelsäge

aus. Vermeiden Sie hier unbedingt provisorische und Behelfslösungen – die meisten Unfälle in Haus und Garten resultieren aus falschem oder unachtsamem Benutzen von Leitern! Im Garten sollten ausschließlich ausgewiesene Leitern für den Außenbereich zum Einsatz kommen, und zwar nur so, wie es ihre Konstruktion vorsieht: entweder als Steh- oder als Anlehnleiter – es sei denn, es handelt sich um eine echte Mehrzweck-Sprossenleiter, die sich wahlweise aufgestellt oder angelehnt einsetzen lässt.

Eine gute Leiter ist stabil, kippsicher und hat trittsichere Stufen oder Sprossen, die auch bei Feuchtigkeit oder etwas Erde an den Schuhen hinreichend rutschfest sind. Bei Stehleitern sorgt eine verlässliche Spreizsicherung (Spannketten oder -gurte) für Standfestigkeit. Bei Anlegeleitern sollten die Sprossen auf den Holmen nicht aufliegen, sondern in diese eingesetzt sein. Rutschsichere Fußkappen sind beim Einsatz auf Gartenböden wenig hilfreich; hier empfehlen sich vielmehr Metallspitzen. Ideal sind in dieser Beziehung spezielle Obstbaumleitern, die in der Regel mithilfe verstellbarer Alustützen als frei stehende Leitern (nicht als Anlehnleitern) konstruiert sind.

Zum Sammeln und Heimbringen der Ernte sind **Körbe** sehr praktisch. Überhaupt: Behältnisse wie Körbe und Eimer in verschiedenen Größen zählen zum selten erwähnten, aber eigentlich unverzichtbaren Zubehör, etwa um Unkräuter, Kompost oder Gartenutensilien zu transportieren. Ähnlich nützlich sind Gartensäcke aus kräftigem Kunststoff, die sich teils mittels Federn zu tonnenartigen Behältern aufklappen lassen.

Unter den fahrbaren Transporthilfen sollte die **Schubkarre** nicht fehlen. Hier sind wieder Stabilität und solide Verarbeitung Trumpf, wobei die Karre nicht zu schwer sein darf. Das Hauptgewicht der Wanne sollte auf dem Rad lasten. Wichtig ist zudem eine möglichst gute Abstimmung der Holmlänge auf die eigene Körpergröße – und eine übersichtliche Montageanleitung, wenn man die Karre, wie oft üblich, als Bausatz kauft.

Eine **Sackkarre,** zum Beispiel für Düngersäcke oder große Pflanzen, kann den „Gerätepark" sinnvoll erweitern.

VORBEREITEN UND ANLEGEN

DER BODEN: GRUNDLAGE ALLER ERNTEFREUDEN

Bodenfruchtbarkeit – dieser Fachbegriff veranschaulicht sehr schön, wie wichtig der Boden für gesundes Pflanzenwachstum und dauerhaft befriedigende Ernten ist.

UNTER DER OBERFLÄCHE

Ein fruchtbarer Boden bietet den Wurzeln genug Raum und Luft für ihre optimale Entwicklung, speichert reichlich Wasser und Nährstoffe und gibt diese je nach Bedarf an die Pflanzen ab. In ihm wimmeln Kleintiere und Mikroorganismen, die ständig organische Reste in Nährstoffe und Humus umwandeln, die Bodenstruktur optimieren und nebenbei Schaderreger im Boden in Schach halten.

In der Gartenpraxis hat man es meist nur mit den oberen 20 bis 30 Zentimetern des Bodens zu tun. Darunter verbirgt sich das Ergebnis einer jahrtausendelangen Entwicklung. Am Anfang war das Ausgangsgestein, je nach Region zum Beispiel Granit, Sandstein oder Tonschiefer. Bei den heutigen Böden bildet es den Untergrund, der oft erst ab ein bis zwei Metern Tiefe ansteht – hier stoßen selbst die längsten Wurzeln häufig auf feste Grenzen.

Darüber folgt eine Schicht aus verwittertem, zerkleinertem Ausgangsgestein, der Unterboden. Er ist meist hellbraun oder graubraun, manchmal auch rötlich oder ausgebleicht.

Gekrönt wird das Ganze vom Oberboden (Mutterboden) aus stark verwitterten mineralischen Teilchen. Diese auch als Krume bekannte Schicht ist durch Humus dunkel gefärbt. In einem lange und gut bearbeiteten Gartenboden kann die Krume bis rund 50 Zentimeter tief reichen. Dabei tritt der Einfluss von Unterboden und Ausgangsgestein immer mehr zurück:

Die Bodenfruchtbarkeit lässt sich so durch gärtnerische Tätigkeit maßgeblich lenken und fördern. Ein „durchschnittlicher" Oberboden besteht gut zur Hälfte aus fester Substanz, den Rest teilen sich Luft und Wasser. Die festen Bestandteile sind zu rund 85 Prozent mineralisch; ihre Körnchengröße bestimmt die Grundstruktur und damit die Bodenart.

Der organische Anteil von rund 15 Prozent umfasst Bodenleben und Pflanzenwurzeln sowie den Humus aus abgestorbenen, mehr oder weniger stark zersetzten Resten. Dieser resultiert aus der Tätigkeit von unzähligen nützlichen Bodelebewesen, von Regenwürmern und Springschwänzen bis hin zu winzigen Bakterien und Strahlenpilzen.

BODENARTEN – EINE FRAGE DER KÖRNCHEN

Die feinkörnige mineralische Substanz des Oberbodens setzt sich aus verschieden großen Teilchen zusammen: aus Sand (grobe Körnchen), Schluff (mittelgroße Körnchen) und Ton (sehr kleine Körnchen).

Die vorherrschende Korngrößenfraktion entscheidet über die Einstufung der Bodenart als Sand-, Schluff-, Lehm- oder Tonboden. Das kann je nach Zusammensetzung noch weiter differenziert werden, zum Beispiel als lehmiger Sand oder schluffiger Ton.

Tonböden bieten zwischen ihren feinen, dicht gepackten Körnchen wenig Platz für Kanäle beziehungsweise Poren. So sind sie oft schlecht durchlüftet und feucht bis nass. Sie speichern reichlich Wasser und Nährstoffe, dies aber teils so fest, dass die Wurzeln nicht darüber verfügen können. Tonböden gelten als schwer, da schwer zu bearbeiten. Sie erwärmen sich im Frühjahr nur langsam, und Wur-

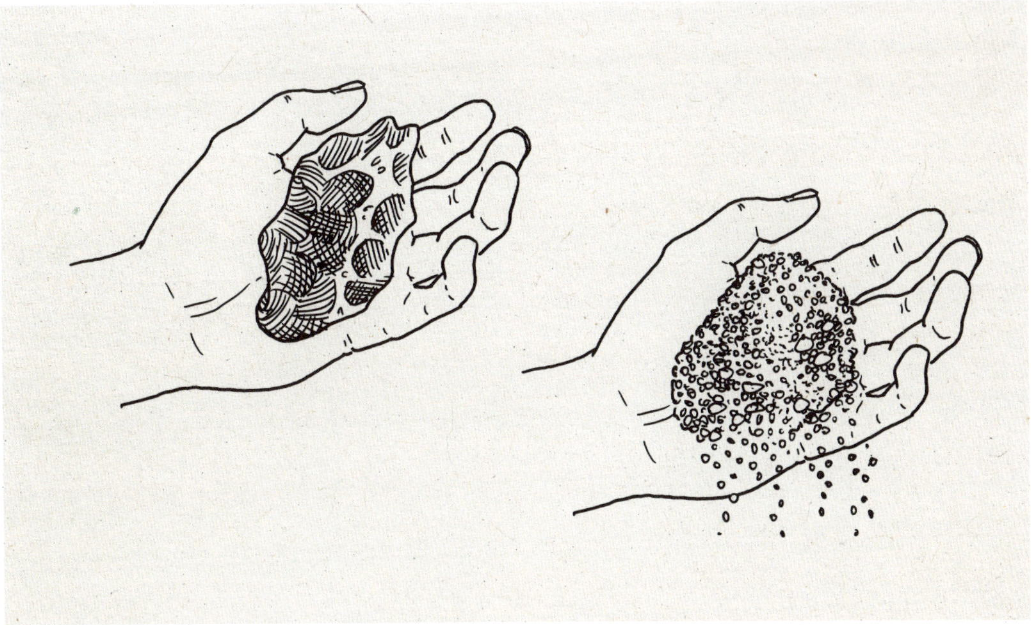

Handprobe der Bodenart: Knetbarer Klumpen bei einem feuchten Ton- oder Lehmboden; bei sandigem Boden rieselt die Probe locker von der Handfläche.

zelgemüse sowie Zwiebeln entwickeln sich in ihnen oft nur schlecht. Auch die Wurzeln von Obstbäumen haben in solchen Böden häufig Probleme. Die Diagnose dieser Bodenart ist einfach: Eine kleine Probe leicht angefeuchteten Tonbodens lässt sich gut zu einer festen Wurst mit glänzenden Reibflächen ausrollen.

Lehmböden werden fälschlicherweise oft mit Tonböden verwechselt. Dabei sind sie im Gegensatz zu diesen ausgesprochen günstige, mittelschwere Gartenböden. Sie setzen sich zu je etwa einem Drittel aus Sand, Schluff und Ton zusammen und vereinen so die Vorteile der unterschiedlichen Korngrößen. Lehmboden lässt sich mit der Hand fast so gut formen wie Ton, die Röllchen werden aber bald rissig und zeigen stumpfe Reibflächen.

Schluffböden sind mit ihrer mittleren Korngröße „guter Durchschnitt", die Wasser- und Nährstoffspeicherung ist allerdings nicht ganz so ideal wie bei einem Lehmboden. Eine Handprobe lässt sich nur mäßig zu Klumpen oder Röllchen formen; diese zerbröckeln schnell, das Material fühlt sich zwischen den Fingern mehlig an.

Sandböden sind – als sogenannte leichte Böden – gut durchlüftet und durchlässig. Sie werden zum Beispiel für den Anbau von Spargel und manchem Wurzelgemüse geschätzt und eignen sich auch gut für anspruchslose mediterrane Kräuter wie Oregano und Thymian. Für die meisten anderen Gemüse und viele Obstarten sind sie allerdings eher nachteilig, denn sie speichern Wasser und Nährstoffe nur schlecht und kühlen ebenso rasch aus, wie sie sich erwärmen.

Sandboden ist auch angefeuchtet kaum formbar, er zerbröselt, und zwischen den Fingern spürt man die Körnchen.

HUMUS: DAS SALZ IN DER SUPPE

Der Humusgehalt in der Krume eines guten Gartenbodens liegt bei rund 3 bis 4 Prozent; bei Sandböden genügen 2 bis 3 Prozent, mit zunehmendem Tonanteil sind höhere Werte (bis etwa 5 Prozent) günstig. Dieser bescheidene Anteil genügt, um die Fruchtbarkeit bei jeder Bodenart deutlich zu erhöhen.

Eine direkte Wirkung zeigen die leicht zersetzbaren organischen Reste, die den Nährhumus bilden: Sie werden von den Bodenorganismen recht schnell in pflanzenverfügbare Nährstoffe umgesetzt. Noch weitaus wertvoller ist aber der nur langsam abbaubare Dauerhumus, der den Hauptanteil darstellt: Er verbessert die Stabilität und zugleich die Lockerheit des Bodengefüges, dessen Bearbeitbarkeit, den Luft-, Wasser- und Wärmehaushalt sowie die Wasser- und Nährstoffspeicherung. Zudem regt er die Aktivität des nützlichen Bodenlebens an und beugt der Erosion (Bodenabtrag durch Wasser oder Wind) vor.

Der Humus im Boden unterliegt ständigen Ab-, Um- und Aufbauprozessen. Dennoch ist der (Dauer-)Humusgehalt eine recht beständige Größe. Eine drastische Humuserhöhung bringt wenig und kann sogar nachteilig sein – von Spezialisten für humusreiche, moorähnliche Standorte wie Heidel- und Preiselbeeren einmal abgesehen. Es geht vielmehr um das allmähliche Einpendeln auf einem soliden Humusanteil und das nachhaltige Bewahren desselben, etwa durch Kompostgaben und Mulchen (siehe Seiten 56 ff.).

Die „Humuspflege" wird durch den Klimawandel immer wichtiger: Denn Hitze und Trockenheit beschleunigen den Humusabbau. Andererseits fördert ein guter Humusgehalt zwar die Aufnahme- und Speicherfähigkeit für Wasser sowie das Durchfließen. Doch wenn immer wieder Starkregen herunterprasselt oder der Garten sogar länger überschwemmt wird, kann das selbst die beste Bodenstruktur stark beeinträchtigen.

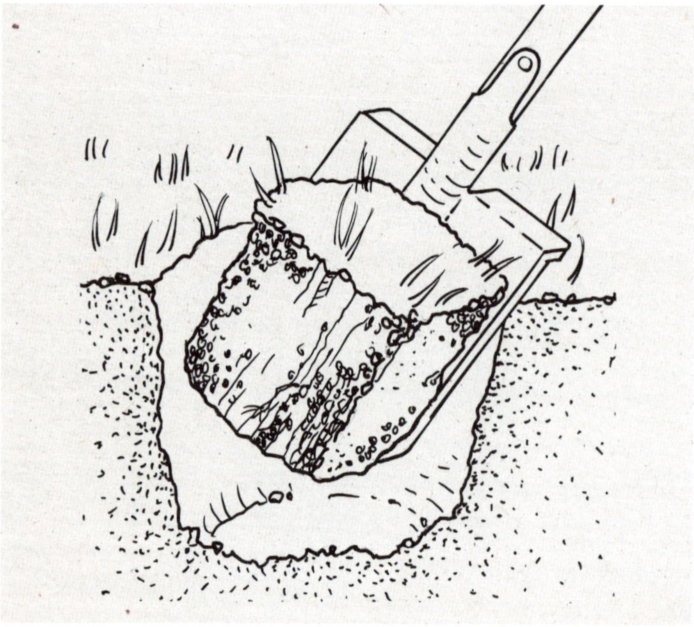

Entnahme einer Bodenprobe: An mehreren Stellen wird spatentief eine Scholle ausgehoben.

PH-WERT UND KALKGEHALT

Spätestens mit den Nährstoffen kommt neben den physikalischen und biologischen Bodeneigenschaften auch die Chemie ins Spiel – und dies alles wirkt und hängt eng zusammen, wenn es um die Bodenfruchtbarkeit geht.

Eine wichtige Rolle spielt der pH-Wert, auch bekannt als Bodenreaktion oder Säuregrad. Er hat großen Einfluss darauf, wie gut die Pflanzen verschiedene Nährstoffe aus dem Boden aufnehmen können.

Wenn zum Beispiel die Blätter von Weinreben wegen Eisenmangels stark vergilben, liegt das oft an einem zu hohen pH-Wert beziehungsweise Kalkgehalt im Boden. Dieser hemmt die Aufnahme des Eisens, selbst wenn dieses im Boden reichlich vorhanden ist.

Gemäß dem messbaren pH-Wert unterscheidet man saure, neutrale und alkalische (basische) Böden. Die pH-Wert-Skala reicht von 0 (extrem sauer) über 7 (neutral) bis 14 (extrem alkalisch). Saure Böden (pH-Wert unter 5,5) enthalten kaum Kalk, alkalische Böden (pH über 7,2) haben in der Regel einen hohen Kalkgehalt.

Die meisten Gemüse- und Obstarten gedeihen am besten bei pH-Werten zwischen 6 und 7, also im schwach sauren bis neutralen Bereich. In Sandböden kann der Wert etwas niedriger, in stark tonhaltigen etwas höher liegen.

Zu den wichtigsten Ausnahmen zählen manche Beerenobstarten: Heidel- und Preiselbeeren benötigen stark sauren, kalkfreien Boden (pH 3 bis 5), Himbeeren und Erdbeeren bevorzugen ein mäßig saures Milieu (pH 5,5 bis 6). Viele Kräuter mediterraner Herkunft sind dagegen auf Kalkgestein zu Hause: Oregano, Salbei, Thymian & Co. fühlen sich deshalb auf alkalischen Böden (pH 7,5 bis 8) am wohlsten. Beim Kohlanbau beugt ein schwach alkalischer pH-Wert ab 7 der Pilzkrankheit Kohlhernie vor.

Der pH-Wert eines Bodens lässt sich beeinflussen; dies sollte aber nicht schlagartig geschehen, sondern allmählich vorgenommen werden. Zum Absenken des pH-Werts (= Ansäuern) dienen Laub- und Nadelkompost, Rindenmulch und sauer wirkende Dünger wie Ammoniumsulfat. Soll eine kleine Fläche für Heidel- oder Preiselbeeren hergerichtet werden, kann man auch einmal sauren Torf einarbeiten, doch ansonsten verzichtet man besser auf dieses zu Recht umstrittene Hilfsmittel.

Ein zu niedriger ph-Wert kann mit langsam wirkenden Kalkdüngern wie kohlensaurem Kalk oder Algenkalk erhöht werden. Kalzium (auch: Calcium), der Hauptbestandteil des Kalks, ist zudem ein wichtiger Pflanzennährstoff. Seine größte Bedeutung hat er aber im Zusammenhang mit dem pH-Wert und der Bodenfruchtbarkeit.

Man entnimmt die Probe, indem man einen Löffel von unten nach oben über die Scholle zieht, wobei die obersten Zentimeter ausgelassen werden. 10 bis 15 solcher Einzelproben vermengt man anschließend gründlich, um eine repräsentative Mischprobe zu erhalten.

BODENUNTERSUCHUNG: WICHTIGE BESTANDSAUFNAHME

Es ist ja gut zu wissen, bei welchen pH-Werten sich welche Pflanzen im Garten gut entwickeln. Aber woher weiß man, wie die Ausgangssituation im eigenen Erdreich ist? Für alle Bodenverbesserungs- und Düngemaßnahmen sollte man also erst einmal wissen, wie die Kennwerte des eigenen Bodens genau aussehen. Zwar gibt es im Fachhandel zum Beispiel Testsets und Messgeräte für den pH-Wert. Doch eine professionelle Bodenuntersuchung ist da weitaus exakter und liefert auch genaue Informationen über die Bodenart sowie die Gehalte an wichtigen Nährstoffen – häufig gleich verbunden mit konkreten Düngeempfehlungen.

Die Bestimmung des Humusgehalts gehört oft mit zum Angebot oder kann, wie auch eine Untersuchung auf eventuelle Schadstoffe im Boden, zusätzlich beauftragt werden.

Gerade bei der Neuanlage eines Nutzgartens ist eine Bodenuntersuchung sehr empfehlenswert, danach etwa alle vier Jahre, um auch auf Dauer bedarfsgerecht zu düngen und einem Ungleichgewicht vorzubeugen.

Die besten Zeitpunkte für die Probeentnahme sind Spätherbst und zeitiges Frühjahr. Labors, die solche Analysen durchführen, findet man durch Nachfragen bei der zuständigen Landwirtschaftskammer, auf den Gelben Seiten oder im Internet. Auch manche Gärtnereien und Gartencenter bieten das als Service an.

Achten Sie darauf, dass die Labors schon bei der Anfrage genaue Hinweise geben sollten, wie die Proben entnommen, verpackt und beschriftet werden sollen. In der Regel entnimmt man je einheitlich genutzter Fläche 10 bis 15 kleine Einzelproben, etwa in Spatentiefe, und vermengt diese gründlich. Von dieser Mischprobe gibt man dann 300–500 Gramm in eine Plastiktüte, um sie zur Untersuchung zu schicken.

DEN BODEN VERBESSERN UND BEARBEITEN

Der Ausdruck „Bodenpflege“ mag manchem etwas übertrieben erscheinen. Doch gerade in der Nutzgartenpraxis lernt man bald dessen praktische Bedeutung schätzen.

NEUE BEETE UND PFLANZFLÄCHEN

Tatsächlich kann gründliches Hegen und Umsorgen der Krume so manch unnötigen Pflegeaufwand bei den Pflanzen selbst und sogar Ärger sowie Misserfolge ersparen. Auch wenn es in den Fingern juckt: Neu in Kultur genommene Böden brauchen Geduld und teils auch längerfristige Vorarbeiten. Dies gilt besonders bei Neubaugrundstücken, wenn vorher Bagger und andere Maschinen gewütet haben. Falls sich die Baufirma nicht dazu bewegen lässt, Verdichtungen des Unterbodens und störende Bauschuttablagerungen zu beseitigen, ist es oft am besten, einen gärtnerischen Fachbetrieb mit entsprechender Spezialausstattung zu beauftragen. Auch bei sonstigen Verdichtungen in tieferen Bodenschichten oder häufiger Vernässung, etwa durch hoch anstehendes Grundwasser, können Fachleute helfen, indem sie zum Beispiel effektive Drainageeinrichtungen anlegen.

Erst wenn solche fundamentalen Strukturprobleme gelöst sind, lohnt es sich, den Oberboden zu verbessern – oder aber bis etwa 40 Zentimeter hoch zugekauften Mutterboden aufzutragen. Begutachten Sie solche Erden gründlich, bevor Sie sie bestellen und anliefern lassen; die Qualität entsprechender Angebote ist recht unterschiedlich. Auf Nummer sicher gehen Sie, wenn Sie nur Mutterboden beziehen, der mit dem RAL-Gütesiegel der Bundesgütegemeinschaft Kompost e. V. ausgezeichnet ist.

Recht unproblematisch ist das Umwandeln von Rasen oder Wiese in eine Beetfläche; allerdings nur, wenn man auf das Untergraben der Grasnarbe verzichtet. Diese wird besser mitsamt Wurzelfilz abgeschält, indem man den Spaten in flachem Winkel einsticht. Die Grassoden mit anhaftender Erde eignen sich als Material für den Kompost.

GRÜNDLICHES LOCKERN

Sofern nicht gerade optimale Muttererde aufgetragen wurde, steht bei allen frischen Beeten und Pflanzflächen zunächst eine gründliche Lockerung des Oberbodens an. Im Allgemeinen ist das Umgraben bei allen neu in Kultur genommenen Böden ratsam – inklusive dem gründlichen Auslesen von Unkrautwurzeln und Steinen. Hierfür kann bei der Erstbearbeitung eine wirklich leistungsstarke Motorhacke hilfreich sein (siehe auch Seite 38 f.). Meist genügt aber auch ein guter Spaten, mit dem man den Boden umgräbt.

Umgraben oder andere Methoden der tiefgründigen Lockerung gehören später dann auch zur notwendigen jährlichen Routine bei Beeten mit einjährigen Gemüsen und Kräutern. Dies macht man am besten gleich im Herbst, nachdem alles abgeerntet ist. Das Umgraben sorgt für eine gute Lockerung und Durchmischung des Bodens. Geschieht es, wie meist üblich, im Herbst, können über den Winter Fröste die groben Schollen zerkrümeln.

Wenn Sie stattdessen erst im Frühjahr tiefgründig lockern, sollten Sie mit dem Säen oder Pflanzen noch ein bis zwei Wochen warten, damit sich der Boden etwas setzen kann. Dasselbe gilt, wenn zu anderen Jahreszeiten, etwa

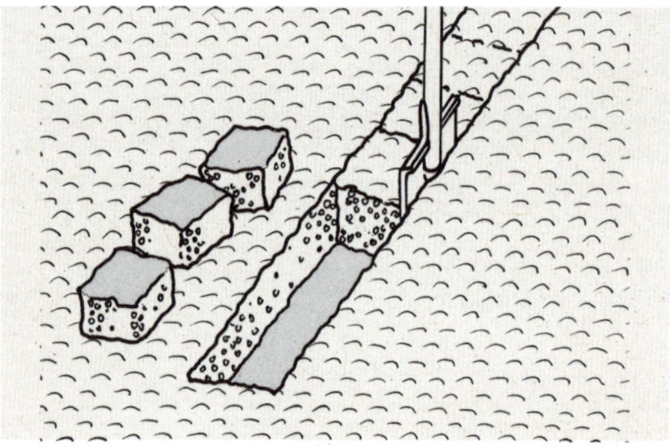

Zum Umgraben die erste Reihe mit dem Spaten ausstechen und am Rand auf dem Boden ablegen. Diese Schollen zum Schluss gleichmäßig auf der Beetfläche verteilen.

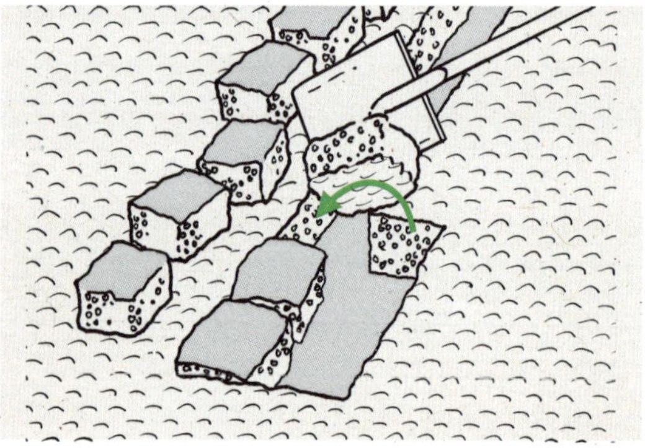

Die Schollen der zweiten Reihe abstechen, wenden und im Graben der ersten Reihe ablegen. Dann Reihe für Reihe so fortfahren.

Als Alternative bietet sich deshalb eine schonende, nicht wendende Bearbeitung mit Grabegabel und/oder Sauzahn an. Bei schon recht lockeren Böden eignet sich für diese Aufgabe auch eine Gartenkralle.

Danach können Sie gleich eine Mulchschicht, zum Beispiel aus Laub oder Rindenhumus, über den leeren Beeten ausbringen. Nebenbei können bei dieser Methode auch (krankheitsfreie) Ernterückstände auf dem Beet verbleiben und der Humusbilanz zugutekommen. Werden sie dagegen untergegraben, verrotten sie wegen der sauerstoffarmen Bedingungen nur schlecht.

Zur Verdichtung neigende Böden, insbesondere kalkarme Tonböden, sollten jedoch wenigstens alle paar Jahre umgegraben werden. Umgraben empfiehlt sich außerdem bei vor Spätkulturen oder Herbstpflanzungen, gründlich gelockert wird.

Im Frühjahr, kurz vor dem Säen und Pflanzen, folgt dann die Feinbodenbearbeitung (siehe Seite 84 f.). Jede mechanische Bodenbearbeitung soll übrigens möglichst bei schwach feuchtem, keinesfalls bei nassem Boden erfolgen, um einem Verschmieren und Verdichten des Bodens vorzubeugen. Bei Tonböden ist das Abpassen des richtigen Feuchtegrads besonders wichtig, denn bei Trockenheit wird das Bearbeiten ebenso zur Qual wie bei Nässe.

Wenn dann aber Humusversorgung und andere Verbesserungsmaßnahmen zunehmend mehr Wirkung zeigen, kann das Umgraben nach und nach reduziert werden und oft auch ganz entfallen, denn es hat nicht nur Nachteile für den Rücken: Durch das Wenden der Erdschichten werden die Bodenorganismen, die sich auf verschiedene Tiefen mit bestimmten Lebensverhältnissen spezialisiert haben, jedes Mal stark beeinträchtigt. Zudem kann häufiges Umgraben den Humusabbau beschleunigen.

SCHADSTOFFE IM BODEN?

Ist der Boden – etwa im Umfeld früherer Industriebetriebe – mit Schwermetallen oder organischen Schadstoffen belastet, genügt das Aufschütten von etwas Muttererde oft nicht! Lassen Sie bei Verdacht auf solche Belastungen unbedingt eine Schadstoffuntersuchung durchführen.

Bei mäßiger Schwermetallbelastung sollten vorzugsweise Fruchtgemüse, Hülsenfrüchtler, Kopfkohl und Obst angebaut, Blatt- und Wurzelgemüse dagegen weitgehend gemieden werden.

Ziehen Sie bei stärkerer Belastung eine Fachfirma, zum Beispiel für Bodenschutz oder Umwelttechnik, hinzu. Sollte eine Sanierung zu aufwendig sein, bleibt immer noch die Möglichkeit, Nutzpflanzen in Töpfen und Kübeln oder aber in einem Hochbeet anzubauen.

stark verunkrauteten sowie „schneckenverseuchten“ Flächen; im letzteren Fall vorzugsweise kurz vor Beginn stärkerer Fröste.

BÖDEN NACHHALTIG VERBESSERN

Das Zauberwort „Humus“ steht hier an erster Stelle: Kompost, gut aufbereiteter Mist und Gründüngung verbessern jede Bodenart, ob grob- oder feinkörnig.

Da am Anfang noch kein eigener Kompost zur Verfügung steht, lohnt sich die Investition in käuflichen Kompost oder Rindenhumus (nicht zu verwechseln mit Rindenmulch, der sich hierfür nicht eignet).

Solche Humusdünger gibt es abgepackt in Gartencentern, Kompostwerken und manchmal auch bei den Wertstoffhöfen der Kommunen. Von Kompostwerken kann man sich oft größere Mengen lose anliefern lassen. Bevorzugen Sie beim Kauf Komposte und Rindenhumus, die mit dem RAL-Gütesiegel der Bundesgütegemeinschaft Kompost e. V. ausgezeichnet sind. Dies gewährleist eine hohe, gründlich geprüfte Qualität.

Außerdem können Zuschlagsstoffe wie Gesteinsmehle (zum Beispiel Basaltmehl) und Algenpräparate eingearbeitet werden.

Symbol RAL – Gütezeichen Kompost

Bei Sandböden und sandigen Schluffböden lässt sich die Wasser- und Nährstoffspeicherung zudem durch Einarbeiten tonmineralhaltiger Gesteinsmehle wie Bentonit verbessern.

Bei Tonböden sollte man stattdessen reichlich Sand, feinen Kies oder Splitt untermischen. Hier sind in der Regel auch Kalkgaben nötig und hilfreich; genauen Aufschluss darüber und Anhaltspunkte für die nötigen Mengen ergibt eine Bodenuntersuchung (siehe Seite 39).

Arbeiten Sie Hilfsstoffe wie Sand und Bentonit nicht nur in der obersten Bodenschicht, sondern möglichst tief ein. Sie können einen Teil davon schon beim ersten Umgraben untermischen und dann weiteres Material nach dem Zerkleinern der Schollen einarbeiten. Kalk dagegen wird nur flach eingearbeitet, im Herbst oder Frühjahr.

Humusdünger wie Kompost und Mist sollten in der Regel erst im Frühjahr ausgebracht werden. Verteilt man sie schon im Herbst, werden über Winter leichter lösliche Nährstoffe, besonders Stickstoff, ungenutzt ausgewaschen. Stallmist wird am besten vorkompostiert. Oder man streut ihn dünn auf dem Boden aus und lässt ihn einige Tage anrotten, bevor man ihn einarbeitet. Grundsätzlich gilt: Kompost und Mist stets nur oberflächlich einarbeiten, mit Kultivator oder Krail. Nur in lockeren Sandböden können Sie den Mist auch untergraben. Dann können die sauerstoffliebenden

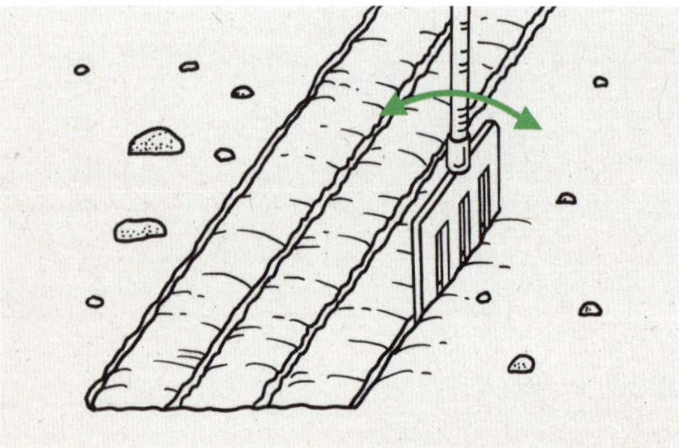

Zur schonenden Bodenlockerung die Grabegabel in Reihen in Abständen von rund 10 cm ganz einstechen und mehrmals vor und zurück rütteln.

Anschließend mit dem Sauzahn in diagonalen Reihen über die Fläche ziehen. Bei Böden mit lockerer Struktur reicht diese Maßnahme oft schon alleine aus.

Bodenorganismen in der oberen Bodenschicht das Material zügig zersetzen und in wertvollen Humus umwandeln. Vorsicht: Mist, besonders Frischmist, hat einen recht hohen Anteil an leicht löslichen Nährstoffen und „reaktiven" Substanzen. Nach dem Ausbringen sollte man deshalb mit dem ersten Säen und Pflanzen noch einige Wochen warten. Frisch mit Mist versorgte Beete eignen sich nur für Gemüse mit hohen Nährstoffansprüchen (siehe: Starkzehrer), nicht aber – mit Ausnahme von Kartoffeln – für Wurzelgemüse und Zwiebeln. Ähnliches gilt, wenn im Frühjahr noch nicht völlig ausgereifter Frischkompost ausgebracht wird, sowie direkt nach dem Einarbeiten einer Gründüngung.

Bei einer Gründüngung (siehe auch Seite 58) brauchen Sie nach der Aussaat rund drei Monate Geduld, bis alles gut herangewachsen, dann eingearbeitet und verrottet ist. Am ehesten empfiehlt sich deshalb eine Gründüngungssaat im August. Viele Pflanzen sterben dann über den Winter ab, sodass es im Frühjahr schon recht zeitig mit dem eigentlichen Anbau losgehen kann. Übrigens: Kartoffeln sind zwar keine Gründüngungspflanzen, sie hinterlassen aber einen gut gelockerten Boden. Deshalb werden sie gern als „Pionierpflanzen" auf neuen Gemüsebeeten angebaut.

Die meisten der genannten Maßnahmen sind keine Einmalaktionen: Um den Boden nachhaltig zu verbessern, sollten sie mehrmals beziehungsweise regelmäßig durchgeführt werden. Hierbei spielt auch das Mulchen (siehe Seite 56 ff.) eine wichtige Rolle.

Ein oft gepriesenes Verbesserungsmittel ist die Terra preta. Diese „schwarze Erde" hat tatsächlich im Amazonasgebiet wahre Wunder bewirkt. Dort wurde sie schon vor langer Zeit von den südamerikanischen Ureinwohnern entwickelt. Diese vergruben vermutlich mit Erde vermengte Abfälle, Asche und Kohle und deckten sie gut ab. So entstanden ideale Bedingungen für eine Milchsäuregärung durch anaerobe Bakterien. Dadurch wurde die Biomasse konserviert. Dazu kamen die positiven Wirkungen der porösen Pflanzenkohle, die die Wasserspeicherung der Böden verbesserte. Dies mithilfe von Mikroorganismen, die zugleich den Nährstoffgehalt erhöhen und viel Kohlendioxid binden. Das alles war ein Segen in den feuchten Tropen, wo sonst der Boden rasch verwittert und unfruchtbar wird. Stattdessen entstanden durch die Terra preta humusreiche Felder und Gärten, die ihre Fruchtbarkeit über viele Jahrhunderte bewahrt haben. Das versuchen heute verschiedene Betriebe und Hobbygärtner mit bestimmten Rezepten und Methoden nachzuahmen. Dabei kommen Bodenverbesserungsmittel heraus, die nun öfter in Garten- und Baumärkten angeboten werden. Verschiedene Untersuchungen haben gezeigt, dass gute Terra-preta-Substrate tatsächlich bei mageren Sandböden zu deutlichen Verbesserungen führen. Dagegen machte sich bei einem humosen, gut mit Kompost versorgten Boden kaum ein Einfluss bemerkbar. Günstig ist aber, wenn Terra preta dem Kompost vor dem Ausbringen untergemischt wird.

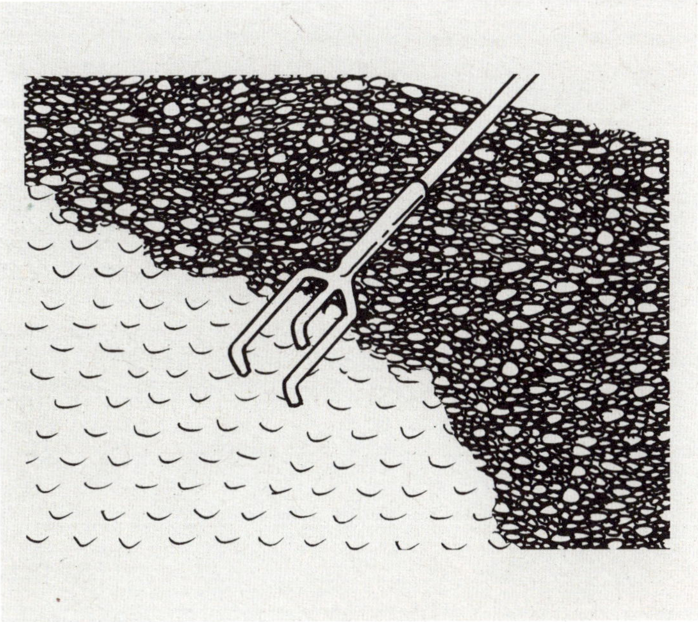

Humusdünger wie Kompost und Stallmist werden nur oberflächlich mit dem Kultivator oder Krail eingearbeitet, damit sie zügig verrotten.

KOMPOST, MULCH UND GRÜNDÜNGUNG

Humus- und Nährstoffversorgung, Bodenverbesserung, ein gesundes, robustes Pflanzenwachstum fördern: Dafür sind Kompost, Mulch und Gründüngung fast unschlagbar – und dabei auch noch kostenlos oder sehr preiswert.

DER EIGENE KOMPOST

Als Kompostplatz eignet sich am besten eine leicht beschattete Gartenecke mit unbefestigtem Boden. Dabei rechnet man idealerweise mit drei bis vier Quadratmetern Kompostfläche je 100 Quadratmeter Gartenfläche. Sie sollte ausreichend Platz bieten zum Sammeln des Materials, für zwei bis drei auf- oder umgesetzte Komposthaufen sowie für den fertigen, reifen Kompost.

Der Kompost kann in hügelähnlichen Mieten aufgesetzt werden; doch mit Kompost-Holzboxen (mit je nach Füllhöhe auflegbaren Brettern beziehungsweise Latten) aus dem Bau- oder Gartenmarkt lässt sich der Raum besser nutzen. Thermokomposter aus Kunststoff sorgen zwar für eine besonders schnelle Zersetzung und können so auch etwas Platz sparen. Bei ihnen gibt es allerdings öfter Probleme mit einer gehemmten Verrottung oder sogar Fäulnis, falls man nicht auf eine optimale Durchmischung der eingefüllten Materialien und eine ausreichende Belüftung achtet.

Als **Kompostmaterialien** eignen sich fast alle organischen Garten- und Küchenabfälle, des Weiteren Stallmist und Holzasche aus dem Kamin, wenn das Holz unbehandelt war.

Ungeeignet sind dagegen Grill- oder Steinkohlenasche, verschimmelte Küchenreste, Fleisch-, Fischabfälle und Knochen, Öle und Fette, größere Mengen an behandelten Zitrusschalen sowie Haustierkot. „Grenzfälle" sind kranke Pflanzenteile und Unkräuter mit Samenständen oder Ausläufern. Die anfängliche Hitzeentwicklung im Kern eines gut aufgesetzten Komposts kann so manches abtöten. Doch gerade bei gefährlichen Krankheitserregern ist es sicherer, die Pflanzenteile über die Biotonne zu entsorgen.

Rasenschnitt sollte man zunächst flach ausgebreitet etwas anrotten lassen, bevor man ihn zum anderen Sammelgut gibt; Äste, Zweige, kräftige Gemüse- und Blumenstängel werden zuvor zerkleinert.

Achten Sie auch möglichst schon beim Aufsetzen des „Sammelhaufens" darauf, dass sich eher grobe, trockene Reste mit feinen, feuchten Materialien abwechseln.

- Beim Aufsetzen ist zuunterst eine Schicht aus Holzhäckseln ideal: Sie saugt einen Teil des Sickerwassers auf und verhindert so das Ausschwemmen von Nährstoffen.
- Noch wichtiger ist dann aber eine 20–30 Zentimeter hohe Lage aus grobem Gehölzschnitt oder mäßig zerkleinerten Stängeln, die eine gute Drainage gewährleistet.
- Darüber folgen die Garten- und Küchenabfälle in möglichst guter Durchmischung grober und feinerer Materialien, damit das Ganze gut durchlüftet bleibt.
- Rund alle 20 Zentimeter sollte man dazwischen jeweils eine dünne Schicht aus humosem Boden oder schon fertigem Kompost ausbringen: Die darin lebenden Mikroorganismen sorgen für eine gute Umsetzung und Verrottung. Günstig ist auch das Ausstreuen von etwas Gesteinsmehl oder Algenkalk zwischen den Schichten.

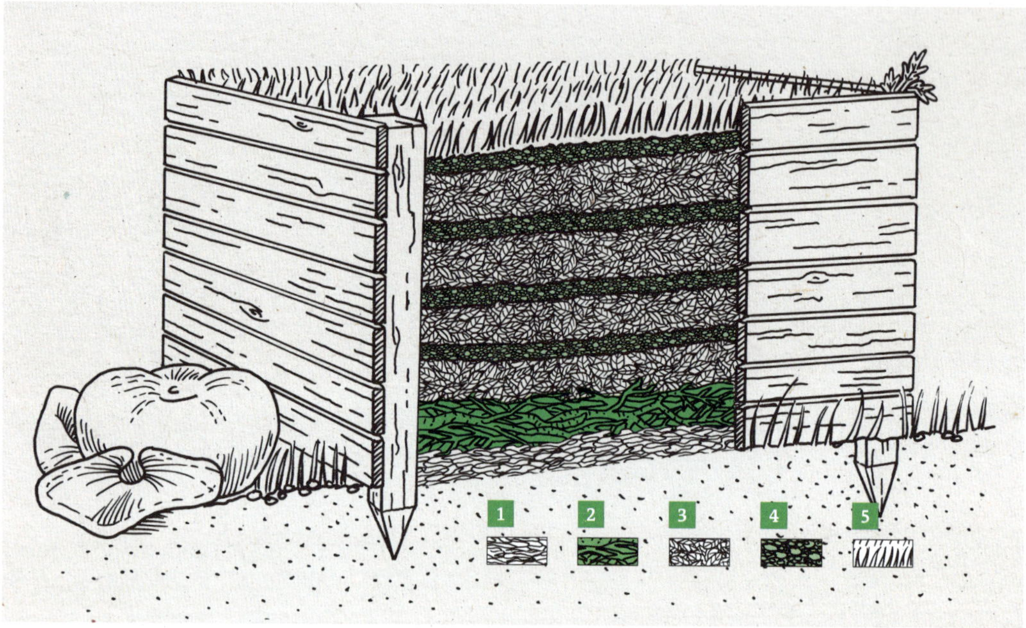

Schnitt durch einen gut geschichteten Kompost: (1) Holzhäcksel als Saugschicht; (2) Drainageschicht aus groben Materialien; (3) Garten- und Küchenabfälle; (4) humoser Boden oder Kompost; (5) Abdeckung mit Grasschnitt oder Laub

- Schichten Sie den Kompost höchstens 1,5 Meter hoch auf, und decken Sie ihn zum Schluss mit einer Schicht Erde sowie mit Rasenschnitt oder Laub ab.
- Sackt der Haufen nach einiger Zeit stark zusammen, fördert ein Umsetzen die Belüftung und bessere Durchmischung bis zur endgültigen Vererdung. Bis dahin dauert es – je nach Jahreszeit und Rottebedingungen – rund sechs bis zwölf Monate. Der vollständig vererdete, reife Kompost ist feinkrümelig, dunkel und riecht angenehm, ähnlich wie Waldboden.

Verwenden lässt sich reifer Kompost fast überall: zur Bodenverbesserung, zum Mulchen, als langsam wirkender Dünger oder auch als Mischungskomponente in Pflanzerden. Noch nicht komplett verrotteter Frischkompost ist ebenfalls brauchbar – allerdings nur zwischen gut eingewachsenen, nährstoffliebenden Pflanzen oder mit genug zeitlichem Abstand vor der Aussaat oder Pflanzung. Kompost sollte, wie erwähnt, nur oberflächlich eingearbeitet werden. Im Allgemeinen ist das Ausbringen in rund zwei Zentimeter Schichthöhe völlig ausreichend; zur Bodenverbesserung bei neuen Beeten und Pflanzflächen können es auch drei bis vier Zentimeter sein.

MULCHEN – STETS GUT BEDECKT

In der freien Natur bleibt der Boden zwischen den Pflanzen selten völlig nackt: Abgefallene Blätter und andere abgestorbene Pflanzenreste bilden eine rohe Humusauflage, die beim Verrotten den Pflanzen zugutekommt. Besonders augenfällig lässt sich das in einem Laub- oder Mischwald nachvollziehen. Diesem Prinzip folgt das gärtnerische Mulchen: Bedeckt man den freien Boden zwischen den Pflanzen mit organischen Materialien, werden diese beim Zersetzen in Humus umgewandelt, geben Nährstoffe frei und regen das Bodenleben an. Zudem beugen sie dem Verkrusten und Verschlämmen der Bodenoberfläche vor, mindern das Verdunsten des Bodenwassers, hemmen Unkrautaufwuchs und schützen die Wurzeln vor extremer Kälte oder Hitze. Wo kräftiges Hacken flach verlaufende Wurzeln gefährdet,

Der reife Kompost wird – besonders für Saatbeete – vor dem Ausbringen gesiebt, um letzte grobe oder nicht ganz verrottete Reste zu entfernen.

etwa bei Beerensträuchern, ist Mulchen die ideale Alternative. Bei am Boden reifenden Früchten wie Erdbeeren oder Gurken kann eine Mulchschicht (zum Beispiel aus Stroh) zudem dem Verschmutzen und sogar Krankheitsbefall vorbeugen.

Geeignete Mulchmaterialien sind reifer Kompost, Rindenhumus, Rasenschnitt (am besten mit Gehölzhäckseln oder Rindenmulch vermischt), Laub, Stroh sowie zerkleinerte Gründüngungs- und andere Pflanzenreste; des Weiteren Rindenmulch und gehäckselter Gehölzschnitt, die jedoch – ebenso wie Frischkompost – nur zwischen gut eingewachsenen Pflanzen verwendet werden sollten.

Organischer Mulch ist leider auch ein beliebter Unterschlupf für Schnecken. Deshalb beginnt man mit dem Mulchen am besten erst im späten Frühjahr, nachdem die erste Schneckeninvasion überstanden ist. Außerdem erwärmt sich im Frühjahr der noch unbedeckte Boden schneller und strahlt dann auch in kühlen Nächten mehr Wärme ab. Bei Obstbäumen beugt dies teils Knospen- und Blütenschäden vor.

Ab etwa Ende Mai kann dann aber die Mulchsaison beginnen und bei mehrjährigen Pflanzen bis zum nächsten Frühjahr andauern.

Im Nutzgarten haben auch manche anorganischen Bodenauflagen Bedeutung: Dunkle Mulchvliese und -folien sorgen für mehr Wärme bei kälteempfindlichen Gemüse wie Paprika oder Aubergine und unterdrücken Unkräuter; Schotter- und Kiesschichten kommen den natürlichen Standortverhältnissen mancher mediterraner Kräuter entgegen.

Vor dem Mulchen sollte der Boden zwischen den Gemüsepflanzen und auf den Baumscheiben gut gelockert werden. Organische Mulchschichten können je nach Material sowie Größe und Nährstoffbedarf der Pflanzen rund zwei bis sechs Zentimeter hoch ausgebracht werden. Hohe Schichten empfehlen sich besonders, wenn der Mulch auch als Winterschutz dienen soll. Eher dünne Auflagen sind dagegen ratsam, falls Wühl- und Feldmäuse öfter ihr Unwesen treiben.

Ziehen Sie den Mulch zwischen zarten Sämlingen und Jungpflanzen nicht ganz an die Pflanzenbasis heran, sondern lassen Sie ein bis

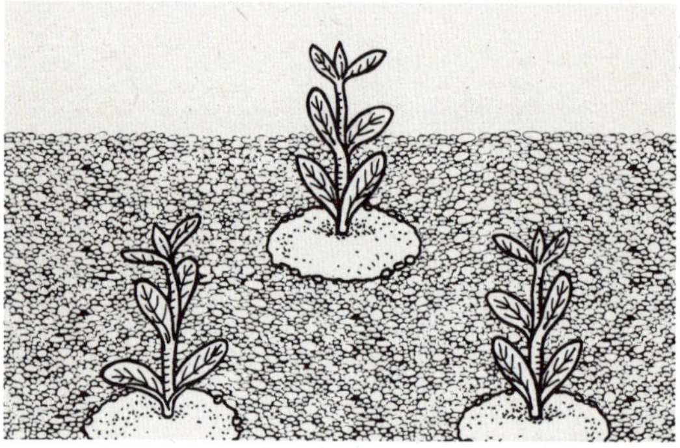

Mulch zwischen Gemüsejungpflanzen schützt den Boden und unterdrückt das Wachstum von Wildkräutern.

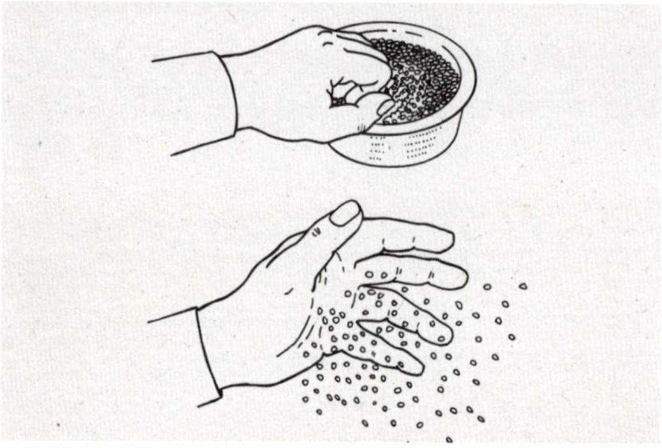

Die Aussaat von Gründüngungspflanzen erfolgt breitwürfig mit lockerer Drehbewegung aus dem Handgelenk.

zwei Fingerbreit Abstand. Manche Materialien verrotten als Mulchschicht sehr langsam, Rasenschnitt dagegen muss häufig erneuert werden.

GRÜNDÜNGUNG – BELEBENDE BODENKUR

Stark wachsende, viel Blattmasse bildende Pflanzen, die nach dem Absterben und Verrotten den Boden anreichern und das Bodenleben aktivieren: Das ist das Prinzip der Gründüngung. Zudem können Gründüngungspflanzen mit ihren Wurzeln den Boden aufschließen und lockern; Tiefwurzler wie Lupinen eignen sich dafür besonders. Lupinen, Inkarnatklee und mehrere andere Gründüngungspflanzen zählen – ebenso wie Bohnen und Erbsen – zur Familie der Schmetterlingsblütler. Deren Mitglieder genießen eine vorteilhafte Lebensgemeinschaft mit Knöllchenbakterien an ihren Wurzeln: Diese Bakterien werden von den Pflanzen mit Kohlenhydraten versorgt und liefern ihnen dafür wichtige Stickstoffverbindungen, da sie den Stickstoff aus der Luft in Stoffwechselprodukten zu binden vermögen.

Nach dem Absterben der Pflanzen profitieren davon auch die folgenden Kulturen. Des Weiteren helfen einige Gründüngungspflanzen, zum Beispiel spezielle Ölrettichsorten, gegen schädliche Nematoden (Fadenwürmer, Älchen) im Boden.

Eine Gründüngung bringt nicht nur neu angelegte oder stark strapazierte Flächen gut in Schuss; sie eignet sich auch von Frühjahr bis Spätsommer als sogenannte Zwischensaat, wenn Beete oder Teile davon vorübergehend nicht genutzt werden. Solch ein Bewuchs schützt dann die Oberfläche vor Verdichtung und Bodenabtrag und lässt kaum Unkräuter aufkommen. Für Gründüngung in Form von Zwischen- und Untersaaten lassen sich auch Spinat und Feldsalat einsetzen. Man kann fertige Saatgutmischungen mit verschiedenen Arten verwenden oder aber je nach gewünschter Wirkung gezielt bestimmte Arten auswählen.

Achten Sie jedoch darauf, dass die Pflanzen nicht zur selben Familie gehören wie die danach angebauten Gemüse (siehe auch Seite 73). Besonders nach Kreuzblütlern wie Senf sollten möglichst mehrere Jahre keine

NÄHRSTOFFAUSGLEICH BEIM MULCHEN

Nicht nur Pflanzen brauchen Stickstoff, sondern auch viele der Bodenorganismen, die Mulch und andere Rohstoffe zersetzen. Bei stickstoffarmen Materialien wie Rindenmulch, Gehölzhäckseln und Stroh ist es deshalb günstig, durch Untermischen von ein paar Handvoll Hornspänen dieses Stickstoffdefizit auszugleichen. Rindenmulch und Laub wirken zudem auf Dauer sauer, sodass man bei häufigem Gebrauch des Öfteren kalken sollte.

verwandten Gemüse wie Kohl oder Rettich gesät werden. Dasselbe gilt für Schmetterlingsblütler vor Erbsen.

Gesät wird breitwürfig und recht dicht. Nach guter Blattentwicklung, spätestens vor der Samenbildung, mäht man die Pflanzen ab – Spätsaaten allerdings erst im Frühjahr, sofern sie nicht über Winter ohnehin abfrieren. Werden sie schon im Herbst eingearbeitet, gehen freigesetzte Nährstoffe unnötig verloren. Nach dem Abmähen lässt man die Pflanzenreste ein paar Tage antrocknen und arbeitet sie dann recht flach in den Boden ein. Soll allerdings bald danach gesät werden, ist es besser, die gröberen Teile abzurechen und als Kompost- oder Mulchmaterial zu verwenden.

BEWÄHRTE GRÜNDÜNGUNGSPFLANZEN

Name	Saatzeit	Hinweise
	KORBBLÜTLER	
Ringelblume (Calendula officinalis)	März–September	Mäßige Wirkung gegen Nematoden; nicht winterhart
Studentenblume (Tagetes-Arten)	Mai–September	Wirkt gegen Nematoden; nicht winterhart
	KREUZBLÜTLER	
Ölrettich (Raphanus sativus)	April–September	Tiefwurzler, manche Sorten gegen Nematoden; nicht winterhart
Gelbsenf (Sinapis alba)	März–September	Sehr schnellwüchsig, manche Sorten gegen Nematoden; nicht winterhart
	SCHMETTERLINGSBLÜTLER (STICKSTOFFSAMMLER)	
Blaue Lupine (Lupinus angustifolius)	April–September	Tiefwurzler, für sandige bis mittlere Böden; nicht winterhart
Gelbe Lupine (Lupinus luteus)	April–September	Tiefwurzler, besonders für sandige Böden; nicht winterhart
Serradella (Ornithopus sativus)	Mai–August	Besonders für sandige Böden; winterhart
Inkarnatklee (Trifolium incarnatum)	Juli–September	Reichlich Grünmassenbildung; winterhart
Persischer Klee (Trifolium resupinatum)	März–August	Auch für sandige Böden; nicht winterhart
Sommerwicke (Vicia sativa)	Mai–August	Recht schnellwüchsig; nicht winterhart
Zottelwicke (Vicia villosa)	August–September	Gute Lockerung; winterhart
	AUS ANDEREN FAMILIEN (KEINE ODER KAUM VERWANDTE GEMÜSE)	
Buchweizen (Fagopyrum esculentum)	Mai–August	Auch für sandige Böden; nicht winterhart
Bienenfreund (Phacelia tanacetifolia)	März–August	Gute Bienenweide; mäßig winterhart
Winterroggen (Secale cereale)	September–Oktober	Für sehr späte Saat; winterhart

BEETE UND PFLANZFLÄCHEN ANLEGEN

Ist ein Gemüse- und Kräutergarten mit einfacher Beetgliederung vorgesehen, haben Sie mit der gründlichen Bodenvorbereitung schon den aufwendigsten Teil der Neuanlage hinter sich.

Nun geht es hauptsächlich um die Beeteinteilung. Etwas mehr Arbeit steht an, wenn noch feste Wegbeläge verlegt oder besondere Beetformen und Gestaltungen umgesetzt werden sollen. Da ist es ratsam, möglichst früh zu beginnen, erst recht, wenn auch noch Wasser- oder Stromleitungen auf dem Plan stehen. Am besten ist alles – mitsamt der tiefgreifenden Bodenlockerung – bis zum Herbst abgeschlossen, damit Sie im Frühjahr mit Spaß und ohne Stress und Verzögerungen loslegen können.

MARKIEREN UND ABSTECKEN

Für ein Nutzgärtchen mit ein paar Beeten bedarf es normalerweise keiner Planskizze, doch für einen größeren Nutzgarten kann das schon sinnvoll sein, ebenso zum Beispiel für kreisförmige Umrisse. Die „abstrakte" Draufsicht auf den geplanten Gartenbereich bringt einen manchmal auch auf neue Ideen oder macht auf Schwachpunkte erster Vorüberlegungen aufmerksam. Als Grundlage dient ein maßstabsgerechter Lageplan, am besten auf Millimeterpapier, in dem alles Vorhandene in der Umgebung des Nutzgartens eingezeichnet wird, so etwa Gartengrenzen, Gehölze, Kompostplatz und Wege. Für einen separaten Gartenbereich wie den Nutzgarten reicht meist ein Maßstab von 1:50 oder auch 1:20. Wichtig ist das Markieren der Himmelsrichtungen, etwa durch einen Nordpfeil, um Lichtverhältnisse und Windeinflüsse richtig abzuschätzen. Auf Kopien des Lageplans skizziert man dann genau die vorgesehene Gliederung des Nutzgartens mitsamt Wegen, Einfassungs- oder Schutzhecken, Frühbeet und Installationen. Ob mit oder ohne Planskizze: Achten Sie dabei auf praxisgerechte Beet- und Weggrößen, und legen Sie die Beete am besten in Nord-Süd-Richtung an (siehe Seite 25).

Für das Abstecken der Gesamt- und Beetumrisse sind an Pflöcken aufgespannte Schnüre sehr hilfreich, ebenso zum Markieren gerader Wegverläufe. Sie können dann auch als Richtschnüre beim Wegebau oder Pflanzen von Einfassungen dienen. Werden an der Schnur mehrere Pflöcke in gleichmäßigen Abständen befestigt, lassen sich damit selbst Kreisformen oder geschwungene Linien abstecken. Ist alles zufriedenstellend markiert, werden zunächst die befestigten Wege errichtet und die Beetkanten ohne Weganschluss mit dem Spaten exakt abgestochen oder gleich mit einer Einfassung versehen. Pflanzflächen für kleinere Obstgehölze können, wie erwähnt, als Rabatten angelegt werden. Ansonsten ergibt sich die „Gliederung" beim Zusammenpflanzen mehrerer Exemplare durch die nötigen Pflanzabstände, wobei eine Einfassung oder Ähnliches in der Regel nicht nötig ist.

WEGE UND EINFASSUNGEN

Hauptwege werden am besten mit Platten, Pflastersteinen oder auch Kies beziehungsweise Schotter befestigt. Die Wegbeläge sollten mit einem 20–30 Zentimeter starken Unterbau (Drainage- und Ausgleichsschicht) aus Schotter oder Grobkies verlegt werden. Dieser Unterbau wird möglichst gut festgestampft.

Darüber kommt bei Platten und Pflaster noch eine etwa fünf Zentimeter dicke Verlegeschicht aus Sand oder feinem Splitt; der Boden muss also entsprechend tief ausgehoben werden. Bei Kies- und Schotterwegen kann ein Wurzelschutzvlies über dem Unterbau dem Unkrautaufwuchs vorbeugen. Ideal ist es, wenn alle Beläge mit leichtem Gefälle nach beiden Längsseiten hin verlegt werden, damit später keine Pfützen auf den Wegen stehen bleiben.

Für die Nebenwege beziehungsweise Pfade zwischen den Beeten reichen 30–40 Zentimeter Breite.

Man kann sie einfach nur festtreten oder – besser – mit Rindenmulch abdecken, der öfter erneuert werden muss. Bewährt haben sich auch schmale Trittroste aus Holz, Kunststoff und Metall. Etwas mehr Aufwand verlangt eine Kies- oder Schotterabdeckung, wie bei den Hauptwegen beschrieben.

Sind die Wege mit Steinen oder Platten befestigt, bedarf es nicht unbedingt einer Beeteinfassung. Dennoch können auch in diesem Fall – und erst recht bei unbefestigten Wegen – niedrige Barrieren dafür sorgen, dass der fruchtbare Boden innerhalb der Beetflächen bleibt, Unkräuter weniger leicht eindringen, die Ränder leichter zu pflegen sind und das Ganze auch etwas „ordentlicher" aussieht. Hierfür können Sie zum Beispiel Platten, Ziegelsteine oder Bretter hochkant eingraben – oder das Angebot des Fachhandels nutzen. Bei dem finden sich beispielsweise Beetkanten aus Kunststoff und Metall, teils auch schon als Schneckenzaun ausgelegt, kurze halbrunde Holzpalisaden (Halbpalisaden) sowie „Beetrollis", bei denen solche Halbpalisaden durch Metallbänder schon zu längeren Einfassungen verbunden sind. Diese Beetrollis eignen sich ebenso wie manche Kunststoff- und Metallbänder auch gut, um runde Beete oder geschwungene Ränder einzufassen.

Da alle Elemente wenigstens einige Zentimeter tief im (oft feuchten) Boden verankert werden müssen, nagt selbst an gut imprägnierten Holzeinfassungen der „Zahn der Zeit" stärker als an anderen Materialien, sodass sie nach einigen Jahren ausgetauscht werden müssen.

Besonders schön wirken Beeteinfassungen aus Pflanzen. Sie beanspruchen etwas breitere Streifen als die unbelebten Umrahmungen sowie gute Pflege und sind naturgemäß nicht ganz so geschlossen. Eine dichte, niedrige immergrüne Buchshecke, wie sie für Bauerngärten typisch ist, bildet allerdings durchaus eine gute Barriere; als besonders kompakte Sorten kommen vor allem 'Suffruticosa' und 'Blauer Heinz' infrage. Manche Gärtner schätzen als Alternative auch den winter- bis immergrünen Gamander (Teucrium chamaedrys, Teucrium x lucidrys). Buchs wie Gamander müssen regelmäßig geschnitten werden, um sie auf etwa 30 Zentimeter Höhe zu halten.

Eine aromatisch duftende Einfassung, die nebenbei auch Schädlinge verwirren und ablenken kann, lässt sich mit ausdauernden Kräutern wie Salbei, Thymian, Winterbohnenkraut und niedrigen Ysopsorten pflanzen. Höher wachsende Arten wie Lavendel, Heiligen- und Weinkraut eignen sich dagegen eher für eine Umfassung größerer Nutzgartenbereiche.

Stauden wie Polsterphlox (Phlox subulata) und Katzenminze (Nepeta x faassenii) ergeben attraktive blühende Einfassungen, müssen

GANZ OHNE BEETE

Biogärtner, die intensiven Mischkulturanbau betreiben, arbeiten teils ganz ohne Beeteinteilung. Stattdessen werden die Gemüse und Kräuter über die gesamte Fläche in parallelen Reihen nebeneinander gesät oder gepflanzt. Dabei wechseln sich die Arten benachbarter Reihen oder auch innerhalb der Reihen nach Prinzipien der Mischkultur (siehe ab Seite 70) stets ab. Als Pflegepfade dienen dann einfach die Reihenzwischenräume, die gemulcht, mit Trittrosten oder einzelnen Trittplatten im Schrittlängenabstand ausgelegt werden.

Frisch in die Küche: Kräuterauswahl im Hochbeet

aber teils im Zaum gehalten und meist nach einigen Jahren geteilt werden. Unter den kurzlebigen Sommerblumen sind vor allem Studentenblumen (Tagetes-Arten und -Hybriden) und Ringelblumen (Calendula officinalis) bewährte Einfassungspflanzen: nicht nur wegen ihres Bauerngartenflairs, sondern auch, weil sie zur Dezimierung von Nematoden im Boden beitragen können. Alle Einfassungspflanzen müssen recht dicht gesetzt werden; man sollte dabei aber die jeweils empfohlenen Mindestabstände beachten.

HOHES NIVEAU: HÜGELBEET UND HOCHBEET

Von der ursprünglichen Idee her bieten diese Beetformen nicht nur erhöhte Arbeitsflächen, sondern nutzen auch den Vorteil gezielt aufgeschichteter organischer Materialien: Wie in einem Komposthaufen setzen diese beim Verrotten Nährstoffe frei, die den darauf angebauten Pflanzen direkt zugutekommen.

Zugleich profitieren sie von der Wärmeentwicklung während des Verrottens und von der sehr humosen Erde. Diese klassische Nutzung eignet sich vorrangig für Gemüse. In den ersten ein bis zwei Jahren werden hier nur Starkzehrer angebaut, dann folgen – bei nachlassender Nährstofffreisetzung – Mittel- und Schwachzehrer. Nach etwa fünf bis sechs Jahren ist die Aufschichtung so weit zusammengesackt, dass ein Neuaufbau erfolgen muss. Hügel- und Hochbeete legt man ebenso wie normale Flachbeete am besten in Nord-Süd-Richtung an.

Hügelbeete werden fast nur nach diesem Prinzip aufgebaut und genutzt. Sie haben zudem den Vorteil, dass sie dank ihrer „Hänge" bis zu ein Drittel mehr Anbaufläche bieten als ein Flachbeet. Etwas nachteilig sind das recht schnelle Austrocknen und die Gefahr der Erdabschwemmung bei starkem Regen. Deshalb sollten die Pflanzenzwischenräume stets gemulcht werden.

Man legt Hügelbeete im Herbst als rund 1,5 Meter breite und bis 4 Meter lange Hügel beziehungsweise Dämme an, sodass sie von beiden Längsseiten her allmählich ansteigen und an der Mittelachse etwa 1,3 Meter Höhe erreichen.

- Zunächst wird die vorgesehene Fläche abgesteckt, dann der Boden spatentief ausgehoben. Zum Schutz gegen Wühlmäuse kleidet man die Grube mit einem engmaschigen Maschendrahtgitter aus, das rundum die Erdoberfläche wenigstens 10 Zentimeter überragt. Nun werden die Materialien aufgeschichtet:
- grob zerkleinerte Äste und Zweige, Heckenschnitt, zerkleinerte Stauden- oder Kohlstängel als etwa 60 Zentimeter breiter Kern in der Beetmitte, rund 40 Zentimeter hoch, um einen guten Wasserabfluss zu gewährleisten;
- darüber Grassoden (mit den Wurzeln nach oben), mäßig verrotteter Frischkompost oder Stallmist, 10–15 Zentimeter hoch;
- dann gut angefeuchtetes Laub, 20–30 Zentimeter hoch;
- als vorletzte Schicht Frischkompost, 10–15 Zentimeter hoch;
- zum Schluss Erde, 15–30 Zentimeter hoch, hierfür bietet sich der Aushub an, der mit reichlich gutem Kompost vermischt wird.

- Abschließend wird entlang der Mittelachse eine breite, tiefe Gießrinne eingedrückt.
- Bis zur ersten Nutzung im Frühjahr empfiehlt sich das Abdecken des gesamten Hügelbeets mit Laub, Stroh oder dunkler Mulchfolie.

Hochbeete werden mit einer festen Rahmenkonstruktion errichtet, sodass es sich im Grund um hohe Erdkästen handelt. Dadurch entfallen die genannten Nachteile des Hügelbeets weitgehend; allerdings lässt sich so auch nicht die Anbaufläche vergrößern. Dafür bietet das Hochbeet einen anderen geschätzten Vorzug: Es ermöglicht ein bequemes Arbeiten im Stehen oder auch im Sitzen. Die Höhe des Hochbeets kann man nach Bedarf beziehungsweise Körpergröße wählen; oft werden 0,8 bis 1 Meter bevorzugt. Günstige Breiten liegen bei 1,2 bis 1,5 Meter, die Länge ist beliebig wählbar.

Teils bietet der Fachhandel Elemente beziehungsweise Bausätze für Hochbeete an, ebenso Frühbeete, die sich auf ein Hochbeet aufsetzen lassen. Für den Selbstbau des Rahmens eignen sich Holzbretter und -balken oder auch Rund- beziehungsweise Halbpalisaden. Holzbauteile müssen unbedingt kesseldruckimprägniert und solide sein.

Langlebiger sind allerdings Hochbeete mit gemauerter Umrandung.

- Bei allen Bauweisen ist wie beim Hügelbeet zuunterst ein Maschendrahtschutz gegen Wühlmäuse ratsam.
- Die Verankerung im Boden erfolgt bei Holzkästen über Eckpfosten – am dauerhaftesten mithilfe von Pfostenschuhen aus Metall. Je nach Stärke der Bretter und Beetlänge können zusätzliche Pfosten in der Mitte und Querverstrebungen die Stabilität der Seitenwände erhöhen.
- Bei dünnen Holzwänden kann man die Innenseiten mit einer kräftigen Teichfolie auskleiden.
- Die Auffüllung innerhalb der Rahmenkonstruktion kann ebenso geschichtet werden, wie beim Hügelbeet beschrieben.

Für eine flexiblere Nutzung, zum Beispiel mit Kräutern oder Erdbeeren, bietet sich eine einfachere Lösung an: eine Drainageschicht aus grobem Schotter oder Kies, die ungefähr das untere Drittel ausfüllt, darüber dann geeignete, mit Kompost vermischte Erde, die gelegentlich erneuert oder durch gute Humuspflege fruchtbar gehalten wird. Dies bietet auch eine Möglichkeit, Nutzpflanzen dort anzubauen, wo der gewachsene Boden sehr problematisch ist.

EINE RUNDE SACHE: DIE KRÄUTERSPIRALE

Eine Kräuterspirale ermöglicht den Anbau vieler verschiedener Kräuter auf recht engem Raum. Und sie kann als echter „Hingucker" den Gemüsegarten optisch attraktiver machen.

Ähnlich wie ein Hügelbeet bietet die Kräuterspirale Pflanzflächen, die sanft bis zu einer deutlichen Erhebung ansteigen. Die mehr oder weniger rundliche Grundfläche wird hier durch spiralig angeordnete, nach innen zunehmend höher aufgesetzte Natursteine gegliedert.

Die Pflanzen wachsen dann in den mit Erde aufgefüllten Streifen zwischen den Steinreihen. Im unteren Bereich sind die Pflanzflächen teils

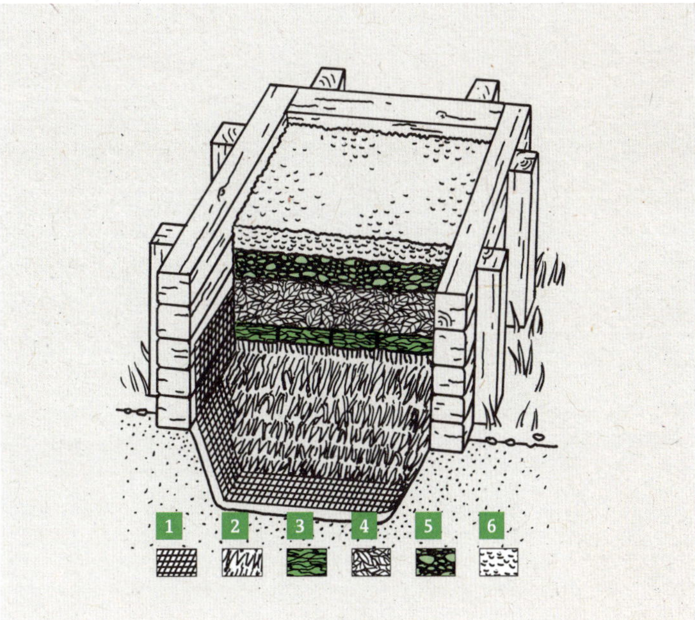

Schichten im Hochbeet: (1) Maschendrahtgitter; (2) Drainage aus groben Materialien; (3) umgedrehte Grassoden; (4) feuchtes Laub; (5) Frischkompost; (6) Erde mit Kompost

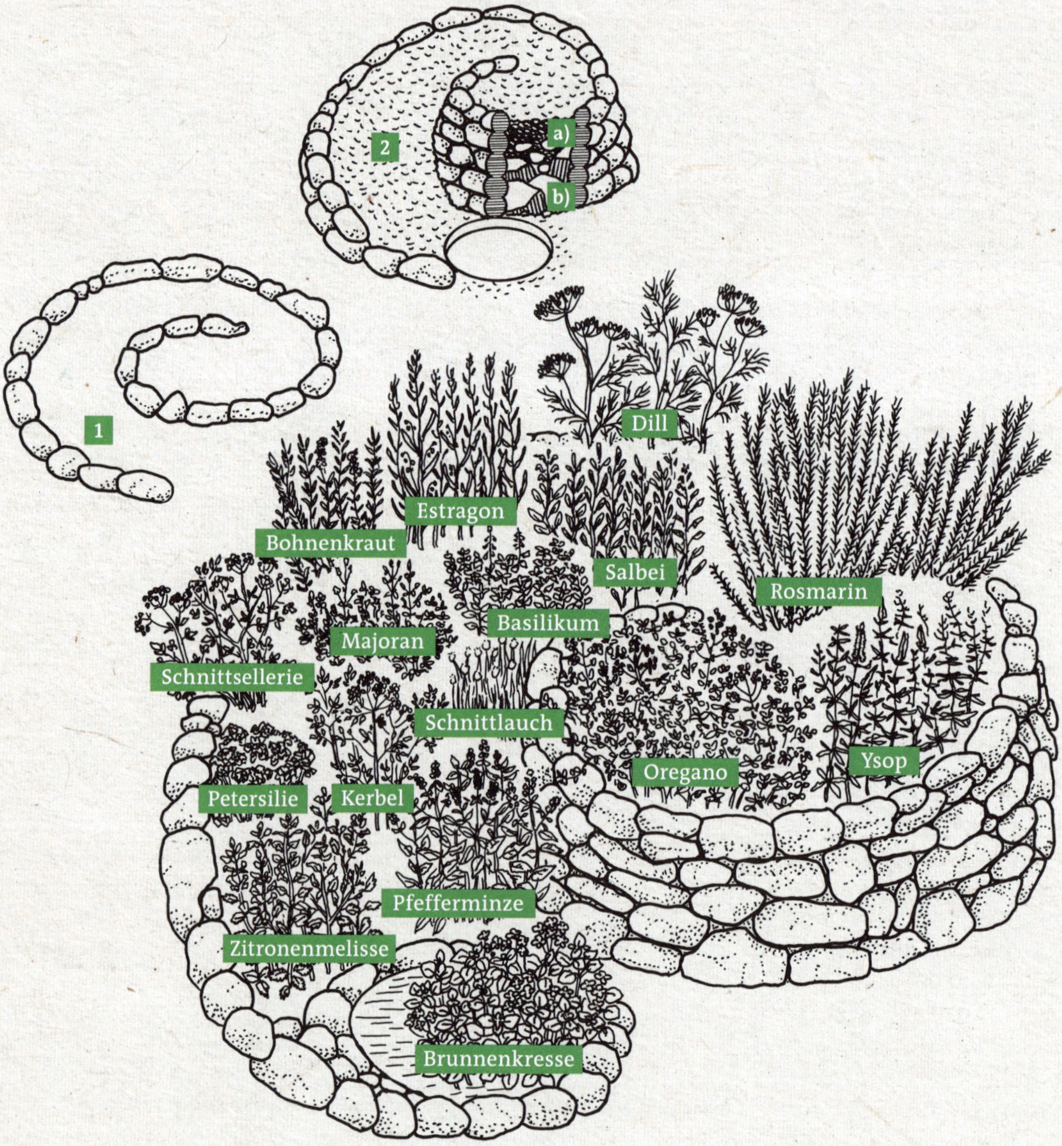

Aufbau und Bepflanzung einer Kräuterspirale. (1) Auslegen der Grundform; (2) Schnitt durch das Zentrum der fertigen Spirale mit (a) Pflanzerde und (b) Drainage als Untergrund

leicht beschattet und etwas feuchter, zum „Gipfel“ hin werden sie zunehmend sonniger und trockener. So finden sich Plätze für zahlreiche Kräuter mit unterschiedlichen Ansprüchen. Unten können zum Beispiel Kerbel, Petersilie und Zitronenmelisse gedeihen, im mittleren Bereich Basilikum, Borretsch, Estragon sowie Schnittlauch und ganz oben schließlich trockenheitsverträgliche mediterrane Kräuter wie Oregano, Salbei und Thymian.

Die Kräuterspirale soll wenigstens zwei Meter Durchmesser haben. Der Grundriss kann kreisrund oder eher oval gewählt werden. Besonders bei größeren Spiralen kann es sinnvoll sein, die Steinreihen so anzuordnen, dass der höchste Bereich nicht genau in der Mitte ist, sondern zum Rand hin verschoben wird; damit er leichter zugänglich ist.

Ein kleiner Teich am Spiralenanfang rundet das Bild sehr schön ab und bietet Standorte für die Liebhaber feuchter Standorte wie Brunnenkresse und Bachminze. Er lässt sich mit Fertigbecken oder Teichfolie anlegen und kommt am besten an die Ost- oder Südostseite der Spirale. So erhält er genug Sonne, ohne sich an heißen Sommertagen übermäßig zu erwärmen.

Gar nicht so einfach stellt sich manchmal die Suche nach der benötigten Menge an geeigneten Feldsteinen dar, die sich gut aufeinanderstapeln lassen.

Wenn Sie den geeigneten Standort und die Ausrichtung der künftigen Spirale gewählt haben, geht es an die Umsetzung:

- Zunächst wird der Umriss abgesteckt, dann der Boden spatentief ausgehoben und die Grube mit einer Drainageschicht aus Schotter oder Kies aufgefüllt.
- Dann legt man die unterste Natursteinlage der künftigen Mauer aus, um den Verlauf der Spirale zu markieren. Die späteren Pflanzstreifen zwischen den Steinwänden sollten 50–60 Zentimeter breit sein.
- Nun beginnt man von außen, also vom Spiralenanfang her, mit dem Aufschichten der nächsten Steinlagen, sodass die Mäuerchen bis zum höchsten Punkt hin allmählich ansteigen. Je nach Spiralengröße kann das turmartige Zentrum 50–120 Zentimeter hoch werden. Das „wackelfeste“ Aufschichten von Natursteinen verlangt schon einiges an Ausprobieren. Am besten sortiert man sich die Steine ein wenig nach Größe und Form vor. Das Ausfüllen großer Fugen mit Erde oder Lehm sorgt für besseren Halt.
- Gerade bei großen Spiralen ist es hilfreich, wenn man schon während des Aufsetzens der Steine beginnt, die Zwischenräume von unten her aufzufüllen. Dazu dient zunächst wieder eine Schotter- oder Kiesschicht, die parallel zu den Steinlagen zunehmend höher werden kann, und schließlich die darüber wenigstens 30 Zentimeter hoch ausgebrachte Pflanzerde. Dafür kann man den Grubenaushub oder anderen Gartenboden verwenden. Für die eher nährstoffbedürftigen Kräuter im unteren Bereich wird er mit Kompost vermischt, für die mediterranen Arten oben mit reichlich Sand oder feinem Splitt.

Die Kräuterspirale: unterschiedliche Standorte auf kleinem Raum

ANBAUPLANUNG IM GEMÜSE- UND KRÄUTERGARTEN

Hier ein paar Tomaten, dort eine Reihe Möhren, dazwischen Kräuter und schließlich noch eine Handvoll Kohlpflänzchen, die's gerade im Angebot gab – warum nicht, wenn es gelingt und befriedigt?

Sollen aber mehr als ein oder zwei Beete bestellt werden, gerät so ein „Spontananbau" schnell an seine Grenzen. Und es wäre auch Zufall, wenn Sie den Pflanzen dabei die bestmöglichen Wachstumsbedingungen schaffen. Für nachhaltige, vielfältige Ernteerfolge lohnt es sich schon, etwas Zeit in die Planung zu investieren.

Wenn Sie die Fläche zudem mit Vor- und Nachkulturen, Fruchtwechsel sowie Mischkulturen optimal nutzen möchten, erfordert das ein wenig Kniffelei. Dies kann aber zur anregenden Beschäftigung in den „gartenarmen" Wintermonaten werden und die Vorfreude auf die nächste Saison erhöhen. Und wenn Sie sich etwas Zeit nehmen, um im umfangreichen Samen- und Pflanzenangebot zu stöbern, stoßen Sie dabei oft auf neue Sorten oder Arten, die den Nutzgarten und schließlich den Speiseplan bereichern.

ZUR RECHTEN ZEIT AM RECHTEN ORT

Beim Planen im Nutzgarten geht es um zweierlei: zum einen um die Beetbelegung, also um eine bedarfs- und praxisgerechte Nutzung der Fläche, zum anderen um ein möglichst optimales „Timing" im Jahresverlauf.

Anders ausgedrückt: Was kommt am besten wann wohin? Diese Frage können Sie mit guten Erfolgsaussichten beantworten, wenn Sie dabei folgende Gesichtspunkte berücksichtigen:

Sortenwahl: Die Züchtungen einer bestimmten Art können sich nicht nur in Geschmack, Aussehen und Robustheit unterscheiden (siehe auch Seite 72): Bei etlichen Gemüsen gibt es Sorten, die sich nur für bestimmte Anbauzeiträume eignen. Frühsorten des Kopfsalats beispielsweise „schießen" schnell, wenn man sie im Sommer anbaut.

Saat- und Pflanztermine: Die jeweils üblichen beziehungsweise auf den Samentüten angegebenen Zeiträume sollten eingehalten werden. Frühere oder spätere Saat und Pflanzung beeinträchtigen meist Wachstum und Ertrag. Nur ein Anbau unter Glas oder Folie ermöglicht teils Ausnahmen von der Regel.

Saat- und Pflanzabstände: Hier gilt sinngemäß dasselbe wie bei den Terminen. Ein zu enger Stand kann zudem Krankheitsbefall fördern.

Anbauumfang und Erntemengen: Dieser Punkt hängt natürlich stark vom individuellen Bedarf ab und ist vor allem Erfahrungssache. Wo die Pflanzen als „Einzelstücke" geerntet werden, etwa bei Kohlköpfen, Radieschen und Zwiebeln, lassen sich die Erntemengen einfach abschätzen. Bei Fruchtgemüsen zum Beispiel wird das schon schwieriger. Geradezu berüchtigt ist die sommerliche „Zucchinischwemme", die schon von zwei oder drei Pflanzen ausgelöst werden kann. Auch von Liebstöckel und anderen Kräutern reichen oft ein bis zwei Exemplare. Umgekehrt ergeben zum Beispiel einzelne Buschbohnen- oder Kartoffelpflanzen höchstens eine bescheidene Mahlzeit.

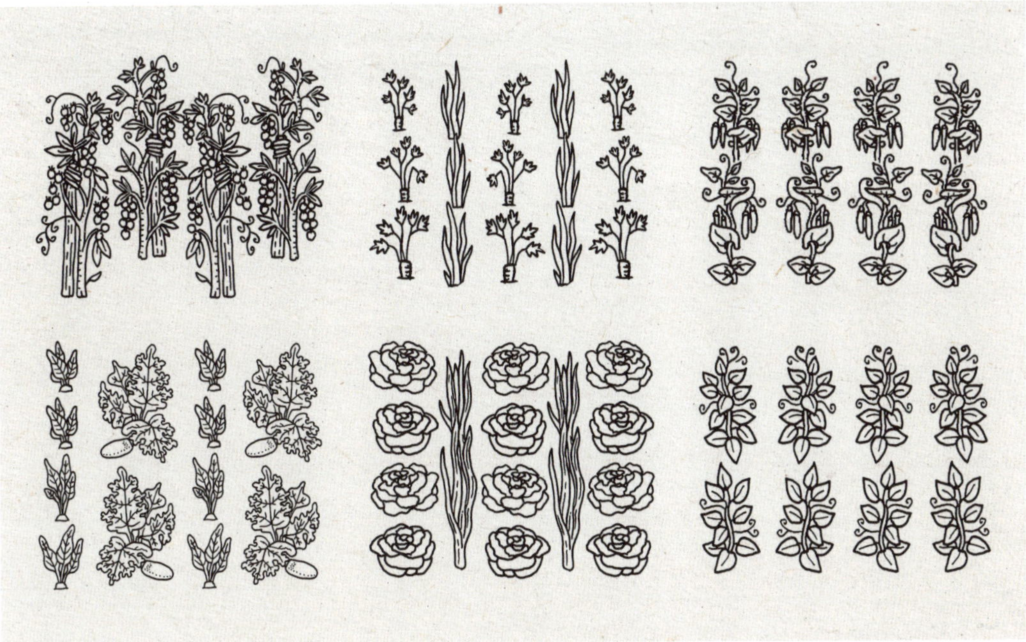

Beispiele für vorteilhafte Fruchtwechsel (jeweils von links nach rechts) Oben : 1. Jahr Tomaten; 2. Jahr Zwiebeln und Möhren in Mischkultur; 3. Jahr Erbsen oder unten: 1. Jahr Rote Bete und Zucchini in Mischkultur; 2. Jahr Kopfsalat und Porree in Mischkultur; 3. Jahr Buschbohnen

Folgesaaten: Manche Gemüse und einjährige Kräuter sind schon nach vier bis acht Wochen erntereif. Hierzu zählen zum Beispiel die meisten Salate, Spinat, Radieschen, Dill und Kerbel. Solche Arten können Sie teils über Monate immer wieder frisch genießen, wenn Sie sie alle zwei bis vier Wochen nachsäen. So reichen dann auch kleinere Mengen. Achten Sie dabei, wenn nötig, auf geeignete Sorten für verschiedene Saattermine. Auch bei einigen Gemüsen mit längerer Kulturdauer, etwa Möhren oder Kopfkohl, ist ein zeitlich gestaffelter Anbau möglich.

Vor- und Nachkultur: Arten mit kurzer Kulturdauer lassen sich auch gut einsetzen, um die Fläche vor oder nach dem Anbau einer Hauptkultur zu nutzen (siehe Seite 70).

Mischkultur: Das Kombinieren von Arten, die sich gegenseitig fördern oder zumindest nicht stören, ist ein weiterer wichtiger Aspekt (siehe Seite 70).

Fruchtwechsel und -folge: Ob innerhalb eines Jahres oder im Folgejahr: Was nacheinander an derselben Stelle angebaut wird, sollte stets gut überlegt werden. Dies kann einen entscheidenden Einfluss auf die Gesundheit und Vitalität der Pflanzen haben (siehe Seite 69 f.).

Auf den ersten Blick mag einem das Ganze recht diffizil erscheinen. Tatsächlich ist es nicht ganz einfach, alles Genannte möglichst optimal aufeinander abzustimmen – erst recht, wenn man eine ansehnliche Fläche vielfältig nutzen möchte. Doch mit zunehmender Erfahrung geht das Jahr für Jahr leichter und selbstverständlicher von der Hand.

Sehr bewährt haben sich dabei Planungslisten und -zettel, bei größeren Nutzgärten auch Skizzen der Beete und der dort jeweils angebauten Arten.

Dies lässt sich prima in einem Gartentagebuch zusammenfassen, in dem man dann zum Beispiel auch festhalten kann, was wann gesät und geerntet wurde und welche Sorten sich bewährt haben. Eine gute Ergänzung sind Notizen zum Witterungsverlauf.

EINJÄHRIGE GEMÜSE UND KRÄUTER IM ÜBERBLICK

Familie	Arten
Baldriangewächse	**Schwachzehrer:** Feldsalat
Borretschgewächse	**Schwachzehrer:** Borretsch
Doldenblütler	**Starkzehrer:** Knollenfenchel*, Knollen- und Stangensellerie* **Mittelzehrer:** Möhre*, Pastinake, Petersilie*, Schnittsellerie* **Schwachzehrer:** Anis, Kerbel, Dill*, Gewürzfenchel*
Gänsefußgewächse	**Mittelzehrer:** Mangold, Rote Bete **Schwachzehrer:** Spinat
Korbblütler	**Mittelzehrer:** Chicorée, Endivie, Kopf-, Eis-, Batavia- und Romanasalat, Radicchio, Schwarzwurzel, Zuckerhut **Schwachzehrer:** Kamille, Pflück- und Schnittsalat sowie Gründüngungspflanzen: Ringelblume, Tagetes
Kreuzblütler	**Starkzehrer:** Blumenkohl*, Brokkoli*, Grünkohl, Rosenkohl, Weiß-, Rot- und Wirsingkohl* **Mittelzehrer:** Chinakohl*, Kohlrabi*, Pak Choi*, Rettich*, Kohlrübe **Schwachzehrer:** Asia-Salate, Gartenkresse, Radieschen, Rucola, Speiserübe sowie Gründüngungspflanzen: Ölrettich*, Senf*, Raps*
Kürbisgewächse	**Starkzehrer:** Gurke*, Kürbis*, Zucchini*, Zuckermelone*
Lippenblütler	**Schwachzehrer:** Basilikum, Bohnenkraut*, Majoran*
Nachtschattengewächse	**Starkzehrer:** Paprika, Tomate, Kartoffel **Mittelzehrer:** Aubergine
Portulakgewächse	**Schwachzehrer:** Portulak , Winterportulak
Schmetterlingsblütler	**Mittelzehrer:** Dicke Bohne, Feuer- und Stangenbohne **Schwachzehrer:** Buschbohne, Erbse* sowie Gründüngungspflanzen: Klee- und Wickenarten, Luzerne, Lupine, Serradella
Süßgräser	**Starkzehrer:** Zuckermais
Zwiebelgewächse	**Mittelzehrer:** Porree, Zwiebeln* **Schwachzehrer:** Bärlauch, Knoblauch, Schnittlauch

* = ausgesprochen selbstunverträglich oder stark durch ausdauernde Schaderreger bedroht

FRUCHTWECHSEL, FRUCHTFOLGE UND KULTURFOLGE

Baut man bestimmte Nutzpflanzen ständig auf demselben Fleck an, gedeihen sie zunehmend schlechter, und die Ernten werden immer magerer. Das liegt zum einen am einseitigen Nährstoffentzug, den man nur durch sehr gezielte Düngung wettmachen kann. Vor allem aber begünstigt das Schaderreger, die sich auf bestimmte Kulturen spezialisiert haben und durch Überdauern im Boden zum anhaltenden Problem werden, beispielsweise Pilzkrankheiten und Nematoden.

Zudem scheiden manche Arten über die Wurzeln Hemmstoffe aus, die den Nachbau derselben oder ähnlicher Pflanzen erschweren.

Dem beugen Fruchtwechsel und -folge vor. Grundsätzlich heißt das, jährlich die Anbaufläche zu wechseln und ein und dieselbe Art möglichst erst nach drei oder vier Jahren wieder an dieselbe Stelle zu säen oder zu pflanzen. Nach einem Befall mit im Boden überdauernden Erregern sind noch weitere Anbauabstände von fünf bis sieben Jahren ratsam.

Das gilt selbst für die öfter als selbstverträglich gepriesenen Tomaten: Ein ständiger Anbau im selben Beet kann das Auftreten von Kraut- und Braunfäule, Welkekrankheiten und Nematoden fördern. Bei einem ausgeklügelten Fruchtwechsel wird dieses Prinzip noch optimiert, indem man nur Arten nacheinander anbaut, die nicht zur selben Pflanzenfamilie gehören. Denn die genannten Risiken gelten oft nicht nur für eine bestimmte Art, sondern auch für verwandte Pflanzen. Typisches Beispiel ist die gefürchtete Pilzkrankheit Kohlhernie. Sie befällt neben Kohlarten etliche andere Mitglieder der großen Familie der Kreuzblütler, darunter Radieschen, Rettich und Gründüngungspflanzen wie Ölrettich und Senf. Beim Planen eines vorteilhaften Fruchtwechsels können die links stehende Übersicht sowie die Angaben in den Porträts (siehe Seiten 169-331) helfen.

Bei der traditionellen Fruchtfolge im engeren Sinn geht es außerdem darum, dass sich stets Arten mit unterschiedlichen Nährstoffansprüchen abwechseln, um eine organische Düngung optimal zu nutzen.

Hierfür wird die Anbaufläche in drei verschiedene Quartiere unterteilt. Jedes Jahr versorgt man abwechselnd eins dieser Quartiere mit Stallmist. So gibt es stets eine frisch gedüngte Parzelle für **Starkzehrer** mit hohem Nährstoffbedarf wie Kohl und Tomaten, eine im Vorjahr gedüngte für **Mittelzehrer**, zum Beispiel Mangold und Möhren, und eine, auf der die Nährstoffe schon stärker abgebaut sind. Letztere eignet sich für **Schwachzehrer**, etwa Buschbohnen, Radieschen und Kräuter, und wird dann im Folgejahr durch Mistdüngung wieder zum neuen Starkzehrerquartier. Anstelle von Mist kann auch nährstoffreicher Kompost oder eine Gründüngung eingesetzt werden.

Für die heute übliche Gartenpraxis hat diese Methode allerdings einige Nachteile. So müsste zum Beispiel das gesamte frisch gedüngte Quartier nur mit Starkzehrern bestückt werden. Bei denen ist aber – ebenso wie bei den Schwachzehrern – die Auswahl nicht allzu groß. Für Mischkulturen bleiben da recht wenig Möglichkeiten. Grundsätzlich ist es aber günstig, beim Fruchtwechsel auch auf Arten

DAUERHAFTE BEETBEWOHNER

Mehrjährige Gemüse (zum Beispiel Spargel, Rhabarber), ausdauernde Kräuter und Erdbeeren ersparen zumindest für einige Jahre manche Planungsüberlegungen. Dafür ist es bei ihnen umso wichtiger, sich im Vorfeld gründlich über geeignete Sorten sowie Bodenansprüche und Platzbedarf zu informieren.

Beachten Sie auch, dass manche Arten, etwa Pfefferminze und Estragon, zu starker Ausbreitung neigen und ohne entsprechende Vorkehrungen Beetnachbarn bedrängen können.

Das gilt auch für Topinambur, der mit seinem hohen Wuchs zudem Schatten werfen kann und deshalb besser separat in den Beethintergrund gepflanzt wird.

mit unterschiedlich hohem Nährstoffbedarf zu achten.

Die Kulturfolge hat trotz des ähnlichen Namens ein ganz anderes Ziel: Die Bezeichnung steht für den aufeinander folgenden Anbau verschiedener Arten innerhalb eines Jahres, sodass das Beet von Frühjahr bis Herbst stets belegt ist und mehrere Ernten liefert. Auch dabei sollen die Prinzipien des Fruchtwechsels beachtet werden. Eine Kulturfolge beginnt mit einer frühen, schnell wachsenden Vorkultur, beispielsweise mit Radieschen, Salat, Spinat, frühen Möhren oder Frühkohlrabi. Nachdem diese abgeerntet ist, kommt im Mai die Hauptkultur an die Reihe, etwa Gurken oder Tomaten. Nach deren Ernte kann schließlich noch eine Nachkultur folgen, zum Beispiel Feldsalat, Spinat oder Endivie.

Stehen als Erstes Gemüse mit etwas längerer Kulturdauer auf dem Beet, etwa Erbsen, Dicke Bohnen oder Frühkartoffeln, bleibt nach ihrer Ernte immer noch Zeit für Spätgemüse wie Chinakohl. Für eine dritte Kultur wird es dann aber meist eng.

Schnellwüchsige Gemüse wie Pflücksalat und Radieschen lassen sich auch als Zwischenkultur einsetzen, das heißt, sie werden kurz vor einer Hauptkultur aufs selbe Beet gesät oder gepflanzt. Bis die Hauptkultur dann mehr Platz braucht, sind sie bereits geerntet.

Radieschen für die schnelle Zwischenkultur

MISCHKULTUR: AUF GUTE NACHBARSCHAFT

Unter Mischkultur versteht man den Anbau verschiedener Arten zur selben Zeit im selben Beet. Sie wachsen dann in Reihen nebeneinander oder können sich auch innerhalb der Reihe abwechseln. Dafür wählt man jeweils gezielt Nachbarpflanzen, die miteinander harmonieren oder sich sogar im Wachstum fördern. Diese Anbaumethode beruht auf jahrzehntelangen Erfahrungen. So hat man zum Beispiel beobachtet, dass neben Zwiebeln wachsende Möhren weniger von der Möhrenfliege befallen werden und umgekehrt auch die Zwiebelfliege seltener auftritt.

Da Inhaltsstoffe von Zwiebel und Knoblauch Pilz- und Bakterienkrankheiten eindämmen, setzt man sie auch im Beet neben entsprechend gefährdete Pflanzen. Dazu kommen intensive beziehungsweise strenge Düfte, etwa von Tomaten und Kräutern, die Schädlinge beim Anfliegen ihrer Wirtspflanzen verwirren können. Auch in der Wissenschaft sind gasförmige und Wurzelausscheidungen der Pflanzen bekannt, die Auswirkungen auf die Pflanzennachbarn sowie Schaderreger im Boden zeigen. Ob dies aber tatsächlich so deutliche, nachprüfbare Effekte ergibt, wird öfters infrage gestellt. Wissenschaftliche Untersuchungen zur Gemüsemischkultur gibt es nur wenige, und die kommen zu unterschiedlichen Ergebnissen. Da gesunder Wuchs, guter Ertrag und das Auftreten von Schaderregern von vielen Faktoren abhängen, kann es auch sein, dass Mischkulturen zwar grundsätzlich „wirken“, aber nur eine vergleichsweise geringe Rolle spielen. Wenn zum Beispiel das Wetter eine starke Vermehrung bestimmter Schädlinge fördert, helfen auch verwirrende Düfte oder Pflanzenausscheidungen nur wenig. Andererseits liegt es auf der Hand, dass sich spezialisierte Schaderreger in einer Reinkultur ihrer „Lieblingspflanzen“ leichter ausbreiten als in einer Mischpflanzung. Und nicht zuletzt ist die gemischte Beetnutzung eine

CABBAGE 'DUTCHMAN'
CABBAGE 'NOELLE'

Beispiel für eine Kulturfolge (von links nach rechts): 1. Spinat als Vorkultur im Frühjahr; 2. Radieschen als Zwischenkultur im Frühsommer; 3. Tomaten als Hauptkultur, dazwischen bald erntereife Radieschen; 4. Feldsalat oder Spinat als Nachkultur im Herbst

schöne und praktische Angelegenheit, wenn man gern die Vielfalt genießen möchte, statt von nur wenigen Arten jeweils größere Erntemengen einzubringen.

In der Übersicht auf Seite 73 können Sie auf einen Blick sehen, welche Kombinationen im Allgemeinen als günstig oder ungünstig gelten. Die leeren Felder stehen für Nachbarschaften, die als neutral, also ohne besondere Vor- oder Nachteile, eingestuft werden. Die beim Kopfsalat gekennzeichneten „Partnerschaftsverhältnisse" gelten auch für nahe Verwandte wie Eisberg-, Romana- und Pflücksalat. Dasselbe gilt für Endivie, Radicchio und Zuckerhut.

SORTEN GEZIELT WÄHLEN

Häufig werden die einzelnen Gemüse wie Kopfsalat, Gurke und Spinat als „Gemüsesorten" bezeichnet. Doch gärtnerisch und botanisch sind das Arten – streng genommen oft auch Varietäten (mit der Abkürzung „var." im botanischen Namen) oder Unterarten (Abkürzung „subsp." für Subspezies). Wichtig für die Praxis ist die Unterscheidung zwischen Art und Sorte:

Sorten sind spezielle Züchtungen einer Art mit oft deutlich verschiedenen Eigenschaften. Sorten ein und derselben Art können sich nicht nur in Geschmack, Größe und Farbe des Ernteguts und in der Wuchshöhe unterscheiden, sondern teils auch stark hinsichtlich Saatzeit und Erntetermin. Außerdem gibt es Sorten, die besonders widerstandsfähig gegen bestimmte Krankheiten und Schädlinge sind – nicht aufgrund von Gentechnik, sondern als Ergebnis langwieriger herkömmlicher Züchtung. Hierbei unterscheidet man zwischen resistenten Sorten – sie verhindern oder begrenzen die Entwicklung bestimmter Schaderreger und bleiben so weitgehend immun – und toleranten Sorten, die das Auftreten bestimmter Schaderreger so „tolerieren", dass Wachstum und Erntegut kaum beeinträchtigt werden; nur bei sehr starkem Befallsdruck treten Schäden auf. Die Sortennamen stehen in der Regel in einfachen Anführungszeichen, beispielsweise ‹Lollo Rossa›, eine bekannte rotblättrige Pflücksalatsorte.

Oft stößt man bei Gemüsesortennamen auf den Zusatz F1-Hybriden. Diese Bezeichnung steht für hochwertige Züchtungen, die immer wieder neu aus sorgfältig ausgewählten Sortenlinien gekreuzt werden, die die besten Eigenschaften der Elternsorten vereinen, sehr gleichmäßig keimen und wachsen und hohe Erträge bringen. Entsprechend teuer ist das Saatgut. Für eine Nachsaat mit selbst geernteten Samen eignen sich solche Sorten allerdings nicht, die Ergebnisse sind meist unbefriedigend.

Biosaat- und -pflanzgut bietet nicht nur den Vorteil der naturgemäßen Erzeugung; es eignet sich dann auch besonders gut für einen Anbau ohne synthetische Dünger und Pflanzenschutzmittel. Häufig handelt es sich um robuste alte Landsorten oder um neuere Züchtungen, die sich auch im professionellen Ökoanbau bewährt haben.

MISCHKULTUR: WAS PASST ZUSAMMEN?

	Bohnen	Endivie	Erbsen	Erdbeeren	Fenchel	Gurken	Kartoffeln	Knoblauch	Kohlarten	Kohlrabi	Kopfsalat	Mangold	Möhren	Porree	Radieschen	Rettich	Rote Bete	Sellerie	Spinat	Tomaten	Zucchini	Zwiebeln
Bohnen			○	●		●	●		●	●	●						●	●		●		○
Endivie					●				●	●				●				○				
Erbsen	○				●	●	○	○	●	●	●		●	○	●	●				○	●	○
Erdbeeren	●	●						●	○		●			●	●				●			●
Fenchel	○		●			●					●									○		
Gurken	●		●		●			●	●		●			●	○	○	●	●		○		●
Kartoffeln			○			○			●	●			○					○	●	○		
Knoblauch	○		○	●		●			○				●				●			●		
Kohlarten	●	●	●	○			●	○		○	●	●		●			●	●	●	●		○
Kohlrabi	●	●	●				●		○		●			●	●		●	●	●	●		○
Kopfsalat	●		●	●	●	●			●	●			●	●	●		●	○		●		●
Mangold									●				●		●	●						
Möhren			●				○	●				●		●	●	●				●		●
Porree	○	●	○	●					●	●	●		●				○	●		●		
Radieschen	●		●			○			●	●	●	●	●						●	●		
Rettich	●		●			○			●	●	●	●	●						●	●		
Rote Bete	●					●	○	●	●	●				○					○		●	●
Sellerie	●	○				●	○		●	●	○			●						●		
Spinat				●			●		●	●					●	●		●		●		
Tomaten	●		○		○	○	○	●	●	●	●		●	●	●	●	●	●	●			
Zucchini			●														●					●
Zwiebeln	●		○	●		●			○	○	●		●				●				●	

● = gute Nachbarn
○ = schlechte Nachbarn
kein Zeichen = neutrale Nachbarn

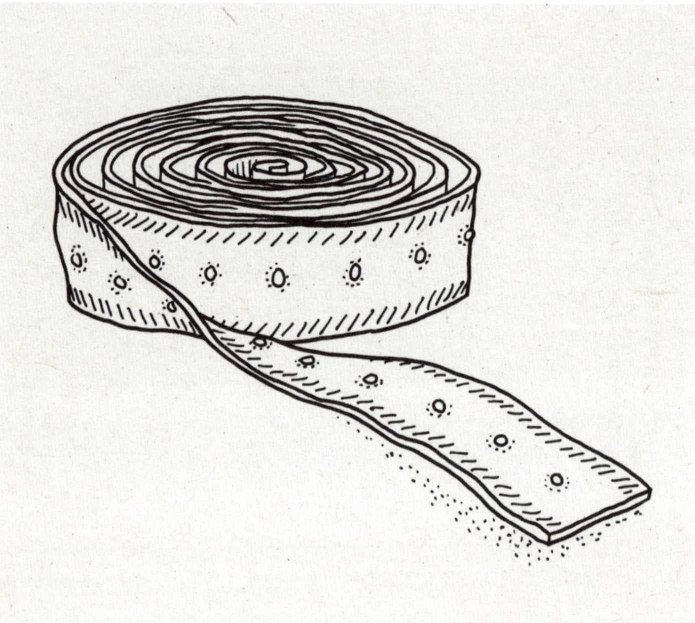

Sehr bequem: Ein Saatband sorgt für die richtigen Pflanzabstände.

SAMEN- UND PFLANZENKAUF

Von etlichen gängigen Gemüsearten und Kräutern sind Jungpflanzen erhältlich. Das erspart die eigene Anzucht, die geeignete Anzuchtplätze und besondere Sorgfalt erfordert. Bei vielen mehrjährigen Kräutern oder zum Beispiel auch bei Meerrettich und Spargel ist man ohnehin auf Pflanzgut angewiesen, ebenso bei Kartoffeln. Andererseits gibt es Arten, die ein Verpflanzen kaum vertragen oder nicht lohnen und sich nur für eine Saat direkt ins Beet eignen, so etwa Wurzelgemüse und Spinat. Außerdem findet man von manchen Arten und vor allem von bestimmten Sorten kaum vorgezogene Jungpflanzen, sodass man auch hier auf Direktsaat oder eigene Anzucht angewiesen ist.

Wo kaufen? Wenn im Frühjahr die Gartensaison startet, werden selbst in Super-, Drogerie- und Baumärkten Samen und teils auch Jungpflanzen angeboten.

Dort findet sich durchaus brauchbares Saatgut, auch von namhaften Zuchtfirmen. Werden Jungpflanzen verkauft, sieht man ihnen zuweilen an, dass es an fachgerechter Pflege fehlt. In Baumärkten gibt es allerdings zum Teil Fachpersonal für den Gartenbereich, das sich entsprechend um die Pflanzen kümmert. Im gärtnerischen Fachhandel (ausgewiesene Fach-Gartencenter, Gärtnereien) muss man oft ein wenig mehr bezahlen, was sich aber in der Regel rentiert. Meist haben Sie hier zudem mehr Auswahl und können mit kompetenter Beratung rechnen. Teils bieten Gärtnereien ihre Pflanzen auch auf Wochenmärkten an.

Eine weitere Bezugsquelle sind Pflanzenversender, manche mit sehr breitem Angebot, andere zum Beispiel spezialisiert auf Biosaatgut oder Kräuter. Hier finden Sie – besonders leicht über eine Internet-Suchmaschine – alles, was das Gärtnerherz begehrt, auch ausgefallene Arten und Sorten. Qualität und Service sind im Allgemeinen gut, es gibt aber auch „Ausreißer“. Wichtig ist es, die Ware gleich nach dem Empfang genau zu überprüfen und, falls nötig, umgehend zu reklamieren.

Beim Saatgut sollte man nicht unnötig sparen. Sogenanntes „Standardsaatgut“ steht für gute, kontrollierte Qualität. Keimschutzverpackungen sind ein Plus, ebenso eine Kennzeichnung des Abfüll- oder Haltbarkeitsdatums sowie genaue Hinweise zu Keimdauer und Anbau auf der Tüte.

Besondere Saatgutformen erleichtern das exakte Verteilen sehr feiner Samen, etwa von Kopfsalat und Möhren. Beim Pillensaatgut werden die Samen durch eine Hüllmasse zu handlichen „Pillen“ vergrößert.

Saatbänder gibt es nicht nur von feinsamigen Arten, sondern zum Beispiel auch von Radieschen und Rettichen, des Weiteren von verschiedenen Kräutern. Sie ersparen das spätere Ausdünnen der Saatreihen, da die Samen schon im optimalen Endabstand zwischen zwei Spezialpapierstreifen liegen. Das Papier verrottet mit der Zeit ebenso problemlos wie die Hüllmasse der Pillensamen. Für die Topfkultur werden auch Saatscheiben nach demselben Prinzip angeboten; für größere „Flecken“ auf dem Beet gibt es Saatteppiche.

Jungpflanzen werden in Verkaufstöpfen oder Erdpresstöpfen angeboten. Dabei handelt es um meist würfelförmig gepresste Erdballen ohne Umhüllung. Zeigen diese eine gute Durchwurzelung und werden sie vor dem

Pflanzen gründlich angefeuchtet, wachsen sie mindestens ebenso gut an wie getopfte Jungpflanzen. Auch bei Letzteren ist ein Ballen mit vielen hellen, kräftigen Wurzeln wichtig; das Wurzelwerk sollte allerdings nicht schon massenweise aus dem Topf herausquellen.

Kompakter, nicht allzu staksiger Wuchs, weder ausgetrocknete noch klatschnasse Erde, gesunde, arttypisch gefärbte Blätter – das sind Anzeichen für gepflegte Jungpflanzen. Überprüfen Sie vorm Kauf auch die Blattunterseiten auf eventuell versteckte Schädlinge oder Krankheitssymptome. Steckzwiebeln, Pflanzknoblauch und Knollen (Kartoffel, Topinambur) dürfen keine Beschädigungen aufweisen und nicht eingetrocknet oder „schrumpelig" sein.

Praktisch: Gemüsejungpflanze im quadratischen Erdpresstopf

VERLOCKENDES RISIKO: „FRÜHREIFE" JUNGPFLANZEN

Jungpflanzen aller Art werden im professionellen Gewächshausanbau schon sehr früh vorgezogen. Denn natürlich soll die Verkaufssaison so früh wie möglich starten. Das nützt aber wenig, wenn das Wetter draußen noch nicht mitspielt, zumal die „Frühentwickler" durch die idealen Gewächshausbedingungen oft ziemlich verwöhnt sind. Besonders kritisch kann das bei wärmeliebenden Arten wie Tomaten, Paprika und Basilikum werden, die man nach alter Väter Sitte am besten erst ab Mitte Mai auspflanzt. Wenn Sie solche Pflanzen deutlich früher kaufen, müssen Sie sie bei einem unverhofften Kälteeinbruch noch eine Zeit lang geschützt, aber recht kühl und sehr hell im Topf weiterkultivieren. In jedem Fall ist es wichtig, sie vor dem Auspflanzen langsam abzuhärten, indem man sie anfangs nur stundenweise nach draußen stellt.

Immer häufiger finden sich im Angebot veredelte Gemüsepflanzen. Die gibt es vor allem von Tomaten und Gurken, teils auch von Paprika, Auberginen, Melonen und sogar Basilikum. Solche Pflanzen sind auf eine Unterlage veredelt, die nur das Wurzelwerk und die Pflanzenbasis beisteuert. Bei den Unterlagen handelt es sich um robuste Sorten, im Fall der Gurke findet der Feigenblattkürbis Verwendung. Diese veredelten Gemüse erweisen sich als recht widerstandsfähig gegen bodenbürtige Krankheiten, zum Beispiel pilzliche Welken, sie wachsen kräftig und bringen gute Erträge. Allerdings sind sie nicht gerade billig. Und gegen besonders gefürchtete Krankheiten wie die Krautfäule an Tomaten oder den Falschen Mehltau an Gurken können sie leider nicht helfen.

ANBAUPLANUNG IM OBSTGARTEN Anders als im Gemüsegarten bedarf es beim Obst keiner ausgefeilten jährlichen Neuplanung. Dafür ist es umso wichtiger, die geeigneten Arten, Sorten und ihren Standort mit Bedacht auszuwählen.

Schließlich sind Sträucher und erst recht Bäume langfristige Anschaffungen, die einen teils ein ganzes Gärtnerleben lang begleiten.

Probleme, die aus einer unüberlegten Pflanzen- oder Platzwahl resultieren, zeigen sich teils erst nach Jahren; manchmal auch erst nach Jahrzehnten, wenn das anfangs bescheidene Bäumchen einen ganzen Gartenbereich in Schatten taucht, anderen Gehölzen oder auch der Hauswand ins Gehege kommt. Bei Erdbeeren ist das alles natürlich unkomplizierter. Sie sollten ohnehin alle drei bis vier Jahre durch neue Pflanzen ersetzt werden und lassen sich unter praktischen Gesichtspunkten eher den mehrjährigen Gemüsen zuordnen.

OBSTART, SORTE, PLATZWAHL

Zwar muss man im Obstgarten keine diffizilen Fruchtwechsel oder -folgen wie im Gemüsegarten berücksichtigen. Dennoch gilt: Wo schon vorher Obstgehölze oder Erdbeeren standen, sollten keine neuen Exemplare derselben Art und Pflanzenfamilie gesetzt werden. Andernfalls kann sich eine sogenannte Bodenmüdigkeit bemerkbar machen; diese hat grundsätzlich die gleichen Ursachen und ähnliche Folgen, wie beim Gemüse beschrieben. Vermeiden Sie möglichst auch eine Neupflanzung an Stellen, an denen zuvor Ziergehölze aus derselben Familie wuchsen.

Das betrifft vor allem die Rosengewächse, zu denen sämtliche Obstbäume sowie die Erdbeeren gehören, ebenso wie Rosen, Felsenbirne, Feuerdorn, Weißdorn, Zwergmispel und viele andere.

Ob Apfel, Süßkirsche oder Haselnuss – darüber entscheiden natürlich zuallererst persönliche Vorlieben. Doch auch das Klima hat ein Wörtchen mitzureden. Birne, Quitte, Pfirsich, Nektarine, Aprikose, Kiwi, Weinrebe und Walnuss sind recht wärmebedürftig und reagieren teils sehr empfindlich auf Fröste, besonders im Jugendstadium. Wer in raueren Lagen gärtnert, muss für sie einen gut geschützten Platz finden, sie eventuell als Spalierobst an der Hauswand ziehen und zudem möglichst robuste Sorten wählen – oder notfalls das Risiko eingehen.

Ebenso wie beim Gemüse spielt beim Obst die Sorte (siehe Seite 72) oft eine entscheidende Rolle. Sie bestimmt Aussehen, Geschmack, Erntezeitpunkt und, je nach Art, auch die Lagereignung der Früchte und hat Einfluss auf die Wuchsstärke. Zudem können sich manche Sorten durch Widerstandsfähigkeit gegen Kälte oder durch Resistenz gegen Schaderreger (zum Beispiel Apfelschorf oder Monilia) auszeichnen. Bei Brombeeren unterscheiden sich die Züchtungen beispielsweise auch in der Bestachelung.

Teils entscheidet die Sortenwahl außerdem darüber, ob eine zweite Sorte zur Befruchtung nötig wird. Wenn Obstbäume reich blühen, aber keine Früchte ausbilden, liegt das häufig an der fehlenden Befruchtersorte, auch als Pollenspender bekannt: Die allermeisten Apfel- und Birnensorten, viele Süßkirschen- und einige Pflaumensorten müssen jeweils durch eine zweite Sorte bestäubt und befruchtet werden.

Falls man nicht gerade in einem Obstanbaugebiet wohnt oder passende Pollenspender in den Nachbargärten stehen, sollte man

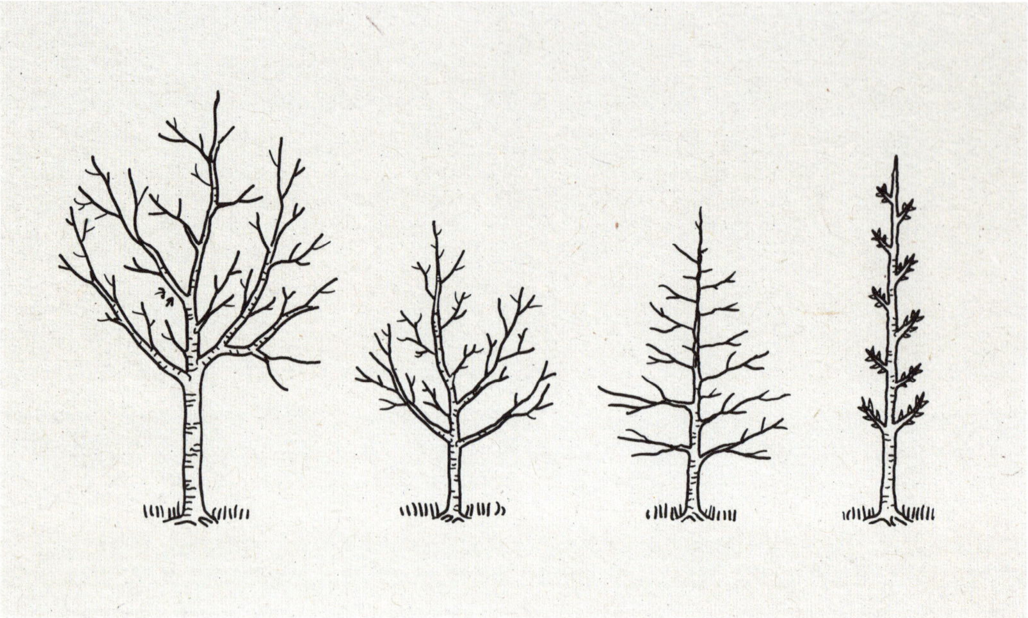

Die wichtigsten Obstbaumformen (von links nach rechts): Halbstamm, Buschbaum, Spindelbusch und Säulenbaum

sicherheitshalber zwei Bäume pflanzen. Oder man hält im Fachhandel Ausschau nach sogenannten „Duobäumen", bei denen zwei zueinander passende Sorten auf denselben Stamm veredelt sind. Leider können sich nicht alle zur selben Zeit blühenden Bäume gegenseitig befruchten. Die sogenannten triploiden Apfelsorten wie ‹Boskoop› und ‹Jonagold› zum Beispiel gelten generell als schlechte Pollenspender. Am besten lässt man sich hierzu und zu anderen fraglichen Punkten in einer guten Baumschule beraten. Ähnlich verhält es sich mit den meisten Kiwisorten: Bei ihnen sitzen Blüten geschlechtlich getrennt auf verschiedenen Pflanzen, sodass mindestens je ein weibliches und ein männliches Exemplar recht nah beieinander stehen sollten.

Beerensträucher und Sauerkirsche dagegen sind selbstfruchtbar, tragen aber teils deutlich besser, wenn noch eine zweite Sorte hinzukommt.

UNTERLAGEN UND BAUMFORMEN

Obstbäume sind in der Regel Veredlungen, das heißt, sie bestehen eigentlich aus zwei innig miteinander verwachsenen Gehölzen: aus der Edelsorte, die den Hauptteil des Stamms mitsamt Krone bildet und die Früchte trägt, und der Unterlage, die Wurzelwerk und Stammbasis beiträgt. Wo das Edelreis aufgepropft wurde, sieht man später als leicht verdickte, meist etwas gekrümmte Veredlungsstelle kurz über dem Boden.

Als Unterlagen werden Selektionen nah verwandter Wildarten beziehungsweise spezieller Züchtungen verwendet. Diese sind oft einfach mit Buchstaben-Zahlen-Codes benannt; so etwa M 9 und M 26, zwei der wichtigsten Unterlagen für kleine Apfelbäume, oder A 2 für Halbstämme. Niedrige Birnen werden meist auf ‹Quitte A› veredelt, hochwüchsige auf Birnensämlinge; kleine Kirschbäume zum Beispiel auf ‹GiSelA 5› oder ‹Weiroot›, große auf Vogelkirschen-Unterlagen.

Daraus wird schon ersichtlich, dass die Unterlage einen wesentlichen Einfluss auf die

OBSTBAUMFORMEN IM ÜBERBLICK

EIN- UND ZWEIJÄHRIGE

Baumform	Stammhöhe der Veredelung	Wuchshöhe	Pflanzabstand; Flächenbedarf
Spindelbusch	40–60 cm	2–2,5 m	2–3 m; ca. 8–10 m^2
Buschbaum	40–60 cm	2,5–4 m	2,5–4 m; ca. 12 m^2
Nieder-, Viertelstamm	80–100 cm	3–8 m	3–7 m; ca. 15–24 m^2
Halbstamm	100–120 cm	5–10 m	5–8 m; ca. 20–25 m^2
Hochstamm	160–180 cm	8–15 m	7–12 m; ca. 25–30 m^2

Wuchsstärke des gesamten Baumes hat. Wenn Sie sich zum Beispiel für einen Spindelbusch oder einen Halbstamm entscheiden, ist quasi schon die passende Unterlage mit dabei. Trotzdem kann es sinnvoll sein, sich in Baumschulen auch in Sachen Unterlage beraten zulassen, denn diese kann zudem die Frosthärte, den Zeitpunkt des Ertragsbeginns sowie die Verträglichkeit für schwere oder kalkhaltige Böden beeinflussen. So sind beispielsweise Birnbäume auf der noch recht neuen, mittelstark wachsenden Unterlage ‹Pyrodwarf› wesentlich kalkverträglicher als die gebräuchlichen Quittenunterlagen.

Welche Baumform gewählt wird, ist zunächst einmal eine Frage des Platzangebots. Denken Sie dabei auch an die erforderlichen Grenzabstände (siehe Seite 17). Die Übersicht zeigt auf einen Blick die wichtigsten Angaben zu den bislang üblichen Baumformen, zu denen sich mehr und mehr noch kleinere Sonderformen gesellen. Die bescheideneren Wuchstypen bieten neben der Platzersparnis den Vorteil, dass bei Ernte und Schnitt keine oder nur niedrige Leitern nötig werden. Mit zunehmender Größe steigen allerdings auch Lebensdauer und Erträge. So wird ein Apfelspindelbusch etwa 20–30 Jahre alt und liefert je nach Sorte rund 10–20 Kilogramm Äpfel pro Jahr; ein Hochstamm erreicht bis 100 Jahre und jährliche Erträge von 300–400 Kilogramm. Dafür tragen Spindelbusch- und Buschbäume schon ab dem ersten oder zweiten Jahr; bei Halb- und Hochstämmen setzt der Vollertrag erst zwischen dem sechsten und zehnten Jahr ein.

Vom Buschbaum bis zum Hochstamm werden alle Formen mit einer Krone, also einem Astgerüst, von dem die Fruchttriebe abzweigen, gezogen. Der Spindelbusch dagegen besteht nur aus einem Mitteltrieb, der von unten her mit etagenartig angeordneten, flachen, fruchttragenden Seitentrieben besetzt ist.

Unter den Sonderformen sind in neuerer Zeit die **Zwergbäume** sehr angesagt. Besonders bei Apfel, Birne und Pfirsich finden sich hier tatsächlich Züchtungen, die mit geringen Schnitteingriffen nur etwa 1,5 Meter hoch und breit werden, aber Früchte normaler Größe liefern. Manche erfordern allerdings häufigeren Schnitt und können auf Dauer nicht ganz so klein gehalten werden, wie es die Anbieter manchmal versprechen. Anders als etwa die Bezeichnung Buschbaum steht „Zwergbaum" noch nicht für einen fest definierten, verlässlichen Wuchstyp, zumal die Kleinbäume oft auch keinen Sortennamen tragen.

Während Zwergbäume „richtige" Kronen ausbilden, stehen bei den 2–3 Meter hohen und nur rund 50 Zentimeter breiten **Säulenobstbäumen** die kurzen Fruchtzweige direkt am Stamm. Bei Säulenäpfeln wie den „Ballerinas" ist diese Form meist genetisch bedingt; bei Säulenbirnen, -kirschen und -zwetschgen muss dagegen regelmäßig nachgeschnitten

Weinreben an einer Hauswand hochranken zu lassen ist eine Jahrhunderte alte Tradition.

werden. Zu den speziellen Formen zählt auch das **Spalierobst,** bei dem die Haupttriebe nur in zwei Richtungen beziehungsweise in einer Ebene wachsen, sodass sich die Bäume gut an einer Fassade oder auch an einem freistehenden Drahtgerüst ziehen lassen. Für wärmebedürftige Arten wie Birne, Pfirsich und Aprikose ist die Erziehung an einer schützenden Hauswand besonders interessant. Sie eignet sich aber auch für Apfel, Pflaume und Sauerkirsche. Am einfachsten sind eher ungezwungene Spaliere mit einigen günstig verteilten Haupttrieben, Fächerspaliere mit V-förmig angeordneten Haupttrieben oder Dreiastkronen mit Mittelast und zwei Leittrieben nach links und rechts.

Kunstfertig gestaltete Spaliere, etwa U-Formen, Kordons mit waagrechten Leitästen oder „kronleuchterartige" Palmetten verlangen dagegen einiges an regelmäßigen, sehr zielgerichteten, sorgfältig ausgeführten Schnitt- und Bindearbeiten. Manche Baumschulen bieten bereits vorbereitete Gehölze für die Spaliererziehung an. Ansonsten eignen sich dafür junge, einjährige Veredelungen von Spindelbusch- und Buschbäumen.

WUCHSFORMEN DER BEERENSTRÄUCHER

Bei den Beerensträuchern sind die Wuchs- und Erziehungsformen überschaubarer. Recht locker aufgebaute, ein bis zwei Meter hohe Büsche prägen das Bild von Johannis- über Stachel- bis Heidelbeere und begnügen sich meist mit 1,5–2 Meter Abstand. Diese Sträucher können frei stehend oder an einem Drahtspalier gepflanzt werden.

Besonders ansprechend sind die auf Stämmchen veredelten, wie kleine Bäume wirkenden Johannis- und Stachelbeeren, die unbedingt einen Stützpfahl brauchen. Man unterscheidet hier Hochstämme mit 80–90 Zentimeter Stammhöhe und Halb- oder Fußstämme mit nur 40–50 Zentimeter langem Stamm.

Von Johannis- und Stachelbeeren werden zunehmend auch besonders schmal erzogene Säulenformen angeboten.
Brombeeren und Himbeeren bauen sich aus jährlich erneuerten langen Ruten auf, die am besten an Gerüsten mit quer gespannten Drähten hochgeleitet werden. Da die Reihen beziehungsweise Gerüste bei Himbeeren mindes-

tens 1,5 Meter, bei rankenden, langtriebigen Brombeeren bis zu 3,5 Meter Abstand haben sollten, beanspruchen diese Arten bei intensivem Anbau reichlich Fläche. Platzsparender sind aufrechte Züchtungen.

Auch Kiwi und Weinrebe zählen zum Beerenobst und nehmen als Schling- beziehungsweise Rankpflanzen eine Sonderstellung ein, da sie beim Hochleiten an Mauern, Gerüsten oder Pergolen nur mäßig Platz in der Fläche beanspruchen. Wein lässt sich ansonsten auch recht kompakt als Rebstock ziehen, wie man das von den meisten kommerziellen Weinanbaugebieten kennt. Bei Kiwis kann es, wie erwähnt, nötig werden, zur weiblichen Fruchtsorte eine männliche Bestäuberpflanze hinzuzugesellen.

Da die Pflanzen drei bis fünf Meter Abstand brauchen, muss man trotz ihres Höhenwuchses schon einiges an Pflanzfläche reservieren. Kaum mehr Platz als Erdbeeren beanspruchen schließlich die selten angebauten Preiselbeeren. Sie brauchen ebenso wie Heidelbeeren sauren, kalkarmen Boden.

VERKAUFSFORMEN UND EINKAUFSTIPPS

Bei Gehölzen gibt es Pflanzware in drei verschiedenen Formen. Wurzelnackte Pflanzen ohne Erdballen sowie kurz vorm Verkauf ausgegrabene Ballenpflanzen, deren Wurzelballen durch ein Netz oder Tuch zusammengehalten wird, können nur während der Ruhephase zwischen Oktober und April gepflanzt werden – wobei wurzelnackte Ware besonders schnell in den Boden kommen muss. Bei wurzelnackten Pflanzen können Sie gut erkennen, ob das Wurzelwerk kräftig, hell und gut verzweigt ist.

Containerpflanzen dagegen wurden von Beginn an in großen Plastiktöpfen oder kräftigen Kunststoffhüllen angezogen. Dadurch entwickeln sie einen gut durchwurzelten, kompakten Ballen und können außer bei Frost das ganze Jahr über gepflanzt werden.
Bei Containerpflanzen muss der Erdballen der Größe der Pflanzen entsprechen und gut, aber nicht übermäßig stark durchwurzelt sein. Passende Container für Beerenobst haben meist drei bis fünf Liter Erdvolumen, für Baumobst je nach Pflanzengröße fünf bis zehn Liter.

Obstbäume erhält man meist als zweijährige Veredlungen, die bereits einen Kronenansatz mit drei bis fünf Trieben zeigen. Bei einjährigen Veredlungen kann man die Stammhöhe beim Pflanzschnitt festlegen und den Kronenaufbau noch stärker beeinflussen, sodass sich diese zum Beispiel besonders gut für eine Spalierobsterziehung eignen. Der Stamm muss gerade gewachsen sein, bei zweijährigen Veredlungen mit einem bereits ausgeprägten Mitteltrieb als Stammverlängerung und wenigstens drei nicht zu steil stehenden Seitentrieben, die gleichmäßig um den Stamm verteilt sind und in unterschiedlicher Höhe ansetzen. Brom- und Himbeeren sollten wenigstens zwei, Johannis- und Stachelbeeren mindestens drei kräftige Triebe an der Basis aufweisen.

Wenn man genau weiß, was man will, und die Pflanzware sorgfältig begutachtet, kann man sein Obstgehölz natürlich überall kaufen. Spezialisierte Obstbaumschulen, vor Ort oder als Versender, bieten allerdings die größte Auswahl, sowohl an Sorten als auch an Unterlagen und Baumformen, und können in allen Fragen kompetent beraten. Gärtnereien, die vom Bund deutscher Baumschulen (BdB) als „Markenbaumschulen" ausgewiesen sind, unterliegen bei Anbau und Angebot strengen Kontrollen und garantieren besonders hohe Qualität.

GEMÜSE- UND KRÄUTERPRAXIS

SÄEN UND PFLANZEN Sorgfältige, termingerechte Aussaat und Pflanzung sind die ersten wichtigen Schritte zum Ernteerfolg. Wenn die Pflänzchen zügig und vital heranwachsen, sind sie leichter zu pflegen und weniger anfällig für Krankheiten und Schädlinge.

Je nach Wetter und Bodenzustand kann das Gemüse- und Kräuterjahr bereits im Februar starten: mit der Vorbereitung der Saat- und Pflanzbeete, den ersten Anzuchten oder sogar schon mit frühen Freilandsaaten unter Folie oder Vlies. Im März und April beginnt die Hochsaison beim Säen und Pflanzen. Und wenn schließlich im Mai die letzten wärmebedürftigen Arten ausgepflanzt sind, kommt auch schon bald das Herbst- und Wintergemüse an die Reihe.

DIE BEETE STARTKLAR MACHEN

Ist der Boden gut und gleichmäßig gelockert, aber strukturstabil, humos und an der Oberfläche fein gekrümelt, bietet er den Saaten und Jungpflanzen ideale Startbedingungen.

Dazu dient zunächst einmal die jährliche tiefgreifende Bodenlockerung, sei es durch Umgraben oder nicht wendendes Bearbeiten (siehe Seite 49). Im besten Fall ist diese ja bereits im Herbst erfolgt.

Kommt man erst im Frühjahr dazu, sollte dies mindestens ein bis zwei Wochen vor dem Säen oder Pflanzen geschehen, damit sich der Boden zuvor ausreichend setzt. Andernfalls kann das Nachrutschen von Bodenteilchen dazu führen, dass die Samen oder jungen Wurzeln nicht mehr den optimalen Kontakt zur umgebenden Erde haben. Bei frostfreiem Boden lässt sich die tiefe Lockerung auch schon im Januar nachholen.

Wählen Sie dafür und für alle folgenden Arbeitsschritte einen Zeitpunkt, zu dem der Boden leicht feucht, aber nicht allzu nass ist.

Kurz vor der Aussaat oder Pflanzung steht dann die Nachbearbeitung an: zunächst das Zerkleinern der Erdklumpen, wobei die oberste Schicht nochmals gut gelockert wird. Entfernen Sie dabei möglichst gründlich alle Unkrautwurzeln. Abschließend wird der Boden mit dem Rechen eingeebnet.

Bei leichten oder bereits gut strukturierten, humosen, mittelschweren Böden genügt für diesen Arbeitsgang oft schon das Durchziehen eines Kultivators oder Sauzahns; das kann kurz vor der Beetbestellung durchgeführt werden. Auf eher schweren oder neu in Kultur genommenen Böden sind stattdessen Schlaghacke oder Krail gefragt. Bleiben dann immer noch recht viele Klumpen, empfiehlt sich ein weiterer Arbeitsgang mit Grubber, Kultivator oder Sternfräse (Gartenwiesel). Da der Boden hierbei nochmals kräftig in Bewegung kommt, wartet man danach besser ein bis zwei Wochen, bevor man aussät, und zieht dann kurz zuvor nochmals Grubber oder Kultivator durch.

Im Anschluss an diese Nachbearbeitung kann gleich reifer Kompost mit Kultivator, Grubber oder Krail oberflächlich eingearbeitet werden; für Starkzehrer rund drei Liter pro Quadratmeter beziehungsweise drei Zentimeter Schichthöhe, für andere Arten höchstens zwei Liter pro Quadratmeter. Falls Sie die Fläche für Starkzehrer mit Frischkompost, (vorgerottetem) Stallmist oder abgemähter Gründüngung versorgen möchten, sollten Sie dies so früh durchführen, dass bis zur Aussaat noch drei bis vier Wochen Zeit bleiben, je nach Verrottungsgrad der organischen Dünger. Wenn zuvor noch eine Nachbearbeitung mit stärkeren Eingriffen erfolgt oder gar erst im Spätwinter umgegraben wird, müssen Sie also insgesamt mindestens fünf Wochen „Sicherheitsabstand" vor dem Säen und Pflanzen einplanen.

Frischer Mist, der weder vorkompostiert noch angerottet wurde, ist für den Gemüsegarten nicht unbedingt empfehlenswert: zum einen wegen seiner etwas unberechenbaren Nährstofffreisetzung, zum anderen, weil er Schädlinge wie Gemüsefliegen anziehen kann. Soll er trotzdem ohne Vorbehandlung verwendet werdet, bringt man ihn besser im Herbst aus, auch wenn dann über den Winter Nährstoffverluste drohen.

Direkt vor Aussaat und Pflanzung erfolgt die eigentliche Feinbearbeitung: das akkurate Ebnen und Glätten der oberen Bodenschicht, sodass weder Mulden noch kleine Hügel verbleiben, und schließlich das Herrichten einer fein gekrümelten Oberfläche ohne größere „Brocken". Dafür bedarf es nur eines – am besten breiten – Rechens. Zusätzlich kann eine Sternfräse gute Dienste leisten.

DIREKT INS BEET SÄEN

Die Aussaat an Ort und Stelle ist bei fast allen einjährigen Gemüsen und Kräutern möglich, teils auch bei mehrjährigen Kräutern wie Schnittlauch, und oft die einfachste Lösung. Idealerweise ist der Boden zum Saatzeitpunkt leicht feucht. Nach starken Regenfällen lässt man die Oberfläche besser etwas abtrocknen und lockert sie nochmals auf. Unter günstigen Bedingungen können Sie mit der Freilandsaat bereits gegen Mitte/Ende Februar loslegen, etwa mit Radieschen, Möhren und Spinat. Eine Frühsaat liefert nicht nur zeitige Ernten, man schlägt damit teils auch Schädlingen ein Schnippchen – bei der Dicken Bohne zum Beispiel den Blattläusen, die spätere Saaten fast regelmäßig stark befallen. Manche Gärtner nutzen auch einen speziellen Trick, um möglichst zeitig zu säen: Sie breiten zuvor über den Beeten Folien aus, damit sich der Boden darunter erwärmt. Tatsächlich keimen die eben genannten Arten, ebenso wie zum Beispiel frühe Salate, Petersilie und Schnittlauch, bereits bei rund fünf Grad Celsius Bodentemperatur. Keimung und Anfangswachstum verlaufen bei diesen Mindesttemperaturen allerdings recht langsam; ohne schützende und wärmende Abdeckung verhilft das kaum zu einem echten Vorsprung. Und stärkere Kälteeinbrüche können den Keimvorgang drastisch unterbrechen oder den bereits entwickelten Pflänzchen schwer zusetzen. Für Frühsaaten empfiehlt es sich deshalb immer, Abdeckfolie oder -vlies bereitzuhalten (siehe auch Seite 93) – oder durch Nutzung von Frühbeet und Gewächshaus für mehr Sicherheit und schnellere Entwicklung zu sorgen.

Entsprechendes gilt auch für Herbstsaaten, etwa von Feldsalat oder Spinat.

BODENVORBEREITUNG FÜR KRÄUTER

Auch Kräuter gedeihen am besten auf einem gründlich vorbereiteten und gelockerten Boden. Doch selbst den eher nährstoffliebenden Arten wie Petersilie genügen zum Start mäßige Gaben gut ausgereiften Komposts. Die meisten anderen nehmen auch mit dem vorlieb, was ihnen zuvor angebaute Stark- oder Mittelzehrer übrig lassen. Für mediterrane Kräuter, besonders für Mehrjährige wie Oregano und Thymian, ist es sogar sinnvoll, nährstoffreiche Böden etwas abzumagern: durch Einarbeiten von 10 bis 20 Liter groben Sand, Splitt oder feinen Schotter pro Quadratmeter. Dies empfiehlt sich ganz besonders bei recht tonhaltigen Böden, vor allem auch, um Wasserabfluss und Durchlüftung zu verbessern.

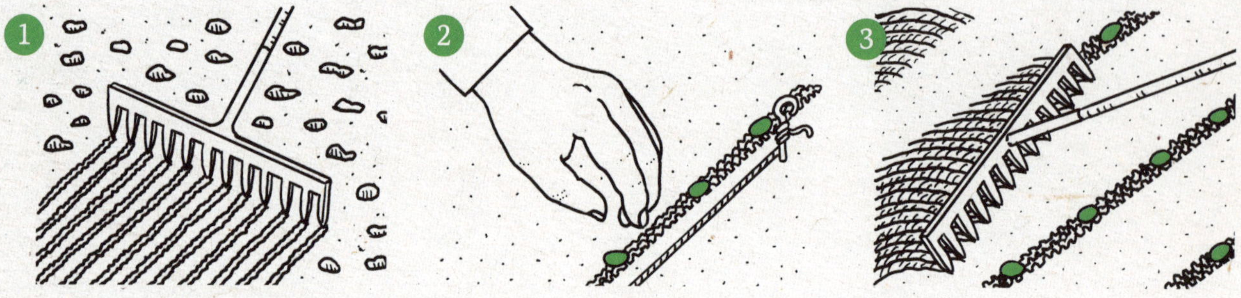

Reihensaat ins Beet: (1) Eine ebene, feinkrümelige Oberfläche herstellen. (2) Die Samen gleichmäßig in den zuvor gezogenen Rillen verteilen. (3) Anschließend die Reihen mit dem Rechen zuziehen und die Erde etwas andrücken.

Im Allgemeinen empfiehlt sich die **Reihensaat,** also das Ablegen der Samen in geraden, parallelen Reihen. So lässt sich später der Boden durch Bearbeiten der Zwischenräume recht einfach lockern. Und bei Beachtung der jeweils empfohlenen Reihenabstände haben die Pflanzen auch genug Platz für ihre Entwicklung, wofür dann meist nochmals innerhalb der Reihe ausgedünnt werden muss.

Ein Zollstock hilft beim Markieren der richtigen Abstände, die Reihen beziehungsweise Saat rillen werden mit einem Stöckchen, dem Rechenstiel oder der Rechenkante gezogen. Mithilfe einer an zwei Pflöcken aufgespannten Schnur können Sie auch lange Reihen akkurat anlegen.

Ziehen Sie die Rillen je nach Samengröße zwei bis fünf Zentimeter tief; die Samen werden nachher ein- bis zweimal so hoch mit Erde abgedeckt, wie sie dick sind. Bohnen sollten allerdings trotz ihrer Samengröße höchstens drei bis vier Zentimeter tief gesät werden. Außerdem gibt es einige Lichtkeimer, die bei verdunkelnder Abdeckung nur schlecht oder gar nicht keimen. Hierzu zählen Salate und Sellerie sowie Basilikum, Bohnenkraut, Dill und einige weitere Kräuter. Für Lichtkeimer und andere feine Samen zieht man höchstens flache Rillen oder streut sie einfach entlang der Markierschnur aus und drückt sie dann an.

Verteilen Sie die Samen möglichst gleichmäßig und nicht allzu dicht in den Rillen. Größere oder pillierte Samen können Sie gleich im nötigen Endabstand auslegen. Oft ist es aber auch hier ratsam, ein klein wenig dichter zu säen, um bei eventuellen Ausfällen über genug Reserve zu verfügen.

Bei langsam keimenden Arten wie Möhre und Petersilie hat sich das zusätzliche Ausstreuen von einigen gut über die Reihe verteilten Radieschen- oder Kressesamen bewährt: Diese Schnellkeimer zeigen dann als **Markiersaat** schon bald den Reihenverlauf an, was zum Beispiel frühzeitiges Jäten zwischen den Reihen erleichtert. Ziehen Sie nach dem Ausstreuen mit dem Rechen oder mit der Hand von der Seite her Erde in die Rillen, bis die Samen ausreichend abgedeckt sind, und drücken Sie diese etwas an. Auch bei feinen Samen und selbst bei Lichtkeimern ist in der Regel ein hauchdünnes Überstreuen mit Erde oder leichtes Einharken günstig, da es dem Austrocknen keimender Samen vorbeugt und Vögel kein Buffet präsentiert bekommen.

Wird viel Verschiedenes gesät, kennzeichnet man die Reihen am besten mit wasserfest beschrifteten Stecketiketten. Gießen Sie zum Schluss gründlich, aber nur mit mäßigem Wasserdruck und am besten mit feinem Brauseaufsatz, damit weder Abdeckerde noch Samen weggeschwemmt werden.

Halten Sie die Saaten auch in der Folgezeit stets feucht. Schnellkeimer wie Radieschen schieben oft schon nach einer Woche ihre Keimblätter durch die Erde, bei den meisten anderen Arten dauert es zwei bis drei, bei Langsamkeimern wie Möhren teils bis zu fünf Wochen.

Nachdem die Sämlinge ihre ersten richtigen Laubblätter entfaltet haben, steht meist das Vereinzeln oder Ausdünnen an: Das heißt, man zieht vorzugsweise schwächere Pflänzchen heraus, sodass die verbleibenden Exemplare im richtigen Abstand stehen. Drücken Sie letztere nach dem Ausdünnen mit etwas Erde an, damit sie wieder fest stehen. Mit Saatbändern kann man sich das Vereinzeln ersparen (siehe auch Seite 74). Die Bänder werden einfach in der benötigten Länge zugeschnitten, in die Rillen gelegt und an den Enden mit Erde beschwert. Dann sollte man sie gleich gründlich anfeuchten, um guten Bodenkontakt zu gewährleisten. Anschließend füllt man wie bei Einzelsamen die Rillen mit Erde auf, drückt diese an und gießt nochmals durchdringend. Entsprechend werden auch Saatteppiche und -scheiben verwendet.

Bei der **Horstsaat,** auch Dibbelsaat genannt, legt man die Samen in kleinen Häufchen (meist zu drei bis sechs) ab; diese Grüppchen dann jeweils in den nötigen Abständen. Das eignet sich besonders für Stangenbohnen, die man in kreisförmigen Häufchen um ihre Stütze herum gruppiert, lässt sich aber auch gut bei Buschbohnen, Erbsen, Gurken, Zuckermais und anderen großsamigen Arten anwenden. So können die Keimlinge gemeinsam die Bodenoberfläche durchstoßen, zudem stützen sich die rankenden oder schlingenden Arten gegenseitig beim Hochwachsen.

Breitsaat, also breitwürfiges Ausstreuen der Samen, empfiehlt sich vor allem für Gründüngungspflanzen (siehe Seite 58) sowie für Kräuter, die nicht akkurat in Reihen stehen sollen. Beim Dill zum Beispiel hat sich dieses Verfahren bewährt, weil „Dill nur wächst, wo er will", wie ein altes Sprichwort sagt, und in Reihen häufig sehr lückenhaft aufgeht. Nach dem Ausstreuen werden die Samen eingeharkt, falls nötig, mit etwas Erde überstreut und gründlich angegossen. Bei engem Stand müssen die Sämlinge später vereinzelt werden. Breitsaat ist auch bei Feldsalat und Spinat möglich; allerdings führt das zu einem dichten Bestand, der die Ausbreitung von Mehltau begünstigt.

PFLANZEN SELBST VORZIEHEN

Fast zwingend ist die warme Anzucht – oder der Kauf von Jungpflanzen – bei kälteempfindlichen Fruchtgemüsen wie Tomate und Paprika. Würde man sie erst bei angemessenen Temperaturen nach draußen säen, kämen die meisten Früchte nicht mehr zur Ausreife.

Natürlich kann man durch geschützte Anzucht auch anderen Pflanzen einen Wachstumsvorsprung verschaffen und so beispielsweise zu besonders frühen Salaternten kommen. Vorziehen und späteres Verpflanzen empfiehlt sich zudem bei Arten mit langer

SAMENRESTE: AUFBEWAHRUNG UND HALTBARKEIT

Häufig benötigt man nicht den kompletten Inhalt einer Samentüte. Die restlichen Samen lassen sich in der Regel auch im nächsten Jahr noch gut verwenden, wenn die angebrochenen Tüten gut verschlossen und trocken, kühl (zwischen zwei und zehn Grad Celsius) sowie dunkel aufbewahrt werden. Gut eignen sich dafür dunkel getönte Schraubgläser, Einmachgläser und luftdicht verschließbare Plastikgefäße. Im zweiten Jahr nach dem Anbruch lässt die Keimfähigkeit allerdings oft schon stark nach. In noch verschlossenen Packungen bleiben die meisten Gemüse- und Kräutersamen rund drei Jahre haltbar. Bei Pastinake, Porree, Schwarzwurzel, Dill und Schnittlauch jedoch nimmt die Keimfähigkeit schon im zweiten Jahr oft deutlich ab.

Dagegen halten sich die Samen der meisten Fruchtgemüse, beispielsweise von Tomaten und Gurken, und Kohlarten vier bis fünf Jahre, ebenso Basilikumsamen.

Kulturdauer und weitem Pflanzenabstand, zum Beispiel Kohlgemüse. Das spart anfangs Anbaufläche, und zum Setzen kann man sich dann die kräftigsten Pflanzen aussuchen, statt später in den Reihen auszudünnen. Zudem regt das Umpflanzen das Wurzelwachstum an. Je nach Anbautermin müssen solche Arten nicht unbedingt warm vorgezogen werden: Spätsorten von Kohlarten oder Endivie zum Beispiel kommen einfach draußen auf ein Beet, das als Anzuchtbeet deklariert wird, oder ins (nicht abgedeckte) Frühbeet.

Etwas mehr Aufwand verlangt die **warme Anzucht,** die hauptsächlich zwischen Mitte Februar und April durchgeführt wird. Vor allem brauchen Sie dafür einen möglichst hellen Anzuchtplatz, an dem die zarten Sämlinge aber nicht zu stark der prallen Mittagssonne ausgesetzt sind. Am besten eignen sich dafür nach Südosten gerichtete Fenster oder per Rollo schattierbare Südfenster. Mangelt es andererseits an Licht, wachsen die Sämlinge staksig, mit langen, dünnen Stielen und kleinen, fahlen Blättern. Wenn man öfter schon zeitig Pflanzen anziehen möchte, kann sich deshalb die Anschaffung spezieller Vermehrungsleuchten lohnen. Ideal ist natürlich ein rundum belichtetes Gewächshaus, Frühbeet oder ein Wintergarten. Gerade hier wird es aber auch oft nötig, an sonnigen Frühlingstagen um die Mittagszeit zu schattieren; außerdem muss bei mildem Wetter regelmäßig gelüftet werden.

Des Weiteren sollten alle „Schutzräume" beheizbar sein, sonst sind die Anzuchtmöglichkeiten stark eingeschränkt. Bei wärmeliebenden Arten wie Tomaten, Paprika, Gurken und Basilikum liegt die optimale Keimtemperatur bei 18–25 Grad Celsius, wobei auch die Bodenwärme eine wichtige Rolle spielt. Die meisten anderen Gemüse und Kräuter keimen am besten zwischen 15 und 20 Grad Celsius, höhere Temperaturen wirken teils sogar hemmend.

Handelsübliche Anzuchtgefäße sind kleine Plastiktöpfe und flache, wannenartige Kunststoffschalen mit gelochtem Boden. Lange Zeit erhielt man solche Behältnisse nur aus Kunststoff, und besonders die Plastiktöpfe landeten massenweise auf den Müllbergen – die zu einem großen Teil verbrannt werden. Das lässt sich durch Verwenden alternativer Materialien reduzieren: Viele Anbieter haben bereits Töpfe aus Zellulose, Holz- oder Kokosfasern im Pro-

Hier erfolgt die warme Anzucht auf der Fensterbank über dem Heizkörper.

Warme Anzucht: (1) Samen in geeigneter Anzuchterde gleichmäßig verteilen. (2) Samen mit feiner Erdschicht überstreuen. (3) Erde gleichmäßig feucht halten und nach dem Erscheinen der Keimlinge immer häufiger lüften.

gramm. Weil diese im Boden verrotten, können sie mit ausgepflanzt werden, sodass kein Austopfen nötig ist. Für kleinere Pflanzen kann man außerdem gut Eierkartons zum Aussäen verwenden und die Mulden vor dem Auspflanzen einfach auseinanderschneiden. Mittlerweile gibt es auch Anzuchtschalen, die nicht aus Kunststoff hergestellt sind, sondern aus nachwachsenden Rohstoffen wie Bambusschrot mit Spreu oder Naturkautschuk.

Anzuchtschalen sowie Töpfe mit sechs bis acht Zentimeter Durchmesser eignen sich vor allem dann, wenn die Sämlinge später nochmals pikiert (umgetopft) werden sollen, so etwa Tomaten, Kohlarten, Salate, Sellerie und mehrjährige Kräuter. Für Pflanzen, die sich schnell entwickeln oder wie Zucchini das Pikieren schlecht vertragen, wählt man besser Einzeltöpfe mit neun bis zwölf Zentimeter Durchmesser.

Praktisch sind Anzuchtschalen mit passender transparenter Abdeckhaube, die auch als Minigewächshäuser gehandelt werden. Auch wenn man lieber in Töpfe sät statt direkt in die Schale, bieten sie eine vorteilhafte Stellfläche, über der die Haube für erhöhte Wärme und Luftfeuchtigkeit sorgt. Teils gibt es solche Minigewächshäuser sogar mitsamt Bodenheizung beziehungsweise Heizkabel.

Sehr wichtig ist eine gute Anzuchterde, die eigens als Aussaat- oder Vermehrungserde ausgewiesen ist. Solche Spezialerden, auch Substrate genannt, sind nährstoffarm, frei von Krankheitskeimen, fein gekörnt und trotzdem strukturstabil. Fürs Pikieren empfehlen sich Varianten mit leicht erhöhtem Nährstoffgehalt, die meist auch als Pikiererde oder -substrat gekennzeichnet sind. Den Vorzug verdienen torffreie Anzuchterden, die sich meist auch für das Einpflanzen von Kräutern eignen. Eine andere Möglichkeit ist das Mischen torffreier Blumenerde mit Sand und Perlite, um den Nährstoffgehalt zu verringern und die Struktur zu verbessern. Alternativ gibt es auch ungedüngte Kokoserden.

Vor dem Aussäen füllt man die Töpfe oder Schalen so mit Erde auf, dass oben ein Gießrand von rund einem Zentimeter frei bleibt. Dann wird die Erdoberfläche eingeebnet und etwas angedrückt. In Schalen streut man feine Samen möglichst gleichmäßig und nicht allzu dicht aus, größere werden mit drei bis vier Zentimeter Abstand ausgelegt. In Töpfen sät man große Körner, zum Beispiel von Bohnen oder Zucchini, am besten zu zweien oder dreien und zieht später die schwächeren Sämlinge heraus. Für Saattiefe und Lichtkeimer gilt das bei der Direktsaat Gesagte (siehe Seite 85). Große Samen werden einfach entsprechend tief ins Substrat gedrückt; feine Samen kann man mithilfe eines Siebs schön gleichmäßig mit einer dünnen Erdschicht überstreuen. Abschließend wird alles gründlich angefeuchtet, mit feiner Brause oder mit einem Wasserzerstäuber.

In der Folgezeit ist etwas Fingerspitzengefühl nötig: Die Erde muss gut feucht bleiben, darf aber nicht zu stark vernässen, sonst dro-

Eng stehende Keimlinge mit paarigen Keimblättern.

hen Fäulnis und Pilzkrankheiten. Werden die Gefäße mit der Haube der Anzuchtschale, mit Plastikfolie oder kleinen Glasscheiben abgedeckt, lässt sich die Feuchtigkeit optimal bewahren. Wenn dann aber die ersten grünen Spitzen erscheinen, brauchen die Saaten Luft. Dann sollten Sie die Abdeckung mithilfe kleiner Holzstäbchen oder Lattenstücke hochstemmen oder tagsüber stundenweise abnehmen. Nach Aufgang aller Samen wird die Abdeckung ganz entfernt. Halten Sie dann die Erde nicht mehr ganz so feucht, lassen Sie sie aber keinesfalls austrocknen.

Unter Pikieren versteht man das Verpflanzen von Sämlingen, die zu eng oder in zu klein gewordenen Anzuchttöpfen stehen. Das verschafft ihnen nicht nur mehr Platz für die weitere Entwicklung, sondern regt auch eine verstärkte Wurzelneubildung an. Zucchini, Gurken und andere Kürbisgewächse leiden allerdings stark unter den damit verbundenen Wurzelverletzungen, sodass man sie besser nicht pikiert. Andere Arten wie Tomate oder Salate werden pikiert, sobald sich über den meist rundlichen Keimblättern die ersten richtigen Laubblätter gebildet haben und sie sich gut anpacken lassen. Sie kommen dann am besten in Einzeltöpfe, je nach Größe mit acht bis zwölf Zentimeter Durchmesser. Beim vorsichtigen Lockern der Wurzeln und Heraushebeln ist ein Pikierholz hilfreich. Drücken Sie nach dem Einsetzen die Erde rund um die Sämlinge an und gießen Sie gründlich. Nach dem Pikieren ist ein etwas kühlerer Stand günstig.

RICHTIG AUSPFLANZEN

Die Pflanzzeit im Gemüse- und Kräutergarten kann beispielsweise mit robusten Salaten, Kohlarten und Schnittlauch schon im März beginnen. Die meisten Arten kommen allerdings am besten erst im April in die Erde.

Für alle kälteempfindlichen Pflanzen sind die „Eisheiligen" (12. bis 15. Mai) ein wichtiger Stichtermin: Um diese Zeit traten früher recht regelmäßig die letzten Nachtfröste auf. Deshalb galt die Losung: Arten wie Tomaten, Gurken und Basilikum werden erst nach den Eisheiligen ausgepflanzt. Heute präsentiert sich der Mai oft wesentlich milder; Kälterückfälle sind aber nicht auszuschließen. Es ist deshalb nach wie vor sinnvoll, sich an den traditionellen Pflanzterminen zu orientieren.

Von Juni bis August/September sind dann die Spät- und Wintergemüse an der Reihe. Und im Oktober können Sie mit Wintersteckzwiebeln und kälteverträglichen mehrjährigen Kräutern wie Pfefferminze schon die Erntesaison für das Folgejahr einleiten. Ob selbst angezogen oder gekauft – Jungpflanzen kommen in der Regel aus „behüteten Verhältnissen" und müssen sich erst an die raueren Lebensbedingungen draußen gewöhnen. Besonders für wärmebedürftige Arten empfiehlt sich deshalb ein allmähliches Abhärten. Dazu stellt man sie schon ein bis zwei Wochen vor dem Setzen an relativ milden Tagen draußen an einen möglichst windgeschützten, leicht beschatteten Platz. Gegen Abend werden sie wieder nach drinnen geholt.

Für Gemüse empfiehlt sich in der Regel die **Reihenpflanzung** – mit den bei der Reihensaat genannten Vorteilen. Meist werden die Pflanzabstände zum Beispiel mit „40 cm x 30 cm" angegeben; das bedeutet: 40 Zentimeter Reihenabstand und 30 Zentimeter Abstand innerhalb der Reihen. Bei der normalen Reihenpflanzung stehen die Pflanzen zweier Nachbarreihen direkt nebeneinander, von oben betrachtet also in Rechteckform. Man kann sie aber auch in Form eines Dreiecks anordnen, indem man die Nachbarreihen versetzt pflanzt: Jede Pflanze steht dann auf Mitte zwischen zwei Pflanzen der Nachbarreihe. Die Zeichnung auf Seite 92 zeigt das Prinzip solch einer Verbandpflanzung. Ihr Vorteil: Man kann die Reihen etwas näher aneinander rücken und trotzdem die nötigen Abstände einhalten. So lässt sich etwas Platz sparen, wobei dieser Effekt vor allem auf großen Beeten zum Tragen kommt.

Kräuter setzt man oft nur in geringen Stückzahlen beziehungsweise in gemischten Pflanzungen. Da liegt eine lockere Anordnung, ähnlich wie in Blumenbeeten, nahe. Am besten verteilen Sie die noch eingetopften Pflanzen zunächst auf der vorgesehenen Fläche. So können Sie die optimale Verteilung testen und die Pflanzabstände überprüfen. Für in größerem Umfang angebaute Kräuter eignet sich natürlich auch die Reihenpflanzung; bei Kräuterhecken und -einfassungen ergibt sich dies ohnehin von selbst.

Für eine Reihenpflanzung empfehlen sich als Hilfsmittel wie beim Säen Zollstock und an Pflöcken befestigte Richtschnüre. Je nach Art der Pflanzware sollte auch eine Pflanzschaufel und/oder ein Pflanzholz bei der Hand sein, für größere Erdballen eventuell auch ein Spaten.

Befreien Sie getopfte Jungpflanzen vorsichtig aus ihren Töpfen, lockern Sie, wenn nötig, das Wurzelwerk behutsam auf und feuchten Sie die Erdballen gründlich an. Besonders bei Erdpressballen ist es ratsam, diese vor dem Pflanzen komplett in eine Schale mit Wasser zu stellen, bis sie sich vollgesaugt haben. Mitgepflanzte, verrottende Torf- oder Pappetöpfe werden am besten an den Seiten etwas eingerissen oder eingeschnitten, damit sie die Wurzeln nicht behindern können.

Das Pflanzloch sollte so groß sein, dass die Wurzeln darin bequem Platz haben. Wurde der Boden für mediterrane Kräuter nicht bereits speziell vorbereitet, kann man für sie das Pflanzloch etwas tiefer ausheben und unten eine Drainageschicht aus Splitt oder grobem Sand einbringen. Sitzen die Pflanzen richtig, wird an

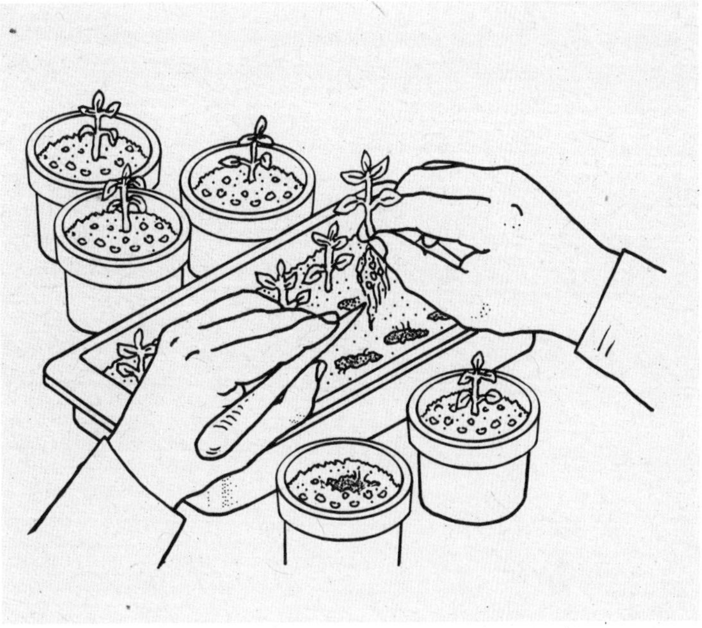

Beim Pikieren die Pflänzchen sehr behutsam aus der Erde nehmen und einzeln in kleine Töpfe setzen. Das Pikierholz hilft, Wurzelschäden möglichst gering zu halten.

den Seiten die Erde aufgefüllt und dann rundum angedrückt. Gießen Sie zum Schluss gründlich, am besten ohne Brauseaufsatz direkt neben der Sprossbasis beziehungsweise in den Wurzelbereich.

Für die Pflanztiefe gilt in der Regel: so tief setzen, dass die Ballenoberfläche direkt mit der Bodenoberfläche abschließt. Bei ballenlosen Pflanzen sollte der Wurzelhals, also die Übergangsstelle zwischen Wurzel und Stängel, knapp unter die Oberfläche kommen. Bei Salaten allerdings ist es ausgesprochen wichtig, dass das innere „Herz" mit den Triebknospen über dem Boden bleibt. Auch Sellerie wird eher flach gepflanzt, der Wurzelhals beziehungsweise Ballen kann noch etwas herausschauen. Dagegen ist es bei Tomaten, Paprika, Bohnen und Erbsen vorteilhaft, sie etwas tiefer zu pflanzen, da sie dann an der Sprossbasis zusätzliche Wurzeln bilden. Porree können Sie sogar bis kurz unter dem Blattansatz „versenken" oder in Furchen setzen, die später allmählich mit Erde aufgefüllt werden. Das fördert die Ausbildung langer weißer Stangen.

Daneben gibt es noch die ein oder andere Besonderheit, etwa die verschiedenen Pflanzweisen bei unterirdischen Organen (zum Beispiel Knollen, Zwiebeln) oder die empfehlenswerte Wurzelsperre bei Pfefferminze und anderen wuchernden Kräutern. Hinweise dazu finden Sie in den Porträts ab Seite 169.

SCHÜTZENDE VLIESE, FOLIEN UND NETZE

Mit gärtnerischen Vliesen und Folien können Sie frühe wie späte Saaten und Pflanzungen vor Kälte schützen oder auch das letzte Herbst- und Wintergemüse abdecken, wenn die Ernte durch Fröste bedroht wird. Auch mehrjährige Kräuter lassen sich so über den Winter vor Kälte- und Frostschäden bewahren. Für diese Zwecke reicht es oft, Vliese und Folien nur aufzulegen, wenn starke Kälteeinbrüche drohen. Ihr Haupteinsatzgebiet ist aber die Ernteverfrühung bei zeitigen Saaten und Pflanzungen, wobei die Vliese und Folien mehrere Wochen über den Beeten bleiben und nur für Pflegearbeiten abgenommen werden. Die ersten Möhren oder Salate zum Beispiel können so bis zu drei Wochen früher geerntet werden als beim ungeschützten Anbau.

Vliese, auch Vliesfolien genannt, sind spinnwebartige Kunstfasergeflechte aus Polyethylen (PE) oder Polypropylen (PP), in guten Ausführungen reißfest und UV-stabilisiert. Gegenüber Folien bieten sie einige Vorteile: Sie sind leicht sowie gut luft- und wasserdurchlässig; allerdings lassen sie etwas weniger Licht durch. Fallen die Temperaturen unter den Nullpunkt, führt die aufsteigende Bodenfeuchtigkeit zur Bildung einer dichten Schicht gefrorener Tröpfchen im Vliesgespinst. Diese wirkt isolierend und schützt die Pflanzen noch bis mindestens minus fünf Grad Celsius Außentemperatur. Mit ausreichend Dehnreserve verlegt, können Vliese praktisch bis zur Ernte auf den Beeten verbleiben.

Folien sollten nur verwendet werden, wenn sie eigens als gärtnerische Abdeckfolien ausgewiesen sind. Sie bestehen dann meist aus

MULCHFOLIE UND -VLIES: WÄRME VON UNTEN

Ein spezielles Verfahren für wärmeliebende Fruchtgemüse wie Paprika, Auberginen und Gurken ist die Pflanzung auf schwarzen Mulchfolien oder -vliesen. Diese absorbieren gut die Sonnenstrahlung und geben sie dann als Wärme an die Pflanzen ab. Als Wärmespender sind Mulchvliese mit ihrer feinen Netzstruktur nicht ganz so effektiv wie Folien; dafür bieten sie aber gute Wasserdurchlässigkeit und optimalen Gasaustausch. Die Vliese oder Folien werden auf dem Beet ausgebreitet, an den Rändern befestigt und dann mit kreuzförmigen Einschnitten zum Einsetzen der Pflanzen versehen. Über diese Schlitze können Sie dann auch gießen und bei Bedarf düngen.

Gemüse wird in der Regel in Reihen …

… oder in der etwas Platz sparenden Verbandanordnung gepflanzt.

Pflanzung auf Mulchfolie oder Vlies: (1) Pflanzstellen durch kreuzförmige Einschnitte vorbereiten; (2) Ecken zurückschlagen, Loch ausheben und Pflanze einsetzen. (3) Durch die Schlitze gießen und bei Bedarf düngen.

Polyethylen und sind UV-stabilisiert. Ungelochte Folien eignen sich nur für die kurzzeitige, vorübergehende Abdeckung, etwa bei starken Kälteeinbrüchen. Liegen sie länger auf den Pflanzen, sind diese durch Luftmangel und an sonnigen Tagen durch Wärmestau bedroht.

Lochfolien sind mit kleinen Löchern (meist 500 je Quadratmeter) perforiert, lassen etwas Luft durch und können drei bis vier Wochen als „Dauerabdeckung" dienen. Sie müssen aber zum Gießen zur Seite geschlagen werden; dies empfiehlt sich auch zum Lüften an sonnigen Tagen.

Schlitzfolien, oft als „mitwachsende" Folien angeboten, haben rund 2 000 feine Schlitze pro Quadratmeter, die sich mit dem Höhenwachstum der Pflanzen zunehmend öffnen und immer mehr Luft durchlassen. So können sie ähnlich wie Vliese lang über den Kulturen verbleiben. Eine Reinigung und Wiederverwendung kann bei diesem Folientyp allerdings schwierig werden. Am besten werden Vliese und Folien an den Rändern mit Brettern oder Steinen fixiert, sodass sie sich für Arbeiten im Beet einfach abheben lassen. Vliese kann man auch mit kräftigen Erdnägeln oder zelthering-ähnlichen Erdankern befestigen. Sollen die Abdeckungen lange Zeit über den Kulturen bleiben, empfiehlt sich ein lockeres Verlegen mit 20–40 Zentimeter Dehnreserve an allen Seiten. Auch feinmaschige Kultur- oder Insektenschutznetze bieten einen gewissen Kälteschutz. Mehr noch als die recht ähnlichen Vliese unterbinden sie aber vor allem die Eiablage von Gemüsefliegen und anderen Insekten oder auch direkte Schäden durch Plagegeister. Zudem halten sie Vögel und Kaninchen fern und können die Pflanzen teils sogar vor Platzregen- und Hagelschäden bewahren.

Bei **Folien- und Vliestunneln** werden die Abdeckmaterialien über U-förmig gebogenen Draht- oder Federstahlstützen aufgespannt, die man in Abständen von 50–100 Zentimetern im Boden verankert. Bei entsprechender Höhe wirken sie fast schon wie kleine Foliengewächshäuser und können dann auch groß werdende Pflanzen wie Paprika bis zur Ernte beherbergen. Vorteilhaft sind sie aber auch für niedrigere Arten, denn die erwärmte Luftschicht über den Pflanzen sorgt für eine besonders gute Isolierung. Sind die Tunnel mit Folie bespannt, muss an warmen Tagen regelmäßig gelüftet werden, durch komplettes Hochschieben an einer Längsseite oder durch Aufschlagen der Folien an beiden Frontseiten. Dann gibt es noch hohe, kasten- oder tunnelförmige Tomatenhäuser aus Folie, die sich an einer Längsseite oder beiden Schmalseiten aufrollen lassen. In ihnen können die Tomaten wärmegeschützt, aber gut belüftet kultiviert werden.

PFLEGEN UND HEGEN Hat man richtig gesät und gepflanzt, versorgt man die Sämlinge und Jungpflanzen sorgfältig mit dem nötigen Nass und hält ihnen so gut wie möglich wuchsstarke Unkräuter sowie Schnecken vom Leib, ist man schon auf dem besten Weg zu einer guten Ernte.

Achtet man dann weiter auf eine bedarfsgerechte Wasser- und Nährstoffversorgung sowie einen lockeren Boden, ist schon das meiste getan, um schließlich die Früchte der Arbeit zu genießen. Bei allen Pflegearbeiten ist es wichtig, ein waches Auge für eventuelle Anzeichen von Schaderregern zu haben: Je früher man sie entdeckt und gegensteuert, desto besser.

GIESSEN UND BEWÄSSERN

Kräuter aus dem Mittelmeerraum wie Salbei und Thymian sind Trockenheit gewohnt. Sie überdauern selbst längere Hitzeperioden notfalls ohne Wassergaben, obwohl auch bei ihnen gelegentliches Gießen hilfreich ist. Fast alle anderen Gemüse und Kräuter vertragen dagegen keine anhaltende Trockenheit. Viele welken dann schon nach wenigen Tagen, und wenn die schlaffen, aufgehellten Blätter einmal weitgehend verbräunt sind, ist kaum noch etwas zu retten. In weniger drastischen Fällen stockt das Wachstum, oder Salate und Blattgemüse „schießen" – das heißt, sie gehen vorzeitig in Blüte. Beim Fruchtgemüse werden Knospen und Blüten abgeworfen, Knollen, Rüben und Früchte bleiben klein, platzen auf oder vertrocknen. Eine zu trockene Haltung fördert außerdem Schädlinge wie Blattläuse, Spinnmilben und Erdflöhe.

Stehen die Pflanzen dagegen ständig recht nass, erhöht dies die Anfälligkeit für Pilzkrankheiten; erst recht, wenn auch noch ständig über Blätter, Blüten und Früchte gegossen wird. Und bei stets vernässtem Boden können sogar Wurzeln, Zwiebeln, Knollen und Rüben faulen.

Mit den folgenden Tipps gelangt das Wasser am schnellsten und mit geringen Verdunstungsverlusten dahin, wo es gebraucht wird: zu den Wurzeln. Dies fördern Sie zusätzlich, indem Sie die Oberfläche vor dem Gießen lockern. Beachten Sie auch die Hinweise zur Wasserqualität und zum Bewässerungszubehör (siehe ab Seite 26).

BODEN LOCKERN, WILDKRÄUTER EINDÄMMEN

Wenn die Bodenoberfläche unter und zwischen den Pflanzen verkrustet, gelangen Wasser und Luft zunehmend schlechter an die Wurzeln. Zugleich hemmt dies auch die nützlichen Bodenorganismen, die für die Nährstoffnachlieferung aus Humus und organischen Düngern im Boden eine entscheidende Rolle spielen. Außerdem bilden sich im Boden feine Kanälchen, sogenannte Kapillaren oder Haarröhrchen, über die das gespeicherte Wasser verdunstet.

All dem beugt das regelmäßige **Hacken** zwischen den Reihen beziehungsweise Pflanzen effektiv vor. Am besten eignen sich dafür Bügelhacke, Grubber und Kultivator. Mit kurzstieligen Handgeräten kann man auch zwischen enger stehenden Pflanzen sowie zarten Sämlingen und Setzlingen gezielt und schonend lockern. Achten Sie besonders auch beim

Gießen Sie am besten ohne Brauseaufsatz direkt in den Wurzelbereich der Pflanzen.

Hacken zwischen Zwiebeln und Wurzelgemüse darauf, Beschädigungen zu vermeiden.

Nachdem die Pflanzen gut angewachsen sind und keine größere Schneckengefahr mehr droht, können die Zwischenräume mit **Mulch** abgedeckt werden (siehe Seite 56), was dann das Hacken über längere Zeit erübrigt.

Hacken wie Mulchen dämmen auch unerwünschten Aufwuchs zwischen den Kulturpflanzen ein. Sicher muss nicht jedes kleine **Wildkraut** (auch bekannt als Unkraut) – sofort entfernt werden. Manche Biogärtner dulden zum Beispiel die weit verbreitete Vogelmiere oder Taubnesseln als „natürliche Lückenfüller". Bei starker Ausbreitung können aber selbst zart wirkende Wildkräuter um Wasser und Nährstoffe konkurrieren und niedrige Kulturpflanzen überwuchern. Außerdem sind Wildkräuter oft auch Wirtspflanzen für Schädlinge und Krankheiten, die dann gern auf die Gemüse überwechseln. Ein konsequentes Entfernen empfiehlt sich besonders bei stark samenbildenden Arten wie Franzosenkraut, bei Kräutern, die ihre Nachbarn „niederringen", zum Beispiel Ackerwinde, Klette und Klettenlabkraut, sowie bei hartnäckigen Wurzelunkräutern wie Distel, Quecke, Giersch und wiederum Ackerwinde. Wurzelwildkräuter sollten möglichst komplett mitsamt allen Wurzelstücken beseitigt werden. Dabei ist ein Unkrautstecher hilfreich. Am besten lassen sich solche Pflanzen herausziehen, wenn der Boden leicht feucht ist.

NÄHRSTOFFE: WAS PFLANZEN BRAUCHEN

Wie alle Lebewesen brauchen Pflanzen Nahrung, um zu wachsen und um Energie für ihren Stoffwechsel zu gewinnen. Drei ihrer wichtigsten Nährstoffe, nämlich Kohlenstoff, Wasserstoff und Sauerstoff, nehmen sie als Gase aus der Luft oder als Bestandteile des Wassers aus dem Boden auf. Mithilfe der Sonnenenergie vermögen sie daraus Kohlenhydrate wie Zucker und Stärke herzustellen. So können Pflanzen in dem als Photosynthese bekannten Vorgang die Grundlage ihrer Körpersubstanz selbst aufbauen. Doch ergänzend benötigen sie eine ganze Reihe weiterer Nährstoffe, die sie hauptsächlich dem Boden entnehmen, so etwa Stickstoff und Kalium. Diese Nährstoffe sind im Boden in mineralischer oder organischer Form gespeichert, werden – unter Mitwirkung der Bodenorganismen – in pflanzenverfügbare Verbindungen umgewandelt und dann, im Bodenwasser gelöst, von den Wurzeln aufgenommen.

Durch die Ernte und das Entfernen der Pflanzenreste entnehmen wir auch die darin eingebundenen Nährstoffe und reduzieren so nach und nach die Bodenvorräte. Dazu kommen teils noch Auswaschung oder Abschwemmen von Nährstoffen bei starken Regenfällen. Sinn und Zweck der Düngung ist es deshalb, die Bodenreserven immer wieder gezielt aufzufüllen. Jeder Nährstoff erfüllt in der Pflanze bestimmte Aufgaben, bei denen ihn kein anderer ersetzen kann. Nährelemente, die die Pflanzen in größeren Mengen benötigen, werden als Hauptnährstoffe bezeichnet.

Dazu zählen Stickstoff, Phosphor, Kalium, Magnesium, Kalzium und Schwefel. Die drei Erstgenannten werden auch als Kernnährstoffe bezeichnet: Stickstoff, Phosphor und Kalium sind die Hauptbestandteile von Düngern.

Stickstoff (chemisches Kürzel: N) kommt in Düngern meist organisch gebunden als schnell wirkendes Nitratsalz (NO_3) oder Ammonium (NH_4) vor. Die Pflanzen nehmen ihn hauptsächlich als Nitrat auf, auch bei organischer Düngung; hier sorgen dann die Bodenorganismen für die Umwandlung in das leicht lösliche Salz.

Stickstoff sorgt maßgeblich für kräftiges Blatt- und Triebwachstum und intensives Blattgrün. Bei Stickstoffmangel bleiben die Pflanzen und Blätter klein, die Blätter vergilben, beginnend an den älteren. Ebenso deutlich kann sich eine Stickstoffüberdüngung äußern: Die Blätter werden blau- bis schmutzig dunkelgrün, groß, aber schwammig, die Stängel und Triebe weich; oft geht das Blattwachstum auf Kosten der Blüten- und Fruchtbildung. Zugleich steigt die Anfälligkeit für Schaderreger, besonders für Pilzkrankheiten, und das Erntegut ist häufig stark mit Nitrat belastet.

Normalerweise wandeln die Pflanzen das Nitrat recht schnell in Eiweiße (Proteine) um. Doch bei überhöhter Düngung dauert das wesentlich länger, ebenso bei Lichtmangel und Kälte. Deshalb ist beim Gewächshausanbau von Herbst bis Frühjahr das Risiko gesundheitsbedenklicher Nitratgehalte besonders hoch und eine zurückhaltende Stickstoffdüngung besonders wichtig. Das betrifft vor allem Salate sowie Blatt- und Wurzelgemüse wie Spinat, Rote Bete und Rettich, außerdem Kohlrabi. Nicht zuletzt kann eine überreiche Stickstoffdüngung durch Nitratauswaschung auch das Grundwasser belasten.

Zur aktiven Bodenpflege gehört das Hacken zwischen den Pflanzenreihen.

OPTIMALE WASSERVERSORGUNG IM GEMÜSEGARTEN

- **Bei Trockenheit je nach Jahreszeit alle ein bis drei Tage wässern, zwischendurch aber immer die Bodenoberfläche (bis gut fünf Zentimeter Tiefe) abtrocknen lassen; Ausnahme:**
- **Bei Saaten und frisch gesetzte Jungpflanzen die Oberfläche stets mäßig feucht halten.**
- **Stets gründlich wässern, bei blattreichen Pflanzen mit rund 10–20 Litern pro Quadratmeter; diese Menge mit kleinen Päuschen ausbringen, sodass das Wasser zwischendurch einsickern kann.**
- **Nicht in der prallen Mittagssonne gießen, sondern morgens oder vormittags – oder am frühen Abend, jedoch nicht zu spät, da nächtliche Feuchtigkeit Pilzkrankheiten begünstigt und Schnecken anlockt.**
- **Vorzugsweise ohne Brauseaufsatz direkt neben der Pflanzenbasis, also in den Wurzelbereich, wässern; dabei die oberirdischen Pflanzenteile möglichst wenig benässen.**

Die Düngeform des **Phosphors** (P) ist Phosphat (P_2O_5). Dieser Nährstoff ist sehr wichtig für die Blüten- und Fruchtbildung sowie Wurzelwachstum und Energiestoffwechsel. Bei einem Mangel leidet nicht nur die Entwicklung von Früchten: Die Pflanzen bleiben oft klein, wirken merkwürdig starr, und die Blätter färben sich dunkel- bis schmutzig grün, teils auch rötlich. Ein Phosphorüberschuss im Boden behindert vor allem die Aufnahme anderer Nährstoffe wie Stickstoff, Eisen und Zink und kann bei Abschwemmung Gewässer stark belasten.

Kalium (K) wird als Kalisalz gedüngt. Es spielt eine sehr wichtige Rolle beim Wasserhaushalt und Stofftransport, festigt das Pflanzengewebe und erhöht die Widerstandsfähigkeit gegen Kälte und Schaderreger. Bei Kaliummangel hellen sich die Blattspitzen und -ränder auf und werden dann braun, beginnend an den älteren Blättern. Die Blätter rollen sich oft ein, die Pflanzen wirken schlaff und welk. Ein Kaliumüberschuss im Boden behindert die Aufnahme von Magnesium und Kalzium.

Magnesium (Mg) ist ein wichtiger Baustein des Blattgrüns, fördert den Eiweißaufbau und andere Stoffwechselvorgänge. Bei einem Mangel färben sich zuerst die älteren Blätter gelb, später bräunlich; die Blattadern bleiben grün. Magnesiumüberschuss im Boden ist selten; er kann die Kalziumaufnahme behindern.

Kalzium (Ca), die Hauptkomponente des Kalks, ist in der Pflanze wichtig für den Wasserhaushalt und verschiedene Stoffwechselprozesse. Ein direkter Kalziummangel (bei dem junge Blätter vergilben und Triebspitzen abknicken) kommt recht selten vor. Viele Gärtner kennen aber die Blütenendfäule an Tomaten- und Paprikafrüchten, bei denen die Frucht an der Spitze einen anfangs wässrigen, später schwarzbraunen bis grauen Fleck aufweisen. Teils sind die Früchte auch sehr dünnhäutig, mit wässrigem, hellbraunem Gewebe. Ähnliches kann an Zucchini und Kürbissen auftreten. Hauptauslöser ist eine schlechte Kalziumversorgung der Früchte – meist nicht aufgrund eines Mangels im Boden, sondern weil eine ungleichmäßige Wasserversorgung oder eine überhöhte Düngung mit anderen Nährstoffen (vor allem Stickstoff, Kalium) den Transport des Kalziums zu den Früchten behindert.

Eine entscheidende Rolle spielt das Kalzium außerdem im Boden, sowohl für den pH-Wert als auch für die Bodenstruktur.

Schwefel (S) ist ein wichtiger Baustein von Eiweißen und Enzymen. Er ist meist ausreichend in Kompost und anderen organischen Düngern enthalten, ebenso in den Sulfatsalzen der Mineraldünger. Ein Mangel tritt selten auf, meist nur auf sehr tonhaltigen, feuchten Böden. Die Symptome sind ähnlich wie bei Stickstoff- und Magnesiummangel, zeigen sich aber zuerst an jüngeren Blättern. Problematische Überschüsse im Boden kommen kaum vor.

Spurennährstoffe wie Bor (B), Eisen (Fe), Kupfer (Cu), Mangan (Mn), Molybdän (Mo) und Zink (Zn) brauchen Pflanzen zwar nur in kleinen Mengen, dies aber ebenso zwingend wie die Hauptnährstoffe. Sie aktivieren und regulieren die pflanzeneigenen Enzyme oder sind selbst wichtige Bausteine solcher Biokatalysatoren.

IM NOTFALL HERBIZIDE?

Für den Hobbygarten sind nur noch wenige Unkrautvernichter (Herbizide) zugelassen; weitgehend auf Naturstoffbasis, recht harmlos für die Umwelt und schnell abbaubar. Für Wildkräuter beim Gemüse ist nur Pelargonsäure erlaubt, beim Obst zudem Essig- und Fettsäuren. Diese Präparate müssen sehr gezielt und direkt auf die unerwünschten Pflanzen gesprüht oder gegossen werden. Gelangen sie auch auf daneben wachsende Kulturpflanzen, können diese stark geschädigt werden. Besonders kritisch ist das, wenn Wildkräuter inmitten von Gemüse und Kräutern wachsen. Wer auf solche Mittel nicht ganz verzichten will, beschränkt das am besten auf hartnäckige Wildkräuter in gerade leeren Beeten.

Typisches Schadbild durch Kaliummangel, hier an den Blättern einer Kartoffelpflanze.

Die Blütenendfäule bei Tomaten- und Paprikafüchten beruht vor allem auf einer schlechten Kalziumversorgung.

und Körner. Ansonsten spielt ein Mangel an Spurennährstoffen, etwa an Eisen, eher beim Obst eine Rolle (siehe Seite 116 f.).

DÜNGERFORMEN UND DÜNGEMITTEL

Fast alle im vorigen Kapitel genannten Nährstoffe sind als **Einzeldünger** erhältlich, zum Beispiel Stickstoffdünger wie Harnstoff oder Hornmehl zur Wachstumsförderung oder Patentkali zum Ergänzen von Kompostgaben. Häufig dienen sie auch zum gezielten Beheben von deutlichem Nährstoffmangel, beispielsweise bei Erdbeeren mit Eisendünger oder bei Kohl mit Molybdändünger.

Guter Kompost ist im Grunde genommen ein natürlicher Voll- oder Mehrnährstoffdünger, weil er fast alle Nährstoffe enthält und oft schon für eine Grundversorgung der Pflanzen ausreicht. Doch **Volldünger** steht normalerweise für im Handel erhältliche Fest- oder

Auf mit Kalium oder Kalk überversorgten sowie sehr sandigen oder tonhaltigen Böden kann öfter ein **Bormangel** auftreten, vor allem an Kohlarten, Sellerie, Roter Bete und Mangold. Die jungen Blätter sind dann schmal, spröde und am Rand gelblich, die Herzblätter verkrüppeln oder sterben nach fäulnisähnlicher Verfärbung ab, Strünke und Knollen weisen innen Hohlräume auf. Knollen, Rüben und die Blumen des Blumenkohls zeigen braune bis schwarze Flecken und verfaulen.

Molybdänmangel ist eine typische Erscheinung auf sauren, kalkarmen Böden, kann aber durch hohe Gaben von nitrathaltigen Düngern verstärkt werden. Betroffen sind hauptsächlich Kohlarten, besonders Blumenkohl. Die äußeren Blätter entwickeln sich schmal und löffelartig, die inneren Blätter sind verdreht und krallenartig verdickt („Klemmherzigkeit"). Molybdän ist auch ein essenzieller Nährstoff für die Knöllchenbakterien, die Bohnen und Erbsen mit Stickstoff versorgen (siehe Seite 58). Bei diesen Pflanzen führt deshalb ein Mangel zu Kümmerwuchs und schwacher Ausbildung der Hülsen

DÜNGESALZE: VORSICHT BEI CHLORIDEN

Kalium, Magnesium und Kalzium kommen in Düngern in unterschiedlichen Verbindungen vor, hauptsächlich als Salze.
Damit man die Gehalte besser vergleichen kann, werden sie auf Düngerpackungen als Oxide (K_2O, MgO, CaO) angegeben. Tatsächlich aber liegen sie in den Düngern meist als Sulfate oder Chloride vor. Das ist wichtig für die Praxis, denn die meisten Gemüse bevorzugen sulfathaltige Dünger oder sind sogar, ebenso wie Beerenobst, ausgesprochen chloridempfindlich. Ausnahmen: Mangold, Rote Bete und Sellerie, denen Chlorid sehr gut bekommt.

Flüssigdünger, die hauptsächlich die Kernnährstoffe Stickstoff, Phosphor und Kalium enthalten – mit genau ausgewiesenen Anteilen. Man kennt sie deshalb auch als NPK-Dünger. Zu den Mixturen gehören aber auch weitere Haupt- und Spurennährstoffe. „Blaukorn" zum Beispiel ist ein altbekannter, klassischer Volldünger, der von den Anbietern für viele Gartenpflanzen und mehr oder weniger durchschnittlich versorgte Böden empfohlen wird. Seine „Grundformel", die auch auf dem Düngersack steht:

12–8–16 (+3+10)

Das bedeutet: 12 % Stickstoff, 8 % Phosphat, 16 % Kaliumoxid; dazu 3 % Magnesiumoxid und 10 % Schwefel; des Weiteren kleine Mengen an Bor, Eisen und Zink.

Für solche Dünger werden natürlich vorkommende Mineralien chemisch aufgeschlossen. Das aufwendige Haber-Bosch-Verfahren ermöglicht das Gewinnen von Ammoniak aus dem Stickstoff in der Atmosphäre. Dieser wird dann zu Ammonium- und Nitratsalzen verarbeitet. Solche synthetischen Dünger sind auch bekannt als Kunstdünger oder Mineraldünger. Sie lassen sich sehr gezielt dosieren und wirken schnell. Nach ihrer Einführung vor rund 100 Jahren steigerte das deutlich die Erträge in der Landwirtschaft. Als „Blaukorn" und ähnliche Dünger später auch für Hobbygärtner zur Verfügung standen, freuten sich viele über die großen Kohlköpfe und üppigen Tomatenernten.

Doch allmählich zeigte sich die Kehrseite der Medaille, zumal oft zu hohe Mengen ausgestreut wurden: Nitrat belastete das Grund- und Trinkwassser sowie viele Gemüse, abgeschwemmtes Phosphat strapazierte Flüsse und Seen. In überdüngten Acker- und Gartenböden sind bis heute die Phosphat- und Kaligehalte oft so hoch, dass sie die Aufnahme anderer wichtiger Nährstoffe behindern. Zudem werden die Rohphosphat-Reserven in den Bergwerken allmählich knapp. Ein weiteres großes Problem: Die Herstellung synthetischer Dünger verbraucht sehr viel Energie und erhöht die Belastung der Atmosphäre mit Treibhausgasen.

Es gibt deshalb gute Gründe, auf Kunstdünger zu verzichten oder ihn zumindest stark zu reduzieren. Für einen Ersatz durch organische Dünger gibt es mittlerweile eine Vielfalt verschiedener Möglichkeiten und Angebote. Organische Fertigdünger bestehen aus gut zersetzten, passend aufbereiteten pflanzlichen oder tierischen Überresten. Die Nährstoffe werden hier – abhängig von Bodenfeuchtigkeit und -temperatur – nach und nach durch die Aktivität der Bodenorganismen freigesetzt und für die Pflanzen verfügbar gemacht. Organische Dünger enthalten oft reichlich Spurennährstoffe und tragen zum Humusaufbau und zur Förderung des nützlichen Bodenlebens bei. Da die Nährstoffe nicht als Düngesalze vorliegen, sind sie für salzempfindliche Pflanzen, zum Beispiel Gurken und manche Kräuter, ideal.

Organische Volldünger gibt es ebenso wie die synthetischen in fester und flüssiger Form. Ihre Basis ist in der Regel eine Mischung aus verschiedenen Ausgangsstoffen, zum Beispiel Traubentrester, Hornmehl oder Zuckerrübenmelasse. So hohe Nährstoffanteile wie beim „Blaukorn" genannt, sind hier natürlich kaum machbar. Sie können zudem stärker schwanken als bei Düngesalzen. Dies auch wegen der

Hohlräume mit Verbräunung im Strunk von Blumenkohl, verursacht durch einen Bormangel.

Viel ist nicht immer sinnvoll. Übermäßiges Düngen kann bei Blattsalaten den Nitratgehalt zu sehr ansteigen lassen.

Einbindung in die organische Substanz, die nach dem Ausbringen zu Humus zersetzt wird – besonders vorteilhaft, wenn auch Rindenhumus oder Kompost zu den „Trägersubstanzen" gehört. Manche dieser Volldünger sind als Tomatendünger ausgewiesen und haben dann eine Nährstoffzusammensetzung, die sich gut für stark zehrende Fruchtgemüse eignet. Bei speziellen Kräuterdüngern sind die Gehalte entsprechend niedriger.

Die Grundbestandteile solcher Volldünger gibt es oft auch einzeln zu kaufen. Diese Einzeldünger eignen sich gut, um eine Grundversorgung mit Kompost nach Bedarf zu ergänzen. Teils tragen sie auch noch einen weiteren Nährstoff in größerer Menge bei. So etwa flüssiger **Vinassedünger,** der aus der Zuckerrüben-Verarbeitung stammt: Er ist nicht nur reich an Kalium, sondern auch an Stickstoff.

Manche dieser Grundstoffe und Dünger sind mineralischer Herkunft, werden aber nicht chemisch aufbereitet, sondern nur zerkleinert beziehungsweise vermahlen. Sie entfalten ihre Wirkung recht langsam, aber nachhaltig. Im professionellen Bioanbau werden zum Beispiel Kalisulfat und Patentkali schon seit Langem geschätzt. Beide sind gehaltvolle, chloridfreie Kalidünger. Auch ein Magnesiummangel lässt sich am besten mit naturbelassenen Mineralien beheben, nämlich mit Bittersalz oder Kieserit.

Besonders stickstoffreich sind vor allem **Hornspäne** sowie Horngrieß und das schneller wirkende Hornmehl. Diese Dünger spielen im Bioanbau schon seit Langem eine wichtige Rolle. Es handelt sich allerdings um Abfälle aus der Tierhaltung, was manchen Gärtnerinnen und Gärtnern überhaupt nicht behagt. Zu den besten pflanzlichen Alternativen gehören Ackerbohnenschrot sowie – für Selbermacher – Brennnessel- und Beinwelljauche.

Bei Bodenuntersuchungen (siehe Seite 47) hat sich schon öfter gezeigt, dass regelmäßige Kompostgaben für genug Phosphor im Boden sorgen, teils sogar für nachteilige überhohte Gehalte. Besteht tatsächlich ein Mangel, kann zum Beispiel weicherdiges Rohphosphat ausgebracht werden. Recht viel Phosphor liefern auch Vinasse sowie Hühnermistpellets, die zudem die Stickstoff- und Kaliumvorräte im Boden ergänzen.

WANN, WIE VIEL, WAS? DIE DÜNGEPRAXIS

Da Gemüse meist kurzlebige Pflanzen sind, die innerhalb weniger Wochen oder Monate „Höchstleistungen" vollbringen sollen, steht hier die Düngung noch mehr im Blickpunkt als etwa bei Obst oder anderen Gartenpflanzen. Das früher oft praktizierte Prinzip „Viel hilft viel" hat allerdings dazu geführt, dass etliche Gartenböden übermäßig mit Phosphat, Kali und teils auch Magnesium sowie Kalzium angereichert sind. Dadurch können Mangelsymptome, zum Beispiel bei Spurennährstoffen auftreten, da deren Aufnahme behindert wird. Eine optimale Düngung sollte deshalb grundsätzlich zum einen die vorhandenen Nährstoffvorräte berücksichtigen, zum anderen den individuellen Nährstoffbedarf der Kulturen.

Ideal ist eine gezielte Düngung, die auf einer regelmäßigen, etwa alle vier Jahre durchgeführten Bodenuntersuchung (siehe Seite 47) beruht. Der stark veränderliche Stickstoffgehalt wird allerdings in solchen Analysen meist nicht berücksichtigt. Umso mehr sind bei der Stickstoffdüngung Fingerspitzengefühl und etwas Zurückhaltung angesagt.

Die Landwirtschaftlichen Untersuchungs- und Forschungsanstalten (LUFAs) geben ihre Bodenuntersuchungsergebnisse bezüglich Phosphat, Kalium und Magnesium in Form von Versorgungsstufen zwischen A und E an – wobei sich immer wieder zeigt, dass viele Gartenböden bereits die überhöhten Versorgungsstufen D oder E aufweisen. Die für die jeweilige Versorgungsstufe nötigen Volldüngermengen zeigt die Tabelle auf Seite 105.

Düngen Sie stattdessen hauptsächlich auf Kompostbasis, müssen Sie berücksichtigen, dass der Kompost meist schon ausreichend Phosphat und teils auch Kali in den Boden bringt.

Die Übersicht zur Kompostdüngung auf Seite 105 zeigt die empfehlenswerten Düngermengen bei der optimalen Versorgungsstufe C. Selbst bei einem noch recht armen Boden der Stufe A oder B bedarf es keiner zusätzlichen Phosphatdüngung. Stattdessen kann der Kompost in den ersten zwei Jahren in doppelter Menge ausgebracht werden. Tendiert Ihr Boden dagegen zu D oder E, sollten Sie auch

DÜNGEREGELN GANZ PAUSCHAL

Wenn Ihnen unsere Ausführungen zu richtigen Düngung allzu kompliziert erscheint, empfiehlt sich als einfache Methode folgendes Vorgehen, mit dem man bei Obst und Gemüse nicht viel verkehrt machen kann:

- **Verwenden Sie vorzugsweise organische oder organisch-mineralische Volldünger. Für Starkzehrer folgen Sie 1:1 der Dosierungsangabe des Herstellers, für Mittelzehrer reicht die halbe Menge pro Quadratmeter, für Schwachzehrer reicht ein Viertel der angegebenen Dosis.**
- **Bei gleichzeitiger Kompostverwendung die oben genannten Mengen um die Hälfte reduzieren; für Schwachzehrer braucht man dann gar keinen Volldünger mehr zusätzlich geben.**
- **Wenn Sie regelmäßig im Frühjahr zwei bis drei Liter Kompost pro Quadratmeter ausbringen, können Sie auch ganz auf den Volldünger verzichten und stattdessen für Starkzehrer bis 150 Gramm Hornspäne pro Quadratmeter ausbringen, für Mittelzehrer bis 100 Gramm.**
- **Ist der pH-Wert des Bodens nicht bekannt, streut man bei regelmäßiger Kompostverwendung alle drei Jahre, andernfalls alle zwei Jahre im Herbst einen langsam wirkenden Kalkdünger nach Dosierungsangaben des Herstellers (im Zweifelsfall etwas niedriger) aus.**
- **Bodenuntersuchungen sollten unbedingt und spätestens dann beauftragt werden, wenn öfters Wuchsstörungen, Blattaufhellungen oder Missernten mit nicht nachvollziehbaren Ursachen auftreten.**

die zusätzliche Kalidüngung stark reduzieren oder ganz unterlassen.

Nicht alle Anbieter von Bodenuntersuchungen verwenden das Modell mit den Versorgungsstufen. Manche geben stattdessen die einzelnen Gehalte an. Die Übersicht „Ausreichende mittlere Gehalte im Gartenboden" auf der Seite 105 gegenüber zeigt deshalb zum Vergleich, wie die Gehalte an Phosphat, Kalium und Magnesium in Böden aussehen, die ungefähr der Versorgungsstufe C entsprechen. Außerdem sind hier zusätzlich typische pH-Werte und Humusgehalte aufgeführt.

Liegt der pH-Wert Ihres Bodens unter diesen Mittelwerten, sollten Sie anfangs jährlich eine Kalkung durchführen, zum Beispiel mit kohlensaurem Kalk, und den pH-Wert dann nach drei bis vier Jahren überprüfen. Liegt der pH im unteren Bereich der genannten Werte, reicht eine Kalkgabe im Abstand von zwei Jahren, im oberen Bereich eine alle drei Jahre durchgeführte Erhaltungskalkung; liegt er darüber, sollte gar keine Kalkung erfolgen.

Muss bei niedrigem pH-Wert aufgekalkt werden, empfiehlt sich eine Dosierung von 150–250 Gramm CaO je Quadratmeter. Ansonsten genügen in der Regel 100–150 Gramm.

Falls Ihr Gartenboden einen Humusgehalt wie in der Übersicht auf Seite 105 aufweist, spricht das nicht nur für einen guten Bodenzustand: In dem Fall können Sie auch die Stickstoffergänzung recht niedrig halten, da aus dem Humus während der Wachstumszeit immer wieder Reserven freigesetzt werden. Da Humus beständig ab- und umgebaut wird, macht allerdings ein guter Humusgehalt den regelmäßigen Nachschub durch Kompost und Mulchen nicht überflüssig. Beachten Sie beim Ausbringen von Düngern die Anwendungshinweise des Herstellers und verwenden Sie jeweils höchstens so viel, wie auf der Packung empfohlen.

Dünger sollten stets nur auf angefeuchtetem Boden ausgebracht werden, möglichst nicht in der prallen Sonne, sondern bei leicht bedecktem Himmel. Flüssigdünger, die man in Wasser auflöst und mit der Gießkanne verteilt, machen die Anwendung besonders einfach. Festdünger werden nach dem gleichmäßigen Ausstreuen mit Kultivator oder Rechen oberflächlich eingearbeitet, ebenso Kompost. Langsam wirkende Kalium-, Kalk- und andere Mineraldünger ohne Stickstoffanteil können Sie bereits im Herbst oder im zeitigen Frühjahr ausbringen. Gut ausgereifter Kompost wird vor der Saat oder Pflanzung eingearbeitet, anderer organischer Dünger ebenfalls kurz zuvor oder gleich danach. Wenn Sie allerdings größere Mengen, etwa Hornspäne, für Starkzehrer ausbringen, empfiehlt sich eine Aufteilung in zwei zeitlich versetzte Gaben: die erste zur Saat oder Pflanzung, die zweite drei bis vier Wochen später.

Schnell wirksame Dünger, insbesondere leicht lösliche Mineraldünger, sollten erst ausgebracht werden, nachdem die Sämlinge oder Jungpflanzen aufgegangen beziehungsweise angewachsen sind. Auch hier empfiehlt sich bei größeren Düngermengen sowie bei langer Kulturdauer ein Aufsplitten in zwei bis drei Gaben in einigem Zeitabstand.

Bei mehrjährigen Gemüsen und Kräutern erfolgt die Düngung am besten zum Austriebsbeginn im Frühjahr. Nach Anfang August sollen mehrjährige Kulturen keine stickstoffhaltigen Dünger mehr erhalten, da dies die Winterhärte mindern kann. Eine späte Kalidüngung ist dagegen günstig.

SONSTIGE PFLEGEMASSNAHMEN

Unter **Anhäufeln** versteht man das Heranziehen von Erde an die Stängelbasis der Pflanzen. Praktiziert wird das vor allem bei Tomaten, Gurken, Bohnen und Kohl, um die Standfestigkeit der Pflanzen zu erhöhen. Diese Arten bilden an dem mit Erde abgedeckten Sprossteil zusätzliche Wurzeln aus, was auch die Wasser- und Nährstoffaufnahme verbessert. Bei Möhren und Kartoffeln ist das Anhäufeln nötig, damit sich die Rüben und Knollen oben nicht grün verfärben, bei Porree und Stangensellerie sorgt es für lange helle Stangen.

Mit dem Anhäufeln beginnt man, sobald die Jungpflanzen gut entwickelt sind, und wiederholt es bei Bedarf mehrmals. Ziehen Sie dazu gleich nach dem Hacken einen Teil des frisch gelockerten Bodens von beiden Seiten an die Pflanzen heran, und drücken Sie ihn dann etwas an.

DÜNGERMENGEN NACH VERSORGUNGSSTUFEN

Versorgungsstufe	Anwendung von Volldüngern, bezogen auf die Dosierungsangabe des Herstellers
A (sehr niedrig)	Doppelt so hoch
B (niedrig)	Anderthalb mal so hoch
C (optimal)	So hoch wie empfohlen
D (hoch)	Hälfte der Dosierung
E (sehr hoch)	Keine; für Starkzehrer reine Stickstoffdüngung

KOMPOSTDÜNGUNG BEI GUT VERSORGTEM BODEN

Nährstoffbedarf	Kompostgabe	Zusatzdüngung
Starkzehrer	Bis 3 Liter / m^2	5–15 g Stickstoff bzw. 50–150 g Hornspäne / m^2; 15–30 g Kali / m^2
Mittelzehrer	Rund 2 Liter / m^2	3–10 g Stickstoff bzw. 30–100 g Hornspäne / m^2; 5–20 g Kali / m^2
Schwachzehrer	1 Liter / m^2, bei kurzer Kulturdauer auch ohne Kompost	0–5 g Stickstoff bzw. maximal 50 g Hornspäne / m^2; 0–5 g Kali / m^2

AUSREICHENDE MITTLERE GEHALTE IM GARTENBODEN

Nährstoffbedarf	Kompostgabe	Zusatzdüngung
Phosphat	14–20 mg / 100 g Boden	10–18 mg / 100 g Boden
Kalium	15–25 mg / 100 g Boden	10–20 mg / 100 g Boden
Magnesium	7–12 mg / 100 g Boden	4–8 mg / 100 g Boden
pH-Wert	6,3–7,2	5,3–6,3
Humusgehalt	3–5 %	2–3 %

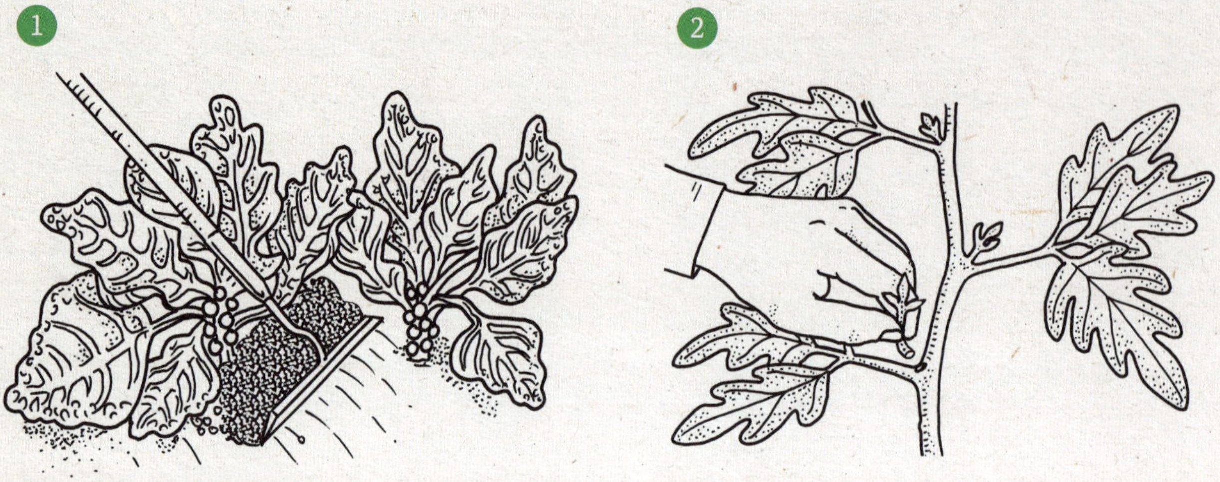

(1) Das Anhäufeln, hier beim Rosenkohl, erhöht die Standfestigkeit der Pflanzen. (2) Das Ausgeizen sorgt bei Stabtomaten dafür, dass diese nicht verbuschen und mehr Kraft in die Früchte geht.

Mit dem Anhäufeln von Porree und Stangensellerie ist auch schon das Prinzip des **Bleichens** vorgestellt: Das spätere Erntegut wird vom Licht abgeschirmt, damit es hell und zart bleibt. Dasselbe bezweckt man zum Beispiel mit dem Abdecken von Chicorée beim Treiben und dem Zusammenbinden der Köpfe von Endivien.

Eine besondere Maßnahme ist bei den beliebten Tomaten sehr wichtig: das **Ausgeizen.** Als Geiztriebe bezeichnet man Seitentriebe, die in Blattachseln entstehen, also dort, wo die Blattstiele am Hauptspross ansetzen. Lässt man sie einfach wachsen, entwickelt sich die Tomatenpflanze stark verzweigt, mit einem Triebwachstum, das deutlich auf Kosten der Früchte geht. Entfernen Sie deshalb bei Stabtomaten solche Geiztriebe früh und regelmäßig, indem Sie diese nah an der Ansatzstelle packen und mit vorsichtigem Ruck nach der Seite abbrechen. Auch ein sauberer Wegschnitt mit dem Messer ist möglich. Bei Buschtomaten wird diese Maßnahme nicht nötig.

Hoch wachsende, rankende und schlingende Pflanzen brauchen oft **Stützen.** Als solche eignen sich zum Beispiel Stäbe aus Holz, Tonkin (Bambus) oder – möglichst rostfreiem – Metall. Für Stabtomaten sind Spiralstäbe aus Aluminium vorteilhaft: Sie ersparen weitgehend das Anbinden, da man die Stängel einfach in die Windungen einlegen kann, und sie sind vor dem nächsten Gebrauch leicht zu säubern. Für rankende Erbsen, Gurken und (kleinfruchtige) Kürbisse kommt wahlweise an Pfosten aufgespannter Maschendraht infrage. Erbsen können Sie auch einfach mit gut verzweigten Ästen („Reisern") stützen, die neben den Pflanzen in den Boden gesteckt werden. Stangen- und Feuerbohnen sowie Gurken lassen sich zudem an kräftigen Schnüren oder Drähten hochziehen.

Alle Stäbe und Pfosten sollten recht tief in den Boden getrieben werden – soweit möglich, bereits vor dem Pflanzen, damit man keine Wurzeln beschädigt. Werden die Pflanzen an den Stützen angebunden, empfiehlt sich eine lockere Achterschleife, bei der die Schnur zwischen Stängel und Stütze einmal überkreuzt wird. Dies beugt dem Einschnüren der Stängel vor.

Manche mehrjährige Kräuter wie Estragon und Pfefferminze bilden reichlich Ausläufer, Liebstöckel kann durch seine zahlreichen Schöss-

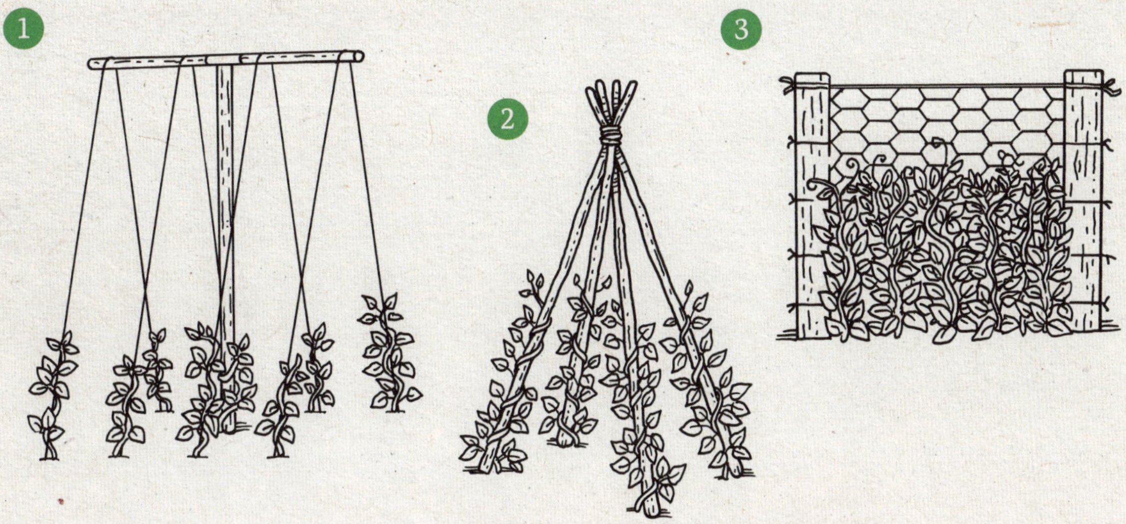

Rankhilfen und Stützen: (1) Stabiles T-Gerüst mit Schnüren zum Hochleiten; (2) zeltartiges Gerüst für Stangenbohnen; (3) Maschendrahtgitter für rankende Pflanzen

linge lästig werden. Hier sollte man regelmäßig und konsequent den unerwünschten **Zuwachs abstechen** und entfernen, damit die Nachbarpflanzen nicht überwuchert werden. Die mehrjährigen mediterranen Kräuter wie Oregano, Salbei und Ysop sind sogenannte **Halbsträucher,** sie verholzen mit der Zeit an der Basis. Damit sie unten und in der Mitte nicht verkahlen und reichlich krautige Neutriebe bilden, schneidet man sie alle ein bis zwei Jahre im Frühjahr kräftig zurück. Dies sollte erst dann geschehen, wenn keine stärkeren Fröste mehr drohen; in den meisten Regionen ist April der beste Zeitpunkt. In der Regel empfiehlt sich ein Zurückschneiden der Triebe um bis zu zwei Drittel; bei Rosmarin nur um ein Drittel.

Lässt bei mehrjährigen Kräutern die Wuchsfreude nach, lassen sich die meisten durch **Teilung** verjüngen und zugleich vermehren. Dazu gräbt man die Pflanzen im Herbst oder Frühjahr samt Wurzelwerk aus und zertrennt sie in gut bewurzelte Teilstücke mit jeweils mindestens einer Triebknospe. Diese Teilstücke sollten den jüngeren Bereichen der Pflanze entnommen werden. Manche Kräuter wie Schnittlauch kann man mit den Händen zerteilen, andernfalls hilft ein großes, scharfes Messer oder ein Spaten. Setzen Sie die Teilstücke dann umgehend an eine andere Stelle, und gießen Sie nach dem Einpflanzen gründlich an.

Bei mehrjährigen Kräutern, auf dem Beet überwinternder Petersilie sowie Wintergemüse ist oft ein **Winterschutz** ratsam. Kurzfristig kann eine Folie zum Abdecken verwendet werden; Vliese lassen sich auch als Dauerschutz einsetzen. Besonders bei kälteempfindlichen Kräutern empfiehlt sich im Herbst das Abdecken des Bodens rund um die Pflanzen mit Laub oder Rindenmulch, damit der Wurzelbereich vor Frösten geschützt ist. Die oberirdischen Teile lassen sich bei Kräutern am besten mit Fichtenreisig schützen, das man locker und dachziegelartig über den Pflanzen aufschichtet. So lassen sich auch niedrig wachsende Gemüse gut über kalte Wintertage bringen.

OBSTGARTEN-
PRAXIS

SORGFÄLTIG PFLANZEN Erdbeerpflanzen bringen drei bis vier Jahre gute Erträge, Beerensträucher bleiben wenigstens 10–15 Jahre vital, kleine Obstbäume wie Busch und Spindelbusch mindestens 20 Jahre, Hoch- und Halbstämme können über 100 Jahre erreichen.

Deshalb ist es beim Obst besonders wichtig, durch gute, sorgfältige Pflanzung für optimale Startbedingungen zu sorgen und von Anfang an die nachhaltige Entwicklung im Auge zu behalten.

PFLANZZEITEN IM OBSTGARTEN

Wann Obstgehölze gepflanzt werden, hängt vor allem von der Art der Pflanzware (siehe auch Seite 77 f.) ab: **Wurzelnackte und Ballenpflanzen** müssen zwischen Oktober und spätestens Mitte April an frostfreien Tagen in die Erde kommen. Ein Frühjahrstermin empfiehlt sich für alle etwas frostempfindlichen Arten wie Pfirsich, Aprikose, Quitte und Kiwi.

Robustere Gehölze wie Apfel und Pflaume wachsen meist bei Herbstpflanzung am besten an, können aber ebenfalls im Frühjahr gesetzt werden.

Containerpflanzen lassen sich jederzeit setzen, solange der Boden nicht gefroren ist. Aber auch hier fährt man sicherer, wenn man die etwas heikleren Gehölze im Frühjahr oder Sommer pflanzt, damit sie sich bis zum Winterbeginn schon gut am neuen Platz etabliert haben. Außerdem soll man für die Pflanzung von Containerware nicht gerade die trockensten Hochsommertage wählen.

Bei **Erdbeeren** lässt sich Letzteres nicht immer vermeiden, denn hier liegt die Hauptpflanzzeit im Juli und August. Kräftige Pflanzen mit gut entwickeltem Ballen können aber auch im März/April gesetzt werden, Monatserdbeeren pflanzt man ohnehin besser im Frühjahr. Wenn Sie dafür im Kühlhaus überwinterte Frigopflanzen wählen, können Sie selbst bei später Frühjahrspflanzung noch im selben Jahr die ersten Erdbeeren ernten.

OBSTBÄUME PFLANZEN

Soll der Baum an einer Stelle eingesetzt werden, die vorher nicht als gut und tiefgründig gelockertes Beet genutzt wurde, empfiehlt sich vor dem Ausheben der Pflanzgrube eine gründliche Bodenvorbereitung der Umgebung, wie im Kapitel „Den Boden verbessern und bearbeiten“ beschrieben (ab Seite 49). Beachten Sie dabei auch die jeweils in den Porträts genannten Bodenansprüche. Besonders für Heidel- und Preiselbeeren kann es nötig werden, zuerst den pH-Wert des Bodens abzusenken oder spezielle Pflanzplätze mit Rhododendrenerde oder saurem Laubkompost herzurichten. Auch für Erdbeeren und Birnen auf Quittenunterlagen sollten sehr kalkhaltige Böden erst allmählich etwas „angesäuert“ werden.

Sind keine längerfristigen Verbesserungen nötig, führt man die Bearbeitung am besten ein bis zwei Wochen vor der Pflanzung durch, damit sich der Boden etwas setzen kann. Zum Schluss bringt man noch drei bis fünf Liter Kompost pro Quadratmeter aus und arbeitet diesen oberflächlich in den Boden ein.

Die Pflanzgrube sollte großzügig bemessen sein: doppelt so tief und breit wie die Wurzeln beziehungsweise der Wurzelballen.

Lockern Sie nach dem Ausheben die Sohle der Grube mit der Grabegabel, bei etwas dichteren Böden auch die Grubenwände.

Der Aushub wird am besten mit reifem Kompost vermischt, bei schwerem Boden zudem mit etwas Sand. Frischkompost oder gar Mist sollten nicht untergemischt werden, das kann den Wurzeln mehr schaden als nützen. Ersetzen Sie auch nicht den Aushub beim Auffüllen der Grube komplett durch Kompost: Das könnte die Wurzeln „verwöhnen", sodass sie anfangs nur innerhalb der Pflanzgrube wachsen, statt sich frühzeitig auszudehnen, um weitere Bodenreserven aufzuschließen.

Für die meisten Bäume empfiehlt sich zumindest in den ersten Jahren ein **Stützpfahl;** Spindelbüsche brauchen zeitlebens einen Pfahl, Säulenbäume dagegen nicht. Am besten nimmt man die handelsüblichen, unten zugespitzten, kesseldruckimprägnierten Baumpfähle. Für kleine Baumformen gibt es sie auch mit schmalem Durchmesser. Der Pfahl wird vor dem Pflanzen eingeschlagen, und zwar wenigstens 30–40 Zentimeter tief; nach dem Einsetzen des Baums soll er bis knapp unter die Krone reichen, bei Spindelbüschen bis unter die höchste Verzweigung. Der Pfahl kommt am besten an die Westseite des Stammes, zur Hauptwindrichtung hin – dies so weit von der Grubenmitte entfernt, dass er später direkt neben dem Wurzelballen steht. Ist der Ballen sehr breit, können Sie den Pfahl auch nach der Pflanzung schräg zur Krone hin einschlagen, sodass sich das Bäumchen besser anbinden lässt.

Alternativ lassen sich Spindelbuschbäume und Säulenbäume ebenso wie Beerensträucher an einem stützenden **Drahtspalier** ziehen.

Wurzelnackte Pflanzen werden vor dem Einsetzen am besten mehrere Stunden in einen wassergefüllten Eimer gestellt, damit sich die Wurzeln gut vollsaugen. Direkt vor dem Pflanzen kürzt man dann alle langen Wurzeln ein und entfernt beschädigte oder vertrocknete Teile.

Bei **Ballen- und Containerpflanzen** sollen die Erdballen direkt vor der Pflanzung nochmals gründlich angefeuchtet werden. Ein Wurzelschnitt ist hier nicht nötig. Beim Herausnehmen der Gehölze aus dem Container zeigt sich manchmal, dass sie zu lange im Topf gestanden haben: Kräftige Ring- und Drehwurzeln machen das Austopfen schwierig; oft hilft hier nur noch das Aufschneiden der Topfwände. Danach sollte man Ringwurzeln, die den Ballen einschnüren, durchtrennen und den gesamten Wurzelballen behutsam auflockern.

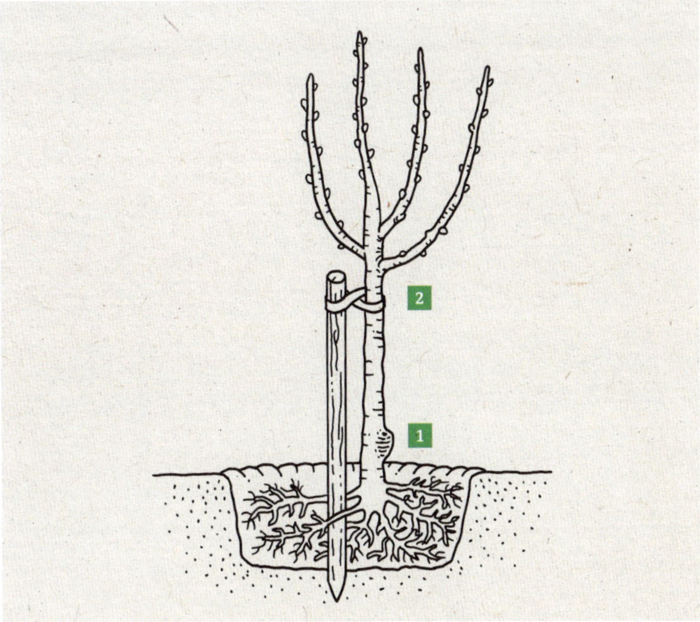

So soll der neu gepflanzte Obstbaum im Garten stehen. Die verdickte Veredlungsstelle (1) befindet sich etwa 10 cm über dem Boden. Eine lockere Achterschleife (2) sorgt für die stabile Verbindung zum Stützpfahl, ohne dass die Rinde beschädigt wird.

Ballenpflanzen kann man mitsamt der Hülle, die meist aus verrottbarem Jutegewebe besteht, einsetzen; danach wird das Tuch einfach oben aufgeknotet. Ist der Ballen allerdings recht fest und kompakt, empfiehlt es sich, das Tuch ganz zu entfernen – dann können die Wurzeln völlig unbehindert anwachsen.

- Größere Gehölze pflanzt man am besten zu zweit: Einer hält den Baum und richtet ihn immer wieder aus, während der andere die Erde einfüllt.
- Beim Überprüfen der Pflanzhöhe hilft eine quer über die Grube gelegte Latte: Die verdickte Veredlungsstelle muss etwa 10 Zentimeter über die Erdoberfläche kommen.
- Füllen Sie zunächst die Grubensohle mit dem Aushub auf, bis der darauf platzierte Baum in der genannten Höhe steht, und

Hier ranken Tomatenpflanzen im Gewächshaus an rauen Bindfäden dem Licht entgegen.

denken Sie daran, dass sich die Erde später noch etwas setzt.

- Beim Einfüllen an den Seiten wird das Bäumchen zwischendurch etwas gerüttelt und am besten auch schon ein- bis zweimal gegossen, damit die Wurzeln guten Bodenkontakt bekommen.
- Treten Sie zum Schluss die Oberfläche fest und häufen Sie rund um die Grube etwas Erde zu einem kleinen Gießwall auf, der dem seitlichen Abschwemmen des Gießwassers vorbeugt. Dann wird die Pflanzstelle kräftig eingeschlämmt, mit 10 bis 30 Liter Wasser, je nach Jahreszeit und Baumgröße.
- Zum Anbinden an den Pfahl empfehlen sich Kokosstricke oder -bänder oder elastische Baumbinder aus Kunststoff. Damit der Stamm nicht am Pfahl scheuert, sollten Stricke und Bänder in lockeren Achterschleifen gebunden werden. Stricke kann man zusätzlich zwischen Stamm und Pfahl in eng nebeneinander liegenden Windungen um die Bindung winden; dieses „Geknäuel" dient dann als Abstandhalter.
- Nach dem Pflanzen muss eventuell noch ein Pflanzschnitt vorgenommen werden; siehe dazu das Schema für Buschbäume und ähnliche Rundkronen auf Seite 125.

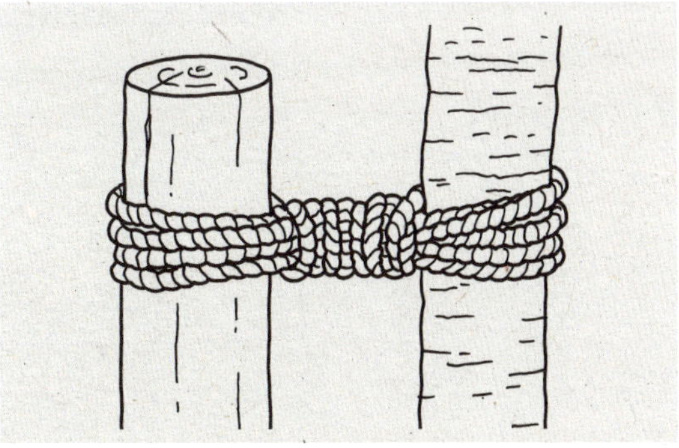

So wird der Stamm besonders schonend am Stützpfahl befestigt.

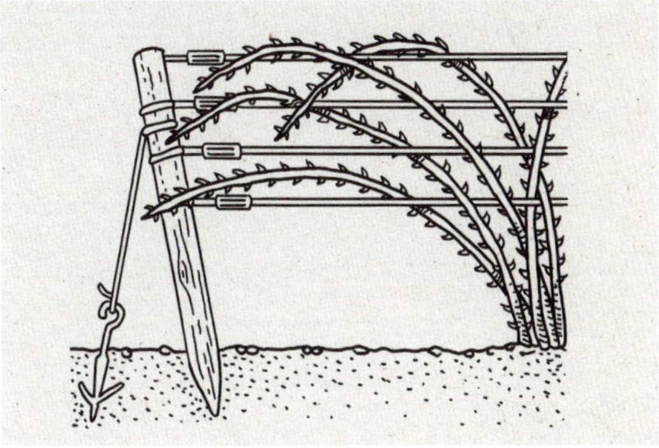

Der Klassiker für Beerenobststräucher: das Drahtspalier an stabil verankerten Pflanzen.

BEERENOBST PFLANZEN

Für Bodenvorbereitung, Pflanzlöcher, Vorbehandlung je nach Pflanzware und den Pflanzvorgang selbst gilt für Beerensträucher dasselbe, was bei den Obstbäumen gesagt wurde. Da man meist mehrere Sträucher nebeneinander beziehungsweise in Reihen setzt, wird vor dem Pflanzen am besten der komplette Bodenstreifen gründlich bearbeitet und, wenn nötig, verbessert; bei Erdbeeren entsprechend das ganze Beet. Sehr wichtig ist, dass Sie die erforderlichen Pflanzabstände beachten, die in den Porträts (ab Seite 283) genannt sind.

Bei der **Pflanztiefe** gibt es zu beachten: Stachelbeersträucher, Beerenhochstämmchen und Kiwis werden so tief gepflanzt, wie sie vorher in der Baumschule beziehungsweise im Container standen. Johannisbeersträucher sowie Brombeer- und Himbeerpflanzen setzen Sie besser etwas tiefer, und zwar so, dass die Triebknospen an der Basis etwa fünf Zentimeter hoch mit Erde bedeckt sind: Das fördert die Ausbildung neuer Bodentriebe. Bei Schwarzen Johannisbeeren sollten die Triebknospen sogar eine Handbreit unter die Erde kommen.

Bei Erdbeeren dagegen muss das Herz, also die zarten Knospen und Blätter in der Mitte, knapp über der Oberfläche bleiben – es darf keinesfalls mit Erde bedeckt werden.

Bei Weinreben ist wiederum die Veredlungsstelle maßgeblich: Diese sollte nur knapp, das heißt etwa fünf Zentimeter, über der Erdoberfläche verbleiben.

Je nach Obstart kommen verschiedene Stützen infrage. Beerenhochstämmchen brauchen von Anfang an und zeitlebens einen Stützpfahl. Er sollte bis zum Kronenansatz reichen. Auch Weinreben können einzeln an Pfählen gezogen werden. Ansonsten ist das **Drahtspalier** (auch Drahtrahmen genannt) mit quer gespannten Drähten „das" Beerenobst-Stützgerüst schlechthin: für Brombeeren und Himbeeren geradezu ein Muss, aber auch gut geeignet für heckenartig gezogene Johannis- und Stachelbeersträucher, Weinreben und (großfrüchtige) Kiwis. Für die beiden Letzteren bringt man solche Drahtgerüste gern vor einer wärmenden Hauswand an, für die anderen errichtet man sie meist frei stehend im Garten.

- Dazu werden jeweils am Anfang und Ende einer Pflanzreihe kräftige Pfosten in den Boden geschlagen. In langen Reihen verhelfen Zwischenpfosten zu besserem Halt.
- Die Endpfähle kann man zusätzlich mit schräg in den Boden gespannten Drähten stabilisieren, die an zeltheringähnlichen Erdankern befestigt werden.
- Schließlich werden kräftige, rostfreie Drähte quer aufgespannt. Im Allgemeinen kommt der unterste Draht etwa 60 Zentimeter über den Boden, darüber folgen zwei bis drei weitere in jeweils 40–60 Zentimeter Abstand. Abstände und Höhen können je nach Obstart und Erziehung etwas variieren. Für starkwüchsige Brombeeren zum Beispiel wird der oberste Draht in etwa 180 Zentimeter Höhe gespannt, für Himbeeren genügen meist 160 Zentimeter.

NACH DEM PFLANZEN

Gießen Sie bei Trockenheit regelmäßig, bis die Pflanzen gut eingewachsen sind. Bei Herbst- oder Sommerpflanzung können Sie die freie Fläche rund um die Gehölze. Gleich mit Laub, Rindenmulch oder anderem Mulchmaterial abdecken; nach der Spätjahrspflanzung dient dies auch als Winterschutz.
Wird im Frühjahr gepflanzt, beginnt man mit dem Mulchen besser erst ab Mitte Mai. Überprüfen Sie bei Gehölzen an Stützpfählen des Öfteren die Bindung, und lockern Sie diese, falls sie die Rinde einzuschnüren droht. An Draht- und Rankgerüsten wachsende Ruten und Triebe müssen gelegentlich hochgeleitet und bei Bedarf angebunden werden. Wenn zuweilen Wildtiere wie Kaninchen oder gar Rehe dem Garten einen Besuch abstatten, müssen die jungen Bäume mit Baummanschetten oder -spiralen aus dem Fachhandel geschützt werden.

So kann sich die Weinrebe am Spalier vor der Hauswand optimal entwickeln.

Für Weinreben und Kiwis kommen auch andere Kletterhilfen als Stützen infrage, etwa an der Hauswand angebrachte, stabile **Klettergerüste,** Pergolen, Zäune, Lauben oder sogar Rosenbögen. Meist zieht man die Pflanzen mit einem stammähnlichen Haupttrieb und lässt sie frühestens ab 60 cm Höhe mit einigen langen Seitentrieben klettern. Damit dieses Stämmchen gerade wächst, sollte es beim Pflanzen einen Stützstab erhalten, an dem es angebunden wird.

Drahtspaliere und andere Klettergerüste sollten mit mindestens 10, besser 16 Zentimeter Abstand von der Hauswand angebracht werden. Dazu kann man zum Beispiel Holzklötze als Abstandhalter an der Wand befestigen.

An der Hauswand stehen Weinreben und Kiwis häufig etwas regengeschützt, was für Blätter und Früchte günstig ist, für die Wurzeln aber weniger. Diese können sich zudem schlecht entwickeln, wenn der Bodenstreifen an der Wand, wie oft üblich, mit Drainagematerial, Bauschutt oder Ähnlichem „angereichert" wurde. Man pflanzt den Ballen deshalb mit genügend Abstand zur Fassade und setzt ihn dann schräg zur Wand beziehungsweise zur Kletterhilfe hin ein (siehe Abbildung Seite 114 links).

PFLANZSCHNITT BEIM BEERENOBST

Jostabeere, Heidelbeere, Preiselbeere und Kiwi brauchen in der Regel keinen Pflanzschnitt. Bei Containerpflanzen kann der Pflanzschnitt zurückhaltender erfolgen oder ganz entfallen; erkundigen Sie sich beim Kauf nach den nötigen Maßnahmen.

Ansonsten ist ein Pflanzschnitt vor allem bei wurzelnackten Pflanzen erforderlich. Bei einer Herbstpflanzung führt man diesen im Frühjahr durch, bei der Frühjahrspflanzung gleich nach dem Setzen. Hinweise dazu geben wir auch im Schnittkapitel ab Seite 123.

Johannisbeere und Stachelbeere sollen als Jungsträucher vier bis fünf gut entwickelte Triebe aufweisen. Sind es mehr, schneidet man die schwächsten direkt über dem Boden weg. Die verbleibenden Triebe werden je nach Wuchsstärke auf ein Drittel oder die Hälfte ihrer Länge eingekürzt. Bei Stachelbeeren genügt ein Rückschnitt um die Hälfte. Bei Containerpflanzen reicht es, die längsten Triebe etwas einzukürzen. Bei Johannisbeer- und Stachelbeerstämmchen soll sich die Krone aus der Stammverlängerung und vier bis sechs gut verteilten, recht flach stehenden Seitentrieben aufbauen. Diese werden beim Pflanzschnitt um die Hälfte eingekürzt.

Am Drahtspalier lassen sich Johannisbeeren und Stachelbeeren recht platzsparend anordnen, und oft liefern sie dann auch Früchte von besonders guter Qualität. Am besten eignen sich dafür Jungsträucher mit langen, kräftigen Bodentrieben. Sie müssen entscheiden, ob Sie die Sträucher eintriebig (als „Spindeln") oder mit zwei oder drei V-förmig beziehungsweise fächerartig angeordneten Haupttrieben (Schenkeln) ziehen möchten. Eintriebige können mit 50–70 Zentimeter Abstand gesetzt werden, zwei- oder dreitriebige benötigen 120–150 Zentimeter. Beim Pflanzschnitt werden alle überzähligen Bodentriebe entfernt und die verbleibenden Haupttriebe nicht eingekürzt. Es empfiehlt sich, diese mit an den Drähten befestigten Tonkinstäben zu stützen und bei mehrtriebiger Erziehung in die gewünschte Richtung zu leiten.

Pflanzschnitt beim Beerenhochstämmchen: Die farbig dargestellten Triebabschnitte werden weggeschnitten. So kann sich die Weinrebe am Spalier vor der Hauswand optimal entwickeln.

Brombeere und Himbeere: Hier werden die Ruten vor oder gleich nach der Pflanzung auf 30–40 Zentimeter Höhe eingekürzt.

Weinrebe: Beim Setzen im März/April schneidet man gleich, bei späterer Pflanzung besser erst im darauffolgenden Frühjahr. Dabei lässt man nur einen kräftigen Haupttrieb stehen und kürzt diesen auf drei bis vier Augen (Knospenanlagen) ein. Vorsicht, hier sollten Sie – anders als bei anderen Obstarten – über dem obersten Auge etwa zwei Zentimeter des Triebs stehen lassen. Andernfalls trocknet das Auge leicht ein.

PFLEGEN UND HEGEN Gute Bodenpflege sowie angemessene Wasser- und Nährstoffversorgung fördern ein vitales Wachstum und das, was uns besonders interessiert: die Ausbildung möglichst vieler schmackhafter Früchte.

Hierzu können spezielle Maßnahmen wie die Fruchtausdünnung beitragen. Trotzdem soll man stets die Gesundheit des ganzen Baumes oder Strauches im Auge behalten – auch durch frühzeitige und regelmäßige Kontrolle auf eventuellen Krankheits- oder Schädlingsbefall.

BODENPFLEGE IM OBSTGARTEN

Für Obstbäume empfiehlt es sich, rund um den Stamm einen kreisförmigen, von Gras- und Unkrautbewuchs freigehaltenen Bereich anzulegen. Diese sogenannte Baumscheibe soll ungefähr so breit sein wie die Krone, mindestens aber einen Durchmesser von 1,5 Meter haben. Ein ähnlicher freier Bereich ist auch für Beerensträucher und -hochstämmchen vorteilhaft, wobei der hier etwas enger gewählt werden kann, je nach Breite der Gehölze.

Bei in Reihen gesetzten Säulenbäumen und Beerensträuchern wird am besten ein entsprechend breiter Streifen von konkurrierendem Bewuchs freigehalten. Allerdings hat sich im Weinbau gezeigt, dass eine gezielte Bodenbegrünung neben den Reihen durchaus von Vorteil sein kann. Hierfür empfehlen sich vor allem Gründüngungspflanzen aus der Familie der Schmetterlingsblütler (siehe Seite 57). Werden sie zu hoch, kann man sie einfach abmähen und als Mulch liegen lassen. Dasselbe ist auch unter Obstbäumen möglich, sobald diese gut eingewachsen sind. Sät oder pflanzt man Studenten- und Ringelblumen unter den Baum, hat dies zudem eine gewisse Abwehrwirkung gegen Nematoden (Fadenwürmer). Die Kapuzinerkresse dagegen zieht Blattläuse geradezu magisch an und kann zumindest einige der an Obstbäumen auftretenden Blattlausarten von diesen „abziehen".

Die meisten Beerensträucher sind ausgesprochene Flachwurzler, und auch bei Obstbäumen erstrecken sich die Wurzeln zum Teil recht nah unter der Erdoberfläche. Eine Bodenbearbeitung sollte deshalb nur zurückhaltend und nicht allzu tief erfolgen. Als Alternative ist stets Mulchen empfehlenswert, sofern die Gehölze nicht unterpflanzt werden. Ab Frühjahr bis zu den letzten Spätfrösten im Mai sollte man den Boden jedoch besser nicht bedecken, weil dann seine nächtliche Wärmeabstrahlung empfindlichen Knospen, Blüten und Trieben zugutekommt. Eine dicke Mulchauflage kann bei empfindlicheren Gehölzen auch als Winterschutz dienen. Wo allerdings öfter Wühlmäuse ihr Unwesen treiben, lässt man die Bodenbedeckung über Winter besser weg, sofern sie als Kälteschutz für die Wurzeln nicht unbedingt nötig ist.

Zwischen Erdbeerreihen kann man ebenso unbedenklich hacken wie im Gemüsebeet. Aber auch hier ist Mulchen vorteilhaft, nicht zuletzt, weil es die Früchte vorm Verschmutzen bewahrt. Besonders gut eignet sich dafür eine Mulchschicht aus Stroh.

DÜNGUNG IM OBSTGARTEN

Die Nährstoffe, Düngerformen und -mittel und andere wissenswerte Grundlagen der Düngepraxis sind beim Gemüse ausführlich beschrieben (siehe Seiten 96-105). Alles dort Gesagte gilt grundsätzlich auch für Obstgehölze und

Erdbeeren – und auch hier empfiehlt sich alle vier bis fünf Jahre eine Bodenuntersuchung, um bedarfsgerecht zu düngen und eventuellen Wachstums- oder Fruchtstörungen sowie erkennbaren Blattaufhellungen auf die Spur zu kommen.

Oft sind Gartenböden bereits gut mit Kalium, Phosphat und Magnesium versorgt und entsprechen der Versorgungsstufe C (siehe Seite 103). Dann reicht für die Düngung guter Kompost, den man mit Hornspänen oder -mehl für die Stickstoffversorgung sowie etwas Kalidünger anreichert, der unbedingt chloridfrei sein sollte. Lassen Sie Letzteren aber weg, wenn die Bodenuntersuchung zeigt, dass Kalium schon im Übermaß vorhanden ist.

Mangelt es dagegen an Kalium, Phosphat oder Magnesium, können Sie den betreffenden Nährstoff entweder gezielt durch Einzelnährstoffdünger ergänzen oder dem Kompost einen speziellen Obst- oder Beerenobstdünger, vorzugsweise organisch oder als Langzeitdünger, untermischen. Solche Dünger eignen sich auch am besten, wenn kein Kompost zur Verfügung steht. Für eine angepasste Dosierung können Sie sich nach der Übersicht „Düngermengen nach Versorgungsstufen" (Seite 105) richten.

Gedüngt wird vorzugsweise gegen Ende März oder im April, etwas vor oder zum Austriebsbeginn. Verteilen Sie den Kompost und Dünger auf der Baumscheibe beziehungsweise auf der freien Fläche neben den Pflanzen und arbeiten Sie ihn leicht ein. Lassen Sie bei Bäumen um den Stamm herum rund 20 Zentimeter frei, denn hier finden sich kaum Wurzeln für die Nährstoffaufnahme.

Dient Kompost als Hauptdünger, empfehlen sich im Normalfall folgende Mengen:

- **Obstbäume** (kleine bis mittelgroße Baumformen): drei bis fünf Liter Kompost, 80–120 g Hornmehl, 20–30 g Kali pro Baum;
- **Beerensträucher:** zwei bis drei Liter Kompost, 50–100 g Hornmehl, 10–20 g Kali pro Strauch;
- **Erdbeeren:** ein Liter Kompost, 20 g Hornmehl, 5–10 g Kali pro Quadratmeter; im Juli nochmals 30–40 g Hornmehl, um die Blütenbildung fürs nächste Jahr zu fördern.

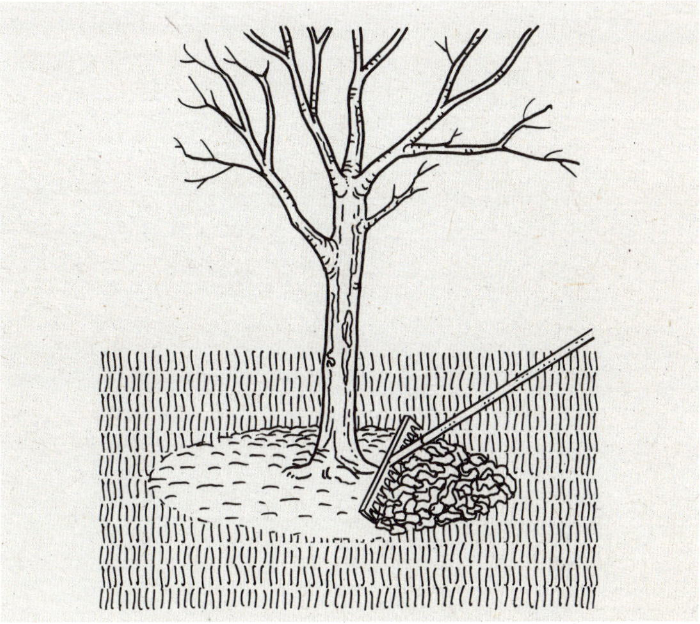

Die freie Baumscheibe wird den Sommer über mit Mulchmaterial abgedeckt.

Gerade beim Obst ist eine eher maßvolle Düngung ratsam, insbesondere, was stickstoffhaltige Dünger betrifft. Zu viel Stickstoff fördert das Trieb- und Blattwachstum zuungunsten des Blüten- und Fruchtansatzes und macht die Pflanzen anfälliger für Pilzkrankheiten und Kälteschäden. Stickstoffüberschuss spielt oft auch eine Rolle beim Verrieseln (Blüten- oder Fruchtabwurf) von Johannisbeeren und Weinreben, ebenso beim Gummifluss der Steinobstbäume (siehe Seite 292).

Die Eisenmangelchlorose – hier am Erdbeerblatt – weist auf gestörte Bodenverhältnisse hin.

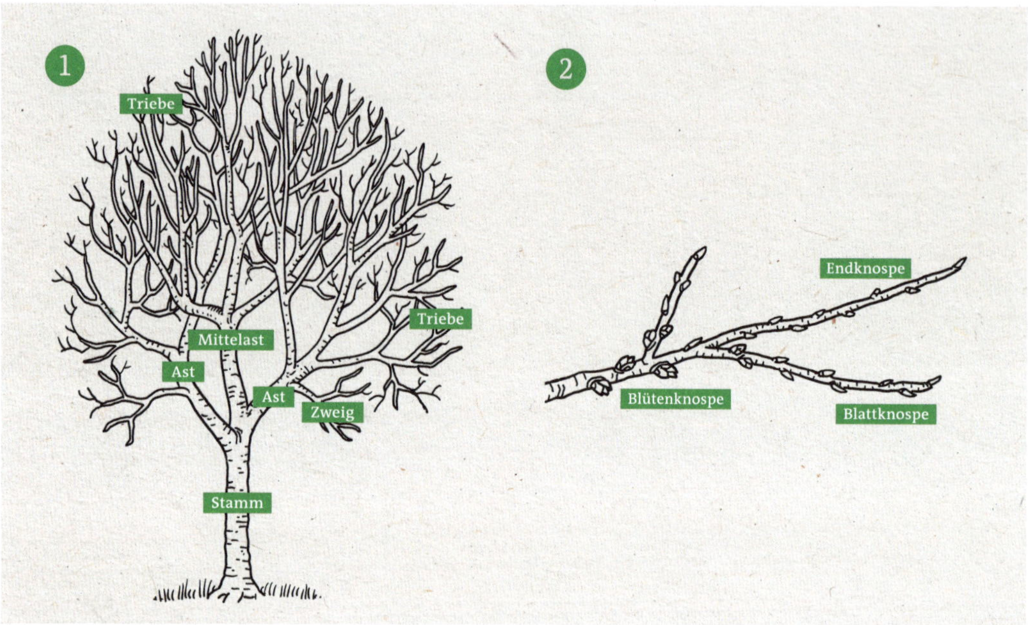

(1) Aufbau eines Obstbaums, (2) Knospentypen an Gehölzen

Überreichlich Stickstoff, vor allem aber zu viel Kalium und/oder Magnesium ist eine der Ursachen für die **Stippe an Äpfeln** im Lager oder am Baum: Im Fruchtfleisch finden sich kleine braune, vertrocknete, eingesunkene Flecken, die betroffenen Partien schmecken bitter. Das resultiert aus einer unzureichenden Kalziumaufnahme der Früchte, die durch einen Überschuss der genannten Nährstoffe blockiert wird. Neben ausgewogener Düngung können auch die gleichmäßige Wasserversorgung während der Fruchtbildung und ein Ausdünnen zu dichten Fruchtbehangs vorbeugen.

Zu viel Kalzium im Boden beziehungsweise ein zu hoher pH-Wert, teils auch nur ein verdichteter Boden, behindert die Aufnahme von Eisen. Das führt zur **Eisenmangelchlorose:** Die Blätter vergilben, beginnend bei den jüngeren, wobei die Blattadern grün bleiben. Bei starker Ausprägung kann das Laub verbräunen und abfallen. Besonders oft tritt das an Weinreben, Heidel- und Preiselbeeren sowie Erdbeeren auf. Kurzfristig kann ein spezieller Eisendünger helfen, auf Dauer nur eine Bodenverbesserung und, bei hohem Kalkgehalt, das Absenken des pH-Werts.

Magnesiummangel äußert sich durch einen Abbau des Blattgrüns (Chlorophyll). Er beginnt aber an älteren Blättern, vor allem an der Basis von Langtrieben, und dehnt sich dann allmählich zur Spitze hin aus. Die Blätter weisen wolkenartige gelbe Flecken zwischen den Blattadern und rostbraune Flecken auf.

Betroffen ist im Nutzgarten vor allem Baumobst, zum Beispiel Apfel- und Quittenbäume. Auch Knospen und Fruchtqualität können darunter leiden. Verursacht wird dies meist durch zu viel Kalium im Boden, das die Aufnahme des Magnesiums blockiert. Die ausgewogene, bedarfsgerechte Düngung ist auch hier die „beste Medizin".

GEDEIHLICHE WASSER-VERSORGUNG

Wie bei manch anderem nehmen Erdbeeren beim Bewässern eine Sonderstellung ein: Sie lieben eine gute Versorgung mit Wasser und sollten ebenso wie Gemüse ab dem späten Frühjahr regelmäßig gegossen werden, sobald die oberste Bodenschicht abgetrocknet ist. Auch nach der Ernte lohnt sich hier eine gute

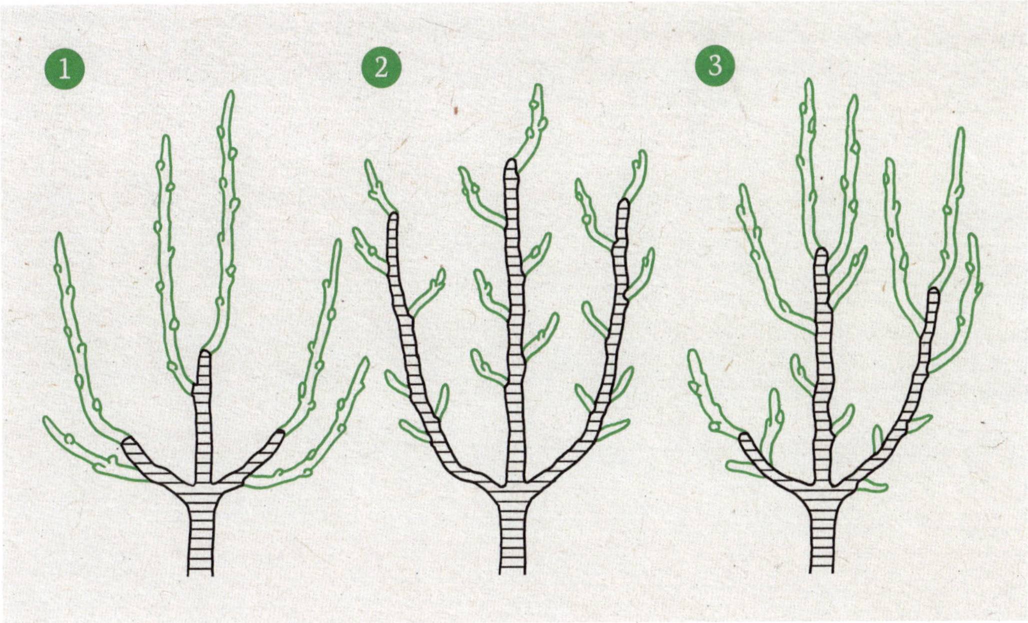

Grundsätzliche Schnittwirkung: (1) starker Rückschnitt; (2) schwacher Rückschnitt; (3) ungleichmäßiger Rückschnitt

Wasserversorgung, da die Pflanzen im Spätsommer schon die Blüten für die nächste Saison anlegen.

Gehölze verdursten weit weniger schnell, nachdem sich ihr Wurzelwerk einmal gut entwickelt hat. Allerdings können Blütenansatz und Fruchtentwicklung durch anhaltende Trockenheit deutlich beeinträchtigt werden. Vor allem Beerensträucher und kleine Baumformen auf schwach wachsenden Unterlagen sollten in regenarmen Zeiten zwischen Blüte und Fruchtreife des Öfteren bewässert werden – bei ausgeprägter Hitze und Trockenheit alle drei bis vier Tage.

Unter solchen Witterungsbedingungen rentiert sich auch bei größeren Bäumen mindestens eine gründliche Wassergabe pro Woche, besonders bei Apfel und Pflaume. „Gründlich" heißt hier, dass man pro Gießgang je nach Größe der Gehölze 20–50 Liter Wasser ausbringt, wenn nötig mit kleinen Pausen, in denen das Nass versickern kann. Gießen Sie bei Bäumen vorwiegend im äußeren Kronenbereich, da dort die meisten Saugwurzeln konzentriert sind. Wie auch beim Gemüse ist der Morgen oder Vormittag der beste Zeitpunkt. Kommt man erst abends dazu, sollte man nicht allzu spät gießen und die Blätter möglichst nicht benetzen.

Weiches, kalkarmes (Regen-)Wasser ist für alle Obstarten vorteilhaft, für Heidel- und Preiselbeeren geradezu ein Muss, für Erd- und Himbeeren zumindest besonders empfehlenswert.

Die Weinrebe wird traditionell selbst in sehr trockenen Regionen erfolgreich kultiviert. Spätestens ab dem dritten Jahr nach der Pflanzung ist kaum noch eine Zusatzbewässerung nötig.

Eher im Gegenteil: Eine zu üppige Wasserversorgung kann nicht nur Pilzkrankheiten fördern, sondern auch die Qualität der Trauben mindern. Manche Winzer setzen die Weinrebe deshalb sogar einem maßvollen „Trockenstress" aus.

Bei den Tafeltrauben, die als große, pralle Beeren auf den Tisch kommen sollen, sind etwas mehr Saftigkeit und damit mehr Wasser gefragt. Leiden die Pflanzen stark unter Hitze und Trockenheit, sollte man sie besser des Öfteren mit kleinen Wassergaben (5–10 Liter) versorgen, als den Boden durchdringend zu befeuchten.

FRÜCHTE FÖRDERN, ERNTE SICHERN

Die meisten Obstarten blühen bei uns in Deutschland frühzeitig im April oder Mai, Pfirsich und Aprikose teils sogar schon im März.

Je nach Jahr und Region können bis etwa Mitte Mai aber durchaus noch Spätfröste auftreten, wobei die Temperaturen meist nur noch nachts unter den Nullpunkt fallen. Solche Fröste können die Blüten empfindlich schädigen, sodass schlimmstenfalls die ganze Ernte ausfällt. Teils bedrohen sie auch die jungen, zarten Triebe, die bei manchen Arten schon zeitig im Frühjahr erscheinen.

Bei Sträuchern und kleinen Baumformen lässt sich dem recht einfach vorbeugen, indem man sie beziehungsweise die Kronen vor drohenden **Frostnächten** mit Vliesen abdeckt. Mit etwas mehr Aufwand kann man so auch Spalierobst an der Hauswand schützen, indem man die Vliese davor hängt. Gerade Obst an einer wärmenden Südwand ist durch solche Spät- oder Blütenfröste oft besonders gefährdet, da viel Sonne im Spätwinter und Vorfrühling dazu führt, dass sich Blüte und Austrieb verfrühen. Manche Gärtner machen sich deshalb die Mühe, ihr Spalierobst im sonnigen Vorfrühling zeitweise zu schattieren, zum Beispiel mit großen Schilfmatten, was sich durchaus lohnen kann.

Kamen die Blüten heil übers Frühjahr und wurden ausreichend befruchtet, setzen die Bäume teils Unmengen junger Früchte an. Da sie diese später nicht alle ausreichend versorgen können, stoßen sie dann häufig gegen Ende Juni einen Teil davon von selbst ab.

Sind nach diesem natürlichen **Junifruchtfall** die Zweige immer noch sehr dicht behangen, sollte man sie etwas ausdünnen, sonst erntet man später nur viele kleine, wenig aromatische Früchte. Das empfiehlt sich besonders bei Apfel und Pfirsich, auch bei manchen besonders reich tragenden, großfrüchtigen Pflaumen- und Zwetschgensorten. Hier kann man „nach Augenmaß" vorgehen, indem man aus sehr dichten Büscheln einige Früchte herausnimmt. Bei Apfelbäumen schneidet man am besten so viele heraus, dass nur noch zwei bis drei Äpfel pro Fruchtstand verbleiben, an Säulenbäumen lässt man höchstens 30 Früchte stehen. Manche Apfel- und Birnensorten neigen zur sogenannten Alternanz, das heißt, sie fruchten in einem Jahr überreich und im nächsten äußerst spärlich. In diesen Fällen hilft das Ausdünnen in den ertragreichen Jahren auch, die extremen Ernteschwankungen auszugleichen.

Bei spät reifenden Obstarten und -sorten wird dann ab etwa Mitte Oktober wieder Frost zum Thema. Nun können Vliese helfen, die letzten Ernten zu schützen. Mit kräftigen Vliesen oder Kulturschutznetzen, die man möglichst dicht auf der Baumkrone auflegt und eventuell unten am Stamm befestigt, lassen sich die Früchte auch vor hungrigen Vögeln und Wespen abschirmen.

BAUMSTÄMME „ABSCHRUBBEN"

Ältere Baumstämme haben oft eine recht lockere, abblätternde Borke und sind teils mit Algen, Flechten oder Moosen bewachsen. Solche Borken bieten einen guten Überwinterungsort für Schädlinge und ihre Eigelege. Vorbeugend können Sie im Spätherbst, vor dem Weißanstrich, mit einer Drahtbürste oder einem speziellen Baumkratzer die Stämme von losen Teilen und Belägen befreien.

Schrubben und kratzen Sie aber nicht zu kräftig, um die Rinde nicht zu verletzen. Manche Experten raten sogar, ganz auf diese althergebrachte Maßnahme zu verzichten, da in solchen Borken auch viele Nützlinge Unterschlupf finden. Bei häufigen Problemen mit typischen Rindenüberwinterern wie Frostspanner, Apfelwickler und Spinnmilben überwiegen allerdings die Vorteile des Abbürstens.

Rückschnitt: Der Schnitt sollte schräg und knapp, aber nicht zu dicht über der Knospe erfolgen.

SONSTIGE PFLEGEMASSNAHMEN

Bei manchen Obstbäumen treiben im Frühjahr oder Sommer Schösslinge neben den Stämmen aus dem Boden. Diese Wildtriebe entstammen der Veredlungsunterlage und sollten frühzeitig und regelmäßig entfernt werden. Graben Sie dazu den Boden bis zur Ansatzstelle dieser Triebe vorsichtig auf. Wenn es möglich ist, reißen Sie diese am besten mit einem kräftigen Ruck unten ab. Andernfalls schneiden Sie sie komplett weg, ohne einen Stummel stehen zu lassen.

Im Spätherbst kann man sich dann der Stammpflege widmen. Besonders bei Bäumen, die über Winter gen Süden und Westen völlig unbeschattet stehen oder vor einer hellen Hauswand platziert sind, empfiehlt sich eine Behandlung mit einem Weißanstrichmittel aus dem Fachhandel. Die helle Farbe reflektiert die Strahlung der Wintersonne, die besonders im Spätwinter recht intensiv werden kann, und beugt so einer übermäßigen Erwärmung der Stämme vor. Andernfalls kann der Wechsel zwischen sonnigen Tagen und frostigen Nächten dazu führen, dass die Rinde unter starker Spannung steht und dann aufreißt oder aufplatzt. Das schwächt den Baum und öffnet vor allem auch Pforten für Schaderreger. Der Anstrich wird am Stamm, besonders an der Sonnenseite, sowie im Bereich des Kronenansatzes aufgetragen und, wenn nötig, im Spätwinter erneuert.

Käufliche Anstrichmittel enthalten oft auch Wirkstoffe zur Rindenpflege sowie gegen Krankheiten und Schädlinge.

Bei etwas frostempfindlichen Obstgehölzen versieht man zumindest in den ersten Jahren den Wurzelbereich mit Winterschutz in Form einer recht dicken Schicht aus Laub, Stroh und/oder Fichtenreisig. Kleine Gehölze können vor starken Frostnächten auch komplett mit Vliesen oder Jutestoff abgedeckt beziehungsweise umhüllt werden.

OBSTGEHÖLZE SCHNEIDEN Bei kaum einem anderen Thema gibt es so viele unterschiedliche Meinungen und Empfehlungen. Das liegt viel am unterschiedlichen Wuchsverhalten der einzelnen Obstarten, das auch noch je nach Sorte, Unterlage und Standort verschieden sein kann.

Zudem stehen je nach Wuchs- und Erziehungsform sowie Alter des Gehölzes andere Eingriffe im Vordergrund. Das ist aber kein Grund, zu verzagen. Berücksichtigt man einige grundsätzliche Zusammenhänge und bewährte Praktiken, kann kaum etwas schiefgehen. In Zweifelsfällen empfehlen sich Nachfragen bei Baumschulen und erfahrenen Gärtnern sowie Baumschnittkurse, die zum Beispiel von Obstbau- und Kleingärtnervereinen angeboten werden.

WORUM GEHT ES?

Bei allen Feinheiten und Schnittdetails ist es hilfreich und wichtig, stets die eigentlichen Schnittziele im Auge zu behalten:

- Aufbau eines guten, übersichtlichen Ast- beziehungsweise Triebgerüsts
- Fördern derjenigen Triebe, die hauptsächlich die Früchte tragen
- Bremsen von zu kräftigem Triebwachstum im Jugendstadium und Anregung der Neutriebbildung bei älteren Gehölzen
- Entfernen oder Kürzen aller Triebe, die den genannten Zielen nicht dienen oder dabei sogar stören, die überaltert sind und zu wenig Licht und Luft ins Innere von Baumkrone oder Strauch gelangen lassen

Aus diesen einfachen Grundprinzipien erklären sich letztlich fast alle Schnittmaßnahmen – und auch die Unterschiede je nach Art und Wuchsform.

Das Gerüst besteht beim „normalen" Baum sowie bei Beerenstämmchen aus Stamm und Krone; bei Spindel- und Säulenformen hauptsächlich oder nur aus dem Stamm beziehungsweise Haupttrieb; bei buschigen Sträuchern aus mehreren kräftigen Trieben, die aus dem Boden wachsen; bei Spalierobst und Klettergehölzen meist aus einem kurzen Stamm und einigen waagerecht oder fächerartig gezogenen Haupttrieben.

Eine Besonderheit sind die Brombeeren und Himbeeren, deren kurzlebige Ruten jährlich zu einem neuen Trieb-„Gerüst" am Drahtspalier formiert werden.

Fruchttragende Triebe sind gewöhnlich Seitentriebe, die direkt den Gerüsttrieben oder deren Verzweigungen entspringen. Diese Eigenheiten der Fruchttriebe zu kennen und beim Schnitt zu berücksichtigen ist vor allem bei Obstbäumen sowie Kiwi und Weinrebe wichtig.

Beim **Auslichten,** also beim Entfernen oder Kürzen „unnötiger" Triebe, liegt man meist schon richtig, wenn man offensichtlich Störendes und Überaltertes beseitigt – sofern man nicht gerade die künftigen Fruchttriebe wegschneidet.

Das **Begrenzen des Höhenwachstums** gehört zwar auch zu den Schnittzielen, allerdings nur in Maßen:

Zu groß gewählte oder gewordene Gehölze lassen sich durch einen groben Rückschnitt nicht beliebig klein halten. Ein generelles Kappen von Haupttrieben beispielsweise führt oft

(1) Wegschnitt: Komplettes Entfernen bis auf den Astring, (2) Ableiten auf einen Seitentrieb, (3) Herabbinden zum Fördern des Fruchtansatzes

zu verstärktem Neuaustrieb im Spitzenbereich statt zur erwünschten Bremswirkung und zu unharmonischem Wuchs.

VON TRIEBEN UND KNOSPEN

Besonders bei Bäumen treten je nach Altersstadium und Art verschiedene Trieb- und Knospentypen auf. Da deren Kenntnis für das gezielte Schneiden wichtig ist, wird man hier öfter mit speziellen Begriffen konfrontiert. Wir beziehen uns im Folgenden explizit auf Laubbäume. Die Trieb- und Knospentypen findet man teils auch bei Beerensträuchern und Klettergehölzen, sie sind dort aber für die Schnittpraxis weniger entscheidend.

Als **Triebe** bezeichnet man vorwiegend die jungen „Sprösslinge“, aber auch bereits mehrjährige Holzteile mit Seitentrieben. Letztere nennt man **Zweige,** wenn sie schon drei bis vier Jahre alt sind und eine daumendicke Hauptachse aufweisen. Ältere, besonders kräftige Zweige kann man auch als **Nebenäste** einstufen. Das Kronengerüst der Bäume wird von den kräftigsten Holzteilen, den Ästen, gebildet.

Triebe, die hauptsächlich Blütenknospen hervorbringen, sind sehr erwünscht und bilden das **Fruchtholz.** Sie sind je nach Pflanzenart sehr kurz – frisch ausgetrieben, diesjährig – oder länger, also schon etwas älteren Jahrgangs (ein- bis mehrjährig). Siehe dazu auch die Illustrationen Seite 128 und 129.

Auf der Oberseite älterer, herabgebogener Äste und Zweige bilden sich öfter steil aufrecht wachsende, recht lange Neutriebe, die **Reiter** oder **Ständer** genannt werden. **Wasserschosse** zeigen dasselbe Wuchsbild, entstehen aber vorwiegend nach starkem Schnitt aus schlafenden Augen oder direkt am Stamm. Oft bezeichnet man auch all diese Steiltriebe vereinfacht als Wasserschosse.

Nun ein Blick auf die Knospen: An den Triebspitzen befinden sich die **Gipfel- oder Terminalknospen.** Es handelt sich meist um Trieb- beziehungsweise Blattknospen, aus denen sich besonders die jungen Triebe jährlich kräftig verlängern können. Sie hemmen das Wachstum der nachgeordneten Knospen. Werden sie weggeschnitten, übernimmt die nächste Knospe darunter diese Funktion. An den Spitzen kurzer Seitentriebe können sich auch Blütenknospen bilden.

Die **Seitenknospen** werden in den Achseln der Blätter angelegt und im Anfangsstadium als Augen bezeichnet. Dabei kann man recht gut die spitzen Holzknospen, aus denen Seitentriebe entstehen, und die rundlichen Blütenknospen unterscheiden; reine Blattknospen sind etwas schmaler und ähneln eher den Holzknospen.

„Schlafende Augen“ liegen unter der Rinde, vor allem in den Astwinkeln, wo Äste und ältere Zweige ihre Ansatzstelle haben. Diese Reserveaugen treiben nur aus, wenn der Ast oder Zweig stark beschädigt oder auf Astring (siehe Seite 127) weggeschnitten wird.

TRIEBFÖRDERUNG UND SCHNITTWIRKUNG

In der Praxis kann man sehr viel lernen, indem man einfach genau beobachtet, wie sich zum Beispiel ein bestimmter Rückschnitt im Folgejahr auswirkt und wo das Gehölz hauptsächlich seine Blüten und Früchte ansetzt. Wichtige Grundprinzipien muss man allerdings nicht selbst herausfinden, das haben Fachleute schon sehr gründlich getan. Vieles davon erklärt die bereits beschriebenen Eigenheiten bestimmter Trieb- und Knospentypen.

Für Bäume gelten demnach bestimmte Gesetze der Triebförderung, die sich kurz so zusammenfassen lassen: Was höher steht, wächst stärker und treibt stärker aus als die darunter angeordneten Organe (Triebe, Knospen). Das gilt sowohl für das Wachstum innerhalb der Krone als auch für die Knospen und Seitentriebe der einzelnen Äste und Zweige. Im Einzelnen unterscheidet man:

Spitzenförderung: Die Spitzenknospe aufrechter Triebe entwickelt den stärksten Austrieb und hemmt das Wachstum aus den darunter stehenden Seitenknospen. Das ist im Jugendstadium besonders ausgeprägt. Solche wüchsigen und steilen Spitzentriebe bilden sehr selten Blüten und Früchte.

Oberseitenförderung: An mehr oder weniger waagerecht stehenden Trieben werden die Knospen entlang der Oberseite gefördert. Sie treiben fast gleichmäßig aus. Oft entstehen daraus nur kurze Triebe, die ab dem Einsetzen des Ertragsstadiums häufig Fruchttriebe sind, vor allem beim Kernobst – oder aber die steilwüchsigen Reitertriebe.

Gleichzeitige Spitzen- und Oberseitenförderung: Da die meisten Triebe am Baum schräg stehen, wirken in der Regel die beiden genannten Gesetze zusammen. Der Neutrieb aus der höchsten Knospe ist am stärksten, gefolgt von den anderen auf der Oberseite, die aber zum niedrigsten Punkt, also zur Triebbasis hin, schwächer werden. Bei recht steil wachsenden Trieben dominiert die Spitzenförderung, bei flacheren eher die Oberseitenförderung.

Scheitelpunktförderung: Ein bogenartig überhängender Trieb bildet an seiner höchsten Stelle, dem Scheitelpunkt, die kräftigsten Triebe. Das sieht man deutlich an älteren Zweigen, die sich durch starken Fruchtbehang heruntergebogen haben.

Basisförderung: An komplett nach unten hängenden Zweigen treiben die normalerweise schwach entwickelten Knospen an der Triebbasis am stärksten aus, also dort, wo der Zweig am Ast ansetzt. Auch diese Zweigform resultiert meist aus dem Gewicht früherer Früchte.

Des Weiteren sollte man die grundlegenden **Schnittwirkungen** kennen und beachten (siehe Abbildung Seite 129 oben):

- Starker Rückschnitt führt zu wenigen, aber kräftigen, langen Neutrieben.
- Schwacher Rückschnitt führt zu vielen, aber schwachen, kurzen Neutrieben.
- Ungleichmäßiger Rückschnitt innerhalb einer Baumkrone begünstigt die schwach zurückgeschnittenen Triebe, da sie dann höher stehen und gemäß der Spitzenförderung besonders kräftige Neutriebe bringen.

Grundsätzlich kürzt man deshalb höher stehende, stärker wachsende Triebe kräftiger ein als tiefer stehende, schwächer wachsende. Des

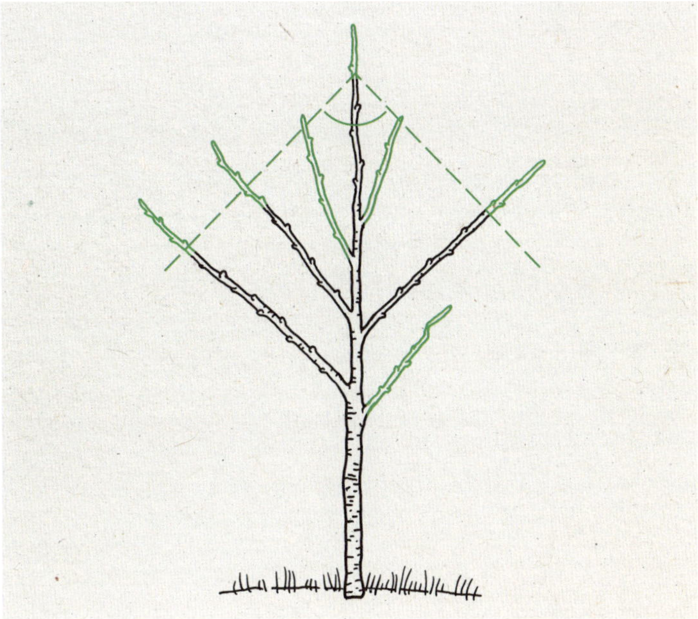

Mit dem Pflanzschnitt wird der grundsätzliche Aufbau der späteren Krone festgelegt.

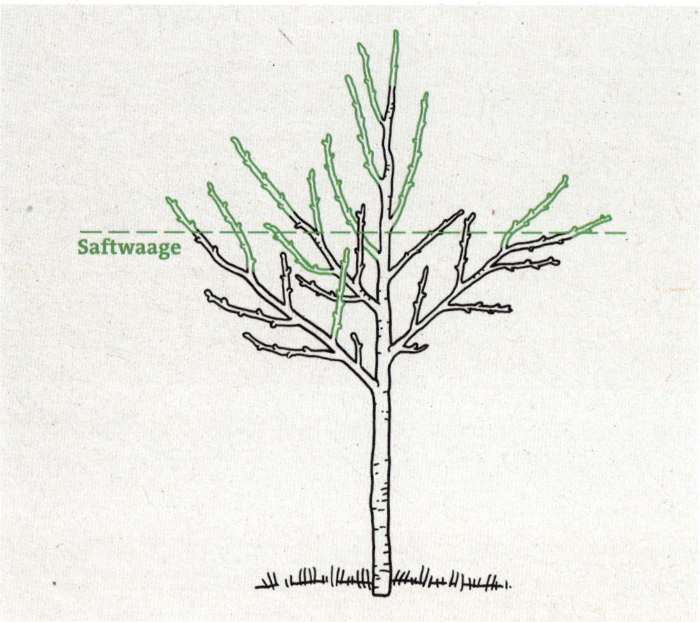

Der Erziehungsschnitt soll die weitere Entwicklung zu einem stabilen, gut belichteten Astgerüst gewährleisten.

Weiteren schneidet man sehr wüchsige Bäume eher schwach zurück, schwach wachsende und ältere Bäume dagegen stärker, um sie zur Bildung kräftiger Neutriebe anzuregen.

Manches davon, vor allem die Spitzenförderung, lässt sich ähnlich an den nach oben strebenden Klettergehölzen Kiwi und Weinrebe beobachten, besonders bei der Rebe auch die Oberseitenförderung.

Beerensträucher dagegen konzentrieren ihre Hauptenergie auf Knospen an der Basis, aus denen immer wieder neue, kräftige Sprosse nach oben wachsen.

SCHNITTTERMINE IM OBSTGARTEN

Über den richtigen Schnittzeitpunkt bei Obstbäumen scheiden sich immer wieder die Geister. Traditionell schnitt man die meisten Obstarten mitten im Winter oder auch schon gleich nach dem Laubfall. Damit folgte man dem Vorbild des Erwerbsanbaus, wo gern die etwas geruhsamere Zeit für das Schneiden genutzt wird. Allerdings verheilen die Schnittwunden im Ruhestadium der Bäume sehr langsam. Außerdem können noch bis ins Frühjahr hinein junge Triebe erfrieren, sodass eine bereits geschnittene Krone nachträglich „gerupft" wird.

Dem lässt sich durch andere Termine vorbeugen, und tatsächlich ist ein Schnitt fast jederzeit möglich – mit Ausnahme von Frostperioden mit Temperaturen unter minus fünf Grad Celsius. Zwei Zeitspannen haben sich als besonders günstig erwiesen:

Spätwinter- und Frühjahrsschnitt zwischen Mitte Januar und Anfang April: Dieser bietet wie der Winterschnitt den Vorteil, dass die Kronen noch unbelaubt und damit besonders übersichtlich sind. Je später man in dieser Zeitspanne schneidet, desto schneller verheilen die Wunden und desto weniger droht ein nachträgliches Erfrieren von Trieben. Andererseits: Je früher man schneidet, desto stärker wird das Triebwachstum angeregt

Sommerschnitt zwischen Mitte Juli und Mitte September: Die Wunden heilen beim Sommerschnitt rasch, und das Triebwachstum wird gebremst. Außerdem kann man dabei gleich erkrankte Triebe, etwa mit Mehltaubefall, frühzeitig entfernen. Besonders Süß- und Sauerkirsche lichtet man vorwiegend im Spätsommer nach der Ernte aus. Der Termin eignet sich aber auch gut für andere starkwüchsige Bäume jeder Art, ebenso für solche, die zu Gummifluss oder „Bluten" neigen (Steinobst, Walnuss).

Beerensträucher schneidet man meist gleich nach der Ernte. Bei Kiwi, Weinrebe und Haselnuss erfolgt der Hauptschnitt im Frühjahr, bei den Klettergehölzen sowie der Brombeere kommen noch spezielle Schnittmaßnahmen im Sommer hinzu (siehe Seite 136 f.).

SCHNITT- UND FORMIERUNGSTECHNIKEN

Jeder Schnitt ist nicht nur eine „Technik", sondern stellt eine Verletzung des Baums oder Strauchs dar. In die offenen Wunden können leicht Krankheitserreger wie holzzerstörende Pilze eindringen. Zum Glück vermögen die Gehölze ihre Wunden selbst effektiv zu heilen, indem sie ein Gewebe (Kallus) bilden, das von den Schnitträndern her die Wunde überwallt und verschließt. Voraussetzung dafür ist aber ein möglichst glatter, richtig geführter Schnitt, der den Ast nicht quetscht und die Rinde nicht einreißt. Verwenden Sie deshalb nur gut geschärfte, für die jeweilige Triebdicke geeignete Scheren und Sägen (siehe auch Seite 40 f.).

Unsaubere Schnitt- und Sägestellen sowie zerfranste Ränder sollten Sie mit einem scharfen Messer oder einer Hippe glätten und Schnittwunden ab etwa drei Zentimeter Durchmesser mit einem Wundverschlussmittel aus dem Fachhandel verstreichen.

Dabei müssen auch die Ränder großzügig bestrichen werden. Wichtig ist außerdem, dass Sie die Klingen und Schneiden regelmäßig und gründlich säubern, damit beim Schneiden keine Krankheitserreger übertragen werden.

In der Regel lässt man beim Schneiden keine Zapfen, Stummel oder „Huthaken" stehen, die die Wundheilung verzögern und Eintrittspforten für Infektionen bieten. Allerdings gibt auch einige Ausnahmen (siehe „Zapfen erwünscht", Seite 129).

Grundsätzlich lassen sich vier verschiedene Schnitttechniken unterscheiden:

Rückschnitt: Das Einkürzen von Trieben dient vor allem dem Regulieren des Längenwachstums und dem Anregen von Neuaustrieb aus den Seitenknospen, teils auch der besseren Versorgung von Früchten am verbleibenden Triebstück. Dabei setzt man die Schere wenige Millimeter über einer Knospe an, aus der ein neuer Seitentrieb wachsen soll. Diese Knospe soll nach außen weisen beziehungsweise so, dass der Neutrieb in günstiger Richtung wächst. Führen Sie den Schnitt leicht schräg, sodass die Schnittfläche von der Knospe zur gegenüberliegenden Seite nach unten weist. Dabei darf über der Knospe kein Stummel stehen bleiben; andererseits kann ein Schnitt zu nah an der Knospe dazu führen, dass diese austrocknet.

Wegschnitt: Zum Auslichten und Entfernen überalterter Partien schneidet oder sägt man Triebe, Zweige und Äste oft komplett weg, direkt an ihrer Ansatzstelle.

Dabei sollte aber noch eine wenige Millimeter dicke Scheibe am Haupttrieb oder Stamm verbleiben. Dieser Astring bildet dann reichlich Wundverheilungsgewebe. Bei dickeren Ästen geht man am besten „stückweise" vor, damit diese nach dem Ansägen nicht abbrechen:

Der Erhaltungsschnitt soll die Fruchtbildung und das Triebwachstum im Gleichgewicht halten.

Zunächst sägt man den Ast nah beim Stamm von unten bis zur Hälfte seines Durchmessers hin ein. Dann setzt man die Säge etwa 10 cm zur Astspitze hin versetzt von oben an und sägt den Ast komplett. Dann wird der Stummel direkt am Stamm entfernt und die Wunde mit Verschlussmittel überstrichen.

Haupttriebe beim Beerenobst werden direkt über dem Boden weggeschnitten.

Ab- oder Umleiten: Das ist ein Rück- und Wegschnitt, der hauptsächlich bezweckt, Triebe in eine günstigere Richtung zu bringen. Dabei schneidet man zum Beispiel einen zu steil wachsenden Zweig bis zu einem flacher stehenden Seitentrieb zurück, der dann die neue Wuchsrichtung bestimmt. Somit wird der komplette Trieb „umgeleitet". Auf diese Weise lassen sich auch stark nach oben strebende Mitteläste bremsen, indem man ihre Spitze durch einen etwas flacher wachsenden Seitentrieb ersetzt.

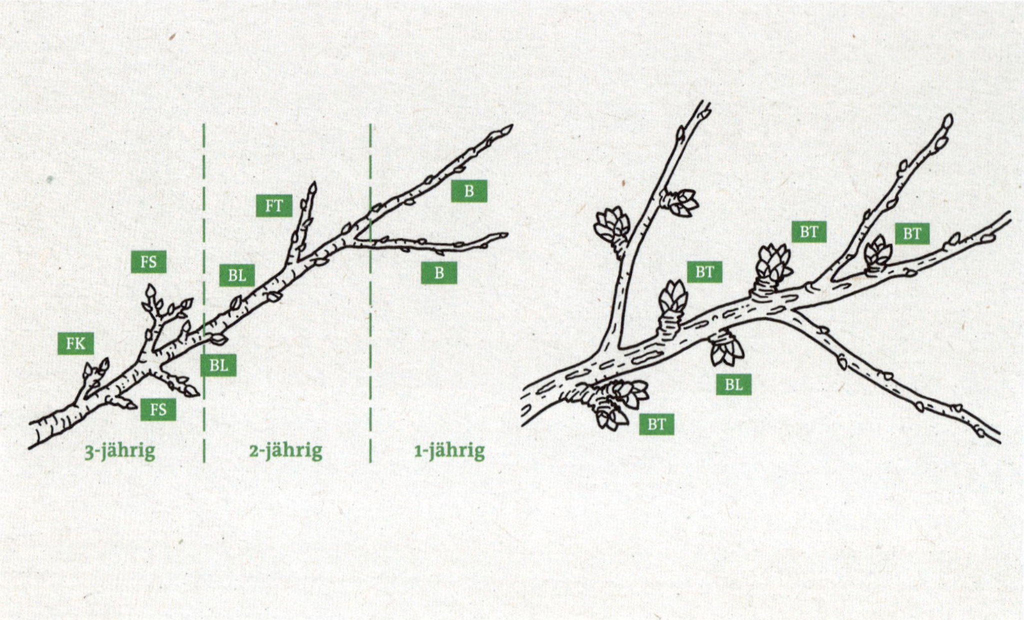

Fruchtholz beim Kernobst: (FK) Fruchtkuchen; (FS) Fruchtspieß; (FT) Fruchttrieb; (BL) Blütenknospe; (B) Blattknospe; (BT) Buketttriebe an zwei- und mehrjährigen, oft sehr kurzen Seitentrieben bei der Süßkirsche

Binden und Spreizen: Mit diesen Formierungstechniken lässt sich manchmal mehr bewirken als mit dem Schnitt. Sie dienen dazu, zu steil oder zu flach wachsende Triebe in eine günstigere Lage zu bringen und damit ihren Wuchs zu bremsen beziehungsweise zu verstärken. Wenn man Triebe in die Waagerechte stellt, lässt sich außerdem der Fruchtansatz auf der Oberseite fördern. Das alles geht nur, solange die Triebe noch jung und elastisch sind, und wird am besten im Frühsommer durchgeführt.

Man kann die Triebe am Stamm oder an stabilen Ästen mit kräftiger Bindeschnur, Bindebast oder speziellen Baumbindern auf- beziehungsweise herabbinden. Der Fachhandel bietet für diesen Zweck auch Astklammern an. Zum Flacherstellen eignen sich weiterhin auf passende Länge geschnittene Spreizhölzer, etwa von einem Holunderstrauch, die man zwischen Stamm und Triebe klemmt.

BAUMSCHNITT NACH ENTWICKLUNGSSTADIUM

Obstbäume durchlaufen eine mehr oder weniger deutliche Altersentwicklung. Je nach Stadium stehen andere Schnittmaßnahmen im Vordergrund:

Im **Jugendstadium** überwiegt die Bildung von kräftigen, langen Holztrieben. Die stärksten bilden das Kronengerüst (Mittelast, Leitäste). Pflanz- und Erziehungsschnitt bezwecken vor allem den Aufbau eines stabilen, optimalen Astgerüsts; später auch die Förderung der ersten Fruchttriebe.

Im **Ertragsstadium** bildet der Baum an den Gerüstästen und ihren Verzweigungen sowohl Holz- als auch Fruchttriebe, die Krone wird dichter, und ältere Zweige senken sich infolge des Fruchtbehangs zunehmend ab. Nun sorgt der Erhaltungsschnitt dafür, dass der klare Gerüstaufbau bewahrt wird, Holz- und Fruchttriebbildung im Gleichgewicht bleiben, genug neue Fruchttriebe nachwachsen und die Krone luftig bleibt.

Im **Altersstadium** trägt der Baum zunehmend überhängende Äste und Zweige und bildet fast nur noch kurze, schwache Triebe, die kleine Früchte hervorbringen. Teils verkahlt auch das Innere der Krone. Oft lässt sich dem schon durch einen guten Erhaltungsschnitt gegensteuern. Andernfalls baut man nach einem kräftigen Verjüngungsschnitt (starker Rückschnitt aller Äste) die Krone neu auf. Man kann einen Baum, der sein natürliches Lebensalter erreicht hat, aber nicht mehr beliebig „verjüngen".

Sehr ausgeprägt lässt sich diese Entwicklung beim Hoch- und Halbstamm beobachten, bei dem das Ertragsstadium frühestens nach sechs bis acht Jahren und das Altersstadium erst nach mehreren Jahrzehnten eintritt. Kleine Baumformen wie Busch und Spindelbusch tragen teils schon im Jugendstadium Früchte und gehen bereits zwischen dem zweiten und vierten Jahr ins Ertragsstadium über. Werden sie kaum geschnitten, können sie schon nach rund acht Jahren „vergreisen".

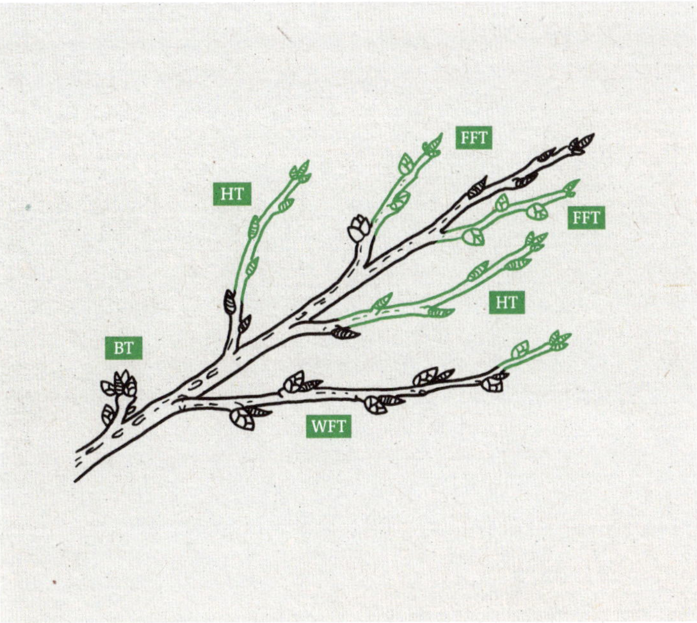

Fruchttriebe beim Pfirsich und ihr Schnitt. (HT) Holztrieb; (FFT) Falscher Fruchttrieb; (WFT) Wahrer Fruchttrieb; (BT) Buketttrieb

ZAPFEN ERWÜNSCHT

Während man im Allgemeinen keine Zapfen oder Stummel stehen lassen sollte, gibt es beim Stein- und Beerenobst einige Ausnahmen. Das betrifft einmal Steinobstarten wie Sauerkirsche und Pfirsich, die stark zu Gummifluss, das heißt zum Austreten einer gummiartigen Flüssigkeit, neigen. Hier lässt man beim Wegschnitt, beim Rückschnitt sowie beim Ableiten kräftiger Triebe am besten rund 20 Zentimeter lange Zapfen über der Schnittstelle stehen. Der Gummifluss entsteht dann am Zapfen, der mit der Zeit abstirbt, beschädigt aber nicht den verbleibenden Triebteil.
Beim Rückschnitt von Trieben der Weinrebe sollte man einen kleinen, etwa zwei Zentimeter langen Zapfen oder Stummel über der obersten Knospe belassen, weil diese andernfalls leicht austrocknet. Zapfen derselben Länge empfehlen sich auch, wenn man Seitentriebe der Roten Johannisbeere einkürzt. Hier befinden sich nämlich die wichtigen Beiaugen, aus denen sich kurze Fruchttriebe entwickeln.

OBSTBÄUME MIT „KLASSISCHER" RUNDKRONE

Hoch-, Halb- und Niederstamm, Buschbaum sowie Zwergbaum entsprechen dem natürlichen Wuchsbild mit einer rundlichen Krone, die auf einem Stamm sitzt. Die häufigste Rundkrone ist die Pyramidenkrone mit der Stammverlängerung als Mittelast und drei bis vier Leitästen.

Wachsen die Triebe in der Krone recht dicht, stark und/oder steil, kann man den Mittelast wegschneiden, sodass eine Hohlkrone entsteht. Kandidaten dafür sind vor allem Steinobstbäume wie Pfirsich und Nektarine sowie Pflaume und Sauerkirsche. Da der Wuchs auch von der Sorte abhängt, lässt man sich am besten beim Kauf in der Baumschule beraten, ob eine Erziehung ohne Mittelast vorteilhaft ist. Besonders bei Sauerkirschen sägt man den Mittelast oft erst nach vier oder fünf Jahren heraus, wenn es in der Krone immer enger wird.

Den grundsätzlichen Aufbau leitet man mit dem Pflanzschnitt in die Wege. An Ballen- und besonders an Containerpflanzen wurde dieser meist schon in der Baumschule erledigt. Auch wurzelnackte Bäume können Sie dort oft gleich beim Kauf schneiden lassen. Führen Sie andernfalls den Schnitt bei Herbstpflanzung im Spätwinter oder im zeitigen Frühjahr durch, ansonsten direkt nach dem Pflanzen.

Die drei oder vier späteren Leitäste müssen möglichst gleichmäßig um den Mitteltrieb verteilt sein. Sie setzen auf unterschiedlicher Höhe am Stamm an, sollten aber nicht allzu weit auseinander stehen und in einem Winkel von etwa 45 Grad vom Stamm abzweigen. Meist kauft man die Jungbäume als zweijährige Veredlungen, die schon einen entsprechenden Kronenansatz aufweisen. Einjährige Veredlungen, die noch keine Seitentriebe haben, werden beim Pflanzschnitt oben angeschnitten, um den Austrieb der Seitenknospen anzuregen. Als Maß für das Einkürzen gilt: vorgesehene Stammhöhe plus vier bis sechs Augen (Knospen) beziehungsweise 20 bis 30 Zentimeter darüber. Unter den dann erscheinenden Neutrieben wählt man die am günstigsten stehenden als spätere Leitäste.

Das Vorgehen im zweiten Jahr ist dann dasselbe wie bei Pflanzung zweijähriger Veredlungen im ersten Jahr:

- Die drei oder vier Leittriebe werden, wenn nötig, in eine optimale Stellung (45-Grad-Winkel) gebunden oder gespreizt, alle weiteren Triebe am Stamm entfernt.
- Danach kürzt man die Leittriebe um etwa ein Drittel ein, bei schwachwüchsigen Arten und Sorten bis zur Hälfte. Dabei schneidet man alle auf nach außen weisende Knospen, und zwar so, dass sie etwa auf derselben Höhe enden: Ihre Spitzen stehen dann in der sogenannten Saftwaage, damit kein Trieb im Wuchs stärker gefördert wird als die anderen.
- Nur der Mitteltrieb soll die anderen etwa um Scherenlänge überragen und wird so weit eingekürzt, dass sich ein „Dachwinkel" von 90–120 Grad ergibt.

Erziehungsschnitt beim Spindelbusch

Der Aufbau setzt sich mit dem **Erziehungsschnitt** fort. Bei Buschbäumen ist dieser meist schon nach zwei oder drei Jahren abgeschlossen, bei größeren Bäumen wird er bis zum vierten oder fünften Jahr fortgeführt, bis regelmäßig blütentragende Triebe erscheinen.

Die jährlich durchzuführenden Maßnahmen für den Erziehungsschnitt im Einzelnen:

- Im Spitzenbereich Konkurrenztriebe zum Mitteltrieb ganz herausschneiden, ebenso Triebe, die mit Leittrieben konkurrieren.
- Unterhalb der Krone aus dem Stamm wachsende Triebe wegschneiden.
- Steil stehende Leittriebe herunterbinden oder abspreizen, zu flach stehende aufbinden.
- Dann die Leittriebe um ungefähr ein Drittel ihres Neuzuwachses einkürzen, dies wiederum auf nach außen weisende Knospen und auf ähnlich hohem Niveau (Saftwaage beachten).

(1) Erhaltungsschnitt am Spindelbusch; (2) Längere Seitentriebe sind bei Säulenkirsche, -birne, -pflaume und -pfirsich im Sommer zurückzuschneiden.

- Den Mitteltrieb einkürzen (unter Beachtung des genannten Dachwinkels); im Folgejahr jeweils auf eine Knospe in entgegengesetzter Richtung zurückschneiden, damit der Trieb gerade wächst.
- Senkrecht wachsende Seitentriebe an den Leitästen und kräftige, nach innen wachsende Triebe entfernen.
- Flache, nach außen weisende Seitentriebe ungeschnitten lassen, da sich an ihnen die ersten Fruchttriebe bilden; nur etwas auslichten, wenn sie zu dicht stehen.

Für einen optimalen **Erhaltungsschnitt** ist wichtig, die fruchttragenden Triebe der einzelnen Obstarten zu kennen und entsprechend zu schneiden (siehe „Das Fruchtholz im Blickpunkt" Seite 133 unten). Beim Erhaltungsschnitt werden Mittelast und Leitäste nicht mehr eingekürzt. Man kann sie aber gelegentlich auf flacher stehende Seitentriebe ableiten. Nun stehen folgende Maßnahmen im Vordergrund:

- Weiterhin steile Spitzentriebe und kräftige Triebe, die mit Mittelast und Leittrieben konkurrieren, ganz entfernen, ebenso Stammtriebe unterhalb der Krone.
- Abgestorbene Triebe wegschneiden, ebenso kräftige Zweige, die ins Kroneninnere wachsen.
- Jüngere wie ältere Triebe, die eindeutig zu dicht stehen oder sich überkreuzen, entfernen; auch sehr eng nebeneinander stehende Fruchttriebe etwas auslichten.
- Steil wachsende Triebe ganz abschneiden oder auf flachere Seitentriebe umleiten, insbesondere auch senkrechte Reitertriebe auf Zweigoberseiten (diese stets im Sommer entfernen).
- Günstig stehende, recht steil wachsende Seitentriebe annähernd waagerecht bilden, um den Blütenansatz zu fördern.
- Mehrjährige Fruchttriebe, die kaum noch Blüten ansetzen, auf jüngere Seitentriebe zurückschneiden oder ganz entfernen.
- Stark hängende Äste und Zweige bis zum Scheitelpunkt oder zu einer basisnahen Verzweigung zurückschneiden.
- Starke Verzweigungen an den Astspitzen etwas ausdünnen.

Hier dient ein Gartenzaun als impro-
visiertes Spalier für den Obstbaum

Zwergbäume sind in der Regel beim Kauf schon hinreichend erzogen. Ist ihr Klein- und Schwachwuchs tatsächlich genetisch bedingt, wie die Anbieter oft versprechen, genügt es, gelegentlich die ältesten Zweige herauszuschneiden oder auf jüngere Seitentriebe abzuleiten sowie überlange Triebe einzukürzen.

Entpuppen sich die angeblichen Zwerge mit der Zeit als Buschbäume, die doch etwas größer werden, führt man den beschriebenen Erhaltungsschnitt durch. Andernfalls wäre eine regelrechte Bonsai-Kultur erforderlich, mit regelmäßigem Entspitzen der Triebe und gelegentlichem Reduzieren des Wurzelwerks.

DAS FRUCHTHOLZ IM BLICKPUNKT

Grundsätzlich erkennen Sie die Fruchttriebe am Besatz mit den eher rundlichen Blütenknospen. Bei den meisten Arten finden Sie diese hauptsächlich an kurzen, zwei- und mehrjährigen Seitentrieben, also im älteren Bereich der Zweige.

Bei **Apfel, Birne und Quitte** sitzen an den einjährigen Langtrieben, die den Gerüstästen und ihren Nebenästen entspringen, fast nur Blatt- und Holzknospen. Nur kurze, bis etwa 20 Zentimeter lange einjährige Triebe können an der Spitze schon eine Blütenknospe tragen. Bei den vorherrschenden Langtrieben bildet sich aus der Spitzenknospe im Folgejahr die Triebverlängerung; in diesem Bereich des Neuzuwachses werden wiederum nur Blatt- und Holzknospen angelegt. Aber im älteren, nun zweijährigen Abschnitt bilden sich jetzt Blüten beziehungsweise sehr kurze, oft nur zentimeterlange Sprosse, die an der Spitze eine Blütenknospe tragen.

Das junge Fruchtholz besteht hauptsächlich aus solchen Fruchtsprossen, aus deren Seitenknospen wiederum neue blütentragende Kurztriebe entstehen. Teils verdicken die Triebenden zu sogenannten Fruchtkuchen. Daneben finden sich etwas längere Fruchtspieße. Die älteren Fruchtholzabschnitte verdichten sich mit der Zeit quirlartig. Besonders an Birnen treten auch längere Fruchtruten auf, die mit der Zeit bogenartig überhängen. Fruchtholzpartien, die älter als drei bis vier Jahre sind, sollten kräftig ausgelichtet und auf jüngere Verzweigungen zurückgeschnitten oder auch ganz entfernt werden.

Symmetrisches „echtes" Fächerspalier bei einem Pfirsichbaum

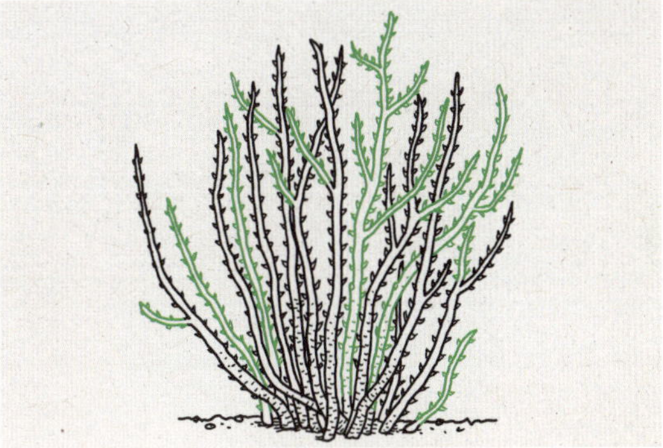

Johannisbeer- und Stachelbeersträucher werden durch Herausnehmen der ältesten Triebe verjüngt.

Auch die **Pflaume** (samt Zwetschge, Mirabelle und Reneklode) bildet ihre Blüten und Früchte überwiegend an zwei- und dreijährigen Kurztrieben. Es gibt aber auch Sorten, die hauptsächlich an den einjährigen Langtrieben tragen, sodass diese nicht zurückgeschnitten werden sollten. Fruchtholz, das dreimal getragen hat, wird auf jüngere Verzweigungen zurückgeschnitten oder entfernt.

Die **Süßkirsche** trägt wie das Kernobst fast nur an zwei- und mehrjährigen, oft sehr kurzen Seitentrieben, den sogenannten Bukettrieben. Bei diesen umgeben mehrere dicht gedrängte Blütenknospen eine Triebknospe. Gelegentlich bilden sich auch Blütenknospen an der Basis kurzer einjähriger Triebe.

Die Partien mit den Bukettknospen bleiben lange vital, selbst wenn die Verzweigungen nicht mehr wachsen. Für das Auslichten des Fruchtholzes ist deshalb eher der Grad der Verdichtung maßgeblich als das Triebalter.

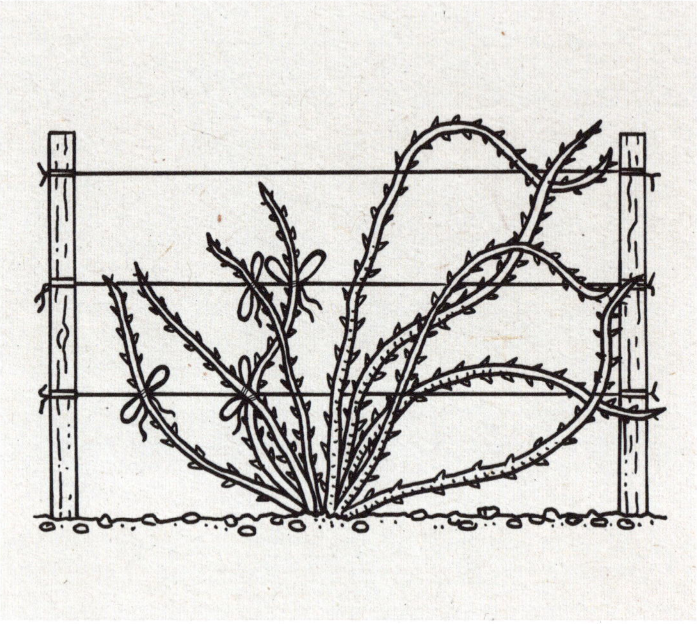

Brombeerruten am Spalier: übersichtlich angeheftet die einjährigen Ruten links, die zweijährigen, die im nächsten Sommer Früchte tragen, rechts.

Bei der **Sauerkirsche** muss man zwei Sortengruppen unterscheiden. Jene vom Typ ‹Schattenmorelle› (zum Beispiel auch ‹Morellenfeuer›, ‹Gerema›) neigen zu hängendem Wuchs und tragen fast nur an den einjährigen, im Vorjahr gebildeten Trieben. Diese wachsen nach dem Fruchten weiter, verkahlen von der Basis her zunehmend und bilden dann lange, dünne, überhängende „Peitschen". Sie sollten deshalb regelmäßig auf Knospen nahe ihrer Ansatzstelle zurückgeschnitten werden, aus denen sich dann wieder fruchttragende Neutriebe bilden können.

Andere verbreitete Sorten wie ‹Heimanns Rubin›, ‹Köröser Weichsel›, ‹Morina› und ‹Safir› wachsen aufrecht und fruchten auch am älteren Holz. Hier muss man nur wie bei anderen Obstarten etwas auslichten. Ein zu starker Rückschnitt der zwei- und mehrjährigen Triebe würde hier nur zu zahlreichen steilen Neutrieben führen.

Pfirsich und Nektarine fruchten ebenfalls vor allem an einjährigen Langtrieben. Davon gibt es allerdings drei Typen mit unterschiedlichem „Nutzwert":

- Wahre Fruchttriebe tragen überwiegend gemischte Knospen aus ein bis zwei Blütenknospen und einer Blattknospe.
- Falsche Fruchttriebe wachsen meist schwächer und tragen im mittleren Bereich nur einzeln stehende Blütenknospen. Da ihnen die Blätter zur Ernährung fehlen, entwickeln sich daraus keine guten Früchte.
- Holztriebe sind nur mit spitzen Blattknospen besetzt. Schneiden Sie im Frühjahr die Holztriebe und die falschen Fruchttriebe auf ein bis zwei Knospen zurück oder entfernen Sie Letztere komplett, wenn sie ungünstig stehen. Kürzen Sie dann die wahren Fruchttriebe auf vier bis sechs Knospen ein.

Am mehrjährigen Holz können sich zudem kurze Buketttriebe wie bei der Süßkirsche bilden. Diese sollten keinesfalls geschnitten werden.

Die **Aprikose** trägt an einjährigen Langtrieben, aber auch gut an zwei- und mehrjährigen Kurztrieben. So genügt es, ältere Partien zu entfernen oder auf jüngere Seitentriebe zurückzuschneiden.

Besonders bei Birne, Pflaume samt nahen Verwandten, Sauerkirsche und Aprikose lohnt es sich oft, die recht steilen Triebe zum Fördern des Blütenansatzes herunterzubinden.

SPINDELBUSCH UND SÄULENBAUM

Beim schwach wachsenden Spindelbusch oder -baum verzichtet man ganz auf Leitäste: Die Fruchtzweige beziehungsweise -äste wachsen direkt am Stamm und seiner Verlängerung, also dem Mitteltrieb. Sie stehen idealerweise fast waagerecht und werden nach oben hin kürzer, sodass die Baumsilhouette an einen Tannenbaum erinnert.

Streng genommen ist davon die noch schmälere schlanke Spindel zu unterscheiden, doch solche Feinheiten spielen eher im Erwerbsanbau eine Rolle, nicht so sehr im privaten Garten. Von der schlanken Spindel ging die Entwicklung über die „Superspindel", auch Schnurbaum oder Pillar genannt, zu den Säulenobstbäumen, bei denen sich die fruchttragenden Kurztriebe unmittelbar am Stamm-

bilden, beim Apfel auch als „Ballerinabäume" bekannt.

Den Spindelbusch erhält man heute von fast allen Obstarten, schon fertig vorgezogen, als zweijährige Veredlung. Andernfalls kann man einjährige Veredlungen auf schwach wachsenden Unterlagen verwenden, wenn die Stämmchen mit reichlich Knospen oder schon mit vorzeitigen Trieben „garniert" sind.

Bei diesen wird zunächst der Stamm auf etwa 70 Zentimeter Höhe eingekürzt, im folgenden Jahr geht man dann vor wie beim Pflanzschnitt zweijähriger Veredlungen:

- Wählen Sie vier bis fünf kräftige, möglichst nicht allzu steil wachsende Triebe, die sich ab etwa 50 Zentimeter Höhe gut um den Stamm verteilen, und entfernen Sie darunter stehende Triebe an der Stammbasis.
- Schneiden Sie nicht benötigte Triebe im oberen Stammbereich weg. Mit der Mitteltriebspitze darf kein darunter stehender, spitzwinklig stehender Trieb konkurrieren.
- Binden oder spreizen Sie die seitlichen Triebe in die Waagerechte, sofern sie nicht schon entsprechend flach stehen; lassen Sie aber die beiden untersten etwas steiler verlaufen, damit sie am stärksten wachsen. All diese Seitentriebe bleiben ungeschnitten.
- Kürzen Sie zum Schluss die Stammverlängerung auf 40–50 Zentimeter über dem höchsten Seitentrieb ein.

Da sich im Folgejahr an den Seitentrieben der ausgewählten Haupttriebe meist schon reichlich Früchte bilden, gehen Erziehungs- und Erhaltungsschnitt sozusagen fließend ineinander über:

- Wenn stärkerer Wuchs und mehr Verzweigung gewünscht sind, können Sie den Mittelast im Jahr nach dem Pflanzschnitt noch einmal 30 bis 40 Zentimeter über der obersten Verzweigung anschneiden. Soll danach die Spitze wieder gekürzt werden, leiten Sie diese auf einen etwas flacheren Seitentrieb um. Ansonsten sollten Konkurrenztriebe unterhalb der Mittelastspitze entfernt werden, sodass etwa die obersten 40–50 Zentimeter weitgehend unverzweigt bleiben.
- Was darunter und zwischen den bereits fruchtenden Trieben am Stamm austreibt und günstig steht, kann die ersten Fruchtäste ergänzen und später ersetzen. Diese Triebe werden wieder, wenn nötig, waagerecht gebunden und nicht eingekürzt.
- Schneiden Sie aber alle sehr steil oder zu dicht stehenden Neutriebe am Stamm weg, ebenso Triebe, die eventuell noch am Stammfuß erscheinen.
- Stark verzweigte Fruchtastspitzen werden etwas ausgedünnt. Überalterte, abgetragene Fruchtäste schneidet man komplett heraus oder leitet sie auf jüngere, flache Seitenzweige um.

Bei ständig reichem Ertrag oder auch unter kritischen Standort- und Pflegebedingungen kann die Fruchtbildung schon nach rund 15 Jahren deutlich nachlassen. Dann hilft auch kein Schnitt mehr, sondern nur eine Neupflanzung an anderer Stelle.

Noch einfacher im Schnitt sind die **Säulenbäume.** Ein Pflanzschnitt entfällt. Bei den Säulenäpfeln handelt es sich in aller Regel um Züchtungen, die praktisch nur Kurztriebe

Am Spalier gezogene großfrüchtige Kiwis

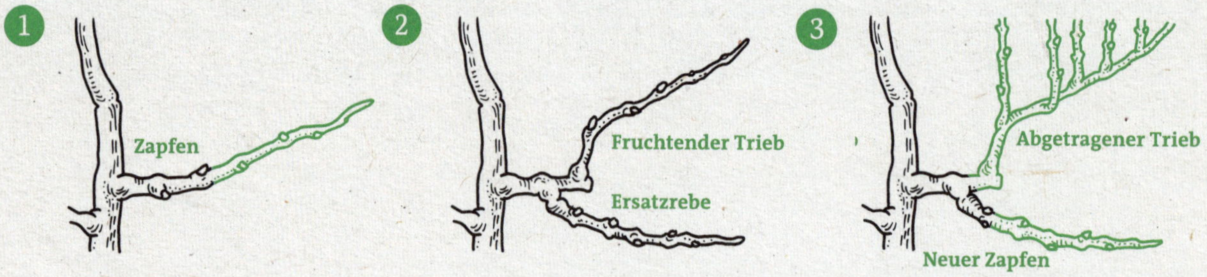

Weinrebe: (1) Im Frühjahr Rückschnitt der einjährigen Triebe auf Zapfen mit zwei Augen. (2) Im Sommer wachsen daraus zwei Triebe nach. (3) Im folgenden Frühjahr Wegschnitt des abgetragenen Triebes und Rückschnitt der Ersatzrebe auf zwei Augen.

bilden. Ab und zu kann ein etwas längerer Seitentrieb erscheinen, den man direkt am Stamm wegschneidet – das war's dann schon. Beim Säulenobst sollte man alle Schnittmaßnahmen am besten im Juni/Juli durchführen.

Etwa ab dem achten Jahr können Sie den Höhenwuchs reduzieren, indem Sie die Spitze auf einen schwächeren Seitentrieb ableiten. Bilden sich danach verstärkt Neutriebe, müssen Sie diese bis auf eine neue Spitzenverlängerung wegschneiden.

Bei Säulenbirne, -kirsche, -pflaume und -pfirsich erscheinen dagegen öfter etwas längere Seitentriebe, teils auch steile Konkurrenztriebe an der Spitze. Letztere sind komplett wegzuschneiden. Lange Seitentriebe kürzt man auf 10–15 Zentimeter ein oder entfernt sie ganz, wenn sie sehr stören. Der Mitteltrieb kann ab dem sechsten Jahr wie beim Säulenapfel durch Ableiten gekürzt werden.

HINWEISE ZUR SPALIERERZIEHUNG

Als Spalier gezogene Bäume sparen Platz und können von der Wärmeabstrahlung einer Hauswand profitieren, lassen sich aber auch freistehend an einem großen Draht- oder Lattengerüst pflanzen. An der Wand erzieht man sie mithilfe eines Rankgitters oder quer gespannter Drähte. Diese Stützen sollten mit mindestens 10 Zentimeter Abstand zur Fassade angebracht werden.

Spalierbäume werden von Anfang an sanft, aber bestimmt in einen „zweidimensionalen" Wuchs gelenkt: Haupt- wie Neben- und Fruchttriebe sollen nur nach links oder rechts, nicht in den Raum hinein wachsen.

Besonders verbreitet ist diese Erziehungsform bei den recht frostempfindlichen Birnen, Pfirsichen und Aprikosen, sie kommt aber auch für Apfel-, Kirschen- und Pflaumensorten infrage; selbst für Quitten, obwohl das selten praktiziert wird. In der Regel wählt man dafür nur

STETS GUT IN FORM

Sämtliche Spaliere erfordern ein häufiges Anheften der Triebe in der gewünschten Wuchsrichtung, am besten mit einem elastischen Kunststoffband. Dies führt man vorzugsweise im Frühsommer durch.
Alles, was aus der angestrebten Form und stark aus der Fläche herauswächst, ist regelmäßig wegzuschneiden oder einzukürzen. Besonders für das Erziehen und Schneiden kunstvoller Spaliere ist eine fachliche Beratung vor Ort zu empfehlen.

Bäume auf schwach wachsenden Unterlagen, die dann je nach Spalier- und Erziehungsform meist 2,5–3,5 Meter hoch wachsen. Als Pflanzware kann man eigens vorerzogene Spalierjungbäume wählen, die teils schon ein ausgeprägtes Grundgerüst, zum Beispiel in U-Form, haben, oder sogenannte Fußstämme, die waagerecht gezogene Gerüsttriebe aufweisen.

Noch mehr Gestaltungsfreiheit bieten einjährige Veredlungen (Spindel oder Buschbaum), die man zunächst auf Knospen oder vorzeitige Triebe in 50–60 Zentimeter Höhe zurückschneidet und dann je nach angestrebter Spalierform erzieht.

Es gibt etwa ein Dutzend verschiedener Spalierformen. Zum einen sind das die relativ einfachen, eher natürlich wirkenden Formen, bei denen die meist zwei bis vier Haupttriebe schräg verlaufen oder einer davon als senkrechter Mitteltrieb nach oben wächst. Man bezeichnet sie meist als formloses oder Fächerspalier. Sehr übersichtlich ist die Dreiastkrone mit aufrechtem Mitteltrieb und links und rechts je einem Leittrieb, ungefähr im 45°-Winkel. Folgen darüber nochmals ein oder zwei Etagen mit gegenüberstehenden Leitästen, handelt es sich um eine schräge Palmette.

Etwas raffinierter wirkt das „echte" Fächerspalier mit zwei V-förmig angeordneten, recht flach verlaufenden Hauptästen, deren Seitenäste sich wiederum V-förmig vergabeln, sodass am Ende ein Gerüst entsteht, das an einen Fächer erinnert.

Kunstvoller, optisch sehr ansprechend und in der Erziehung noch anspruchsvoller sind Spaliere mit waagerechten oder senkrechten, an der Basis fast rechtwinklig formierten Leitästen. Sie eignen sich hauptsächlich für Apfel und Birne, weniger für Steinobst.

Hierzu zählt die waagerechte Palmette mit Mitteltrieb und horizontal stehenden Leitastpaaren in mehreren Etagen (mit mindestens 60 cm Abstand). Ihre Grundform findet häufig auch bei der Erziehung von großfrüchtigen Kiwis Verwendung (siehe Seite 135).

Die U-Form besteht nur aus zwei Leitästen, die zunächst waagerecht und dann senkrecht nach oben gezogen werden. Varianten sind die Doppel-U-Form sowie die Verrier-Palmette mit mehreren ineinander „verschachelten" U-Formen.

Die „Stammform" dieser kunstvollen Spaliererziehung ist der eintriebige Kordon oder Schnurbaum, der allerdings heute weitgehend durch die Säulenbäume (siehe Seite 134) ersetzt wurde. Bei allen Spalieren dieser Art müssen die Seitentriebe durch regelmäßigen Rückschnitt im Sommer kurz gehalten werden, sodass die Gerüstäste nur mit kurzen Fruchttrieben besetzt sind.

Ein Spalier ist ziemlich einfach selber gebaut.

PFLANZEN-SCHUTZ IM NUTZGARTEN

SCHÄDEN ABWEHREN UND BEGRENZEN

Was wir anbauen, weil es uns schmeckt, mundet leider auch Insekten und anderen Kleintieren. Aber giftige Pflanzenschutzmittel für gesundes Gemüse und Obst? Das passt schlecht zusammen.

Am besten ist es, wenn man den unerwünschten Mitessern von vornherein den Geschmack vermiesen und das Leben schwer machen kann. Dafür gibt es bewährte Vorkehrungen, außerdem wertvolle Helfer in der Natur, die wir als Nützlinge schätzen. Werden direkte Bekämpfungsmaßnahmen nötig, sollen sie möglichst alle nützlichen, hilfreichen und „unbeteiligten" Lebewesen schonen. Und natürlich auch uns selbst.

WIDERSTANDSKRÄFTE FÖRDERN, RISIKEN VERMEIDEN

Grundsätzlich sind die Pflanzen gegen Krankheiten und Schädlinge weniger anfällig, wenn Standort und Pflege stimmen. Dann verkraften sie auch einen eventuellen Befall besser. Viele Schaderreger bevorzugen geschwächte Exemplare oder aber solche, die durch überreiche Düngung sehr üppig „im Saft stehen". Zur Lieblingsnahrung gehören oft auch Sämlinge und Jungpflanzen. Deshalb ist es entscheidend, auf gesundes Saat- und Pflanzgut zu achten, für einen möglichst guten Start zu sorgen und eine ungehinderte Entwicklung im Jugendstadium zu fördern.

Zur weiteren Stärkung trägt vieles bei, was in den anderen Kapiteln zur Vorbereitung, Anbauplanung und Pflanzenpraxis empfohlen wird. Speziell zum Verhüten von Pilzkrankheiten ist alles hilfreich, was unnötige Nässe vermeidet und ein schnelles Abtrocknen der Blätter nach Regenfällen fördert.

Ausgesprochen widerstandsfähige Sorten sind als resistent oder tolerant gegen bestimmte Schaderreger ausgewiesen. Solche Züchtungen gibt es von vielen Gemüse- und Obstarten.

Zudem lassen sich die Gewächse gezielt unterstützen, indem man sie mit **Pflanzenstärkungsmitteln** behandelt. Das können selbst hergestellte Auszüge, Tees und Brühen sein, zum Beispiel aus Knoblauch, Kamilleblüten oder Ackerschachtelhalm, oder man verwendet Gesteinsmehle, mit denen man die Pflanzen fein überstäubt. Es sind aber auch etliche käufliche Präparate erhältlich, oft mit Mischungen verschiedener Naturstoffe oder auch mit nützlichen Mikroorganismen. Käufliche Stärkungsmittel unterliegen in Deutschland der Kontrolle und Zulassung durch das Bundesamt für Verbraucherschutz und Lebensmittelsicherheit (BVL) – ebenso wie die gezielt gegen Schaderreger einsetzbaren Pflanzenschutzmittel.

Nicht zuletzt können sich geeignete Nachbarpflanzen gegenseitig fördern und schützen, was man bei der Mischkultur (siehe Seite 70) intensiv nutzt. Als zierende Beetpartner oder -einfassung sowie als Unterpflanzung bei Obstgehölzen können Studentenblumen und Ringelblumen schädliche Nematoden (Älchen) im Boden eindämmen. Auch spezielle Ölrettich- und Gelbsenf-Ssorten, die als Gründüngung eingesetzt werden, reduzieren Nematoden.

SELBST HERGESTELLTE PFLANZENAUSZÜGE

Biogärtner nutzen schon seit Langem Zubereitungen aus verschiedenen Pflanzen, um

Schädlinge und Krankheiten mit naturnahen Mitteln einzudämmen. Viele dieser Auszüge wirken ebenso wie käufliche Pflanzenstärkungsmittel vor allem vorbeugend. Sie können teils aber auch bereits vorhandene Schaderreger reduzieren. Die „Rohstoffe" wie Zwiebeln, Kamille und Schafgarbe liefert oft schon der Garten, andere wie Ackerschachtelhalm und Rainfarn kann man in der Landschaft sammeln, in Fachgeschäften oder über Spezialversender beziehen. Wermutkraut zum Beispiel bekommt man auch in Apotheken und Drogerien.

Man unterscheidet folgende **Zubereitungsarten:**

- **Brühe:** Pflanzenteile 24 Stunden in kaltem Wasser einweichen, dann 20 bis 30 Minuten bei geringer Hitze sieden lassen, nach Abkühlung absieben.
- **Tee:** Pflanzenteile mit kochendem Wasser übergießen, 10 bis 15 Minuten ziehen lassen, abseihen; nach Abkühlung verwendungsfähig.
- **Kaltwasserauszug:** Pflanzenteile ein bis zwei Tage in kaltes Wasser legen, anschließend absieben.
- **Jauche:** Pflanzenteile in einer Tonne ansetzen und mit Wasser übergießen. Die Tonne an sonnigem Platz aufstellen und täglich umrühren, zur Geruchsbindung etwas Gesteinsmehl zugeben und dann gären lassen. Nach Abklingen der Bläschen- und Schaumbildung und Absinken der Pflanzenreste zum Boden ist die Jauche verwendungsfähig.

Für die **Zubereitung** eignen sich abdeckbare Fässer, Tonnen oder Steingutgefäße. Grundrezept: jeweils 100 bis 150 Gramm frisches oder 10 bis 20 Gramm getrocknetes Kraut auf 1 Liter Wasser ansetzen, soweit in der Übersicht nicht anders angegeben.

Oft müssen die Auszüge vor dem Spritzen oder Ausgießen verdünnt werden (zum Beispiel 1:5 = ein Teil Extrakt auf fünf Teile Wasser). Zum Spritzen kann man etwas Kalischmierseife als Haftmittel hinzufügen.

Pflanzenauszüge bringt man am besten alle ein bis zwei Wochen vorbeugend aus, bei einem akuten Befall etwas häufiger. Sie empfehlen sich besonders für „kritische" Phasen, vor allem beim Heranwachsen der jungen Pflanzen, nach pilzfördernden Regenperioden oder auch in trockenen Sommerwochen mit erhöhter Schädlingsgefahr.

Jauchen aus Brennnesseln sowie Beinwellblättern eignen sich auch als **Naturdünger** für nährstoffliebende Gemüse. Sie müssen dann aber unbedingt im Verhältnis 1:10 mit Wasser verdünnt werden.

Das **Beizen** des Saatguts ist eine Vorbehandlung mit Mitteln, die vor Auflaufkrankheiten und teils auch Schädlingen schützen. Auch dafür können selbst hergestellte Pflan-

STÄRKENDE PFLANZENAUSZÜGE

Pflanzenteile	Zubereitung	Einsatzbereich (Verdünnung)
Ackerschachtelhalmkraut	Brühe, Jauche	Pilzkrankheiten, Spinnmilben (1:5)
Brennnesselkraut	Kaltwasserauszug	Blattläuse, Weiße Fliegen (unverdünnt)
Farnkraut (Wedel von Adler- und Wurmfarn)	Jauche	Blatt-, Schildläuse, Schnecken (1:10); Pilzkrankheiten (unverdünnt)
Kamillenblüten	Kaltwasserauszug	Fäulnishemmung, Pflanzenstärkung (1:5)
Knoblauchzehen (frisch, 70 g)	Tee	Pilz- und Bakterienkrankheiten (unverdünnt), Spinnmilben (1:5)
Rainfarn, blühendes Kraut (frisch 30 g, getrocknet 3 g)	Tee, Brühe, Jauche	Blattläuse, Erdflöhe, andere Schädlinge, Mehltau und Rostpilze (Tee 1:3, andere Zubereitungen unverdünnt)
Salbeikraut	Tee	Erdraupen (1:3)
Schafgarbe, blühendes Kraut	Kaltwasserauszug	Pilzkrankheiten (1:10)
Wermut, blühendes Kraut (frisch 30 g, getrocknet 3 g)	Tee, Brühe	Blattläuse, Erdflöhe (unverdünnt)
Wermut, blühendes Kraut (wie zuvor genannt)	Jauche	Raupen, Läuse, Ameisen (unverdünnt)
Zwiebelschalen und -blätter	Jauche	Pilzkrankheiten (1:10)

Das Weißen bzw. Kalken der Stämme verhindert Spannungsrisse vor allem im Winter.

SCHÄDLINGEN EIN SCHNIPPCHEN SCHLAGEN

Viele Schädlinge treten in Abhängigkeit von ihrem Entwicklungszyklus und vom Wetter nur zu bestimmten Zeitpunkten auf. So kann man ihnen teils durch besonders frühe oder späte Sorten beziehungsweise Saatzeitpunkte aus dem Weg gehen. Sehr frühe und späte Möhrensorten zum Beispiel werden kaum von Möhrenfliegen und Blattwanzen geschädigt, und Herbstsorten der Himbeere bleiben meist vom Himbeerkäfer verschont. Bei früh mit der Ernte einsetzendem Fruchtgemüse hat man oft weniger Einbußen durch Echten Mehltau, da dieser häufig erst ab Spätsommer verstärkt auftritt.

zenauszüge eingesetzt werden. Es gibt außerdem einige käufliche Pflanzenstärkungsmittel für das naturgemäße Beizen von Samen. Meist genügt es, die Samen 15 bis 20 Minuten in die wässrigen Pflanzenextrakte zu legen. Große und dickschalige Samen können auch länger, über Nacht vor der Aussaat, eingeweicht werden.

STANDORTWAHL, PFLANZUNG UND PFLEGE

Hier kompakt zusammengefasst ein Überblick über die sinnvollen Maßnahmen, die an anderer Stelle jeweils ausführlich beschrieben sind:

- Bei allem Bemühen um geschützte, warme Plätze für unsere Pflanzen sind völlig windstille Standorte ohne Luftzirkulation möglichst zu vermeiden. Die andauernde Staunässe begünstigt vor allem Pilzerkrankungen.
- In Gewächshaus, Frühbeet und bei Folienanbau deshalb häufig durchlüften.
- Im Gemüsegarten einen gut geplanten, weiten Fruchtwechsel praktizieren.
- Die nötigen Pflanz- und Reihenabstände berücksichtigen, im Zweifelsfall lieber etwas weiter pflanzen.
- Baumkronen und Sträucher durch regelmäßiges Auslichten luftig halten.
- Neue Obstgehölze nur dort pflanzen, wo zuvor keine Gewächse derselben Art und Familie standen.
- Schwere, zu Vernässung neigende Böden gründlich lockern und verbessern; ungünstige pH-Werte meiden beziehungsweise gezielt korrigieren.
- Pflanzen und Anzuchten weder zu trocken noch zu nass halten. Regelmäßig beobachten und befeuchten.
- Beim Gießen Blätter, Blüten und Früchte möglichst nicht benässen; sondern nur den Boden wässern.
- Im Garten vorzugsweise vormittags oder früh abends wässern.
- Alle Böden gut mit Humus versorgen, um Gegenspieler im Boden zu fördern und die pflanzenstärkenden Inhaltsstoffe von gutem Kompost nutzen.
- Übermäßige Stickstoffdüngung vermeiden, auf ausgewogene, bedarfsgerechte Versorgung mit Kalium und anderen Nährstoffen achten.
- Unnötige Verletzungen an allen Pflanzenteilen vermeiden, um keine Eintrittspforten für Schaderreger zu schaffen.

NÜTZLINGE: WICHTIGE GEGENSPIELER

Jedes Wildtier hat in der Natur seine Fressfeinde und Parasiten. In vielen Fällen begrenzen die Widersacher schon von vornherein eine übermäßige Vermehrung.

Selbst wenn manche Tiere zeitweise überhandnehmen, sorgen früher oder später ihre Gegenspieler dafür, dass sie wieder auf ein erträgliches Maß eingedämmt werden. Das ist auch die segensreiche Wirkung der Nützlinge im Garten, die man keinesfalls unterschätzen sollte.

Unter den **Insekten** sind besonders Marienkäfer, Florfliegen und Schwebfliegen sowie ihre Larven als überaus hungrige Blattlausfeinde bekannt. Manche Marienkäfer fressen außerdem Mehltaupilze. Verschiedene Schlupfwespenarten (Bild Seite 145) legen ihre Eier in Blatt- und Schildläusen, Blattwespen, Fliegen oder Schmetterlingsraupen ab; ihre Larven fressen dann die befallenen Tiere von innen auf. Laufkäfer, die hauptsächlich nachts über den Boden flitzen, räumen unter Insekten, Würmern und Schnecken auf, Raubwanzen stellen Insekten und Spinnmilben nach. Auch der Ohrwurm (Bild Seite 150), der sich in trockenen Sommern manchmal an Steinobst und Weintrauben labt, ist in erster Line ein wichtiger Nützling, der Läuse, andere Insekten und sogar Mehltaupilze vertilgt.

Spinnen sind eifrige Insektenjäger, die ebenfalls zu den Spinnentieren gehörenden Raubmilben saugen Spinnmilben und kleine Insekten aus.

Zu diesen Kleinstlebewesen können sich im Garten Kröten, Frösche, Eidechsen und Blindschleichen gesellen, die sich von Schnecken und verschiedenen Insekten ernähren. Auf dem umfangreichen Speisezettel von Igeln und Spitzmäusen stehen Schnecken, Würmer, Käfer, Larven und teils sogar Wühlmäuse. Das gilt auch für den manchmal lästigen Maulwurf, der viele Bodenschädlinge frisst.

Vögel dezimieren besonders während der Brutzeit Insekten, Raupen und Würmer. Einige von ihnen werden allerdings zeitweise durch das Fressen von Samen und vor allem von reifenden Obstfrüchten zu Schädlingen. Trotzdem sind auch Vögel unterm Strich wertvolle Helfer.

NÜTZLINGE FÖRDERN UND EINSETZEN

Je vielseitiger und „lebhafter" ein Garten ist, desto lieber statten ihm die verschiedenen Nützlinge einen Besuch ab oder siedeln sich auch auf Dauer an. Alles, was in Richtung **naturnahe Gestaltung** geht, macht den Garten für Nützlinge attraktiver: Blütenhecken und heimische Wildsträucher, Blumen und Stauden mit einfachen, ungefüllten Blüten, Blumenwiese, Steingarten und Trockenmauer, Gartenteich mit Bepflanzung und auch einige ruhige Ecken, in denen Brennnesseln und anderes „Unkraut" ohne größere Eingriffe wachsen dürfen.

Besonders einladend sind solche wilden Winkel, wenn sie mit Holz-, Laub- und Steinhaufen Unterschlupf und **Überwinterungsplätze** bieten. Hier stellen sich gern Igel, manche Amphibien und Blindschleichen, aber auch nützliche Insekten ein. Marienkäfer, Florfliegen und andere kleine Nützlinge überwintern bevorzugt in Dachböden, Geräteschuppen und Garagen, sofern sie durch ein paar Ritzen einen Zugang finden. Ohrwürmer (Bild Seite 150) besiedeln ab Frühjahr als Tagesversteck gern mit Holzwolle oder Stroh gefüllte Töpfe, die mit der

Öffnung nach unten an den Ästen eines Obstbaums aufgehängt werden. Unterstützende **Nisthilfen** lassen sich nicht nur für Vögel bereitstellen, sondern auch für Fledermäuse und manche Insekten – bis hin zum kompletten „Insektenhotel". Naturschutzverbände können beim Bezug oder auch Selbstbau solcher Hilfsmittel mit Informationen weiterhelfen, welche Formen, Größen, Ausführungen und Anbringungsorte für die jeweiligen Tiere ideal sind.

All dies hilft aber nur mäßig, wenn die Nützlinge immer wieder durch den Einsatz breit wirksamer **Pflanzenschutzmittel** beeinträchtigt werden. Wählen Sie deshalb möglichst nur Pflanzenschutzmittel, die als nützlingschonend ausgewiesen sind.

Ein gezielter Einsatz, also eine echte **biologische Bekämpfung,** ist mit käuflichen Nützlingen möglich, die man über den Fachhandel oder spezialisierte Versender bestellen kann. Die meisten von ihnen lassen sich nur im Gewächshaus beziehungsweise in geschlossenen Räumen effektiv einsetzen. Dann sind sie aber auch ausgesprochen wirksam und können die Schädlinge stark reduzieren. Bewährt haben sich zum Beispiel Florfliegen gegen Blattläuse, Schlupfwespen gegen Weiße Fliegen, Minierfliegen und Schildläuse sowie Raubmilben gegen Spinnmilben und Thripse.

Die Nützlinge muss man rechtzeitig bestellen. Manche werden in Form von Larven oder als Granulat über die befallenen Pflanzen gestreut, andere als Kärtchen mit Eiern geliefert, die man zwischen den Pflanzen aufhängt. Einige Nützlinge eignen sich auch für den Einsatz im Freien, so etwa spezielle Schlupfwespen gegen Apfelwickler, Apfelschalenwickler und Pflaumenwickler.

Schlupfwespe

MINI-NÜTZLINGE ZUM SPRITZEN UND GIESSEN

Zunehmend werden Präparate mit winzigen Nutzorganismen angeboten, die sich wie „normale" Pflanzenschutzmittel in Wasser auflösen und dann mit der Spritze oder Gießkanne verteilen lassen. In dieser Form sind verschiedene Nematoden für die Verwendung im Freien erhältlich: gegen Engerlinge des Gartenlaubkäfers, Erdraupen der Wiesenschnake, Maulwurfsgrille, Schnecken, Dickmaulrüssler und Apfelwickler. Außerdem gibt es Bakterienpräparate (Bacillus thuringiensis) gegen verschiedene Schmetterlingsraupen sowie ein Granulosevirus gegen Apfelwicklermaden. Sie alle bekämpfen nur die jeweiligen Schädlinge.

ABWEHREN, EINDÄMMEN, ENTFERNEN

Zum Abwehren und Fangen bietet der Fachhandel allerlei nützliche Hilfsmittel an, so etwa Kulturschutznetze, Leimringe gegen Frostspanner und Kirschfruchtfliegenfallen.

Viele Schädlinge wie etwa Blattläuse muss man allerdings weder locken noch fangen: Sie

Unübersehbar fühlen sich hier Pflanzenläuse wohl.

sitzen oft zahlreich und gut erkennbar an den Pflanzen, und durch frühzeitiges und regelmäßiges Entfernen kann man den Befall schon deutlich eindämmen. Je nach Schädlingsart und -größe bietet sich das Abstreifen, Absammeln oder Abbürsten an, an robust belaubten Pflanzen auch das Abspritzen mit kräftigem Wasserstrahl. Dabei ist es wichtig, stets auch die Blattunterseiten zu prüfen und eventuell vorhandene Eigelege, zum Beispiel von Käfern und Schmetterlingen, gleich zu zerdrücken oder abzustreifen.

Stark befallene Blätter, Triebe und andere Pflanzenteile werden oft am besten ganz entfernt beziehungsweise weggeschnitten. Das ist meist auch die wirksamste Gegenwehr gegen Pilz- und andere Krankheiten. Bei Gehölzen hilft es häufig, erkrankte Triebe oder auch Äste kräftig bis ins gesunde Holz zurückzuschneiden.

Etliche Krankheitserreger und manche Schädlinge können in sehr hartnäckigen Formen im Boden, an Pflanzenresten oder an lebenden Pflanzen überdauern. Bei Verdacht auf solche Plagegeister sollte man kranke Pflanzen großzügig mitsamt Wurzelballen und dem angrenzenden Erdreich beseitigen. Auch das gründliche Entfernen von Ernterückständen, Falllaub und nicht geernteten Obstfrüchten kann einer weiteren Ausbreitung und Neuinfektion vorbeugen.

Mit ausdauernden und hochinfektiösen Erregern befallene Pflanzen und Pflanzenteile sollte man besser nicht auf den Kompost geben, sondern über den Hausmüll entsorgen oder, sofern zulässig, verbrennen.

Des Weiteren ist es ratsam, Gartengeräte, Schnittwerkzeug, Anzuchtgefäße, Stützstangen und Ähnliches nach Gebrauch gründlich zu säubern, besonders, wenn sie mit erkrankten Pflanzenteilen in Berührung gekommen sind. Sicherheitshalber kann man sie auch mit hochprozentigem Alkohol (etwa Brennspiritus) desinfizieren.

EINSATZ VON PFLANZENSCHUTZMITTELN

Wenn alle anderen Maßnahmen nicht ausreichend greifen, steht eine Reihe von Pflanzenschutzmitteln zur Verfügung. Mittlerweile umfasst das Angebot hauptsächlich Mittel, die für

Warmblüter, also auch für den Menschen, nur mäßig giftig oder ungiftig sind.

Pflanzenschutzmittel töten anders als die Stärkungsmittel die Schädlinge effektiv ab, haben demnach eine Giftwirkung. Deshalb ist Vorsicht geboten, um weder der eigenen Gesundheit noch anderen Lebewesen zu schaden. Im Haus- und Kleingartenbereich dürfen nur Präparate angewendet werden, die auf der Verpackung für nichtberufliche Anwender ausgewiesen sind – sofern man nicht gerade über einen speziellen Sachkundenachweis verfügt. Das heißt im Klartext auch, dass nur noch relativ ungefährliche Mittel zugelassen sind und keine üblen „Giftkeulen", wie sie früher in Privatgärten öfter eingesetzt wurden. Trotzdem sollte man keinesfalls leichtfertig damit umgehen.

Beachten Sie bei der Auswahl solcher Mittel, dass sie jeweils nur für **spezielle Anwendungsbereiche zugelassen** sind, das heißt für ganz bestimmte Schaderreger an genau genannten Pflanzengruppen und Kulturen. Ein Mittel, das nur gegen Spinnmilben an Zierpflanzen ausgewiesen ist, darf zum Beispiel nicht an Gemüse oder Obst im Freien eingesetzt werden. Das geht aber noch weiter: Ein Mittel mit Schwefel gegen Echten Mehltau ist zugelassen bei Gurken, Erbsen, Wurzel- und Knollengemüse, Weinrebe und Stachelbeere – jedoch nicht an anderem Beerenobst oder Kohl. Es empfiehlt sich deshalb, genau auf die Packungsaufschriften zu achten und möglichst fachkundige Verkäufer zurate zu ziehen.

Die meisten der heute im Hobbybereich verfügbaren Pflanzenschutzmittel gelten als **nützlingschonend** und **bienenungefährlich.** Letzteres ist besonders wichtig bei Obstgehölzen und Fruchtgemüse: Für die allermeisten sind Bienen, Hummeln und andere Insekten als Bestäuber unverzichtbar. Gerade manche Wildbienen und Schmetterlinge sind zudem mittlerweile gefährdet, und den Hummeln machen die steigenden Temperaturen zu schaffen. Deshalb ist es sehr vorteilhaft, wenn man sie im Garten durch Wildblumen und -gehölze mit einfachen Blüten unterstützt, auch in schattigen Bereichen. Und das wiederum kommt auch der Bestäubung von Nutzpflanzen zugute.

Manche Mittel erfordern keine Wartezeit, wenn sie zum richtigen Zeitpunkt eingesetzt werden. Bei etlichen Mitteln muss man nach der letzten Anwendung aber eine gewisse Zeit warten, bevor man das Erntegut essen kann. Diese **Wartezeit** beträgt je nach Wirkstoff oft nur drei Tage, seltener mehrere Wochen.

Käufliche **Naturstoffmittel** gegen Schädlinge sind oft besonders umweltschonend, etwa auf der Basis von Neembaum-Extrakten (Azadirachtin), Kaliseife und Rapsölen. Auch Präparate mit Pyrethrinen, zum Beispiel gegen Blattläuse und Weiße Fliegen, werden aus Naturstoffen gewonnen, nämlich aus bestimmten Chrysanthemenblüten. Trotzdem sollte man sie sehr vorsichtig einsetzen, denn sie haben ein breites Wirkungsspektrum und erfassen so auch Nützlinge. Sie dürfen nicht auf blühende oder von Bienen beflogene Pflanzen ausgebracht werden.
In den Beipackzetteln finden Sie auch Hinweise zur maximalen Anwendungshäufigkeit und

zum optimalen Zeitraum. Beachten Sie stets genau die Dosierungsangaben und Sicherheitsempfehlungen des Herstellers. Selbst als unbedenklich geltende Pflanzenschutzmittel sollten unbedingt so aufbewahrt werden, dass Kinder keinen Zugang haben, und eventuelle Reste dürfen nur über den Sondermüll entsorgt werden.

Für das **Ausbringen** empfehlen sich eine sicherheitsgeprüfte Gartenspritze und feste, körperbedeckende Kleidung, bei Präparaten mit Gefahrenkennzeichnung auch Handschuhe und eine Schutzmaske. Spritzen Sie nur bei windstillem Wetter und am besten bei etwas bedecktem Himmel. In der Regel sollten die Blätter, auch auf den Unterseiten, und andere befallene Pflanzenteile so behandelt werden, dass sie tropfnass sind. Abweichende Anwendungspraktiken lassen sich jeweils den Aufschriften oder Beipackzetteln entnehmen.

URSACHENERKUNDUNG UND KNIFFLIGE FÄLLE

Viele Schädlinge und Krankheitserreger verursachen ähnliche oder wenig markante Blattflecken, Wuchsstörungen oder Welken und lassen sich oft nur von Experten genau unterscheiden. Nicht selten beruhen solche Erscheinungen auch auf **unbelebten Einflüssen** wie Standortproblemen, mangelnder oder falscher Pflege, Hitze- oder Frostschäden. Manche recht verbreiteten Symptome resultieren auch aus Mangel an oder Blockierung von bestimmten Nährstoffen (siehe Seite 116 ff.). Bei häufiger auftretenden Blattaufhellungen, Wuchsstörungen oder Missernten ohne erkennbaren Grund ist deshalb eine Bodenuntersuchung ratsam (siehe Seite 47).

Vor dem Einsatz von Pflanzenschutzmitteln oder anderen Maßnahmen ist deshalb zuerst zu prüfen, was die eigentliche Ursache ist. In Zweifelsfällen sollte man **Beratung** in Anspruch nehmen: Hierfür stehen die den Landwirtschaftskammern oder -ministerien angegliederten Pflanzenschutzdienste und Gartenakademien der Bundesländer zur Verfügung. Sie bieten ihren Service meist auch übers Internet an. Teils kann auch fachkundiges Personal in Gärtnereien und Gartencentern weiterhelfen.

Spinnmilben an den Blättern eines Apfelbaums

Hier sind keine Schädlinge am Werk, die Äpfel haben einen Hitzeschaden.

KRITISCHER KLIMAWANDEL

Die steigenden Jahres-Durchschnittstemperaturen und die oft milden Winter haben durchaus ihre Vorteile. So ist mittlerweile zum Beispiel das Auspflanzen von Süßkartoffeln, Honigmelonen, Feigen- und Olivenbäumen vielerorts ohne allzu großes Risiko möglich. Auch das Ausprobieren von Tomatillo, Pepino (Birnenmelone), Andenbeere (Physalis), Ingwer und Granatapfel im Freien kann bei etwas Glück mit dem Wetter und eventuellen Schutzabdeckungen gelingen.

Doch unter anhaltender Trockenheit und extremer Hitze kommt es öfter zu **Wuchsstörungen und Welken.** Kopfsalate werden früh schlapp und beginnen schnell zu schießen, also Blütenstände hochzuschieben. Bei anderen Pflanzen rollen die Blattränder ein. oder die Blätter haben deutliche braune Verbrennungsflecken. Fruchtgemüse stoßen Blüten und junge Früchte ab. Solche Symptome sind oft schwer von anderen Krankheiten zu unterscheiden. Selbst die sonnenliebenden Tomaten und Paprika beginnen zu schlappen, und ihre Früchte leiden öfter unter Blütenendfäule: einem physiologischen Kalziummangel, der durch Trockenheit und Hitze verstärkt wird (siehe Seite 99).

Vor allem Äpfel, Süßkirschen und Pflaumen sowie Brombeeren, Himbeeren, Stachelbeeren und Johannisbeeren Zwetschen zeigen öfter deutliche Fruchtschäden. Diese sind mitsamt Tipps zur Standortwahl und Vorbeugung auf Seite 9 näher beschrieben. Als kurzfristige Gegenmaßnahmen können beim Obst vorübergehend aufgespannte Schattiernetze helfen.

Dürre und Hitze haben vor allem auch Einfluss auf das **Auftreten von Schaderregern:** Die Gefährdung durch wärmeliebende Schädlinge nimmt zu, die Ausbreitung der auf Feuchte angewiesenen Pilzkrankheiten nimmt tendenziell ab. Wichtige Ausnahme: der Echte Mehltau, der kaum Feuchtigkeit braucht, die Wärme liebt und in den letzten Jahren oft allgegenwärtig war (siehe Seite 153).

Besonders die hitzeverträglichen Spinnmilben werden zunehmend zur Plage, ebenso die kleinen Erdflöhe. Auch Weiße Fliegen, Zikaden und Thripse machen sich häufiger im Garten breit und beschränken sich nicht mehr aufs Gewächshaus. Blattläuse, Kohl- und Möhrenfliegen und andere Schädlinge sind im warmen Frühjahr schon zeitig unterwegs und bilden teils auch mehr Generationen pro Jahr aus. Der Apfelwickler mit seinen gefräßigen Maden zum Beispiel bringt es mittlerweile öfter auf drei Generationen.

Beim Obst kann es hilfreich sein, im Frühling rechtzeitig Austriebsspritzmittel einzusetzen, die gegen Wintereier von Spinnmilben und Schildläuse zugelassen sind. Etwas später können dann ihre Gegenspieler, nämlich Nützlinge wie Marienkäfer und Florfliegen, helfen; ebenso Vögel, von denen manche nach dem Winter besonders großen Hunger auf Läuse, Raupen und andere Insekten haben. Solche Nützlinge sind bei warmer Witterung auch schon früher unterwegs.

Dass sich wärmeliebende, **eingewanderte oder eingeschleppte Schädlinge** ausbreiten, ist vor allem im Obstanbau ein großes Problem. Gegen sie wurden bisher noch kaum wirksame Gegenmittel gefunden.

Die kleine, hellbraune **Kirschessigfliege** kann sich bei mäßig warmem, trockenem Wetter rasant vermehren. Die Weibchen legen ihre Eier in reifende Früchte ab, sehr gern in Kirschen, Himbeeren, Brombeeren, Erdbeeren und Weintrauben. Daraus schlüpfen weiße Maden und zerfressen die Früchte von innen.

Die **Marmorierte Baumwanze** hat sich in wärmeren Regionen der Schweiz, Österreichs und Deutschlands stark ausgebreitet. Sie ähnelt der heimischen Grauen Gartenwanze, hat aber bis zu fünf helle Punkte auf ihrem breiten Rückenschild. Fühlt sie sich bedroht, verbreitet sie sehr unangenehme Gerüche. Deshalb hat diese „Stinkwanze" bei uns auch kaum Fraßfeinde. Sie besaugt die Früchte fast aller Obstgehölze, außerdem Fruchtgemüse wie Tomaten, Paprika und Mais.

Marmorierte Baumwanze

Kapuzinerschnecke, besser bekannt als Spanische Wegschnecke

Die gut zentimetergroße **Grüne Reiswanze** ist ein regelrechter „Alles-Sauger": Gemüse, Obst, Ziergehölze, Blumen und Stauden – fast nichts ist vor ihr sicher. Sie saugt an Früchten, Samen, Blättern und Stängeln. Über ihre Einstichstellen können zudem Pilze und andere Schaderreger eindringen.

Baum- und Reiswanze können bei uns nur in sehr warmen Regionen überwintern, sodass ihre Ausbreitung bisher begrenzt ist.

Ganz anders bei der **Kapuzinerschnecke,** auch bekannt als Spanische Wegschnecke. Diese große Nacktschnecke verträgt deutlich mehr Sonne, Wärme und Trockenheit, als man es sonst von solchen Weichtieren kennt. Sie hat sich gewaltig ausgebreitet und teils schon andere Schneckenarten verdrängt. Die rund 10 cm langen, oft rötlich bis bräunlich gefärbten Kapuzinerschnecken fressen an fast allen krautigen Pflanzen, neben Gemüse und Kräutern auch Blumen. Dass die Kapuzinerschnecke einen bitteren, zähen Schleim absondert,

Der eingeschleppte Asiatische Laubholzbockkäfer (Anoplophora glabripennis) befällt gelegentlich auch Obstbäume.

Gemeiner Ohrwurm

verdirbt Igeln, Vögeln und anderen Schädlingsvertilgern den Appetit. Dies alles macht die sehr gefräßige Schnecke zu einem gefährlichen Schädling. Der öfter empfohlene Tigerschnegel, ebenfalls eine Nacktschnecke, kann zwar Kapuzinerschnecken angreifen, schafft es aber kaum, diese wirksam im Zaum zu halten (siehe Seite 149). Indische Laufenten dagegen räumen effektiv unter den Schnecken auf. Sie brauchen allerdings recht viel Platz und Pflege sowie eine Möglichkeit, im Garten zu planschen.

KNIFFLIGE MELDEPFLICHTEN

Noch vor wenigen Jahren waren Reblaus und San-José-Schildlaus meldepflichtig; ebenso der **Feuerbrand,** eine hoch ansteckende Bakterienkrankheit an Kernobst, also Birne, Apfel und Quitte. Die Ausbreitung dieser Krankheit kann komplette Obstanlagen zerstören (siehe Seite 155). Durch eine EU-weite gesetzliche Neuregelung ist die Meldepflicht seit 2023 entfallen. Allerdings besteht sie in Österreich und der Schweiz weiterhin. In Deutschland können die zuständigen Behörden der Bundesländer eine Quarantänezone von fünf Kilometern um befallene oder befallsverdächtige Grundstücke anordnen, ebenso die Vernichtung von befallenen und hochanfälligen Wirtspflanzen.

Bei Befallsverdacht ist es grundsätzlich ratsam, sich umgehend an den regional zuständigen Pflanzenschutzdienst zu wenden. Der veranlasst genaue Untersuchungen, gibt Hinweise zu den nötigen Bekämpfungsmaßnahmen oder lässt kranke Gehölze roden und fachgerecht entsorgen. Allerdings kann es schlimmstenfalls passieren, dass Hobbygärtner die fachgerechte Entsorgung und dafür anfallende Kosten selbst übernehmen müssen. Beim Verbrennen muss man zudem die allgemeinen Vorschriften für Gartenabfälle beachten und vorher je nach Kommune die Gemeindeverwaltung oder die Polizeidienststelle benachrichtigen. Größere Mengen kann man, unter einer Abdeckplane, zu einer Müllverbrennungsanlage bringen – muss sich aber vorher erkundigen, ob die auch Baumschnitt und gerodete Gehölze annimmt.

Solche Unannehmlichkeiten hängen damit zusammen, dass Feuerbrand von der Europäischen Union als **„Nicht-Quarantäneschädling“** eingestuft wird, ebenso wie zum Beispiel die Reblaus. Im Prinzip sind sie höchstens noch eingeschränkt meldepflichtig, weil sie sich sowieso schon in Europa ausgebreitet haben.

Besondere Vorschriften gibt es hauptsächlich für Vermehrungsbetriebe. Mittlerweile gilt es vor allem, diese genau zu beobachten, weil die neuen Schädlinge durch den globalen Handel und den Klimawandel stark zugenommen haben. Das sind dann meldepflichtige „Unionsquarantäneschädlinge“, von denen bisher nur wenige und das relativ selten in Haus- und Kleingärten aufgetreten sind, zum Beispiel Asiatischer Laubholzbockkäfer, Zitrusbockkäfer, Japankäfer, Kartoffelkrebs und Tomatenringfleckenvirus. Bei der altbekannten, durch Viren hervorgerufenen **Scharkakrankheit** an Steinobst besteht die Meldepflicht aber weiterhin (Stand Oktober 2024).

Marienkäfer gehören zu den natürlichen Bekämpfern von Blattläusen. Schon die Larven und auch die erwachsenen Käfer verspeisen jeweils bis zu 100 Blattläuse pro Tag. Das macht sie zu wertvollen Nützlingen.

HÄUFIGE KRANKHEITEN UND SCHÄDLINGE

Pflanzenkrankheiten werden meist von Pilzen hervorgerufen, seltener von Viren oder Bakterien. Unter den tierischen Schädlingen spielen Insekten die Hauptrolle.

Zusätzlich ernähren sich die unterschiedlichsten Tiere gern von Kulturpflanzen, von winzigen, wurmförmigen Nematoden bis hin zu Säugetieren wie Wühlmäusen. Manche Schaderreger haben sich stark auf bestimmte Pflanzen(-gruppen) spezialisiert, andere sind weniger wählerisch und laben sich an einer Vielzahl verschiedener Arten.

KRANKHEITSERREGER UND IHRE EIGENHEITEN

Die meisten **Pilze** bestehen aus fadenartigen Gebilden (Hyphen), die zusammen ein Geflecht, das Myzel, bilden. Die Mehrzahl dringt ganz in die Pflanzen ein; was wir von ihnen sehen, sind – neben den Symptomen – meist nur Anhäufungen ihrer Sporen, die ihnen zur Vermehrung und Überdauerung dienen.

Für die Ausbreitung und Keimung ihrer Sporen benötigen die meisten Pilze Feuchtigkeit. Je nach Art treten sie eher unter feuchtkühlen oder feuchtwarmen Bedingungen auf. Viele können lange Zeit im Boden oder an Pflanzenresten überdauern.

Abhilfe: Die auf Seite 140 genannten Vorbeugungsmaßnahmen sind gerade gegen Pilzkrankheiten besonders wichtig und die dort genannten Pflanzenstärkungsmittel oft sehr hilfreich. Gegen manche sind Pflanzenschutzmittel verfügbar, außerdem resistente oder tolerante Sorten. Ein Befall lässt sich oft durch frühzeitiges Entfernen betroffener Teile eindämmen; bei starker Erkrankung ist es aber oft besser, gleich die ganze Pflanze zu beseitigen.

Bakterien sind mikroskopisch kleine, einzellige Lebewesen, die sich durch Zellteilung sehr schnell vermehren können. Die Pflanzenparasiten unter ihnen dringen in ihre Wirte ein, zerstören oft deren Zellen und Zellwände oder verstopfen durch Schleimbildung die Leitungsbahnen. Typische Symptome sind feuchte oder ölige Flecken, Schleimaustritt, Weich- und Nassfäulen und Welken. Die Erreger können über befallenes Pflanzenmaterial, kontaminierte Gegenstände, durch Tiere und Menschen und über kurze Entfernungen auch durch Spritzwasser verbreitet werden.

Abhilfe: Gehölze können sich zuweilen nach einem kräftigen Wegschnitt befallener Teile erholen, doch meist muss die komplette Pflanze entfernt werden. Wirksame Pflanzenschutzmittel gibt es nicht. Vorbeugend sollte man besonders auf gesundes Saat- und Pflanzgut und widerstandsfähige Sorten achten sowie Verletzungen an Pflanzen vermeiden. Alles, was mit befallenen Pflanzen in Berührung kommt – zum Beispiel Schnittwerkzeug, Handschuhe, Stützpfähle – sollte gründlichst gereinigt und am besten desinfiziert werden.

Viren bestehen nur aus Erbsubstanz und einer Eiweißhülle, sie sind für ihre Vermehrung auf die Zellen der Wirtspflanzen angewiesen. Um dorthin zu gelangen, benutzen sie hauptsächlich saugende Schädlinge als Überträger, besonders Blattläuse, aber zum Beispiel auch Thripse, Zikaden, Wanzen und Nematoden. Recht häufig ist zudem eine Übertragung durch Schnittwerkzeug und andere Geräte sowie über infizierte Samen und Pflanzen. Verbreitete Symptome sind mosaikartige, ringförmige oder streifenartige Blattflecken, deformierte Blätter und teils auch gestauchter Wuchs.

Abhilfe: Befallene Pflanzen sollten umgehend entfernt werden; Gegenmittel stehen nicht zur Verfügung. Für die Vorbeugung gilt dasselbe wie bei den Bakterien. Hier spielt zudem die Bekämpfung der übertragenden Schädlinge eine besonders wichtige Rolle. Von manchen Arten, etwa Himbeeren und Kartoffeln, wird eigens als virusfrei ausgewiesenes Pflanzgut angeboten.

Mosaikvirus am Gurkenblatt

Echter Mehltau an Blättern und Frucht vom Apfel

VERBREITETE KRANKHEITEN UND SYMPTOME

Manche Krankheiten treten an den unterschiedlichsten Pflanzen auf. Allerdings handelt es sich meist um verwandte Erreger mit ähnlichen Symptomen und Lebensweisen, die sich jeweils auf verschiedene Pflanzen oder Pflanzenfamilien eingestellt haben. Es besteht deshalb in der Regel nicht die Gefahr, dass sie beliebig auf alle anderen Nutzpflanzen im Garten übergreifen.

Einer der häufigsten Schadpilze ist zugleich der ungewöhnlichste: Der **Echte Mehltau** braucht nur wenig Feuchtigkeit und tritt als sogenannter „Schönwetterpilz" hauptsächlich an sonnigen, warmen Frühjahrs- oder Spätsommertagen auf. Charakteristisch ist sein weißlicher, mehliger, abwischbarer Belag auf den Blattoberseiten, teils auch auf Trieben, Knospen, Blüten und Früchten. Bei Erdbeeren bildet sich der Belag hauptsächlich an den Blattunterseiten. Verschiedene Arten und Typen kommen an Gemüse, Kräutern und Obst vor. Der Amerikanische Stachelbeermehltau an Stachel- und Johannisbeeren befällt hauptsächlich die Triebspitzen, die dann kräftig zurückgeschnitten werden sollten. Von vielen Pflanzen werden resistente oder tolerante Sorten angeboten.

Außerdem stehen verschiedene Pflanzenschutzmittel zur Verfügung, unter anderem der Naturstoff Lecithin.

Beim **Falschen Mehltau** finden sich die weißgrauen bis graubraunen Beläge auf den Blattunterseiten, oberseits zeigen sich nur gelbe oder braune Flecken. Teils werden auch Triebe und Blüten geschädigt. Falscher Mehltau tritt überwiegend an Gemüse wie Salat, Spinat, Gurken und Erbsen auf, aber auch an manchen Kräutern sowie an Weinreben. Von manchen Arten gibt es resistente oder tolerante Sorten. Für mehrere Kulturen sind Pflanzenschutzmittel zugelassen.

Grauschimmel (Botrytis) breitet sich vor allem an geschwächten Pflanzen und bei feuchtwarmem Wetter aus; zum Beispiel an Salat, Zucchini, Zwiebeln, Basilikum, Erdbeeren, Himbeeren und Brombeeren. Blätter, Früchte und andere Pflanzenteile werden erst braun und weich und überziehen sich dann mit einem mausgrauen, stäubenden Pilzrasen. Im Anfangsstadium können manche chemischen Präparate und teils auch Pflanzenstärkungsmittel helfen.

Rostpilze sind nach ihren oft rostbraunen, pustelartigen Sporenlagern benannt, die sich auf den Blattunter- oder -oberseiten bilden. Diese können je nach Art aber auch gelblich, orange oder weißlich sein. Überwinterungsformen verfärben sich dunkelbraun bis schwarz.

Pfefferminzrost

Erste Anzeichen sind meist gelbe, bräunliche oder rote Flecken auf den Blattoberseiten; stark betroffene Blätter fallen ab. Die Rostpilze sind meist stark spezialisiert; so gibt es zum Beispiel Bohnen-, Spargel-, Porree-, Pfefferminz- und Pflaumenost.

Besonders auffällig, aber relativ harmlos ist der Birnengitterrost mit blattoberseits leuchtend orangeroten Flecken und unterseits gelben Sporenlagern. Er gehört zu den wirtswechselnden Rostpilzen und überwintert an bestimmten Wacholderarten. Ähnlich der Johannisbeersäulenrost, auf dessen orangegelben Pusteln sich säulchenförmige, braune Fruchtkörper entwickeln: Er überwintert an fünfnadeligen Kiefern wie Weymouths- und Zirbelkiefer. In beiden Fällen beugt eine ausreichende Entfernung zu den Winterwirten dem Befall der Obstgehölze vor. Pflanzenschutzmittel sind nur für Spargel, Kräuter, Birne und Pflaume zugelassen.

Ein **Mosaikvirus** gibt es ebenfalls an etlichen Pflanzen, wobei die typische Scheckung durch viele kleine hellgrüne bis gelbe Fleckchen meist ähnlich aussieht. In der Regel bleiben die Blätter recht klein. Verbreitet sind zum Beispiel Gurkenmosaik (auch an Zucchini, Kürbis), Tabakmosaik (auch an Tomate und Paprika), Salatmosaik (auch an Endivie, Spinat, Mangold) und Himbeermosaik.

Verschiedene **Blattfleckenpilze** treten mit variierenden Schadbildern an den unterschiedlichsten Gemüse-, Kräuter- und Obstarten auf und greifen manchmal auch auf Triebe und Früchte über. Oft sind sie hell- bis dunkelbraun, grau oder gelbgrün, häufig mit dunkler oder hellerer Umrandung und eingesunken, meist rundlich bis länglich, seltener unregelmäßig. Recht häufig sind beispielsweise die Septoria-Blattfleckenkrankheit an Sellerie, Tomate und Kräutern (gelbbraune Flecken mit schwarzen Pünktchen), die Brennfleckenkrankheit an Bohne, Erbse und Gurke (braune Flecken) und die Sprühfleckenkrankheit an Steinobst (viele kleine, violettrote, später braune Flecken, die oft zusammenfließen). Gegen einige Blattfleckenkrankheiten sind chemische Mittel verfügbar.

Ähnlich vielfältig sind **pilzliche und bakterielle Welkekrankheiten.** Das reicht von Spezialisten wie der Umfallkrankheit des Kohls und der bakteriellen Tomatenwelke bis hin zu verbreiteten Pilzgattungen wie Verticillium, Phytophtora und Fusarium. Bakterienwelken und -fäulen sind meist noch recht gut an ihrem Schleim, der die Leitungsbahnen verstopft, zu erkennen. Pilzliche Welken, die teils über die Wurzeln, teils über die Triebe beziehungsweise die Rinde eindringen, zeigen oft ein recht unspezifisches Schadbild. Häufig beginnt es mit einzelnen absterbenden Blättern und Trieben, zuweilen auch mit dunklen Flecken oder Faulstellen an Stängeln, Ästen und Stämmen.

Sehr ähnlich verhält es sich mit Wurzel- und Rhizomfäulen, etwa an Gurken, Möhren, Salat und Erdbeeren. Solche Krankheiten lassen sich in der Regel nicht direkt bekämpfen.

SPEZIELLE KRANKHEITEN AN GEMÜSE

Neben den bereits genannten Krankheiten können an den einzelnen Gemüsen und Kräutern mehr oder weniger spezialisierte Erreger auftreten. Die wichtigsten davon sind direkt in den Porträts beschrieben, nämlich die Kraut- und Braunfäule der Tomate (siehe Seite 228), die

Kohlhernie (Seite 192) und die vom selben Pilz verursachte Kraut- und Knollenfäule der Kartoffel. Zu den etwas häufigeren zählen die hier folgend vorgestellten.

Von der **Tomatenstängelfäule** werden Tomate, Paprika und Kartoffel befallen. Sie tritt besonders an geschwächten und verletzten Pflanzen auf. Um den Stängel herum bilden sich schwarze, eingesunkene Flecken, an den Früchten kann ein großer, dunkler Faulfleck entstehen. Der Pilz überdauert an Pflanzenresten im Boden, an Geräten und an Stützstäben.

Die **Gurkenkrätze** tritt an Gurke, Zucchini, Kürbis und Melone auf. Auf den Früchten entstehen eingesunkene, dunkle Flecken, oft mit Tröpfchen einer klebrigen Masse. Besonders betroffen sind Pflanzen auf feuchten, kalten, schweren Böden und am Boden liegende Früchte. Mittlerweile gibt es mehrere resistente Sorten.

Die **Fettfleckenkrankheit** der Bohne ist eine der wichtigsten Bakterienkrankheiten beim Gemüse und befällt besonders Buschbohnen. Auf den Blättern erscheinen kleine, von einem gelblichen Hof umrahmte Flecken, die später eintrocknen. Auf den Hülsen entstehen fettige, glasige Flecken. Bei feuchtem Wetter tritt weißer Bakterienschleim aus. Ein ähnliches Schadbild zeigt der bakterielle Bohnenbrand, bei dem außerdem die Stängel abknicken können.

Besonders wenn Rettiche und Radieschen häufig nacheinander angebaut werden, kann die **Rettichschwärze** auftreten. Die Rüben und Knollen verfärben sich von außen her blauschwarz, reißen in Längsrichtung auf und werden innen morsch. An den Blättern ist nichts zu sehen. Kalkhaltige Böden fördern den Befall. Manche Sorten sind dagegen resistent.

Bei der **Möhrenschwärze** dagegen wird vor allem das Laub befallen. Es zeigt zunächst kleine, dunkle Flecken und verfärbt sich dann komplett braun bis schwarz. Auch an den Rüben können schwarze Flecken entstehen. Zur Bekämpfung sind chemische Mittel zugelassen.

Recht warmes, feuchtes Wetter fördert auch die Ausbreitung der **Mehlkrankheit** an Zwiebeln, Porree, Knoblauch und Schnittlauch. Die Keimlinge und Jungpflanzen sterben meist nestweise ab. An älteren Pflanzen vergilben erst die Blattspitzen, dann welken die ganzen Blätter. Wurzeln und Zwiebelboden verfaulen und zeigen einen watteartigen Belag mit kleinen schwarzen Fruchtkörpern. Nach einem Befall sollten auf dem Beet mindestens acht Jahre keine Zwiebelgemüse mehr angebaut werden.

SPEZIELLE KRANKHEITEN AN OBST

Eine hoch infektiöse Bakterienkrankheit ist der **Feuerbrand.** Er befällt Apfel, Birne, Nashi und Quitte sowie andere Gehölze mit apfelähnlichen Früchten, zum Beispiel Zierquitte, Weißdorn, Eberesche, Zwergmispel (Cotoneaster) und Feuerdorn.

Ein Befall führt meist zum kompletten Absterben. Zunächst werden die Blüten und Blätter braun, dann schwarz, danach verfärben sich auch die Triebe entsprechend und krümmen sich an den Spitzen hakenartig. Schließlich greift der Befall auf stärkere Äste über. Betroffene Partien wirken wie versengt. Aus

Verticillium-Welke an Himbeertrieben

Kraut- und Braunfäule an Tomate

1

2

(1) Kohlhernie an Kohlwurzeln; (2) Feuerbrand an Kernobstbaum

Rissen und Wunden treten gelbbraune, schleimige Tröpfchen aus. Befallene Gehölze müssen – in Abstimmung mit dem zuständigen Pflanzenschutzdienst – gerodet werden.

Beim **Apfelschorf,** der auch an Birne und Quitte auftreten kann, bilden sich zuerst auf den Blättern bräunliche, samtige Flecken; die Blätter fallen dann schon früh ab. Auf den Früchten zeigen sich eingefallene, braungraue, schorfige Flecken, die aufreißen und verkorken. Mit resistenten Sorten kann man diese Krankheit am besten vermeiden. Eine Bekämpfung ist zum Beispiel mit Schwefel- und Kupferpräparaten möglich.

Zu den häufigeren Kernobstkrankheiten zählen außerdem Apfelmehltau, Apfelmosaikvirus, Birnengitterrost (siehe Seite 154) sowie die Stippe oder Stippigkeit, eine physiologische Störung.

Die Pilzkrankheit **Monilia** tritt an Kernobst wie Steinobst auf, und zwar in zwei Formen: als Spitzendürre und als Fruchtfäule. Bei der Spitzendürre oder Zweig-Monilia verwelken oft schlagartig zuerst Blüten und Triebspitzen, dann die Blätter. Häufig sieht man gummiartige Tropfen an befallenen Trieben, später bildet sich ein gelblicher bis grauer Pilzrasen. Bei der Fruchtfäule zeigen sich auf den Früchten zunehmend größer werdende Faulstellen, auf denen schließlich weiße bis gelbliche Schimmelringe wachsen. Oft bleiben die Früchte als vertrocknete „Fruchtmumien" am Baum hängen. Die Fruchtfäule kommt auch an Haselnüssen vor.

Befallene Triebe sollte man kräftig bis ins gesunde Holz zurückschneiden und vertrocknete Blütenbüschel sowie Fruchtmumien am Baum und auf dem Boden gründlich entfernen. Zugelassene Mittel gibt es für die Behandlung von Sauerkirsche, Süßkirsche und Pflaume.

Die **Schrotschusskrankheit** kommt an Pflaume, Kirsche, Pfirsich und Aprikose vor. Auf den Blättern zeigen sich bald nach dem Austrieb zahlreiche kleine, rötliche bis braune Flecken, die später ausbrechen, sodass das Laub schrotschussartig durchlöchert wirkt. Auch Knospen, Blüten, Früchte und Triebe können eingesunkene, teils rot umrandete Flecken aufweisen. Manche Sorten gelten als gering anfällig.

Sortenunterschiede gibt es auch bei der Gefährdung durch die **Valsakrankheit** an

Kirschen, Pflaume und Aprikose, die durch schwere, feuchte Böden begünstigt wird. Sie äußert sich durch krebsartige Rindenwucherungen mit dunklen, warzenartigen Punkten („Krötenhaut") und gummiartigen Tropfen. An befallenen Zweigen welken Blätter und Früchte. Ganze Partien können komplett absterben. Befallene Äste sollte man großzügig ausschneiden. Ist der Stamm befallen, muss der Baum gerodet werden.

Im Zusammenhang mit dieser und anderen Steinobstkrankheiten tritt oft Gummifluss auf, der aber auch durch unbelebte Faktoren hervorgerufen werden kann (siehe Seite 292). Auch beim Steinobst gibt es eine besonders gefährliche, meldepflichtige Krankheit: die von Viren hervorgerufene **Scharkakrankheit.** Sie kommt an Pflaumen und ihren nahen Verwandten vor, außerdem an Pfirsich und Aprikose. Zunächst zeigen sich helle Scheckungen oder Ringe auf den Blättern. An den Früchten sieht man anfangs pockenartige Einsenkungen, dann größere Furchen, oft sehen sie marmoriert aus. Sie fallen vorzeitig ab und haben ein rötlich verfärbtes Fruchtfleisch. Teils treten auch Rindenrisse auf. Vorbeugend ist die Wahl gering anfälliger Sorten ratsam, ansonsten spielt die Bekämpfung von Blattläusen, die die Viren übertragen, eine wichtige Rolle. Stark befallene Bäume müssen gerodet werden.

Die **Narrentaschenkrankheit** der Pflaume kommt vor allem an Zwetschgensorten vor. Sie führt zu länglichen, flachen, verunstalteten Früchten ohne Kerne, die hellgrün bleiben und von einem grauweißen Pilzrasen überzogen werden. Schließlich trocknen sie von der Spitze her ein oder verfaulen. Die Fruchtmumien bleiben oft an den Trieben hängen und sollten ebenso wie die Triebspitzen sorgfältig entfernt werden.

Die **Kräuselkrankheit** an Pfirsich und Aprikose wird durch einen Pilz verursacht, der auf Zweigen und an Knospen überwintert und die Blätter – besonders bei feuchtem Frühjahrswetter – kurz nach dem Austrieb infiziert. Diese kräuseln sich, werden später von einem weißen Belag überzogen und früh abgeworfen. Teils werden auch Früchte befallen. Tritt der Pilz häufig auf, kann man ihn durch Einsatz eines chemischen Mittels zum Zeitpunkt des Knospenschwellens bekämpfen. Dies ist auch ein guter Termin, um alternativ mit dem wiederholten Einsatz von Pflanzenstärkungsmitteln zu beginnen.

Monilia-Fruchtfäule und -Spitzendürre an Kirsche

Der Erreger der **Himbeerrutenkrankheit** ist ein Schadpilz, der über kleinste Verletzungen an der Rinde eindringt. An jungen, diesjährigen Ruten zeigen sich anfangs weißgraue, später violettbraune Flecken, die sich ausdehnen, bis sie den ganzen Stängel umschließen. Teils schon ab Herbst färbt sich die aufreißende Rinde silbergrau und ist in der Nähe der Knospen mit kleinen schwarzen Pusteln besetzt. Die Ruten werden brüchig und sterben ab. Übermäßige Stickstoffdüngung erhöht die Anfälligkeit. Herbsttragende Sorten sind weniger gefährdet, da die Ruten gleich im Spätjahr nach der Ernte weggeschnitten werden; es gibt aber auch widerstandsfähige Sommersorten.

Ähnlich äußert sich die **Brombeerrankenkrankheit,** bei der braune bis rötliche, zunehmend dunklere Flecken mit der Zeit die ganze Rute umfassen. Im nächsten Frühjahr entstehen auf den Flecken kleine, schwarze Fruchtkörper. Blätter, Blüten und Fruchtstände beginnen von der Rutenspitze her zu welken, oft sterben die Ruten ganz ab.

Die **Blattfallkrankheit** tritt an der Roten Johannisbeere und der Stachelbeere auf, seltener an der Schwarzen Johannisbeere. Ab Ende Mai erscheinen kleine dunkle Blattflecken, zuerst unten an der Strauchbasis. Die Blätter vergilben, rollen sich ein und fallen ab. Teils werden auch Triebe und Früchte geschädigt. Die Anfälligkeit ist sortenabhängig.

VERBREITETE SAUGENDE SCHÄDLINGE

Blattläuse sind in manchen Jahren, besonders bei trocken-warmem Wetter, geradezu allgegenwärtig. Das ist an für sich gut für die vielen Nützlinge, die von Blattläusen leben. Doch bei Massenbefall muss man öfter nachhelfen, und bei stark virusgefährdeten Pflanzen hilft nur konsequentes Entfernen der kleinen Sauger. Neben manuellen Methoden wie Abstreifen kommen dafür mehrere nützlingschonende Pflanzenschutzmittel infrage.

Schadbild und verschiedene Entwicklungsstadien der Grünen Pfirsichblattlaus

Die zwei bis sechs Millimeter großen Insekten sind je nach Art grün, schwarz, gelblich, rötlich oder mehlig hellgrau.

Sie versammeln sich bevorzugt an jungen Trieben und auf Blattunterseiten, nicht selten aber auch an Knospen. Typisches Schadbild sind die stark eingerollten, gekräuselten oder blasig aufgetriebenen Blätter, oft mit klebrigen Ausscheidungen, die dann von Schwärzepilzen besiedelt werden. Übermäßige Stickstoffdüngung erhöht die Anfälligkeit.

Auch Spinnmilben, Thripse und Weiße Fliegen mögen es trocken und warm. Besonders gut behagt ihnen das Kleinklima im Gewächshaus – was andererseits den gezielten Einsatz von Nützlingen sowie von beleimten Gelbtafeln (zum Fangen von Weißen Fliegen, Blattläusen und andere Insekten) und Blautafeln (gegen Thripse) erleichtert.

Anders als ihre saugenden „Kollegen" sind **Spinnmilben** keine Insekten, sondern winzige Spinnentiere. Die Weibchen der wichtigsten Arten zeigen zumindest über Winter eine auffällige Rotfärbung („Rote Spinne"). Die namengebenden feinen Gespinste, die befallene Pflanzen überziehen, kommen allerdings nicht bei allen vor. Befallen werden zahlreiche Gemüse und Kräuter sowie Erdbeeren und manche Obstgehölze. Meist sitzen die Milben an den Blattunterseiten und machen sich durch zahlreiche helle, punktförmige Saugstellen bemerkbar, die im Gegenlicht silbrig bis bronzefarben erscheinen.

Sehr ähnlich präsentiert sich das Schadbild der ebenfalls winzigen **Thripse** oder Blasenfüße, die aber zusätzlich schwarze Kotfleckchen hinterlassen und öfter auch Blüten schädigen. Zu ihren Wirtspflanzen gehören verschiedene Gemüse- und Kräuterarten, beim Obst vor allem Erdbeeren und Weinreben.

An Obst genügen den **Weißen Fliegen** oder Mottenschildläusen meist die Erdbeeren; ansonsten bevorzugen sie Gemüse wie Gurken und Zucchini. Es handelt sich um kleine, weißlich überpuderte Insekten, die bei Berührung der Pflanzen oft sehr zahlreich auffliegen. An den Blättern hinterlassen sie kleine, helle Flecken mit ähnlich klebrigen Spuren wie Blattläuse.

Zikaden sind geflügelte, schlanke, in unseren Breiten 3–8 mm lange Insekten. Sie saugen ebenso an Pflanzen wie ihre an Blattläuse erinnernden Larven, die versteckt an den Blattunterseiten sitzen. Besaugte Blätter sind gelblich oder weiß gesprenkelt, können sich einrollen und absterben. Stärkere Schäden entstehen manchmal an Kräutern aus der Familie der Lippenblütler wie Basilikum, Minze, Majoran, Oregano, Salbei, Thymian, Rosmarin und Bohnenkraut. Besonders an Erdbeeren fallen manchmal schaumartige weiße Flocken („Kuckucksspeichel") auf, in denen sich Larven der Schaumzikaden verbergen.

Saugende Tiere ganz anderer Art sind die pflanzenschädigenden **Nematoden** oder Älchen. Es handelt sich um winzige, fadenförmige, durchscheinende Rundwürmer, die vor allem Gemüse, Kräuter und Erdbeeren, seltener Obstgehölze schädigen. Die meisten leben als Wurzelnematoden im Boden, teils frei beweglich, teils festsitzend innerhalb von Zysten oder Gallen an den Pflanzenwurzeln. Ihr Saugen an den Wurzeln führt dazu, dass die Pflanzen schwach wachsen oder gar komplett absterben. Auf Beeten tritt der Schaden meist nesterweise auf. Die Wurzeln sind missgebildet, teils abgestorben, an den Spitzen angeschwollen oder zu dicht verzweigten „Wurzelbärten" deformiert.

Auch Stängel- und Blattnematoden hemmen den Wuchs und können mehr oder weniger zum Verkrüppeln aller oberirdischen Pflanzenteile führen. Bei Zwiebelgemüsen zum Beispiel sind die Blätter aufgeschwommen und oft verdreht, Erdbeerpflanzen werden innen kahl, haben verbogene Blütenstiele und verkrüppelte oder vergrünte Blüten.

Alle Nematoden überdauern im Boden oder an Pflanzenresten. Besonders ausdauernd sind die Wurzelnematoden. Betroffene Pflanzen sollte man mitsamt großem Erdballen entfernen und danach das Loch mit kochendem Wasser übergießen sowie die Gartengeräte gründlich reinigen. Nach einem Befall sollen Pflanzen derselben Familie mindestens fünf Jahre nicht mehr an die betroffene Stelle kommen; eine geeignete Gründüngung (siehe Seiten 58 ff.) hilft, die Fläche zu sanieren.

Bohnenblätter mit Saugschäden durch Spinnmilben; einzelne Tiere vergrößert

VERBREITETE FRASS-SCHÄDLINGE

Schnecken sind vor allem ein Schrecken im Gemüse- und Erdbeerbeet. Den größten Schaden richten **Nacktschnecken** (ohne Gehäuse) an, je nach Art 1–25 cm lang und braun, orange, grau, schwarz, gelb oder weißlich. Sie treten bei feuchtem Wetter zahlreich auf, laben sich bevorzugt an jungen Pflanzen und zartem Neuaustrieb und leben tagsüber versteckt.

Der Loch-, Schabe- oder Kahlfraß an Blättern, Trieben und Knospen ist aber ebenso charakteristisch wie die typischen hinterlassenen Schleimspuren. Ein guter Schneckenzaun rund ums Beet ist meist die beste Abwehr; Schutzstreifen, etwa aus Sand, Gesteinsmehl, Sägemehl oder Tannenadeln, verlieren oft nach dem ersten Regen an Wirkung. Ansonsten kann man die Schnecken leicht morgens unter ausgelegten Brettern und Säcken absammeln oder in ebenerdig eingegrabenen, halb mit Bier gefüllten Bechern fangen und sich „totsaufen" lassen. Manchmal scheint das Bier aber auch noch mehr Schnecken anzulocken.

Des Gärtners Albtraum: Nacktschnecke am Salat

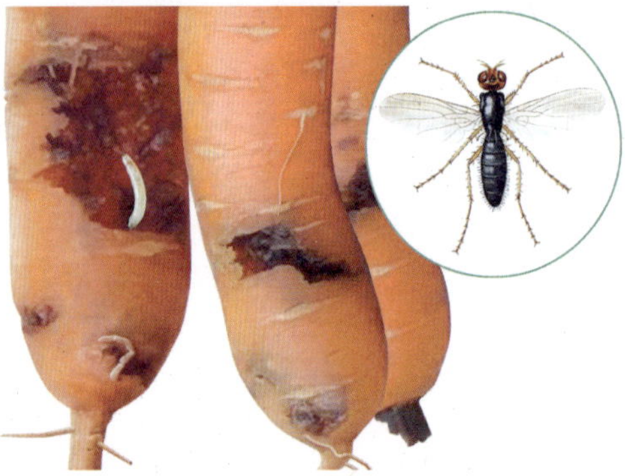

Made der Möhrenfliege und erwachsenes Tier

Weitere Bekämpfungsmöglichkeiten sind Schneckenköder und spezielle Nematodenpräparate. Kümmern oder welken Pflanzen und finden sich Fraßspuren an Wurzeln, Knollen oder Zwiebeln, waren in der Regel Wühlmäuse, die Larven verschiedener Insekten oder Maulwurfsgrillen am Werk.

Eine große Plage sind **Wühl- und Feldmäuse,** die unter der Erde hochovale oder rundliche Gänge graben und an Wurzeln, Zwiebeln, Knollen, Samen, Jungpflanzen oder Rinden fressen. Es gibt unzählige Empfehlungen und Hausmittel, darunter etwa Kaiserkrone und Wolfsmilch als Abwehrpflanzen, doch der Effekt ist meist gering. Das gilt auch für akustische Wühlmausvertreiber und manche käufliche Vergrämungsmittel (Repellents). Recht gut sind dagegen die Erfahrungen mit vertreibenden (nicht abtötenden) Gasen, die man in Form von Granulaten oder Kartuschen in den Gängen der Tiere ausbringt. Als letztes Mittel bleiben einem nur Wühlmausfallen oder Giftköder.

Zu den **im Boden fressenden Larven** gehören Jugendstadien von Mai-, Juni- und Gartenlaubkäfern (Engerlingen), Wiesenschnaken und Eulenfaltern (Erdraupen). Sie sind je nach Art drei bis sechs Zentimeter lang, weißlich, gelblich, bräunlich oder grau. Gegen die Larven von Gartenlaubkäfern, Wiesenschnaken und Eulenfaltern lassen sich spezielle Nematodenpräparate einsetzen.

Leichter zu unterscheiden sind die wurmartigen, gelblichen, harten, meist zwei bis drei Zentimeter langen Larven der kleinen Schnellkäfer, die Drahtwürmer. Sie treten besonders zahlreich auf frisch umbrochenen Grasflächen auf, fressen vor allem an unterirdischen Gemüseorganen und sind oft schuld, wenn Saaten lückenhaft aufgehen. Man kann sie recht gut mit jungen Salatpflanzen oder eingegrabenen Kartoffelhälften ködern und fangen.

Die **Maulwurfsgrille oder Werre** ist ein bis 5 cm langes, braunschwarzes, urtümlich aussehendes Insekt, das mit seinen Schaufelbeinen lange unterirdische Gänge gräbt. Dabei hebt es oft Sämlinge und Setzlinge an, die dann absterben, und frisst auch an Wurzeln und Knollen. Maulwurfsgrillen lassen sich mit ebenerdig eingegrabenen Gläsern fangen und mit einem Nematodenpräparat bekämpfen.

Neben den genannten Bodenschädlingen gibt es etliche **Käfer,** deren Larven oder auch erwachsene Tiere an oberirdischen Pflanzenteilen fressen. Eine recht große Gruppe, die an diversen Pflanzen schadet, sind die höchstens zwölf Millimeter langen, metallisch glänzenden Blattkäfer. Sie fressen kleine Löcher in die Blätter, vom Rand oder von der Unterseite her, wobei aber am Ende teils nur noch die Blattadern übrig bleiben. Oft lassen sie noch dünne Häute stehen (Fensterfraß). Nach Möglichkeit sollte man sie und ihre Larven absammeln.

Eine ähnlich große Gruppe mit vielen verschiedenen Schädlingen sind die **Schmetterlinge,** die von kleinen, teils nur nachts fliegenden Motten bis zu ansehnlichen Tagfaltern reichen. Besondere Bedeutung haben die artenreichen Familien der meist mittelgroßen, unscheinbaren Eulen, Spanner und Wickler. Schädlich werden nur die oft gut erkennbaren Raupen, die teils ganze Pflanzen, auch Bäume, kahl fressen können. Auch sie werden am besten abgesammelt, wenn möglich, und auffallende Eigelege, sofern sie sicher von schädli-

Bei der Lauchmotte sind es die Raupen, die die Blätter von Porree, Zwiebel und Knoblauch zerstören.

chen Schmetterlingen stammen, werden abgestreift oder zerdrückt. Ansonsten stehen mit Bacillus-thuringiensis-Präparaten biologische Mittel zur Verfügung.

SPEZIELLE SCHÄDLINGE AN GEMÜSE

Die größte Gruppe sind hier die kleinen, grauen bis schwarzen **Gemüsefliegen,** die sich in der Regel stark auf unterschiedliche Pflanzengruppen spezialisiert haben, aber für fast jedes Gemüse samt verwandten Kräutern eine Art parat haben – so etwa die Kohl-, Möhren-, Spargel- und Zwiebelfliege. Ihre kleinen, hellen Maden fressen schmale Gänge in Blätter, Stängel, Rüben, Strünke und andere Pflanzenteile und machen sich teils auch über die Wurzeln sowie Keimlinge her. Bewährt haben sich frühzeitig aufgelegte Kulturschutznetze, die die Eiablage der Fliegen verhindern. Gegen manche Arten werden auch Streumittel angeboten.

Die winzigen **Minierfliegen** fallen noch weniger auf als die Gemüsefliegen. Man nimmt sie oft erst wahr, wenn in den Blättern helle, meist geschlängelte „Minen" verlaufen. Darin fressen die kleinen, gelblich weißen Larven. Sie treten zum Beispiel an Porree, Salat, Chinakohl, Gurken, Rucola und Basilikum auf. Gleich bei der Saat oder Pflanzung aufgelegte Netze helfen hier nur, wenn sie sehr engmaschig oder vliesartig sind. Ansonsten bleibt nur das Zerdrücken der Larven im Blatt oder frühzeitige Entfernen befallener Blätter.

Häufige Schädlinge an Kohl, Rettich, Radieschen und anderen Kreuzblütlern sind die winzigen, dunklen **Erdflöhe** – „Flöhe" genannt, weil sie ausgesprochen agil sind. Tatsächlich handelt es sich um Blattkäfer, die zahlreiche kleine Löcher ins Laub fressen.

Bei warmem, trockenem Wetter treten sie oft in Massen auf. Den größten Schaden verursacht die erste Generation im Frühjahr, da sie oft schon die Keimblätter „zersiebt" oder völlig abfrisst. Der beste Weg zum Vorbeugen und Eindämmen besteht im Feuchthalten des Bodens und häufigen Hacken oder Mulchen.

Der Große und der Kleine **Kohlweißling** sind recht auffällige, weißlich gelbe Schmetterlinge, die sich in Details etwas unterscheiden. Die Raupen des Ersteren werden bis vier Zentimeter lang und sind gelbgrün und schwarz gefleckt; die der kleineren Art erreichen bis 2,5 Zentimeter und zeigen eine hellgrüne Färbung. Beide Arten fliegen ab April oder Mai, am gefährlichsten ist allerdings die zweite Raupengeneration ab Juli.

Die Blätter werden stark durchlöchert und öfter bis auf die Blattrippen kahl gefressen. Kulturschutznetze beugen vor; regelmäßiges Ablesen der Raupen und Zerdrücken der gelben, kegelförmigen, gerippten Eier an den Blattunterseiten verhütet Schlimmeres. Außerdem können Bacillus-thuringiensis-Präparate eingesetzt werden.

Die **Lauchmotte** schädigt Porree, Zwiebeln und Knoblauch, zuweilen auch Schnittlauch. Ihre kleinen, gelblich weißen Raupen fressen Gänge in die Blätter. Der kleine, graubraune Falter legt seine Eier erstmals zwischen Ende April und Juni an den Pflanzen ab, die zweite Generation tritt im Juli/August auf. Auch hier bieten Schutznetze die beste Vorbeugung. Erkennt man den Befall frühzeitig, können

Raupen im Blatt zerdrückt oder abgesammelt werden.

Der gelb-schwarz gestreifte **Kartoffelkäfer** und seine rötlichen Larven verursachen Rand- und Lochfraß an den Blättern bis hin zum kompletten Kahlfraß. Die ersten Käfer fliegen ab Mai, eine zweite Generation ab Juli. Auch hier können Schutznetze die Eiablage verhindern. Findet man auf den Blättern orangerote Eigelege, sollte man sie gleich zerdrücken, ansonsten Larven und Käfer frühzeitig ablesen. Außerdem können Neem- und Pyrethrin-Mittel eingesetzt werden.

Der bräunliche, hell gefleckte, 5 Millimeter große **Erbsenkäfer** breitet sich besonders bei warmem Wetter aus. Seine weißgelben Larven fressen sich in die Samenkörner, darin verpuppen sich auch die Käfer. Die Käfer sollten ab ihrem ersten Auftreten regelmäßig abgelesen werden. Eine Bekämpfung ist mit Neempräparaten möglich.

SPEZIELLE SCHÄDLINGE AN OBST

Frostspanner sind Schmetterlinge mit rund drei Zentimeter Flügelspannweite. Bei den Weibchen sind die Flügel zu kleinen Stummeln zurückgebildet. Ihre Raupen zerfressen an Obstbäumen und -sträuchern Knospen, Blüten und junge Blätter, die Früchte sind später ausgehöhlt. Die Blätter zeigen große Fraßlöcher oder werden bis auf die Mittelrippen kahl gefressen.

Besonders gefährlich ist der graubraune Kleine Frostspanner mit etwa 2,5 Zentimeter langen, grünen Raupen. Die des Großen Frostspanners sind rotbraun mit hellen Flecken. Die flugunfähigen Weibchen klettern ab Oktober an den Stämmen hoch bis in die Baumkronen und legen ihre Eier neben Knospen oder in Rindenritzen ab. Im zeitigen Frühjahr schlüpfen die Raupen und fressen an den Gehölzen.

Bewährt haben sich Leimringe, die man von Ende September bis März um die Stämme und Stützpfähle legt, um die hochkriechenden Weibchen abzufangen. Wenn nötig, sollte man die Ringe oder den Leimauftrag zwischendurch erneuern. Zur direkten Bekämpfung der Raupen können Neempräparate eingesetzt werden.

Abgesehen von den unterschiedlichen Wirtspflanzen sind **Apfel- und Pflaumenwickler** in Aussehen und Lebensweise recht ähnlich. Es handelt sich um kleine bräunliche Falter mit bis zu zwei Zentimeter Flügelspannweite, deren rötliche Raupen („Maden") in den Früchten fressen. Vorbeugend sollte man die Bäume im Winter kontrollieren und Larvennester abkratzen, nach einem Befall Früchte und Fallobst umgehend entfernen.

Die Raupen lassen sich recht gut mit Wellpappegürteln fangen, die um den Stamm gelegt werden – dies ab Ende Mai und dann erneut ab Ende Juli gegen die zweite Generation. Daraus kann man die Raupen absammeln. Im Spätherbst werden sie abgenommen und mitsamt den Raupen vernichtet. Außerdem werden Fallen mit Sexuallockstoffen (Pheromonen) zum Aufhängen ab Mai angeboten, des Weiteren spezielle Schlupfwespen zur biologischen Bekämpfung sowie ein Granulosevirespräparat gegen Apfelwicklerraupen.

Erdflöhe sind kleine Blattkäfer, die zahlreiche Löcher in Radieschen-, Rettich- und Kohlblätter fressen.

Die Raupen des Kleinen Frostspanners zerfressen an Obstbäumen und -sträuchern Knospen, Blüten und junge Blätter, die Früchte sind später ausgehöhlt.

Schädlinge mit ähnlicher Auswirkung sind die Maden der kleinen, schwarzen **Kirschfruchtfliege,** die im Mai/Juni bis zu 250 Eier in unreife Früchte ablegt, vor allem an Süßkirschen. Die weißlichen Maden zerfressen das Fruchtfleisch, die Früchte werden matt und stellenweise weich und fallen teils schon früh ab.

Im Fachhandel gibt es Kirschfruchtfliegenfallen, die die Schädlinge mit gelber Farbe und teils zusätzlich mit Lockstoffen anziehen, sodass sie schließlich an einer Leimschicht kleben bleiben. Hängt man diese ab Ende Juni in ausreichender Anzahl auf, wird meist keine weitere Bekämpfung nötig. Kleine Bäume lassen sich auch mit Kulturschutznetzen vor der Eiablage bewahren.

Die kleinen rotbraunen **Blutläuse** sind gefährliche Schädlinge an Apfelbäumen. Sie sitzen in Kolonien an Trieben und Stämmen und fallen durch ihre weißen, watteartigen Überzüge auf. Feuchtwarmes Wetter fördert die Ausbreitung der ab Juni in größerer Zahl auftretenden Läuse. Durch ihre Saugtätigkeit schädigen sie die Rinde, was zu krebsartigen Wucherungen führt, deren Gewebe mit der Zeit knotenartig aufreißt. Die bei den Läusen beliebte Kapuzinerkresse kann als Unterpflanzung einen Teil der Schädlinge „abziehen". Ohrwürmer, die man durch aufgehängte Töpfe mit Holzwolle oder Stroh anlockt, reduzieren die Läuse. Sichtbare Kolonien entfernt man am besten mit einer Bürste, zu Austriebsbeginn kann man die Läusenester auch mit ölhaltigen Mitteln besprühen. Die Wucherungen sollte man sorgfältig ausschneiden und dann die Wunden gründlich mit einem Verschlussmittel verstreichen.

Blütenstecher kommen an Apfel und Quitte (Apfelblütenstecher) sowie Erdbeere, Himbeere und Brombeere (Erdbeerblütenstecher) vor. Es handelt sich um rund vier Millimeter große, graubraune bis -schwarze Rüsselkäfer, die im Frühjahr ihre Eier in die Blütenknospen ablegen. Die weißlichen bis gelben Larven zerfressen das Innere der Knospen, ab Sommer fressen dann die Käfer an den Blättern, was sich an kleinen Löchern zeigt. Die Blüten öffnen sich nicht, vertrocknen und werden braun. Besonders der Erdbeerblütenstecher beschädigt auch die Blütenstiele, sodass diese abknicken. Betroffene Knospen sollten möglichst früh entfernt werden. Bei Apfel und Quitte kann man im Frühjahr Wellpappegürtel um die Stämme legen und die darin verfangenen Käfer absammeln.

Kirschfruchtfliege und Made im Fruchtfleisch

Stachelbeerblattwespe und ihre Larven beim Blattfraß

Die meist grünen Larven der **Blattwespen** fressen Löcher in die Blätter, teils bis zum völligen Kahlfraß. Kontrolliert man ab Frühjahr regelmäßig die Blätter, kann man den Schädlingen durch Entfernen der hellen Eigelege und der Larven Einhalt gebieten.

Weitere spezielle Schädlinge sind direkt bei den Porträts beschrieben, so der Himbeerkäfer (Seite 309), die Brombeergallmilbe (Seite 311), die Johannisbeergallmilbe (Seite 314) sowie Haselnussgallmilbe und -bohrer (Seite 329).

GEMÜSE- UND KRÄUTER-PORTRÄTS

Bataviasalat
Kopfsalat
Eisbergsalat
Chicorée
Radicchio
Feldsalat
Lollo Rosso

SALATE UND BLATTGEMÜSE

Salate bringen Vielfalt und Abwechslung auf Beete und Teller. Die Palette reicht von den kopfbildenden Klassikern Kopfsalat und Endivie über den altbewährten Feldsalat bis hin zu den bei uns noch recht neuen Asia-Salaten.

Während Salate als frische Rohkost den Gaumen erfreuen, genießt man Blattgemüse wie Spinat meist gedünstet. Allerdings schwören manche Köche auch auf Salate mit jungen, rohen Spinatblättchen. Portulak und Winterportulak munden ohnehin roh und gedünstet. Sie können ebenso wie Rucola in kleinen Mengen auch als Würzkräuter verwendet werden.

GESUND UND SCHMACKHAFT RUND UMS JAHR

Salate, die geschlossene Köpfe bilden, lassen sich unterteilen in Lattichsalate (Lactuca-Arten) und Zichoriensalate (Cichorium-Arten).

Prominentester **Lattichsalat** ist der Kopfsalat, dazu kommen Eis-, Batavia-, Romanasalat sowie als mehr oder weniger „kopflose" Varianten der Pflück- und Schnittsalat.

Kopf- und Feldsalat sowie Spinat sind ursprünglich typische Langtagpflanzen. Das heißt, dass sie mit zunehmender Tageslänge (ab etwa 14 Stunden Taglicht) zum Blühen angeregt werden. Wenn die Pflanzen Blütenstiele austreiben und sich teils auch nach oben strecken, spricht man vom **„Schießen"** oder **„Schossen"** – spätestens ab dann wird das Erntegut unbrauchbar. Teils kann auch sommerliche Hitze das Schießen auslösen oder beschleunigen. Pflanzen, die dazu neigen, werden deshalb nur im Frühjahr oder bei abnehmender Tageslänge im Spätsommer/Herbst angebaut. Mittlerweile gibt es aber von den genannten Arten sogenannte tagneutrale, schossfeste Sorten, die sich auch für den Anbau über den Sommer hinweg eignen.

Zu den besonders vitamin- und mineralstoffreichen, eher herb schmeckenden **Zichoriensalaten** zählen Endivie, Radicchio und Zuckerhut sowie als Besonderheit der Chicorée, von dem man die kolbenartigen jungen Sprosse erntet. Bei ihnen handelt es sich um Abkömmlinge beziehungsweise nahe Verwandte der blau blühenden Wegwarte (Cichorium intybus), die bei uns wild wächst.

Bei den Zichoriensalaten reagieren die meisten Sorten auf die Tageslänge und sollten nicht zu früh gesät werden. Zichoriensalate lassen sich dafür bis weit in den Spätherbst hinein ernten; Chicorée, Feldsalat, Spinat und Winterportulak auch über den Winter. Und mit den ersten Pflück- und Schnittsalaten beginnt im Frühjahr schon wieder die neue Salatsaison.

Viele Salate und Blattgemüse haben eine recht kurze Kulturdauer. So lassen sie sich gut als Vor- oder Nachkulturen und zur Überbrückung einsetzen.

In Mischkulturen kommen sie im Gemüsebeet mit den meisten Nachbarn gut zurecht; wichtigste Ausnahme – bei allen Lattich- und Zichoriensalaten – ist der Sellerie.

Lattich- und Zichoriensalate sollten nicht ständig auf derselben Fläche angebaut werden, da sie alle zur Familie der Korbblütler gehören. Bei Endivie und anderen Zichoriensalaten empfiehlt es sich, sie erst nach drei bis vier Jahren wieder auf dasselbe Beet zu setzen.

PFLANZENSYMBOLE

Standort
Weitere Namen
Familie

KOPFSALAT

Lactuca sativa var. capitata

Grüner Salat, Buttersalat
Korbblütler (Asteraceae)

Beim Kopfsalat ist, wie auch bei anderen kopfbildenden Arten, der Spross stark gestaucht, wodurch sich eine dichte, rundliche Blattrosette bildet. Achten Sie bei der Aussaat stets darauf, dass die Sorte für den jeweiligen Anbauzeitraum (Frühjahr, Sommer oder Herbst) geeignet ist. Die zunehmende Hitze macht den Sommeranbau schwieriger. Deshalb empfehlen sich dafür besonders schossfeste Sorten. Weil andererseits die Winter vielerorts milder geworden sind, gelingt nun häufiger auch der Anbau von Winterkopfsalaten. Solche Sorten vertragen durchaus auch etwas Frost.

Anbau und Pflege: Kopfsalat gedeiht am besten auf humosem, lehmigem, gut durchlüftetem Boden, in dem die Samen gleichmäßig keimen. Er zählt zu den Mittelzehrern. Wichtig ist eine gleichmäßige Wasserversorgung.

Frühen Kopfsalat kann man ab Februar vorziehen oder im Gewächshaus und Frühbeet säen. Für die Keimung sind 10–16 °C ideal, Temperaturen über 20 °C wirken hemmend. Frühsorten lassen sich auch ab März ins Beet säen, eventuell mit Vlies- oder Folienschutz. Ab April/Mai folgen die Sommersorten, bis etwa Mitte August dann die Herbstsorten, die unter Glas noch sehr späte Ernten liefern. Winterkopfsalate werden im Juli und August gesät oder bis Anfang Oktober ausgepflanzt und im nächsten Frühjahr geerntet.

Als Pflanzenabstand empfehlen sich 30 cm × 30 cm. Bei Aussaat muss in der Reihe entsprechend ausgedünnt werden, sofern man keine Saatbänder verwendet. Achten Sie beim Pflanzen darauf, dass der Wurzelhals knapp über Bodenniveau kommt und das Herz nicht mit Erde bedeckt wird.

Versorgt man Salate mit stickstoffreichem Dünger, fördert das die Bildung großer, sattgrüner Blätter, kann aber auch den Nitratgehalt erhöhen. Deshalb sollte man besonders beim Spät- und Gewächshausanbau auf leicht lösliche stickstoffhaltige Dünger verzichten.

Sortenbeispiele:

- Blattlaus- und mehltauresistente Sorten für Früh-, Sommer- und Herbstanbau: 'Dynamite', 'Analena' (beide auch resistent gegen Mosaikvirus), 'Casanova', 'Fiorella', 'Lobela', 'Mafalda', 'Veronique'.
- Bewährte Saisonsorten: 'Maikönig' (frühe Freilandsorte, auch Winteranbau), 'Kagraner Sommer' (Sommersorte, sehr schossfest), 'Neckarriesen' (Früh- und Herbstanbau).
- Rotblättrige Sorten für Früh-, Sommer- und Herbstanbau: 'Adrienne' (mehltauresistent), 'Edox', 'Laurenzio' (blattlaus- und mehltauresistent), 'Pirat' (sehr schossfest, robust gegen Mehltau), 'Roxy' (mehltauresistent), 'Soliflore' (blattlaus- und mehltauresistent).
- Winterkopfsalate: 'Winter Butterkopf', 'Trémont', 'Nansen's Noordpool', 'Roter Butterhäuptl'. 'Merveille des quatres saisons' (rot) eignet sich für alle Jahreszeiten, auch für Überwinterung.
- Zunehmend beliebt sind Butterkopfsalate wie 'Attraktion' und 'Mona': Sie schmecken besonders zart und „schmelzig".

Pflanzenschutz: Gegen manche der häufigsten Plagen wie Blattläuse und Falschen Mehltau beugen resistente Sorten vor. Eine natürliche Mehltauresistenz kann allerdings durch neu auftretende Erreger durchbrochen werden. Auf die Blätter und erst recht in die Herzen sollte man möglichst wenig gießen; im Verein mit zurückhaltender Stickstoffdüngung mindert dies das Risiko von Salatfäule und Grauschimmel.

Vor allem junge Pflänzchen sind stark durch Schnecken gefährdet; Schneckenzaun oder ein spezieller Salatkragen sorgen für Schutz.

Links: Kopfsalat (Lactuca sativa var. capitata); rechts: Eissalat (Lactuca sativa var. capitata)

Besonders tückisch, weil zunächst unsichtbar, sind Wurzelläuse, Drahtwürmer und Erdraupen im Boden, die durch Saugen oder Fraß die ganze Pflanze zum Absterben bringen können.
Ernte: Kopfsalate sind nach fünf bis zehn Wochen erntereif; Winterkopfsalate zwischen März und Mai. Schneiden Sie die Köpfe mitsamt Strunk knapp über dem Boden ab, und genießen Sie den Salat möglichst frisch bald nach der Ernte.

EISSALAT

Lactuca sativa var. capitata

✦ *Eisbergsalat, Krachsalat*
Korbblütler (Asteraceae)

Der Name Eissalate hat nichts mit einer besonderen Winterfestigkeit oder Frostresistenz zu tun. Die Salatköpfe wurden früher beim Transport oft auf Eisblöcken frisch gehalten, daher der „frostige" Name. Beim Eissalat oder Eisbergsalat handelt es sich um eine robuste Variante des Kopfsalats. Seine Blätter sind kräftiger, derber, am Rand meist gewellt und schmecken auch etwas „knackiger". Zudem hält sich geernteter Eissalat länger als Kopfsalat (im Kühlschrank bis zu zwei Wochen). Die meisten Sorten eignen sich für den Früh-, Sommer- und Spätanbau und sind recht schossfest.

Anbau und Pflege: Wie beim Kopfsalat beschrieben.
Sortenbeispiele: Bewährte Sorten, teils mit Resistenzen gegen Blattläuse und Falschen Mehltau: 'Barcelona', 'Calmar', 'Fortunas', 'Grazer Krauthäuptel' (alte Sorte aus der Steiermark, sehr hitzefest), 'Great Lakes', 'Unikum' (auch für Überwinterungsanbau geeignet).
Pflanzenschutz: Hier gilt ebenfalls das beim Kopfsalat Gesagte.
Ernte: Eissalat benötigt rund zwei Wochen mehr als Kopfsalat, bis er stattliche, schön geschlossene Köpfe gebildet hat. Er lässt sich gut einige Tage im Kühlschrank lagern.

BATAVIASALAT

Lactuca sativa var. capitata

Korbblütler (Asteraceae)

Der aus Frankreich stammende Bataviasalat wird manchmal als Kreuzung zwischen Kopf- und Eisbergsalat angesehen. Tatsächlich lässt er sich sowohl in der Blattstärke als auch im Geschmack zwischen dem eher zarten Kopfsalat und dem knackigen Eissalat einordnen. Fein, aber herzhaft, heißt die Devise. Die Köpfe sind recht locker und nicht ganz geschlossen, die Blattränder oft stark gewellt, gekraust oder gefranst.

Anbau und Pflege: Bataviasalat gedeiht am besten in voller Sonne und mag es etwas wärmer als die anderen Lattichsalate. Bewährte Sorten sind entsprechend schossfest. Bataviasalat wird üblicherweise ab Ende März bis Juli ins Freiland gesät. Sie können ihn aber auch gegen Anfang März vorziehen und später auspflanzen. Ansonsten Anbau und Pflege wie beim Kopfsalat.

Bataviasalat (Lactuca sativa var. capitata)

Sortenbeispiele: 'Blonde de Paris', 'Leny' (blattlaus- und mehltauresistent), 'Maravilla de Verano' (rötlich), 'Steirer Krauthäuptel' (mehltauresistent), 'Tarengo' (rot getuscht, robust gegen Schwarzfäule), 'Teide' (dunkelrote Außenblätter, mehltauresistent).

Pflanzenschutz: Wie beim Kopfsalat beschrieben.

Ernte: Etwa acht bis zwölf Wochen nach der Aussaat schneidet man entweder die ganzen Köpfe ab oder erntet nach und nach die äußeren Blätter. Bataviasalat kann einige Tage im Kühlschrank aufbewahrt werden.

ROMANASALAT

Lactuca sativa var. longifolia

Binde-, Koch-, Römischer Salat, Sommerendivie

Korbblütler (Asteraceae)

Romanasalat ist eine alte Salatvarietät mit eher herbem, würzigem Geschmack. Seine aufrecht wachsenden, stark gerippten Blätter bilden einen länglichen Kopf. Da man früher die Köpfe zum Bleichen der inneren Blätter zusammenbinden musste, heißt er auch Bindesalat. Die modernen, geschlossen wachsenden Sorten erübrigen diese Maßnahme. Besonders beliebt sind kompakte Miniformen, bei denen nur wenige Außenblätter die knackigen, aromatischen, oft süßlichen Salatherzen umschließen.

Anbau und Pflege: Romanasalate neigen kaum zum Schießen und können zwischen März und August aufs Beet gesät werden. Große Sorten benötigen 30 cm Reihenabstand und werden auch in der Reihe auf 30 cm ausgedünnt; für Minisorten genügen jeweils 20–25 cm. Standort- und Pflegeansprüche wie beim Kopfsalat.

Sortenbeispiele: Beliebte, robuste Sorten sind zum Beispiel 'Little Gem', 'Tantan', 'Valmaine' und als typische „Mini-Römer" 'Attico' und 'Xanadu'.

Pflanzenschutz: Wie beim Kopfsalat beschrieben.

Ernte: Erntezeit ist je nach Saattermin zwischen Mai und Oktober, wobei man die Köpfe direkt am Boden abschneidet. Minisorten sind teils schon nach sechs Wochen erntereif. Der Salat hält sich in einem Plastikbeutel im Kühlschrank etwa drei Tage lang frisch.

Romanasalat (Lactuca sativa var. longifolia)

PFLÜCK- UND SCHNITT-SALATE

Lactuca sativa var. crispa

Korbblütler (Asteraceae)

Pflück- und Schnittsalate brauchen wenig Platz, sind einfach und schnell zu kultivieren und auch wegen ihrer „handlichen" Ernteportionen sehr angenehm. Pflücksalate wachsen mit kleinen, lockeren Köpfen und werden von außen her nach und nach geerntet. Schnittsalate bilden flache Blattrosetten, die man als Ganzes abschneidet. Die meisten dieser niedrigen Sorten lassen sich aber auf beide Weise nutzen. Die besonders beliebten Pflücksalate des 'Lollo'-Typs haben stark gekrauste, gerüscht wirkende Blätter; die Eichblattsalate tragen ihre Blattform schon im Namen. Mit ihren verschiedenen Grün- und Rottönen sorgen sie im Garten ebenso für Vielfalt wie in der Salatschüssel. Diesen Variantenreichtum nutzen auch „Baby-Leaf"-Mischungen oder „Salatwiesen" aus verschiedenen Sorten; bei ihnen erntet man schon zeitig die zarten Blätter.
Da man Pflück- und Schnittsalate nur wenige Wochen ungestört wachsen lässt, kommen sie im Sommer nicht so leicht zur Blütenbildung. Die meisten Sorten sind auf mehr oder weniger verzögertes Schossen gezüchtet, was meist ausreicht – aber eben das Schießen in heißen Sommerwochen nicht ganz ausschließt.

Anbau und Pflege: Pflück- und Schnittsalate können – mit leichten Abweichungen je nach Sorte – ab Ende März bis Juli oder Anfang August ins Freie gesät werden. Im Gewächshaus lassen sie sich fast das ganze Jahr über säen. Folgesaaten im Abstand von etwa zwei Wochen sorgen für eine kontinuierliche Salaternte. Sollen die Pflanzen ganz geschnitten werden, reichen 20–25 cm Reihenabstand, zum fortlaufenden Pflücken sind 25–35 cm besser. In der Reihe wird dann je nachdem auf 15–25 cm vereinzelt. Pflück- und Schnittsalate gibt es öfter auch als Saatbänder, die das spätere Ausdünnen ersparen. Sehr wichtig ist eine gleichmäßige Bodenfeuchtigkeit, die im Hochsommer auch dem Schießen vorbeugt.
Sortenbeispiele: 'Amerikanischer Brauner': eine der ältesten Salatsorten; mit rotgetupften Blättern, sehr langer Anbauzeitraum; 'Lollo Bionda' (gelbgrün, stark gekraust), 'Lollo Rossa' (kräftig rotgrün, stark gekraust), 'Multired' (dunkelrote, geschlitzte Blätter, mehltauresistent, 'Solmar' (ähnlich wie 'Lollo Rossa', mit dunklem Rot, blattlaus- und mehltauresistent). Eichblattsalate: 'Kyrio' (blattlaus- und mehltauresistent), 'Navara' (rot, blattlaus- und mehltauresistent), 'Strubelpeter' (bewährte Biosorte).
Pflanzenschutz: Wie beim Kopfsalat beschrieben. Die stark gekrausten, recht dickblättrigen 'Lollo'-Salate sollen bei Schnecken weniger beliebt sein als andere Sorten.
Ernte: Bei Pflücksalat kann man die äußeren Blätter fortlaufend von April bis Oktober ern-

Pflück- und Schnittsalate (Lactuca sativa var. crispa)

Endivie (Cichorium endivia)

ten. Schnittsalate und als solche genutzte Pflücksalate werden bereits nach vier bis sechs Wochen knapp über dem Boden abgetrennt.

Bei den kopfbildenden Typen können Sie auch, wenn diese 10–15 cm Höhe erreichen, so schneiden, dass das Herz stehen bleibt, dann treiben die Pflanzen wieder aus. Die meisten dieser Salate werden am besten frisch verwendet, dickblättrige Sorten schmecken auch noch nach einigen Tagen im Kühlschrank.

ENDIVIE

Cichorium endivia

✦ *Winterendivie, Escariol, Frisée*

Korbblütler (Asteraceae)

Diese bekannteste Vertreterin der Zichoriensalate wird schon lange als gesunder Herbst- und Wintersalat hoch geschätzt. Allerdings bedingen die verdauungs- und stoffwechselanregenden Bitterstoffe ein recht herbes Aroma. Deshalb genießt man vorrangig die inneren, hellen, milder schmeckenden Blätter. Gefördert wird dies durch Zusammenbinden, also künstliches Bleichen. Ob dies unbedingt nötig ist, hängt von der Sorte, aber auch von den persönlichen Geschmacksvorlieben ab. Grundsätzlich unterscheidet man zwei Typen: die Glatte Endivie oder Escariol mit breiten, ganzrandigen Blättern und die Krause Endivie oder Friseé mit stark gefransten Blättern.

Anbau und Pflege: Endivien bevorzugen einen sonnigen Platz, mit tiefgründigem, humosem, nährstoffreichem Boden. Sie sollten sie erst nach drei bis vier Jahren wieder auf dasselbe Beet setzen. Die Endivie gilt als Mittelzehrer, hat aber einen etwas höheren Nährstoffbedarf als der Kopfsalat. Günstig ist es, wenn man vor der Saat oder Pflanzung zwei bis drei Liter Kompost je m^2 einarbeitet, bei stark zehrenden Vorkulturen auch bis zu 100 g Hornspäne je m^2.

Ausgesät wird zwischen Mitte Juni und Anfang August. Schossfeste Sorten erlauben auch eine Aussaat im April oder Mai und damit eine Sommerernte. Sie können direkt ins vorgesehene Beet säen oder zunächst in ein Anzuchtbeet, mit 30 cm Reihenabstand. Der optimale Endabstand liegt je nach Sorte bei 30 cm x 30 cm bis 40 cm x 40 cm; bei Direktsaat müssen die Reihen entsprechend ausgedünnt werden.

Selbstbleichende Sorten bilden dicht geschlossene Köpfe und bleiben innen hell und bitterstoffarm. Bei anderen kann man die Köpfe etwa zwei Wochen vor der Ernte zusammenbinden oder mit schwarzer Folie abdecken. Die Köpfe müssen dabei aber trocken sein, da sonst Fäulnis der Herzblätter droht.

Zum Spätherbst hin kann das Abdecken mit Folie oder Vlies nötig werden; drohen Temperaturen unter –5 °C, sollte man die Köpfe ernten.

Sortenbeispiele: Escariol-Sorten: 'Blonde à coeur plein' (gelbgrün), 'Bubikopf 2' (gelbgrün, selbstbleichend), 'Diva' (selbstbleichend), 'Eminence' (selbstbleichend), 'Eros' (schossfest), 'Kalinka' (schossfest). Friseé-Sorten: 'Joli' (schossfest), 'Myrna' (schossfest),

'St. Laurent' (schossfest), 'Wallone' (robuste Biosorte).
Pflanzenschutz: Die beim Kopfsalat genannten Schädlinge und Krankheiten treten auch an Zichoriensalaten auf. Friseé-Sorten sind aufgrund ihrer Blattstruktur besonders empfindlich gegen Nässe und Fäulniserreger.
Ernte: Die Köpfe werden nach Bedarf mit Strunk abgetrennt, bei schossfesten Sorten ab Juni, bei anderen von August bis November. Endivien lassen sich einige Zeit lagern, nicht nur im Kühlschrank: Mitsamt Wurzeln geerntet und eingeschlagen in feuchtem Sand oder Zeitungspapier, halten sie sich auch in einem kühlen Keller.

Radicchio (Cichorium intybus var. foliosum)

RADICCHIO

Cichorium intybus var. foliosum

✦ *Rote Endivie, Roter Zichoriensalat*
Korbblütler (Asteraceae)

Radicchio hat feste Köpfe aus purpurfarbenen Blättern mit weißen Blattrippen, die meist von grünen Umblättern umhüllt sind. Die auffällige Rotfärbung setzt erst ein, wenn die Pflanzen Köpfe bilden und die Temperaturen nachts deutlich abfallen. Der dezent bitter, leicht nussartig schmeckende Radicchio enthält Vitamin C und Carotinoide, außerdem eine beachtliche Menge an Mineralien und Spurenelementen.

Anbau und Pflege: Dieser Mittelzehrer ist im Anbau recht unkompliziert. Hitze und Trockenheit können allerdings dazu führen, dass er einen herb bitteren Geschmack entfaltet. Daher sollten Sie die Pflanzen gleichmäßig feucht halten und regelmäßig hacken oder mulchen. Eine warme Anzucht ab Ende April ist möglich, aber etwas heikel: Zum einen, weil Radicchio eine lange Pfahlwurzel entwickelt, die sich schlecht verpflanzen lässt; zum andern, weil er bei starken Temperaturschwankungen während der Anzucht zum Schossen neigt. Deshalb sät man ihn üblicherweise zwischen Mitte Mai und Anfang Juli direkt ins Beet, mit 25–30 cm Abstand, und dünnt später in der Reihe auf 25 cm Abstand aus. Radicchiosorten vom 'Veroneser'-Typ lassen sich noch spät im Juli säen, überwintern (in kälteren Regionen mit Schutzabdeckung) und dann im Frühjahr als kleine Köpfchen ernten. Da die bis zum Herbst gebildeten (wenig schmackhaften) Blätter zum Faulen neigen, kann man sie Ende Oktober vorsichtshalber bis kurz über den Herzblättern zurückschneiden.
Sortenbeispiele: Für Spätsommer- und Herbsternte: 'Indigo', 'Leonardo', 'Palla Rossa'. Zum Überwintern für die Frühjahrsernte: 'Roter von Verona', 'Roter Veroneser'.
Pflanzenschutz: Relativ wenig anfällig. Am ehesten treten Blattläuse und Erdraupen auf.
Ernte: Nach der Aussaat dauert es zehn bis zwölf Wochen, bis die ersten Köpfe geerntet werden können. Schneiden Sie diese mit einem kleinen Stückchen Strunk am Morgen ab, dann sind die Blätter besonders frisch und knackig. Radicchio lässt sich im Folienbeutel rund eine Woche im Kühlschrank lagern. Er ergibt einen leckeren Salat, kann aber auch gegrillt, paniert oder mit Käse überbacken werden.

ZUCKERHUT

Cichorium intybus var. foliosum

✦ *Blattzichorie, Fleischkraut, Zichoriensalat*

Korbblütler (Asteraceae)

Der Zuckerhut bildet spitze, fleischige Köpfe, die bis weit in den November hinein frische Salate liefern. Er ist nicht nur einer der spätesten Salate, sondern aufgrund seiner dicken Blätter der am längsten lagerfähige.

Anbau und Pflege: Zuckerhut ist wie seine Verwandten ein Mittelzehrer und entwickelt sich bei gleichmäßiger Feuchtigkeit am besten. Gesät wird er am besten erst ab der letzten Juniwoche, bis etwa Mitte Juli. Bei zu früher Aussaat besteht die Gefahr des Schossens. Wählen Sie einen Reihenabstand von 35–40 cm und vereinzeln Sie innerhalb der Reihe auf denselben Abstand. Günstig ist eine Nachdüngung mit Hornmehl rund zwei Wochen nach der Aussaat. Die Köpfe tolerieren leichte Fröste bis –5 °C und werden für späte Ernten am besten mit Vlies abgedeckt.

Zuckerhut (Cichorium intybus var. foliosum)

Sortenbeispiele: 'Jupiter', 'Pluto', 'Stamm Vatter'. Samen werden öfter auch ohne Sortenbezeichnung angeboten.

Pflanzenschutz: Recht robust und gering anfällig.

Ernte: Die schweren Köpfe sind ab Anfang Oktober erntereif, bei milden Temperaturen beziehungsweise unter Vlies bis in den Dezember hinein.

Mit Wurzelballen ausgegraben und in Erde oder Sand eingeschlagen, halten sich die Köpfe in einem kühlen Raum oder im Frühbeet etwa zwei Monate. Köpfe ohne Wurzel sind drei bis vier Wochen lagerfähig. Sie können Zuckerhut als Salat oder gedünstet zubereiten. Seinem Namen zum Trotz hat der Zuckerhut einen bitteren Geschmack, der sich abmildern lässt, wenn man die fein geschnittenen Blätter kurz ins warme Wasser legt. Dabei gehen allerdings wertvolle Inhaltsstoffe verloren.

CHICORÉE

Cichorium intybus var. foliosum

✦ *Bleichzichorie, Treibzichorie, Brüsseler Salat, Witlof*

Korbblütler (Asteraceae)

Chicorée ist ein Gemüse mit einer sehr speziellen Anbaumethode. Zunächst sät man ihn aus, um im Herbst die Rüben auszugraben. Diese werden dann drinnen angetrieben und liefern schließlich das eigentliche Erntegut, die kolbenartigen, zarten Sprosse. Das Antreiben muss unbedingt im Dunkeln erfolgen, denn unter Lichteinfluss werden die Sprosse grün und unangenehm bitter.

Anbau und Pflege: Für eine gute Entwicklung der Rüben sollte der Boden besonders gründlich gelockert werden. Der Mittelzehrer wird am besten nur mit Kompost oder organischem Volldünger versorgt; hohe Stickstoffdüngung ist ungünstig.

Gesät wird Mitte Mai bis Anfang Juni mit 30–40 cm Reihenabstand. Etwa vier Wochen später vereinzelt man die Pflänzchen in der Reihe auf 10 cm. Sorgen Sie stets für eine ausreichende Bodenfeuchtigkeit, da Trockenheit die Rübenbildung beeinträchtigt.

Ab Mitte Oktober werden die Rüben bei einem Durchmesser von 3–6 cm mit der Grabegabel vorsichtig gelockert und ausgegraben. Schneiden Sie dann den Blattschopf 3–4 cm über der Rübe ab, achten Sie aber darauf, dass das Herz mit den Triebknospen unverletzt bleibt. Die Rüben können Sie dann nach und nach von Oktober bis Februar ganz nach Bedarf antreiben. Bis dahin werden sie an einem kühlen, dunklen Ort in Sand oder Erde eingeschlagen.

Für das Antreiben eignen sich Temperaturen zwischen 12 und 18 °C. Verwenden Sie dafür Eimer, Wannen oder Kisten und bohren Sie kleine Wasserabzugslöcher in den Boden. Füllen Sie dann eine Mischung aus Erde und Sand ein, etwa 20–25 cm hoch, sodass sich die Rüben hineinstecken lassen und der Blattansatz knapp unter die Erdoberfläche kommt. Sie können sie dann recht dicht, mit 5–10 cm Abstand, nebeneinander „pflanzen". Dann wird die Erde gut angefeuchtet. Sorten, die keine Deckerde brauchen, werden abschließend mit schwarzer Folie abgedeckt, oder man stülpt einen großen Eimer über das Gefäß. Für die Treiberei mit Deckerde füllt man nochmals eine 20 cm hohe Schicht Erde über den Rüben ein und feuchtet sie etwas an. Die Wurzeln beziehungsweise das Substrat dürfen während des Treibens nicht austrocknen.

Sortenbeispiele: Sorten zur Treiberei ohne Deckerde: 'Flash', 'Tardivo', 'Zoom'. Treiberei mit Deckerde: 'Chicorée Di Bruxelles'.

Pflanzenschutz: Recht wenig anfällig; gelegentlich können Mehltau oder die Chicoréefliege auftreten.

Ernte: Die gelblichen, noch geschlossenen Sprosse können fünf bis sechs Wochen nach Beginn der Treiberei einzeln vom Rübenkörper abgebrochen werden. Die Rüben lassen sich nur einmal beernten. Chicorée kann als Salat oder Gemüse zubereitet werden. Wenn Sie den Strunk keilförmig herausschneiden, schmecken die Sprosse weniger bitter.

Chicorée (Cichorium intybus var. foliosum)

FELDSALAT

Valerianella locusta

✦ *Ackersalat, Rapunzel, Nüsslisalat*

Baldriangewächse (Valerianaceae)

In den Blättchen des Feldsalats stecken besonders viele gesunde Inhaltsstoffe, wie etwa Vitamin C, Carotinoide und Mineralstoffe (Kalium, Kalzium und recht viel Eisen). Außerdem enthalten sie ätherische Öle, die beruhigend auf den Magen wirken und den leicht nussigen Geschmack prägen.

Anbau und Pflege: Als genügsamer Schwachzehrer kommt Feldsalat oft schon mit dem zurecht, was seine Vorgänger an Nährstoffen übrig gelassen haben. Stickstoffreich gedüngte Pflanzen sind weniger kälteverträglich, mehltauanfällig und reichern zudem Nitrat in den Blättern an.

Für die Herbsternte kommen die Samen im August in die Erde. Wer lieber im Winter oder Frühjahr frischen Feldsalat genießen möchte, sät Mitte September aus. In rauen Lagen sollte man die Pflänzchen mit Vlies oder Fichtenreisig schützen. Im Frühbeet oder Gewächshaus lässt sich Feldsalat auch noch im Oktober oder gar November säen. Außerdem gibt es einige schossfeste Sorten, die sich selbst für eine Aussaat ab April eignen. Am besten sät man in Reihen mit 10–20 cm Abstand und vereinzelt später in der Reihe auf 5–10 cm Abstand. Noch einfacher ist es, wenn man sich Saatbänder besorgt, in denen die Samen bereits im optimalen Abstand angeordnet sind.

Sortenbeispiele: Für Herbst- und Winteranbau: 'Elan', 'Juwabel', 'Vit'. Auch für Frühjahrs- und Sommeranbau: 'Favor', 'Gala'. Alle genannten Sorten sind mehltautolerant.

Pflanzenschutz: Probleme kann es vor allem mit dem Falschen Mehltau geben, besonders beim Gewächshausanbau. Mehltautolerante Sorten verdienen deshalb den Vorzug.

Ernte: Frühe Augustsaaten können Sie bereits Anfang Oktober ernten. Schneiden Sie die Blattrosetten dicht am Boden ab. Feldsalat sollte immer frisch gegessen werden. Die Blattrosetten fallen nach dem Waschen weniger zusammen, wenn man sie anschließend in einem Plastikbeutel kurz in den Kühlschrank legt.

Feldsalat (Valerianella locusta)

Spinat (Spinacia oleracea)

SPINAT

Spinacia oleracea

Gänsefußgewächse (Chenopodiaceae)

Der Spinat stammt ursprünglich aus Persien und kam mit den Mauren über Spanien nach Europa. Hier verdrängte das raschwüchsige, schmackhafte Kraut früher oft genutzte Gemüse wie Gartenmelde und Guten Heinrich aus den Hausgärten. Zeitweise wurde Spinat besonders populär, da man annahm, dass er außerordentlich viel Eisen enthält. Das beruhte aber auf einer falsch interpretierten Zahl. Trotzdem bietet Spinat einen nennenswerten Gehalt an Eisen und anderen wertvollen Mineralstoffen sowie Vitaminen. Bei häufigem Genuss kann sich allerdings sein Oxalsäuregehalt negativ auswirken, da diese Verbindung die Kalziumaufnahme behindert und Probleme mit Nierensteinen verstärken kann. Besonders hoch ist der Oxalsäuregehalt bei im Sommer angebautem Spinat. Dagegen kann vor allem im Herbst- und Winteranbau der Nitratgehalt in unerwünschtem Maß ansteigen.

Anbau und Pflege: Wenn man die Wahl hat, sollte man für Spinat allzu sandige Böden meiden, da er bei Trockenheit leicht schießt. Mäßige, aber gleichmäßige Feuchtigkeit ist deshalb besonders wichtig. Dem Schwachzehrer genügt etwas Kompost. Auf Dünger mit leichtlöslichem Stickstoff sollte man verzichten, ganz besonders beim Herbst- und Winterspinat.

Frühlingsspinat wird von März bis April oder Mai (je nach Sorte) ausgesät. Unter Vlies keimen die Samen besonders gut. Dieselben Sorten eignen sich dann auch für eine Spätsaat ab August, teils sogar noch im Oktober, besonders im Gewächshaus oder Frühbeet. Die letzten Saaten werden im Winter oder Frühjahr erntereif. Im Freien schützt man sie mit Vlies oder Fichtenreisig vor Frösten. Schossfeste Sommersorten schließlich lassen sich zwischen April und Juli aussäen. Der Reihenabstand beträgt 20–25 cm; gehen die Pflänzchen sehr dicht auf, vereinzelt man auf 5–7 cm Abstand. Manche Sorten werden auch als Saatbänder angeboten. „Babyleaf"-Spinat

für die frühe Ernte zarter Blätter kann man etwas dichter säen.
Sortenbeispiele: Für Frühjahrs- und Herbstanbau: 'Bordeaux' (rotstielig, gute Babyleaf-Eignung), 'Dolphin', 'Monnopa'. Für Sommeranbau: 'Columbia', 'Emilia'. Für Anbau von Frühjahr bis Frühherbst: 'Lazio', 'Sardinia' (gute Babyleaf-Eignung). Alle genannten Sorten sind mehltautolerant oder -resistent.
Pflanzenschutz: Hier gilt dasselbe wie beim Feldsalat.
Ernte: Junge Spinatblätter können bereits nach vier Wochen für Salat beziehungsweise als Babyleaf geerntet werden. Der kräftige Herbst- und Winterspinat eignet sich eher zum Dünsten. Im Kühlschrank lässt sich Spinat zwei bis drei Tage aufbewahren. Nach Möglichkeit sollte man ihn aber direkt vor der Zubereitung oder dem Einfrieren ernten. Das mindert nicht nur Verluste an Geschmacks- und Inhaltsstoffen, sondern auch die Gefahr, dass in den Blättern enthaltenes Nitrat in gesundheitsgefährdende Verbindungen (Nitrit, Nitrosamine) umgewandelt wird.

Winterportulak (Montia [Claytonia] perfoliata)

WINTERPORTULAK

Montia (Claytonia) perfoliata

✦ *Winterpostelein, Tellerkraut, Kubaspinat*
Quellkrautgewächse (Montiaceae)

Der aus Nordamerika stammende Winterportulak wird zunehmend als Alternative oder Ergänzung zu Feldsalat und Spinat geschätzt. Wegen seiner Ähnlichkeit zum Sommerportulak und dessen Verwandtschaft wurde er lange Zeit zu den Portulakgewächsen gezählt und als *Montia perfoliata* geführt. Doch in neuerer Zeit stellten ihn Botaniker zu den Tellerkräutern (Claytonia). Das brachte auch eine neue Familienzuordnung mit sich (Quellkrautgewächse statt Portulakgewächse). Doch wie in ähnlichen Fällen findet man seine Samen im Handel oft noch unter dem alten botanischen Namen. Die sehr kälteverträgliche kleine Pflanze liefert mitten im Winter Blätter mit frisch säuerlichem Geschmack und einem hohen Gehalt an Vitamin C und Mineralstoffen. Das einjährige Kraut bildet eine Rosette aus rautenförmigen Blättern. Ab März erscheinen tellerförmige Hochblätter, in deren Mitte sich kleine, weiße Blüten entwickeln.

Anbau und Pflege: Mit seinem Aussaattermin eignet sich der anspruchslose Schwachzehrer hervorragend als Nachkultur. Er lässt sich auch gut im Frühbeet oder unbeheizten Gewächshaus anbauen, ebenso in Töpfen oder Balkonkästen. Die Pflanze keimt am besten bei Temperaturen unter 12 °C und wird frühestens ab Mitte August ausgesät. Folgesaaten sind bis in den November hinein möglich, bei milden Temperaturen oder im Gewächshaus auch über Winter. Man kann in Reihen mit 15–20 cm Abstand säen, breitwürfig oder in Horsten, also in kleinen Grüppchen.

Zum Gedeihen benötigt Winterportulak einen gleichmäßig leicht feuchten Boden. Er verträgt Temperaturen bis rund –10 °C. Unter Frosteinwirkung verfärben sich die Blätter rötlich und werden hart. Doch sobald die Temperaturen über 5 °C ansteigen, treibt die Pflanze wieder neue Blätter. Setzt die Blüte ein, bleiben

Komatsuna
Portulak
Winterportulak
Red Giant
Rucola
Mizuna
Spinat

die Blätter schmackhaft, sogar die Blüten können mitgegessen werden. Allerdings sollte man den Winterportulak nicht zur Samenbildung kommen lassen, da er durch starke Selbstausbreitung lästig werden kann.
Sortenbeispiele: Wird meist ohne Sortenbezeichnung angeboten.
Pflanzenschutz: Schädlinge oder Krankheiten treten sehr selten auf.
Ernte: Die ersten Blätter und Triebe kann man bereits nach sechs bis acht Wochen ernten. Schneiden Sie die Blattstiele mindestens 1 cm über dem Boden ab, damit die Pflanze nachwachsen kann, und ernten Sie nur, wenn es nicht gefroren hat. Blätter und Stiele können zu Salat gegeben oder gedünstet werden. Kleine Portionen schmecken frisch auf dem Butterbrot oder im Kräuterquark.

ECHTER PORTULAK

Portulaca oleracea var. sativa

✦ *Sommerportulak, Bürzelkraut*
Portulakgewächse (Portulacaceae)

Der Echte Portulak ist die sommerliche Alternative zum Winterportulak und gehört zur nahen Verwandtschaft der bunt blühenden Portulakröschen. Das einjährige, bis 40 cm hohe Kraut stammt wahrscheinlich aus dem westlichen Asien, ist aber auch in Europa verbreitet. Seine dicken, fleischigen Triebe und Blätter werden bereits seit Jahrhunderten genutzt, vor allem als Salatwürze. Sie haben einen erfrischend säuerlichen Geschmack und liefern Eiweiß, Mineralstoffe, Vitamine der B-Gruppe sowie Vitamin C.

Anbau und Pflege: Die Pflanze bevorzugt eher sandigen, gut durchlässigen Boden, ist sehr wärmebedürftig und sollte erst ab Mitte Mai in Reihen mit 20 cm Abstand gesät werden. Die sehr kleinen Samen werden nur dünn mit Erde bedeckt und angedrückt. Nach dem Aufgehen vereinzelt man auf etwa 10 cm in der Reihe. Die Pflanzen können auch im April drinnen vorgezogen und im Mai ausgepflanzt werden. Portulak sollte gleichmäßig leicht feucht, aber keinesfalls nass gehalten werden. Der Nährstoffbedarf ist gering.
Sortenbeispiele: Sorten im engeren Sinn gibt es nicht. Neben grünblättrigen werden auch gelblaubige Sorten angeboten.
Pflanzenschutz: Die Pflanze ist wenig anfällig. Gelegentlich treten Blattläuse auf. Bei übermäßiger Stickstoffdüngung und Nässe kann es zu Problemen mit Pilzkrankheiten kommen.
Ernte: Nach 3–5 Wochen können die Triebe und Blätter das erste Mal geerntet werden. Schneidet man nicht zu tief und versorgt die Pflanze mit etwas Kompost, liefert sie den Sommer über drei bis vier weitere Ernten. Wenn man sie allerdings ab Juli zur Blüte kommen lässt, schmecken die Blätter bitter. Die fleischigen Triebe und Blätter passen zu Salat, Quark und Soßen oder werden wie Spinat zubereitet.

Echter Portulak (Portulaca oleracea var. sativa)

Asia-Salate (Brassica und Chrysanthemum)

ASIA-SALATE

Brassica, Chrysanthemum

Kreuzblütler (Brassicaceae), Korbblütler (Asteraceae)

Unter dem Namen Asia-Salate werden verschiedene Brassica-Arten zusammengefasst, die in der asiatischen Küche seit jeher geschätzt werden. Meist handelt es sich um Varietäten oder Züchtungen von Rübsen (Brassica rapa) oder Braunem Senf (Brassica juncea), die auch als Blattkohl oder Blattsenf bezeichnet werden und klangvolle japanische Namen wie Mizuna oder Komatsuna tragen. Im weiteren Sinn gehören auch Pak Choi und Chinakohl (siehe Seite 196) zu den Asia-Salaten. Eine Besonderheit in diesem illustren Kreis ist die Salatchrysantheme (Chrysanthemum coronarium) aus der Familie der Korbblütler, bei der Blätter wie Blüten essbar sind. Die Salatchrysantheme schmeckt je nach Erntestadium zart bis herb aromatisch. Beim Geschmack der anderen Asia-Salate zeigt sich oft deutlich die Verwandtschaft mit anderen Kreuzblütlern: Die Palette reicht von mild kresseartig bis scharf senfartig. Neben Vitaminen und Mineralstoffen tragen hier auch die Senföle zum Gesundheitswert bei.

Asia-Salate werden meist als Mischungen verschiedener Varietäten angeboten, teils auch in Saatbändern. Spezialisierte Anbieter führen auch manche Rarität im Programm.

Anbau und Pflege: Anbau und Ansprüche sind ähnlich wie bei den Pflück- und Schnittsalaten (siehe Seite 173). Sehr wichtig ist gleichmäßige Feuchtigkeit, besonders beim Sommeranbau, bei dem manche Asia-Salate stark zum Schießen neigen. Über Sommer ist deshalb oft auch ein halbschattiger Platz günstig.

Gesät wird zwischen März und Anfang August in Reihen mit 20–25 cm Abstand. Sofern Sie keine Saatbänder verwenden, müssen Sie eventuell ein wenig ausdünnen. Für die Ernte als Salat können die Pflanzen recht dicht stehen; sollen sie als Gemüse verwendet werden, sind 10–15 cm Abstand in der Reihe vorteilhaft. Die beim Vereinzeln herausgezogenen Pflänzchen können Sie gleich für Salate verwerten.

Sortenbeispiele: Teils gibt es ausgewiesene Sorten wie 'Red Giant', eine großblättrige, rot überlaufene Züchtung, die scharf senfartig schmeckt, beim Dünsten aber milder wird. Meist jedoch unterscheidet man nur die Varietäten. Einige Beispiele: 'Komatsuna': schmale, abgerundete, fleischige Blätter, milder Geschmack; verträgt sommerliche Hitze. 'Mibuna': schmale, glattrandige, weiche Blätter, mild rettichartig; recht kälteverträglich. 'Mizuna': längliche, geschlitzte Blätter, mild kresseartig; raschwüchsig, neigt im Sommer aber zum Schießen.

Pflanzenschutz: Feuchtigkeit und häufiges Hacken sind wichtig, um Erdflöhen vorzubeugen. Früh aufgelegte Kulturschutznetze können diese ebenso abwehren wie Kohlfliegen. Nicht vor oder nach anderen Kreuzblütlern anbauen, um das Risiko des Kohlherniebefalls zu reduzieren.

Ernte: Zwischen April und Oktober können Sie ab 10–20 cm Pflanzenhöhe die Blätter 4–5 cm über dem Boden abschneiden. Wenn Sie einen milden Geschmack bevorzugen, ernten Sie die Blätter möglichst jung, besonders im Sommer.

Sie munden als frische Salate oder Salatbeigabe. Für das kurze Erhitzen in der Pfanne oder im Wok eignen sich auch größere Blätter, die dann einen Teil ihrer Schärfe verlieren.

RUCOLA

Eruca sativa

✦ *Salatrauke, Senfrauke, Echte Ölrauke, Ruke*
Kreuzblütler (Brassicaceae)

Schon im Mittelalter war diese alte Kulturpflanze aus Italien in weiten Teilen Europas verbreitet, geriet dann aber wieder in Vergessenheit. In neuerer Zeit sorgte die beliebte mediterrane Küche dafür, dass sie als populärer „Trendsalat" unter ihrem italienischen Namen Rucola zu neuen Ehren kam. Die bis rund 30 cm hohe Pflanze bildet eine Rosette aus fiederteiligen Blättern. Junge Blätter schmecken kresseartig und leicht nussig, später nimmt die Schärfe der Senföle zu. Zuweilen wird auch die mehrjährige, winterharte, scharf würzig schmeckende Wilde Rauke (Diplotaxis tenuifolia) angeboten. Sie hat tief fiederteilige, geschlitzt wirkende Blätter und wird ungeschnitten bis 75 cm hoch.

Anbau und Pflege: Robust und schnellwüchsig, lässt sich dieser Schwachzehrer ebenso gut auf Beeten wie in Pflanzgefäßen und im Gewächshaus kultivieren. Wegen seiner kurzen Kulturzeit bietet sich ein Anbau in Folgesätzen an. Draußen kann er zwischen Ende März und Anfang September gesät werden, unter Glas ganzjährig. Günstig ist ein Reihenabstand von 20 cm. Saatbänder oder -scheiben ersparen das Vereinzeln.

Achten Sie besonders im Sommer auf gleichmäßige Feuchtigkeit: Bei Hitze und Trockenheit werden die Blätter schnell unangenehm scharf und bitter.

Mehrjähriger Rucola (Wilde Rauke) erhält im Frühjahr eine Startgabe aus Kompost und wird bei Bedarf organisch nachgedüngt. Auf leicht lösliche Stickstoffdünger sollte man verzichten, da Rucola unter ungünstigen Bedingungen viel Nitrat anreichert.

Rucola (Eruca sativa)

Sortenbeispiele: Bewährte Eruca-sativa-Sorte: 'Ruca'. Zunehmend werden schnellwüchsige, sehr aromatische Kreuzungen zwischen Salatrauke und Wilder Rauke angeboten, zum Beispiel 'Juno', 'Runway', 'Sperling's Speedy'.
Pflanzenschutz: Bei trockener Witterung können Erdflöhe auftreten.
Ernte: Im Frühjahr und Herbst können Sie etwa sieben Wochen nach der Aussaat ernten, im Sommer bereits nach drei Wochen. Schneidet man die Blätter bei einer Höhe von 10 cm nicht zu dicht über dem Boden ab, wächst neuer Austrieb nach. So kann zwei bis drei Mal geerntet werden.

Rucola sollte man nach der Ernte gleich verbrauchen. Die Blätter eignen sich für Salate und – nicht mitgekocht – als Würze für Gemüse- und Fleischgerichte sowie als Pizzaauflage.

STIEL- UND STÄNGELGEMÜSE Typische Stiel- oder Blattstielgemüse sind Stangensellerie und Rhabarber, von denen wir die jungen Blattstiele ernten und genießen. Beim Mangold kommen – je nach Sorte – auch die schmackhaften Blätter hinzu.

Spargel ist streng genommen kein Stielgemüse, sondern ein Stängel- beziehungsweise Sprossgemüse. Hier dienen die jungen Sprosse als Delikatesse, mitsamt den schuppigen Blättern an den Köpfen. Es gibt noch ein Gemüse mit einer ähnlichen Nutzungsform, das aber bei uns nicht kultiviert wird: die Bambussprossen. Im weiteren Sinn lassen sich auch Porree und Chicorée zu den Stängel- oder Sprossgemüsen zählen.

GESCHICHTSTRÄCHTIGE GEMÜSE

Mangold ging aus der Wildform der Rübe Beta vulgaris hervor, von der auch Zucker- und Futterrübe sowie die Rote Bete abstammen. Seine ursprüngliche Heimat liegt im östlichen Mittelmeerraum und in Vorderasien. Bereits die alten Griechen und Römer schätzten die Gemüsepflanze sehr. In Mitteleuropa wurde sie bis ins 16. Jahrhundert verbreitet angebaut, doch dann begann der Siegeszug des Spinats, der Gartenmelde, Mangold & Co. aus den Gärten verdrängte. Gegen Ende des 20. Jahrhunderts wurde Mangold wieder populärer: erst als schossfeste Sommeralternative zum Spinat, dann zunehmend auch wegen des erdig würzigen Geschmacks seiner Blätter und des spargelähnlichen Aromas der Stiele.

Wild wachsender Sellerie wurde im alten Ägypten schon seit etwa 1000 vor Christus gepflückt. Griechen und Römer brachten der Pflanze ebenfalls hohe Wertschätzung entgegen. Allerdings stand über Jahrhunderte die Nutzung der Blätter, Stängel und Wurzeln für Würz- und Heilzwecke im Vordergrund. Der Stangen- oder Bleichsellerie entstand ebenso wie Knollensellerie erst im 17. Jahrhundert durch Auslesezüchtung in Italien. Eine uralte Heil- und Gemüsepflanze ist der Rhabarber, dessen Wurzeln schon vor über 4000 Jahren als Abführmittel in der chinesischen Medizin eingesetzt wurden. Nach Mitteleuropa kam die Staude erst spät im 18. Jahrhundert, wo sie anfangs vor allem in England Liebhaber fand. Diese waren dann auch die Ersten, die den kulinarischen Genuss der fleischigen Blattstiele entdeckten.

Der Spargel hat seinen Ursprung vermutlich in Vorderasien und im Mittelmeerraum. Im Altertum nutzten ihn die Griechen hauptsächlich als wild gesammelte Pflanze für Arzneizwecke. Die Entdeckung und Entwicklung des Spargelanbaus ist wahrscheinlich den Römern zuzuschreiben. Bei den antiken römischen Schriftstellern Plinius und Cato finden sich schon genaue Beschreibungen der Spargelkultur. Den Römern galten die edlen Sprosse nicht nur als geschätztes Gemüse, sondern auch als Aphrodisiakum. In den mittelalterlichen Klostergärten rückte zunächst wieder die Bedeutung als Heilpflanze in den Vordergrund. Schließlich kamen im 16. Jahrhundert höfische Kreise auf den Geschmack und erkoren den Spargel zum Luxusgemüse. Im Lauf des 17. Jahrhunderts entstanden dann die ersten größeren Anbaugebiete in Deutschland.

Mangold
Staudensellerie
Grüner Spargel
Rhabarber
Weißer Spargel

Màngold (Beta vulgaris subsp. cicla)

MANGOLD

Beta vulgaris subsp. cicla

✦ *Römische Bete, Römischer Kohl*

Gänsefußgewächse (Chenopodiaceae)

Traditionell unterscheidet man die Varietäten Blatt- oder Schnittmangold (var. cicla), dessen Blätter wie Spinat gedünstet werden, und Stiel- oder Rippenmangold (var. flavescens), dessen Stiele und dicke Blattrippen man ähnlich wie Spargel nutzt. Allerdings bevorzugen heute viele Hobbygärtner Sorten, von denen man sowohl die Stiele als auch die Blätter verwenden kann. Beide Pflanzenteile sind eiweißreich und liefern B-Vitamine sowie Mineralstoffe, darunter recht viel Eisen. Ähnlich wie Spinat enthält Mangold aber auch relativ viel Oxalsäure (siehe auch Seite 178).

Anbau und Pflege: Als Tiefwurzler bevorzugt Mangold tiefgründigen Boden. Neben einer Startdüngung mit Kompost verträgt der Mittelzehrer ein bis zwei Nachdüngungen mit Hornspänen oder -mehl. Zu viel (leicht löslicher) Stickstoff kann zu überhöhtem Nitratgehalt führen.

Aussaattermin ist, je nach Sorte, von April bis Juni. Wählen Sie einen Reihenabstand von 30–40 cm und vereinzeln Sie später in der Reihe auf 30 cm. Bei Trockenheit sollte man kräftig gießen, häufiges Hacken oder Mulchen ist empfehlenswert. Spät gesäter Mangold kann milde Winter recht gut überstehen, besonders, wenn er vor frostigen Nächten mit Vlies oder Fichtenreisig abgedeckt wird. Dann bringt er im Frühjahr nochmals eine Ernte.

Sortenbeispiele: Stielmangold: 'Vulkan' (rotstielig), 'Walliser' (weißstielig, recht frostfest), 'White Silver (Glatter Silber)' (weißstielig). Blattmangold: 'Grüner Schnitt'. Sorten mit Stiel- und Blattnutzung: 'Bright Lights' (Stiele in Weiß, Gelb und Rot), 'Lucullus' (weißstielig, mit gelbgrünen, gekrausten Blättern), 'Rhubarb Chard' (rotstielig, recht frostfest).

Pflanzenschutz: Mangold sollte nicht nach anderen Gänsefußgewächsen (Rote Bete, Spinat) angebaut werden. Er ist recht robust. Bei feuchtem Wetter treten manchmal Falscher Mehltau und Blattfleckenkrankheiten auf, in warmen, trockenen Phasen Blattläuse. Verkrüppelte Blätter können auf Bormangel hinweisen (siehe Seite 100).

Ernte: Die Erntezeit beginnt Mitte Juni und endet im Oktober. Schneiden Sie die Stiele nach und nach von außen ab. Die Blätter sollten Sie jung pflücken, da sie dann weniger Oxalsäure enthalten. Wenn Sie die Herzblätter schonen, können Sie eine ganze Saison lang ernten. Nach der Ernte sollten Blätter und Stangen rasch verarbeitet oder eingefroren werden.

STANGENSELLERIE

Apium graveolens var. dulce

✦ *Bleichsellerie, Staudensellerie*

Doldenblütler (Apiaceae)

Stangensellerie bildet anders als Knollensellerie (Seite 209) nur eine kleine Wurzelknolle, da er auf dicke, fleischige Blattstiele gezüchtet wurde.

Früher war es üblich, diese Stiele beim Anbau zu bleichen, damit sie besonders zart werden. Heute gibt es mehrere Sorten, bei denen die grün bleibenden Stiele sehr schmackhaft sind, die man bei Bedarf aber auch bleichen kann. Manche Züchtungen sorgen durch dichten Wuchs von selbst für bleiche Stiele. Die Stiele enthalten reichlich Vitamine (vor allem B, E und K) und Mineralstoffe, außerdem gesundheitsfördernde ätherische Öle. Eine weitere Varietät ist der Schnittsellerie (siehe Seite 256 f.).

Anbau und Pflege: Der Starkzehrer gedeiht am besten in einem humusreichen, tiefgründigen, kalkhaltigen Boden und benötigt gleichmäßige Feuchtigkeit.

Eine Anzucht kann ab Mitte März erfolgen. Die Samen werden nur dünn abgedeckt und anfangs bei 20–22 °C gehalten. Nach dem Aufgang sollte man sie pikieren und etwas kühler stellen (16–18 °C). Wenn die Anzuchttemperaturen stark schwanken, neigen die Pflanzen zum Schießen. Deshalb ist es oft günstiger, vorgezogene Jungpflanzen zu kaufen. Die frostempfindlichen Setzlinge kommen frühestens Mitte Mai (bis Anfang Juni) nach draußen. Zuvor werden sie am besten allmählich abgehärtet. Der Pflanzabstand beträgt 30–40 cm x 30 cm. Sollen die Stiele gebleicht werden, kann man die Pflanzen in 25 cm tiefe Furchen setzen und diese nach und nach mit Erde auffüllen. Eine andere Möglichkeit ist das Zusammenbinden und Umhüllen der Stiele mit schwarzer Folie, etwa drei Wochen vor der Ernte.

Sortenbeispiele: Grün bleibend, kein Bleichen nötig: 'Darklet', 'Tall Utah', 'Tango'. Selbstbleichend: 'Golden Spartan'.

Pflanzenschutz: Sellerie sollte frühestens nach vier Jahren wieder auf dasselbe Beet kommen. Um Blattfleckenkrankheiten vorzubeugen, sollte man nicht über das Laub gießen.

Ernte: Geerntet wird von August an bis zum ersten Frost, wobei die Blattstiele an der Basis abgedreht werden. Die grünen, fleischigen Stangen können Sie als Gemüse zubereiten, zu Suppen geben oder mit einem Dip roh genießen. Die zarten Blätter kommen als Würze in Eintöpfe, Suppen und Soßen. Luftdicht eingepackt, bleibt Stangensellerie im Kühlschrank etwa zehn Tage haltbar.

Stangensellerie (Apium graveolens var. dulce)

Rhabarber

RHABARBER

Rheum rhabarbarum

Knöterichgewächse (Polygonaceae).

Als langlebige Staude, deren Erntegut man eher wie Obst nutzt, ist Rhabarber eine Besonderheit, die aber traditionell dem Gemüse zugeordnet wird. In der Regel genügen ein bis zwei Exemplare, zumal die bis 150 cm hohe, ausladend wachsende Pflanze reichlich Platz beansprucht. Dafür ist sie aber auch recht pflegeleicht und robust.

Rhabarber enthält reichlich Fruchtsäuren, die für den herb-frischen Geschmack verantwortlich sind. Rotstielige Sorten sind weniger säurehaltig und milder als grüne Formen. Die Säuren regen zusammen mit Gerbstoffen und Pektin die Darmtätigkeit an. Außerdem stecken in den Stielen reichlich Vitamine und Mineralstoffe. Rhabarber wird auch gern für Frühjahrskuren verwendet, da er als blutreinigend und entwässernd gilt. Geradezu berüchtigt ist er allerdings wegen seine Oxalsäuregehalts. Der liegt zwar oft kaum höher als in Spinat oder Mangold. Da man aber Rhabarberstiele innerhalb eines kurzen Zeitraums oft in größeren Mengen genießt, kann die Oxalsäure nicht nur die Kalziumaufnahme behindern, sondern bei empfindlichen Personen auch die Magen- und Darmschleimhaut reizen oder sogar zu Durchfall führen. Am besten isst man Rhabarber zusammen mit Milchprodukten; dann wird die Säure durch das Kalzium der Milch gebunden und „neutralisiert".

Anbau und Pflege: Rhabarber erhält man im Fachhandel als Jungpflanzen, bei guter Qualität mit kräftigem Wurzelstock und reichem Besatz an Triebknospen. Diese werden im Herbst oder Frühjahr gesetzt – am besten in einen tiefgründigen, nährstoffreichen, humosen, nicht allzu sandigen Boden, der gut mit reifem Kompost angereichert wird. Pflanzen Sie so, dass die Triebknospen knapp unter die Erdoberfläche kommen. Zu anderen Pflanzen ist ein Abstand von 150 cm empfehlenswert.

Ernten sollte man erst ab dem zweiten Jahr nach der Pflanzung, eine Vollernte empfiehlt sich erst ab dem dritten Jahr. Im zeitigen Frühjahr versorgt man den Rhabarber regelmäßig mit einer rund 3 cm hohen Kompostschicht und düngt im Mai oder Juni mit Hornspänen nach. Während des Wachstums und im Sommer brauchen die Pflanzen viel Wasser, sollten aber keinesfalls nass gehalten werden. Das frühzeitige Ausbrechen der Blütentriebe fördert das Stielwachstum. Stülpt man schon ab Februar große Töpfe oder Treibglocken über die Pflanzen, lassen sich Austrieb und Ernte verfrühen. Bei guter Pflege kann eine Rhabarberpflanze mehr als zehn Jahre gute Ernten bringen. Oft ist es aber günstiger, sie schon nach sechs bis acht Jahren zu teilen und anderer Stelle neu einzupflanzen. Graben Sie dazu im Herbst den Wurzelstock aus und zertrennen Sie ihn mit einem scharfen Messer in Teilstücke mit mehreren Triebknospen.

Sortenbeispiele: Blutrhabarber (rotstielig und -fleischig): 'Holsteiner Blut', 'Elmsjuwel', 'Vierländer Blut'. Andere Sorten: 'Frambozen Rood' (außen rot, innen grün), 'The Sutton' (grüne und rote Stiele).

Pflanzenschutz: In regenreichen Jahren können Pilzkrankheiten wie Grauschimmel auftreten. Während des Austriebs werden manchmal Schnecken sehr lästig. Andere Schädlinge wie Blattläuse treten recht selten auf.

Ernte: Vorgetriebene Pflanzen können oft schon ab April beerntet werden, ansonsten beginnt die Ernte je nach Wetter und Entwicklung im Mai. Ernten Sie dann fortlaufend nach Bedarf, indem Sie die Stiele mit einer Drehbewegung abtrennen (nicht abschneiden). Ernteschluss ist ungefähr am Johannistag (24. Juni) – zum einen, damit die Pflanze genug Zeit hat, sich zu regenerieren, zum andern, weil danach der Oxalsäuregehalt stark ansteigt. Zur kurzzeitigen Lagerung im Kühlschrank wird Rhabarber am besten in ein feuchtes Tuch eingeschlagen. Beliebt ist die Verwendung für Kompott, Marmelade oder Rhabarberkuchen; Gourmets schätzen aber auch süßsaure Rhabarber-Chutneys.

SPARGEL

Asparagus officinalis

Spargelgewächse (Asparagaceae)

Der eigene Anbau des edlen, teuren Spargelgemüses – das ist für manche Gärtner die „Königsdisziplin". Tatsächlich bedarf es dafür einiges an Vorbereitung, Platz und Geduld.

Spargel ist eine Staude, die mit einem unterirdischen Wurzelstock (Rhizom) überdauert und in jedem Frühjahr mit fingerdicken, fleischigen Sprossen neu austreibt. Unter der Erde bleiben sie weiß, kommen sie ans Licht, färben sie sich grün. Im Lauf des Frühsommers entwickeln sich dann die Stängel mit dem nadelartigen Spargelkraut, die den Wurzelstock bis zum Spätherbst mit Reservestoffen versorgen, sodass er im Folgejahr wieder kräftig austreiben kann. Um die auch als Stangen bekannten Sprosse als zarten Bleichspargel zu ernten, müssen Dämme aus Erde aufgehäuft oder dunkle Folien aufgelegt werden. Andernfalls kommt man in den Genuss des etwas kräftigeren Grünspargels. So lassen sich im Prinzip alle Spargel wahlweise als Bleich- oder Grünstangen ziehen. Allerdings gibt es verschiedene Sorten, die sich jeweils besser für die eine oder andere Nutzung eignen.

Spargel ist kalorienarm, mineralstoff- und vitaminreich. Grüner Spargel besitzt im Vergleich zum Bleichspargel mehr Vitamin C, Karotin und Mineralstoffe. Die Stangen regen den Stoffwechsel an, reinigen das Blut, unterstützen die Funktion von Leber und Nieren, wirken entwässernd und hautreinigend.

Anbau und Pflege: Das A und O des Spargelanbaus ist ein sehr gut durchlässiger, tiefgründiger, humoser Boden. Ideal wäre ein gut mit Humus angereicherter, schwach saurer Sandboden. Sehr schwere Böden scheiden von vornherein aus, bei mittelschweren Böden empfiehlt sich eine langfristige Vorbereitung: tiefwurzelnde Gründüngungspflanzen wie Ölrettich, tiefes Umgraben (zwei bis drei Spatenstiche tief), am besten auch Einarbeiten von reichlich Sand. Grünspargel ist im Allgemeinen etwas weniger anspruchsvoll.

Spargelpflanzen erhält man teils in Gärtnereien oder bei großen Pflanzenversendern, in größerer Auswahl oft nur bei Spezialanbietern. Gepflanzt wird möglichst früh zwischen März und Anfang April, sobald sich der Boden etwas erwärmt hat, und zwar in 40 cm breite und 20 cm tiefe Gräben mit 120–140 cm Reihenabstand. Lockern Sie die Grabensohle gut auf und bringen Sie dann zunächst eine rund 20 cm hohe Schicht aus Erde ein, die zuvor im Verhältnis 1:1 mit reifem Kompost oder kompostiertem Mist vermischt wurde. Setzen Sie dann die vorher gut angefeuchteten Pflanzen (die nur aus Wurzeln und Sprossknospen bestehen) mit 40–50 cm Abstand in die Gräben. Dann werden sie mit 5–10 cm Erde bedeckt, angetreten und bewässert. Sobald die Sprosse etwa 30 cm hoch sind, kann man die Gräben allmählich auffüllen, im zweiten Jahr dann bis zum Bodenniveau.

Beim Grünspargelbeet sind nun alle Vorbereitungen abgeschlossen. Beim Bleichspargel dagegen werden im dritten Jahr 40–50 cm hohe und breite Dämme aufgeschüttet. Als weniger aufwendige Alternative setzt sich immer mehr das Abdecken mit schwarzer Folie durch. Diese kann flach aufgelegt werden; günstiger ist aber das Errichten eines etwa 40 cm hohen Folientunnels. Der Austrieb von Grünspargel lässt sich durch Auflegen von Vliesen oder transparenten Folien schützen und verfrühen.

Nach der letzten Ernte wird die Folie entfernt, damit sich das Spargelkraut entwickeln kann. Beim Ernten festgetretene Bereiche werden gelockert, freie Beet- oder Dammflächen regelmäßig gejätet und am besten gemulcht. Bei anhaltender Trockenheit sollte man des Öfteren gießen. Im November wird dann das vergilbte Spargelkraut abgeschnitten und entfernt. Am besten versorgt man die Pflanzen jährlich gleich nach der Ernte mit Kompost oder organischem Volldünger.

Nach rund zehn Jahren ist das Spargelbeet erschöpft. Soll ein neues angelegt werden, muss es unbedingt an einen anderen Platz kommen. Andernfalls können Bodenpilze und Wurzelausscheidungen die neuen Pflanzen stark beeinträchtigen. Wo schon einmal Spargel standen, sollte sogar erst nach 20 Jahren eine neues Spargelbeet angelegt werden.

Spargel (Asparagus officinalis)

Sortenbeispiele: Bleichspargel: 'Gijnlim', 'Rapsody', 'Ravel'. Grünspargel: 'Huchels Schneewittchen', 'Schneekopf', 'Steiniva', 'Spanganiva'.

Pflanzenschutz: Werden Triebe von der Spargelfliege befallen, sollte man diese sofort ganz unten wegschneiden und vernichten. Von April bis Juli aufgelegte Folien, Vliese oder Kulturschutznetze hindern die Fliege an der Eiablage. Gegen Spargelkäfer, Spargelhähnchen und Schnecken hilft oft nur Absammeln. Genügend große Pflanzabstände und das Entfernen des Spargelkrauts im Spätherbst beugen der Ausbreitung von Pilzkrankheiten wie Spargelrost und Grauschimmel vor.

Ernte: Haben sich die Pflanzen im dritten Jahr schon gut entwickelt, kann man bereits schonend einige Stangen ernten (nur bis Ende Mai). Ab dem vierten Jahr können die Spargel jährlich von April bis zum Johannistag (24. Juni) gestochen werden. Danach brauchen die Pflanzen Zeit, um Reservestoffe für den nächsten Austrieb zu bilden. Bei warmem Frühjahrswetter entwickeln sich die Sprosse schnell, sodass am besten täglich geerntet wird, vorzugsweise frühmorgens oder am späten Nachmittag. Grünspargel wird möglichst tief unten abgeschnitten, wenn die Sprosse 15–20 cm hoch und die zarten Köpfchen noch geschlossen sind; ebenso Bleichspargel unter Folie. Beim Bleichspargel unter Dämmen zeigen feine Risse die Stellen, an denen erntefähige Sprosse wachsen. Zunächst wird die Stange mit der Hand vorsichtig freigelegt, dann mit einem scharfen Messer abgetrennt. Schließlich füllt man das Loch wieder auf und drückt die Erde an.

Spargel wird am besten gleich verwertet oder eingefroren. Soll er vorübergehend gelagert werden, kommt er, eingeschlagen in ein feuchtes Tuch, in den Kühlschrank. Grünspargel muss höchstens im unteren Drittel geschält werden. Die zarten Sprosse schmecken besonders gut, wenn man sie mit etwas Zitrone und Salz etwa 15 Minuten dünstet.

KOHLGEMÜSE Wer Kohl mit derber Hausmannskost gleichsetzt, wird angesichts schmackhafter Ernte aus dem eigenen Garten schnell vom Gegenteil überzeugt. Kohl ließen sich schon Griechen und Römer in der Antike schmecken.

Damals galt das Gemüse als „Arzt der Armen". Zu Recht, denn Kohl gehört zu den gesündesten Gemüsearten überhaupt. Er ist besonders ballast- und mineralstoffreich und versorgt uns in der kalten Jahreszeit mit reichlich Vitamin C. Senföle, charakteristisch für den Geruch und Geschmack, haben eine antibiotische Wirkung. Weiß- und Rotkohl, aber auch Wintergemüse wie Wirsing, Rosenkohl und Grünkohl, sind Klassiker im Gemüsebeet.

Liebhaber greifen vielleicht eher zu asiatischen Arten wie Chinakohl und Pak Choi. Besondere Genüsse bieten die Blütenanlagen oder -knospen von Blumenkohl und Brokkoli. Nicht zu vergessen den Kohlrabi, der das Angebot mit delikaten Knollen bereichert.

FÜR ENGAGIERTE GÄRTNER

Im Garten bedarf Kohl schon einiger Aufmerksamkeit. Die meisten Arten belegen die Beete über etliche Monate, brauchen viel Platz, sehr regelmäßige Pflege und reichlich Wasser sowie Nährstoffe. Ideal sind nährstoffreiche, humose Böden mit ausreichendem Kalkgehalt. Das Beet wird am besten mit ausgereiftem Kompost oder gut verrottetem Mist vorbereitet. Vor allem Kopfkohle, Blumenkohl und Brokkoli brauchen als ausgesprochene Starkzehrer auch eine Nachdüngung (zum Beispiel Brennnesseljauche, Hornmehl, Steinmehl oder organischen Fertigdünger). Übertreiben Sie es aber nicht mit dem Düngen, da besonders Kopfkohl sonst einen unangenehmen Geruch beim Kochen entwickelt. Vor allem bei den Herbst- und Wintersorten kann überhöhte Stickstoffdüngung zudem zu unerwünschten Nitratgehalten führen.

Grundsätzlich ist es wichtig, nach der Ernte alle Reste (Strünke, Wurzeln) vom Beet zu entfernen, um überdauernden Schaderregern vorzubeugen, von denen sich einige auf Kohl spezialisiert haben. Besonders gefürchtet ist die Pilzkrankheit Kohlhernie, die kropfartige Wucherungen an den Wurzeln hervorruft und oft zum Absterben der Pflanzen führt. Damit sie nicht Fuß fassen kann, sollten Kohlarten höchstens alle fünf Jahre auf das gleiche Beet gepflanzt werden. Vermeiden Sie auch andere Kreuzblütler wie Rettich als Vorfrucht, ebenso eine vorangehende Gründüngung mit Senf oder Ölrettich. Ein recht hoher pH-Wert ab 7 trägt auch dazu bei, der Kohlhernie vorzubeugen. Bei Verdickungen an den Wurzeln müssen Sie aber nicht gleich das Schlimmste befürchten: Sind diese innen hohl und mit gelblichen Larven besetzt, handelt es sich „nur" um den Kohlgallenrüssler, der sich durch Entfernen befallener Pflanzen gut eindämmen lässt.

Brokkoli
Blumenkohl
Weißkohl
Rotkohl
Wirsing
Chinakohl
Pak Choi

WEISSKOHL

Brassica oleracea var. capitata f. alba

✦ *Weißkraut, Kappes*

Kreuzblütler (Brassicaceae)

Weißkohl bildet große feste Köpfe aus glatten, weißlich grünen bis hellgrünen, wachsartig bereiften Blättern auf kurzem, dickem Strunk. Eine Variante ist der Spitzkohl mit seinen spitzovalen Köpfen, der als besonders zart gilt.

Anbau und Pflege: Weiß- und andere Kopfkohle benötigen, wie eingangs erwähnt, eine gute Nährstoffversorgung.

Frühe Sorten können im Februar oder März drinnen vorgezogen und im März/April ausgepflanzt werden, wenn nötig, unter Vlies oder Folie. Spätkohl wird ab April auf ein Saatbeet ausgebracht und ab Anfang Juni verpflanzt. Dies mit mindestens 50 cm x 50 cm; nur für Frühsorten genügen teils 40 cm x 40 cm Abstand. Den Boden sollte man regelmäßig lockern und von Unkraut frei halten oder aber mit einer Mulchdecke überziehen.

Gute Mischkulturpartner sind Salate, Tomaten, Sellerie, Erbsen, Bohnen oder Kräuter wie Dill und Borretsch.

Sortenbeispiele: Frühe Sorten: 'Dithmarscher Früher', 'Marner Allfrüh'. Späte Sorten: 'Bartolo', 'Lennox', 'Marner Lagerweiß'. Resistent gegen Kohlhernie: 'Kilaton' (mittelfrüh), 'Kilaxy' (spät, lagerfähig). Spitzkohl: 'Erstling' (früh), 'Filderkraut' (für Früh- und Spätanbau, beliebt für Sauerkraut). Minisorte: 'Matsumo' (für frühe Ernte zarter Köpfe).

Pflanzenschutz: Hier gilt es vor allem, der Kohlhernie und anderen überdauernden Schaderregern vorzubeugen (siehe Einleitungstext zum Kohlgemüse Seite 192). Probleme bereitet oft die Kohlfliege, deren Maden an Wurzeln und Strunk junger Kohlpflanzen fressen. Mit einem Schutzkragen aus Pappe oder schwarzer Folie kann man die Setzlinge davor bewahren. Ein Kulturschutznetz, ab der Saat oder Pflanzung aufgelegt, behindert Kohlfliegen, Kohlweißlinge und andere Schädlinge bei der Eiablage. Erdflöhe, die Jungpflänzchen stark durchlöchern, lassen sich durch gleich bleibende Feuchtigkeit und häufiges Hacken oder Mulchen eindämmen.

Weißkohl (Brassica oleracea var. capitata f. alba); rechts: Rotkohl (Brassica oleracea var. capitata f. rubra)

Ernte: Früher Kohl ist ab etwa Ende Juni/Juli erntereif. Er sollte innerhalb von drei bis vier Wochen verbraucht werden, Spitzkohl besser schon nach ein bis zwei Wochen. Herbstsorten können bis zu den ersten stärkeren Frösten auf dem Beet bleiben. Sie eignen sich zum Lagern in einem kühlen, feuchten Keller oder auch zum Einschlagen im Frühbeet. Weißkohl lässt sich nach altbewährter Manier durch Milchsäuregärung mit Salz zu vitaminreichem Sauerkraut konservieren.

Wirsing (Brassica oleracea var. sabauda)

ROTKOHL

Brassica oleracea var. capitata f. rubra

✦ *Rotkraut, Blaukraut, Roter Kappes*
Kreuzblütler (Brassicaceae)

Die Färbung der kompakten Rotkohlköpfe hängt vom pH-Wert des Bodens ab: Auf leicht sauren bis neutralen Böden werden die Blätter rötlich, auf stark alkalischen dagegen eher blau. Der rötliche Farbstoff (Anthocyan) hat auch einen besonderen Gesundheitswert. Er soll das Immunsystem stärken und Entzündungen hemmen können.

Anbau und Pflege: Hier gilt generell das beim Weißkohl Gesagte. Auch beim Rotkohl unterscheidet man frühe Sorten, die unter Vlies oder Folie schon ab März gepflanzt werden können, sowie späte, lagerfähige Sorten für das Auspflanzen im Juni.
Sortenbeispiele: Frühe Sorten: 'Frührot', 'Marner Frührotkohl'. Späte Sorten: 'Marner Lagerrot', 'Reguma', 'Rona', 'Septemberrot'. Für Früh-, Sommer- und Spätanbau: 'Rodeo'.
Pflanzenschutz: Wie beim Weißkohl beschrieben. Leider kann man beim Rotkohl bislang noch nicht auf kohlhernieresistente Sorten zurückgreifen.
Ernte: Wie beim Weißkohl beschrieben. Auch Rotkohl kann milchsauer eingelegt werden, wobei man gern auch Lorbeerblätter und Gewürznelken hinzufügt. Die einfachste Konservierungsmethode ist allerdings das Einfrieren, wofür sich alle Kopfkohle recht gut eignen.

WIRSING

Brassica oleracea var. sabauda

✦ *Welschkohl* *Kreuzblütler (Brassicaceae)*

Wirsing bildet Köpfe aus mehr oder weniger stark gekrausten, hell- bis dunkelgrünen Blättern. Er ist reich an Vitamin B2. Spätsorten können im relativ milden Spätherbst und Winter lang auf dem Beet bleiben, sodass Wirsing als Wintergemüse besonders geschätzt wird.

Anbau und Pflege: Grundsätzlich wie beim Weißkohl beschrieben. Frühe Sorten können teils schon ab Januar vorgezogen werden; späte lassen sich bis weit in den Juni hinein mit Erfolgssausicht pflanzen. Eine Besonderheit ist der Winterwirsing 'Advent', vorzugsweise für wintermilde Regionen: Er wird erst im August gesät, im Oktober gepflanzt und dann im Frühjahr geerntet.
Sortenbeispiele: Frühe Sorten: 'Eisenkopf', 'Vorbote'. Späte Sorten: 'Vertus'; recht frosthart und gut lagerfähig: 'Marner Grüfewi', 'Wirosa'.

Pflanzenschutz: Wie beim Weißkohl beschrieben. Wirsing zieht besonders die Mehligen Kohlblattläuse an. Vorbeugend haben sich Mischkulturen mit Bohnen bewährt.
Ernte: Wie beim Weiß- und Rotkohl.

CHINAKOHL

Brassica rapa subsp. pekinensis

Kreuzblütler (Brassicaceae)

Der „chinesische Weißkohl" bildet langovale Köpfe aus gekrausten, hellgrün-weißlichen Blättern. Da die Stammform an langen Tagen zum Schossen (vorzeitige Blütenbildung) neigt, war Chinakohl lange ein typisches Gemüse für den Spätanbau. Heute gibt es auch schossfeste Sorten für einen Anbau ab Frühjahr.
Anbau und Pflege: Chinakohl ist weniger nährstoffbedürftig als die anderen Kopfkohle und kann gut als Folgekultur nach Erbsen, Möhren oder Spinat angebaut werden. Besonders wichtig ist bei ihm die gleichmäßige Bodenfeuchtigkeit. Er wird Juli bis Anfang August in Reihen mit 40 cm Abstand direkt aufs Beet gesät und später in der Reihe auf 30–40 cm Abstand vereinzelt. Schossfeste Sorten können dagegen schon ab März im Warmen vorgezogen und ab April ausgepflanzt werden. Achten Sie beim Verpflanzen auf einen genügend großen Erdballen, da sonst die dünnen Pfahlwurzeln gefährdet sind.
Sortenbeispiele: 'Autumn Fun', 'Bilko' (beide widerstandsfähig gegen Kohlhernie), 'Monument' (gut lagerfähig). Für Frühanbau: 'Kasumi', 'One Kilo SB', 'Orient Surprise' (widerstandsfähig gegen Kohlhernie).
Pflanzenschutz: Wie beim Weißkohl beschrieben. Das Risiko der Kohlhernie lässt sich mit widerstandsfähigen Sorten vermeiden. Achten Sie besonders auch auf Erdflöhe und Kohlblattläuse.
Ernte: Erntezeit beim Spätanbau ist ab September, beim Frühanbau ab Ende Mai. Chinakohl verträgt leichten Frost, kann in einem kühlen Keller sowie recht lang im Kühlschrank gelagert werden.

Links: Chinakohl (Brassica rapa subsp. pekinensis), rechts: Pak Choi (Brassica rapa subsp. chinensis)

PAK CHOI

Brassica rapa subsp. chinensis

Senf-, Blätterkohl
Kreuzblütler (Brassicaceae)

Bei diesem nahen Verwandten des Chinakohls stehen die Blätter kompakt in Rosetten zusammen, ohne einen wirklich geschlossenen Kopf zu bilden. Die Blätter haben breite, fleischige Mittelrippen. Das auch als Asia-Salat geführte Kohlgemüse gelingt nur im Spätanbau.

Anbau und Pflege: Gesät wird ab Ende Juni bis Anfang August mit 30–40 cm Abstand direkt aufs Beet; später vereinzelt man auch in der Reihe auf 30–40 cm. Ansonsten gleicht der Anbau dem des Chinakohls.
Sortenbeispiele: 'Joi Choi', 'Shanhai', 'Mei Quing' (kompakt, Ernte junger Blätter als „Babyleaf").

Pflanzenschutz: Wie bei Weiß- und Chinakohl beschrieben.
Ernte: Junge Blätter können ab September fortlaufend geerntet werden. Vor dem Eintritt stärkerer Fröste schneidet man die gesamte Pflanze, wobei dann die fleischigen Blattrippen den ergiebigsten Teil darstellen.

BLUMENKOHL

Brassica oleracea var. botrytis

✦ *Karfiol*

Kreuzblütler (Brassicaceae)

Die wohlschmeckenden Blumen dieses altvertrauten Gemüses bestehen aus fleischig verdickten Blütenstandsanlagen, die man beim klassischen Blumenkohl am liebsten weiß genießt. Zunehmend werden aber auch Sorten mit grünen, violetten oder gar orangen Blumen angeboten. Eine besonders dekorative Variante ist der Romanesco-Kohl mit minarettartigen „Türmchen" und feinem, aromatischem Geschmack.

Anbau und Pflege: Blumenkohl ist im Beet eine echte „Diva" und reagiert ausgesprochen empfindlich auf Trockenheit und Nährstoffmangel. Auch sommerliche Hitze oder Fröste verträgt er nur schlecht. Nahrhafter, kalkreicher, Boden, der gleichmäßig feucht gehalten wird, sowie eine Nachdüngung sind wie bei Kopfkohlen unabdingbar.

Grundsätzlich gilt es Früh-, Sommer- und Herbstsorten zu unterscheiden, wobei manche Züchtungen auch für alle Anbauzeiten geeignet sind. Die Aussaat früher Sorten beginnt ab Februar unter Glas. Für spätere Ernten wird zwischen April und Juni auf Saatbeete gesät. Die Setzlinge werden ab April, bei Spätsorten bis zur zweiten Junihälfte mit 50 cm x 50 cm Abstand gepflanzt und dabei fest angedrückt. Anhäufeln verbessert die Standfestigkeit.

Um die vornehme Blässe weißer Blumen zu erhalten, müssen sie vor starker Sonne geschützt werden. Dazu knickt man zwei bis drei grüne Hüllblätter nach innen – fertig ist der

Blumenkohl (Brassica oleracea var. botrytis)

Sonnenschirm. Moderne Sorten sorgen allerdings oft schon von selbst für eine ausreichende Abdeckung.
Sortenbeispiele: Frühe Sorten: 'Erfurter Zwerg', 'Neckarperle' (auch Herbstanbau möglich). Späte Sorten: 'White Magic', 'Veronica' (grüner Romanesco), 'Shannon' (grüner Romanesco, auch für Sommeranbau). Für alle Anbautermine: 'Clapton' (resistent gegen Kohlhernie), 'Graffit' (violette Blume). Minisorten (auch für Gefäße): 'Allerfrühester Erfurter Zwerg', 'Bambi', 'Candid Charm', 'Romanesco Natalino'.
Pflanzenschutz: Wie beim Weißkohl beschrieben. Bleiben die Blumen locker, verfärben sich bräunlich und finden sich Hohlräume im Strunk, handelt es sich um Bormangel; gelbe bis rötliche Blattränder sind zusätzliche Anzeichen. Verdrehte, verdickte Blätter weisen auf Molybdänmangel hin (siehe Seite 100).
Ernte: Geerntet wird je nach Saattermin ab Ende Juni bis Oktober, solange die Blumen fest und geschlossen sind. Man kann sie gleich nach der Ernte roh oder kurz gegart zubereiten oder aber nach Zerteilen und Blanchieren einfrieren.

Grünkohl
Kohlrabi
Rosenkohl

BROKKOLI

Brassica oleracea var. italica

✦ *Spargel-, Sprossenkohl*
Kreuzblütler (Brassicaceae)

Beim Brokkoli genießen wir die noch geschlossenen Blütenknospen, die zusammen einen dunkelgrünen Kopf bilden und an verzweigten, fleischigen Stielen sitzen. Es gibt auch violette Sorten, die allerdings beim Kochen grün werden. Der ausgesprochen gesunde Brokkoli enthält neben reichlich Vitamin C und Mineralstoffen (Kalium, Kalzium, Eisen, Phosphor) auch Senföle sowie Ballaststoffe. Er soll das Immunsystem stärken und das Risiko für Herzerkrankungen sowie bestimmte Krebserkrankungen mindern.

Anbau und Pflege: Im Vergleich zum Blumenkohl erweist sich Brokkoli als robuster, die Ansprüche an Boden und Pflege sind allerdings ähnlich. Gleichmäßige Feuchtigkeit ist für die gute Entwicklung besonders wichtig. Frühe Sorten werden ab Februar/März im Haus vorgezogen, späte von April bis Juni auf ein Saatbeet gesät. Ab Ende Mai werden die Pflänzchen im Abstand von 40 cm x 50 cm gesetzt.
Sortenbeispiele: 'Calabrese' (bildet zahlreiche Seitensprosse mit neuen Köpfchen), 'Emperor' (Früh- bis Spätanbau, tolerant gegen Falschen Mehltau), 'Green Valiant' (tolerant gegen Falschen Mehltau und Schwarzfäule), 'Marathon' (für Sommer- und Herbsternte, widerstandsfähig gegen Falschen Mehltau), 'Purple Sprouting' (purpurne Köpfchen, sehr frosthart).
Pflanzenschutz: Wie beim Weißkohl beschrieben. Vor allem als Jungpflanze sowie im Herbst leidet Brokkoli öfter unter Falschem Mehltau. Widerstandsfähige Sorten und Pflanzenstärkungsmittel beugen vor.
Ernte: Im Sommer sollten Sie Brokkoli täglich auf Erntereife kontrollieren, da die Knospen bei Hitze schnell aufblühen und dann ungenießbar werden. Nach der Ernte des Hauptkopfes bilden sich weitere Knospenstände an den kleineren Seitensprossen, die nach und nach geerntet werden können. Die Knospen werden am besten frisch verwendet oder aber sofort eingefroren, da sie schnell welken. Die fleischigen Blütenstängel kann man wie Spargel zubereiten.

KOHLRABI

Brassica oleracea var. gongylodes

✦ *Oberkohlrabi, Rübkohl, Stängelrübe*
Kreuzblütler (Brassicaceae)

Erntegut des Kohlrabi ist die Sprossknolle, also der verdickte untere Teil der Sprossachse. Je nach Sorte unterscheidet man weiße (hellgrüne) und blaue (blau- bis rotviolette) Knollen. „Riesensorten" bilden gewaltige Knollen, die aber trotzdem zart bleiben. Die Kohlrabiknolle ist reich an Mineralstoffen wie Kalium, Kalzium, Phosphor, Magnesium und Spurenelementen. Zudem enthält sie B-Vitamine und reichlich Vitamin C. Ihre Ballaststoffe helfen der Verdauung auf die Sprünge.

Brokkoli (Brassica oleracea var. italica)

Anbau und Pflege: Die kurze Kulturdauer von acht bis zwölf Wochen ermöglicht, mit jeweils geeigneten Sorten, den Anbau von Frühjahr bis Herbst. Wegen des recht geringen Platzbedarfs eignet sich Kohlrabi hervorragend für Mischkulturen und lässt sich sogar gut in Gefäßen ziehen. Eins allerdings nimmt die unkomplizierte Knolle übel: Wird sie nicht gleichmäßig mit Wasser versorgt, stagniert sie im Wachstum, platzt auf und wird holzig. Kohlrabi bevorzugt volles Licht, verträgt aber auch leichte Beschattung. Als Mittelzehrer begnügt er sich mit mäßiger Düngung. Als Beetpartner eignen sich zum Beispiel Bohnen, Gurken, Salat, Sellerie, Tomaten, Mangold oder Radieschen.

Frühsorten können Sie ab Februar unter Glas vorziehen, Sommersorten werden ab April gesät, Herbstsorten kommen ab Mitte Juli bis Mitte August an die Reihe. Die Setzlinge sollten im Abstand von 30 cm x 30 cm gepflanzt werden, großknollige Sorten besser etwas weiter (bis 60 cm). Der Wurzelansatz der Pflänzchen sollte nur knapp mit Erde bedeckt werden.

Sortenbeispiele: Frühe Sorten: weiß: 'Lanro', 'Marko', 'Superschmelz' (bis 10 kg schwer); blau: 'Azur Star', 'Blaro'. Mittelfrühe Sorten: weiß: 'Delikatess weiß'; blau: 'Blusta', 'Delikatess blauer'. Späte Sorten: weiß: 'Gigant' (bis zu 10 kg), 'Rowel'; blau: 'Blauer Speck'.

Pflanzenschutz: Wie beim Weißkohl beschrieben. Rissige oder aufgeplatzte Knollen resultieren oft aus ungleichmäßiger Wasserversorgung, können aber auch auf Kalimangel hindeuten.

Ernte: Die Knollen sind besonders zart, bevor sie ihre volle Größe erreicht haben. Später riskiert man, dass sie verholzen. Im Gemüsefach des Kühlschranks hält sich Kohlrabi einige Tage. Man kann ihn aber auch zerteilen, blanchieren und einfrieren. Herbstsorten sind länger lagerfähig (kühler Keller oder Frühbeet). Achtung: Auch nach der Ernte neigen die Knollen zum Verholzen.

Kohlrabi isst man am besten roh, um die wertvollen Inhaltsstoffe zu erhalten. Wird er gegart, sollte man die Schale erst hinterher entfernen, um die Nährstoffe zu schützen. Frische Kohlrabiblätter kann man mitessen, etwa in Salaten oder Suppen.

GRÜNKOHL

Brassica oleracea var. sabellica

✦ *Kraus-, Feder-, Braunkohl*

Kreuzblütler (Brassicaceae)

Grünkohl kommt der Wildform des Kohls (Brassica oleracea) am nächsten: An einem hohen Stängel bildet er eine Rosette aus gewölbten, krausen, deftig aromatisch schmeckenden Blättern. Das robuste Wintergemüse ist ein exzellenter Fitmacher, dem Wissenschaftler einen hohen gesundheitlichen Wert attestieren.

Anbau und Pflege: Grünkohl ist eine ideale Nachfrucht nach Kopfsalat, Erbsen oder Spinat. Er verträgt mit leichter Vliesabdeckung einiges an Frost. Organischer Volldünger zur Pflanzung sorgt für einen guten Start, eine kalireiche Nachdüngung im Frühherbst fördert die Winterhärte.

Grünkohl wird ab Mitte Mai bis Ende Juni auf ein Saatbeet gesät und bis spätestens Anfang August im Abstand von 40 cm x 50 cm verpflanzt. Wenn keine allzu schweren Fröste auftreten, kann er bis zum zeitigen Frühjahr stehen bleiben.

Sortenbeispiele: Niedrige und mittelhohe Sorten: 'Lerchenzunge' (schmale Blätter, geringe Frosthärte), 'Niedriger grüner Krauser' (fein gekräuselte Blätter), 'Nero di Toscana' (mit palmenartigen, blaugrünen Blättern; auch für Topfkultur geeignet). Hohe Sorten: 'Redbor' (rötlich violette Blätter, die beim Garen grün werden), 'Winterbor' (besonders frosthart).

Pflanzenschutz: Wie beim Weißkohl beschrieben; Grünkohl ist allerdings recht wenig anfällig für Kohlhernie.

Ernte: Geerntet wird ab Ende Oktober bis in den Februar hinein. Am besten schmeckt Grünkohl, nachdem er leichten Frost abbekommen hat. Entweder pflückt man regelmäßig einzelne Blätter von unten nach oben, oder man schneidet den gesamten Blattschopf ab. Zerkleinerte Blätter können blanchiert und eingefroren werden. Grünkohl passt zu deftigen Fleischgerichten, mundet aber auch in Suppen, Eintöpfen und Auflauf.

Links: Grünkohl (Brassica oleracea var. sabellica); rechts: Rosenkohl (Brassica oleracea var. gemmifera)

ROSENKOHL

Brassica oleracea var. gemmifera

✦ *Sprossenkohl, Brüsseler Kohl*

Kreuzblütler (Brassicaceae)

Die namengebenden Röschen dieses leckeren Herbst- und Wintergemüses bilden sich in den Blattachseln des markigen Stamms und enthalten reichlich Vitamin C und Mineralstoffe. Es gibt meterhoch wachsende Sorten, die viel Platz brauchen, aber auch kleiner bleibende Züchtungen.

Anbau und Pflege: Rosenkohl stellt die gleichen Ansprüche wie Weiß- und andere Kopfkohle (siehe Seite 194 ff.). Er darf in keinem Fall überdüngt werden, da er sonst keine festen, gut verwertbaren Röschen bildet.

Frühsorten für die Herbsternte können ab März vorgezogen werden, Spätsorten zum Überwintern sät man von Mitte April bis Anfang Mai direkt ins Freiland. Gepflanzt bzw. vereinzelt wird auf einen Abstand von 60 x 60 cm. Pflanzen Sie Setzlinge recht tief und häufeln Sie später mehrmals an, um die Standfestigkeit zu fördern.

Ein beliebter „Trick" ist das Ausbrechen der Triebspitze im September, damit die restlichen Röschen besser wachsen und reifen. Auch als winterhart geltende Spätsorten sollten bei Frösten mit Vlies abgedeckt werden. Drohen anhaltende Fröste, ist es sicherer, alles abzuernten.

Pflanzenschutz: Wie beim Weißkohl beschrieben.

Sortenbeispiele: Frühe Sorten: 'Ikarus', 'Roodnerf', 'Rubine' (rot), 'Wilhelmsburger'. Späte Sorten: 'Cavalier' (mehltauresistent), 'Diablo', 'Hilds Ideal'.

Ernte: Erntezeit ist ab September, wobei leichte Frosteinwirkung für ein besonders gutes Aroma sorgt. Die Röschen werden von unten nach oben abgeerntet und mit einer abwärts drehenden Bewegung gepflückt. Sie können problemlos eingefroren werden.

Rettich
Rote Bete
Radieschen rund
Radieschen
länglich

WURZEL- UND KNOLLENGEMÜSE Viele zwei- und mehrjährige Pflanzen bilden verdickte Wurzeln, Rüben oder unterirdische Knollen, die ihnen als Speicherorgane zum Überdauern des Winters oder anderer ungünstiger Zeiten dienen.

Schon sehr früh haben unsere Vorfahren entdeckt, dass manche dieser im Verborgenen wachsenden Pflanzenteile ausgesprochen schmackhaft und sättigend sind und sich oft auch lange lagern lassen. Deshalb gehören Wurzel- und Knollengemüse zu den ältesten Kulturpflanzen.

Außerdem konzentrieren sie in ihren unterirdischen Organen viele Reservestoffe, sodass sie durch hohe Anteile an Vitaminen, Mineral- und Ballaststoffen und anderen wertvollen Substanzen auch zu den gesündesten Gemüsen zählen.

Es ist gar nicht so einfach, den Unterschied zwischen Rüben und Knollen festzumachen, da es verschiedene Übergangsformen gibt. Vereinfacht kann man sagen, dass bei Rüben die Hauptwurzel als verdicktes Speicherorgan dient. Knollen werden eher aus den Seitenwurzeln gebildet, wie wohl am besten an der Kartoffelpflanze zu sehen ist.

ÜPPIGE KNOLLEN, KRÄFTIGE RÜBEN

Ob Rettiche oder Möhren, Rote Beten oder Mairüben: Bei allen ist ein gut und möglichst tief gelockerter, durchlässiger Boden entscheidend für den Anbauerfolg. In dichten Böden entwickeln sich die unterirdischen Organe nur dürftig oder wachsen missgestaltet, bei Nässe und Luftmangel können sich Bodenpilze und Fäulniserreger breitmachen.

Zudem sollte man direkt vor dem Pflanzen von Wurzel- und Knollengemüse unbedingt darauf verzichten, den Pflanzen mit einer frischen Mistdüngung oder dem Einarbeiten von noch nicht völlig verrottetem Kompost „etwas Gutes tun" zu wollen.

Die „Unterirdischen" sind nicht krankheits- oder schädlingsanfälliger als andere Gemüse. Doch wenn hartnäckige Bodenpilze oder gefräßige Nematoden (Fadenwürmer) auftreten, schädigen sie hier direkt das Erntegut und können außerdem in Pflanzenresten, die im Erdreich des Beetes verbleiben, besonders gut überdauern. Deshalb ist ein regelmäßiger Beetwechsel beim Wurzel- und Knollengemüse besonders wichtig, am besten mit vier- bis fünfjährigen Anbaupausen.

Neben den in den folgenden Porträts genannten „Spezialplagen" werden bei diesen Gemüsen auch öfter im Boden lebende Schädlinge wie Drahtwürmer, Maulwurfsgrillen oder Wühlmäuse zum Problem.

Im Ackerbau gelten Wurzel- und Knollengemüse als typische Hackfrüchte, da häufiges Lockern die Durchlüftung des Bodens fördert und bei langsam wachsenden Arten das Beseitigen konkurrierender Unkräuter sehr wichtig ist. Arbeiten Sie dabei aber stets vorsichtig und „zielgenau", damit die Wurzeln, Rüben oder Knollen nicht beschädigt werden.

Dasselbe empfiehlt sich für die Ernte, die bei leicht feuchtem Boden am einfachsten ist. Bewährt hat sich dabei folgende Arbeitsweise: Lockern Sie zunächst mit der Grabegabel den Boden rund um die Pflanze behutsam; dann lässt sich das Erntegut leicht aus dem Boden ziehen.

RETTICH

Raphanus sativus

✦ *Radi*

Kreuzblütler (Brassicaceae)

Die schmackhafte Rettichrübe entsteht als Verdickung des Hypokotyls, des untersten Sprossabschnitts der Keimpflanze, sowie der Hauptwurzel. Den würzig scharfen Geschmack verdankt der Rettich vor allem Senfölen, teils auch Bitterstoffen. Diese Inhaltsstoffe regen den Appetit an, fördern die Verdauung und haben eine antibakterielle Wirkung, sodass sie im Verein mit einem recht hohen Vitamin-C- und Mineralstoffgehalt das Immunsystem stärken sollen. Rettiche sind meist rötlich oder weiß, wobei sich japanische Sorten durch besonders lange, mild schmeckende weiße Rüben auszeichnen. Winterrettiche für die Lagerung besitzen dagegen teils ein braune bis schwarze Außenhaut. Achten Sie stets darauf, dass die gewählte Sorte für den jeweiligen Anbauzeitraum geeignet ist.

Anbau und Pflege: Rettiche sind Mittelzehrer und sollten vorzugsweise organisch sowie mit mäßigem Stickstoffanteil gedüngt werden, da sonst bedenklich hohe Nitratgehalte auftreten können, besonders beim Herbst- und Winteranbau. Treibsorten können Sie bereits ab Januar im Gewächshaus aussäen, frühe Sorten kommen ab Februar/Anfang März ins Frühbeet oder unter Vlies und Folie. Sommersorten sind von April bis Juni an der Reihe, die Herbst- und Wintersorten folgen von Juni bis August, im Gewächshaus bis September. Mit Folgesaaten in zwei-bis dreiwöchigem Abstand können Sie fast das ganze Jahr über frische Rettiche genießen. Der Reihenabstand sollte je nach Sorte 20–40 cm betragen, in der Reihe wird auf 15–35 cm vereinzelt.

Bei Trockenheit und Hitze werden Rettiche leicht „pelzig" oder holzig und können auch vorzeitig einen langen Blütenstand ausbilden. Deshalb ist die Wahl geeigneter Sommersorten ebenso wichtig wie eine gleichmäßige Wasserversorgung.

Sortenbeispiele: Für den Frühanbau: 'Hilds roter Neckarruhm', 'Ostergruß rosa 2'. Für Treibhaus-, Früh- und Frühsommeranbau: 'Rex' (weiß). Für Sommeranbau: 'Mino Early' (weiß, lang), 'Neptun' und 'Sepp' (beide weiß und tolerant gegen Rettichschwärze). Lagerfähige Herbst- und Winterrettiche: 'Hilds Blauer Herbst- und Winter' (dunkelviolett), 'Münchner Bier' (weiß), 'Runder schwarzer Winter' (braunschwarz).

Pflanzenschutz: Sehr wichtig ist ein weiter Fruchtwechsel, auch zu anderen Kreuzblütlern wie Kohl, um Pilzinfektionen wie Rettichschwärze (dunkle, aufreißende, morsche

Rettich (Raphanus sativus)

Rüben) und Kohlhernie (siehe Seite 192) vorzubeugen. Früh aufgelegte Kulturschutznetze bewahren vor Rettich- und Kohlfliegen, deren Larven in den Rüben fressen, ebenso vor Erdflöhen. Gegen Letztere helfen zudem gleichmäßige Feuchtigkeit und häufiges Hacken.
Ernte: Den ersten Treibrettich kann man ab April ernten, Frührettiche draußen etwa ab Ende Mai. Ernten Sie besonders im Sommer lieber etwas früher als zu spät, um dem Pelzigwerden vorzubeugen. Frühjahrs- und Sommerrettiche halten sich im Kühlschrank bis zu einer Woche, wenn man vorher das Laub entfernt. Herbst- und Winterrettiche lassen sich – ebenfalls ohne Blätter – im kühlen, luftfeuchten Keller oder Einschlag (Miete oder Frühbeet) mehrere Monate lagern.

Radieschen rund (Raphanus sativus var. sativus)

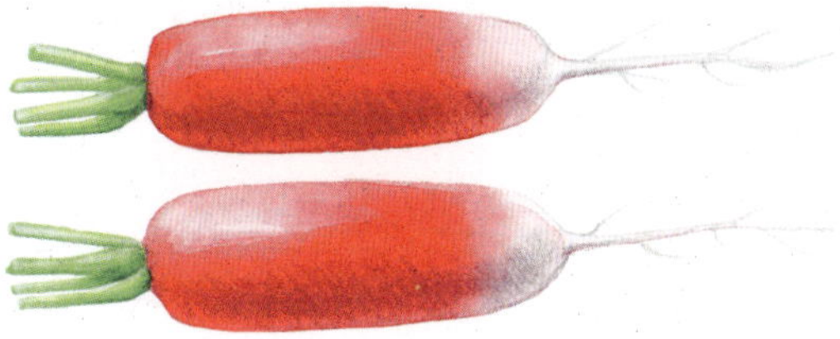

Radieschen länglich (Raphanus sativus var. sativus)

RADIESCHEN

Raphanus sativus var. sativus

✦ *Monatsrettich*
Kreuzblütler (Brassicaceae)

Wer Kindern die Freude am Gärtnern vermitteln will, sollte es mit Radieschen versuchen: Sie keimen meist problemlos, wachsen schnell und lassen sich oft schon nach vier Wochen ernten und genießen. Als Varietät der Rettiche sind sie diesen sehr ähnlich, wobei hier die Knollen nur aus dem Hypokotyl gebildet werden. Neben den „klassischen" runden Radieschen gibt es auch zylindrische und rübenförmige, in Rot, Rosa, Weiß, zweifarbig und sogar in Gelb. Auch hier ist der Wahl der passenden Sorte je nach Saatzeit entscheidend für den Anbauerfolg.

Anbau und Pflege: Hier gilt in fast allen Punkten dasselbe, was beim Rettich beschrieben ist. Allerdings sind Radieschen genügsame Schwachzehrer, und aufgrund ihrer kurzen Kulturdauer lassen sie sich draußen noch bis Anfang September säen. Außerdem eignen sie sich auch sehr gut für die Kultur in Balkonkästen. Gesät wird mit 15–20 cm Reihenabstand, in der Reihe vereinzelt man auf rund 4 cm – sofern man nicht die recht häufig angebotenen Saatbänder verwendet. Decken Sie die Körner trotz ihrer Größe nur flach (0,5–1 cm) mit Erde ab, sonst werden die Knollen leicht unförmig.
Sortenbeispiele: Für Früh- und Spätsaat: 'Knacker' (rund, rot). Für Sommer- und Spätsaat: 'Riesenbutter' (rund, rot, groß). Für Früh-, Sommer- und Spätsaat: 'Cyros' (rund, rot; auch für Winteranbau unter Glas), ‹Eiszapfen' (rübenförmig, weiß), 'Poloneza' (rund, rotweiß), 'Topsi' (rund, rot), 'Zlata' (rund, gelb), 'Vienna' (rund, rot; mehltautolerant).
Pflanzenschutz: Wie beim Rettich.
Ernte: Radieschen können Sie je nach Saatzeitpunkt von April bis Oktober ernten, unter Glas auch über Winter. Holen Sie die Knollen rechtzeitig aus der Erde, damit sie nicht pelzig und trocken werden. Frühjahrsradieschen sind nach sechs bis acht Wochen erntereif, Sommersorten oft schon nach vier Wochen. Nach Entfernen der Blätter halten sie sich im Kühlschrank einige Tage frisch.

ROTE BETE

Beta vulgaris subsp. vulgaris var. vulgaris

✦ *Rote Bete, Rote Rübe, Rande*

Gänsefußgewächse (Chenopodiaceae)

Die Rote Bete ist eine nahe Verwandte des Mangolds (siehe Seite 186). „Bete" heißt sie, da sie wie Zucker- und Futterrübe zu den Rüben der Gattung Beta gehört. Die Pflanze bildet einen Schopf aus rot gestielten Blättern, die Rübe ragt bis zur Hälfte aus dem Erdboden heraus. Für das intensive Rot sorgt der Farbstoff Betanin, der auch zum Färben von Joghurt, Speiseeis und Gummibärchen verwendet wird. Nach reichem Genuss von Roten Beten können sich Harn und Stuhl rot verfärben; das ist allerdings völlig harmlos. Die Rüben werden als ausgesprochen gesundes Gemüse geschätzt, denn sie sind vitamin- und mineralstoffreich und haben einen hohen Gehalt an Eisen. Sie zählen aber auch zu den Gemüsen, die übermäßig viel Nitrat einlagern können.

Es gibt Sorten mit runden, plattrunden und länglichen Rüben sowie mit rotem, gelbem und weißem Fleisch. Zunehmender Beliebtheit erfreuen sich „Baby Beets", die klein und zart schmeckend geerntet werden.

Anbau und Pflege: Rote Beten gedeihen auch im Halbschatten, reichern aber in der Sonne weniger Nitrat an. Dem Mittelzehrer genügt meist eine Gabe gut ausgereiften Komposts zum Start, bei Bedarf wird nach ein paar Wochen organisch nachgedüngt. Achten Sie auch auf eine ausreichende Kaliversorgung.

Bei zu früher Aussaat neigen die Pflanzen zum Schossen. Man sät deshalb erst zwischen Mitte April und Anfang Juli direkt ins Beet, mit 25–30 cm Reihenabstand. Meist besteht das Saatgut aus Samenknäueln, aus denen mehrere Keimlinge wachsen, die man auf 10–15 cm Abstand (für Baby Beets 5–8 cm) in der Reihe ausdünnt. Von manchen Sorten gibt es monogermes (einkeimiges) Saatgut, das man gleich im Endabstand auslegen kann. Halten Sie den Boden gleichmäßig leicht feucht und hacken Sie regelmäßig. Mulchen ist vorteilhaft.

Sortenbeispiele: Rotfleischige Sorten: 'Detroit 2/Bolivar' (gilt als besonders robust), 'Monalisa' (gute Baby-Beet-Eignung), 'Rocket' (zylindrisch), 'Rote Kugel 2' (gute Lagersorte). Andere Sorten: 'Albina Vereduna' (weißschalig und -fleischig), 'Burpee's Golden' (goldgelbes Fleisch), 'Chioggia' (rot-weißes Fleisch).

Pflanzenschutz: Rote Bete und andere Gänsefußgewächse (Mangold, Spinat) sollten nur alle drei bis vier Jahre auf demselben Beet angebaut werden, um zum Beispiel Nematoden vorzubeugen. Relativ selten treten Falscher Mehltau, Blattfleckenkrankheiten oder Blattläuse auf. Rübenfliegen machen sich anfangs durch linienartige Fraßgänge in den Blättern bemerkbar; solche Blätter sollten gleich entfernt werden. Verkrüppelte, vertrocknende Blätter deuten auf Bormangel hin (siehe Seite 100).

Ernte: „Baby Beets" sind bereits nach 8–10 Wochen, ab 5 cm Durchmesser, genussreif, größere Rüben brauchen 3–4 Monate. Zum Einlagern eignen sich vor allem die letzten Sommersaaten. In einer Kiste mit feuchtem Sand halten sie sich bei rund 4 °C bis zum nächsten Frühjahr. Rote Beten lassen sich auch gut in Essig einlegen oder einsäuern (Milchsäuregärung). Garen Sie Rote Beten immer mit Schale, sonst „bluten" sie aus und geben ihre Inhaltsstoffe ins Kochwasser ab.

MÖHRE

Daucus carota

✦ *Mohrrübe, Gelbe Rübe, Karotte, Wurze*

Doldenblütler (Apiaceae)

Möhren sind wohl das bekannteste und beliebteste Wurzelgemüse. Die rote beziehungsweise orange Färbung der Rübe beruht auf dem Farbstoff Beta-Carotin, der in unserem Körper in Vitamin A umgewandelt wird. Dieses wirkt antioxidativ, fördert die Sehfähigkeit und ist gut für Leber und Darm. Daneben enthalten Möhren reichlich Mineral- und Ballaststoffe. Sogenannte Gesundheitsmöhren, die sehr intensiv und dunkel gefärbt sind, bieten einen besonders hohen Carotingehalt. Als Karotten im en-

Pastinake
Möhre
Rote Bete

geren Sinn werden Sorten mit rundlichen Rüben bezeichnet.

Frühe, mittelfrühe und späte Sorten unterscheiden sich hier weniger nach der Saatzeit, sondern vielmehr nach der Kulturdauer: Frühe Sorten erntet man schon rund 12 Wochen nach der Aussaat, mittelfrühe brauchen 15 bis 20 Wochen, späte 20 bis 26 Wochen. Letztere sind meist auch gute Lagermöhren.

Anbau und Pflege: Frühe Sorten lassen sich schon ab Februar unter Vlies oder Folie säen, mittelfrühe und späte folgen ab März. Letzter Saattermin für späte Sorten ist wegen ihrer langen Entwicklungszeit im April oder Mai, die anderen können noch im Juni oder gar Juli gesät werden. Besonders in Gegenden mit milden Wintern kann man auch eine November- oder Dezembersaat von Frühsorten wagen: Die mit leichter Abdeckung geschützten Möhren keimen dann schon im Winter und sind im Frühjahr sehr zeitig erntereif. Der Reihenabstand beträgt je nach Sorte 25–35 cm, in der Reihe wird auf 4–8 cm vereinzelt, sofern man keine Saatbänder verwendet. Da die Keimung drei bis vier Wochen dauert, streut man am besten ein paar Radieschen- oder Kressesamen als Markiersaat in die Reihe.

Für die Nährstoffversorgung des Mittelzehrers empfiehlt sich dasselbe wie bei den Roten Beten. Während des Wachstums ist gleichmäßige Feuchtigkeit nötig, sonst drohen die Rüben aufzuplatzen. Eine dünne Mulchschicht (Rasenschnitt) bewahrt den Boden vor dem Austrocknen. Vor allem in den ersten Wochen sollte man gründlich jäten. Häufeln Sie die Möhren später etwas an, damit die Köpfe nicht grün werden.

Sortenbeispiele: Frühe Sorten: 'Almaro', 'Nantaise 2'-Sorten, 'Pariser Markt' (rundlich), 'Purple Haze' (tiefviolett), 'Resistafly', 'Sugarsnax' (zur frühen Ernte zarter „Snack"-Möhren). Mittelfrühe und mittelspäte Sorten: 'Flyaway', 'Ingot', 'Nutri Red'. Späte Sorten / Lagersorten: 'Cubic', 'Rote Riesen 2', 'Rotin'. 'Flyaway', 'Ingot' und 'Resistafly' sind widerstandsfähig gegen die Möhrenfliege; 'Ingot', 'Nutri Red', 'Purple Haze' und 'Rotin' gelten als ausgesprochene Gesundheitsmöhren.

Pflanzenschutz: Um ausdauernden Pilzkrankheiten und Nematoden vorzubeugen, sollte man Möhren nur alle vier Jahre an derselben Stelle säen und ebenso nicht nach anderen Doldenblütlern. Mischkulturen mit Zwiebeln, Porree oder Knoblauch sollen die Möhrenfliege fernhalten; noch sicherer sind aber Kulturschutznetze. Durch sehr frühe oder späte Saat kann man die Befallsgefahr durch Möhrenfliegen und Blattwanzen mindern. Stark verzweigte, „beinige" Möhren sind oft das Resultat zu dichter, schwerer Böden, zuweilen aber auch ein Anzeichen für Nematoden.

Ernte: Mit frühen Sorten beginnt die Möhrenernte ab Mai, mittelfrühe folgen ab Juli, späte werden erst im Oktober geerntet. Vor dem Aufbewahren im Kühlschrank oder Lagern von Spätmöhren in feuchtem Sand sollte man das Laub ganz entfernen. Spätmöhren lässt man vor dem Einlagern gut abtrocknen. Gibt man bei der Zubereitung etwas Pflanzenöl oder Butter an die Möhren, kann der Körper die fettlöslichen Carotinoide besser aufnehmen.

Pastinake (Pastinaca sativa)

PASTINAKE

Pastinaca sativa

✦ *Hammelmöhre, Balsternak, Pasterna*

Doldenblütler (Apiaceae)

Die robusten Pastinaken galten in Europa bis zum 18. Jahrhundert als Grundnahrungsmittel, wurden dann aber von Kartoffeln und Möhren verdrängt. Die weißen, rübenförmigen Wurzeln erinnern an Rettiche, mehr noch an Wurzelpetersilie (siehe Seite 254 f.). Mit ihren Ballaststoffen bringen sie die Verdauung in Schwung, zusätzlich helfen ätherische Öle, Magen-Darm-Beschwerden zu lindern. Der Zuckergehalt liegt deutlich über dem der Möhre, daher der süße und zugleich würzige Geschmack.

Anbau und Pflege: Hier empfiehlt sich dasselbe, was bei den Möhren beschrieben ist. Der optimale Saatzeitraum ist allerdings kürzer und reicht von Mitte März bis Anfang Mai. Der Reihenabstand sollte 30–45 cm betragen. vier Wochen nach dem Auflaufen wird auf 15 cm in der Reihe vereinzelt. Besorgen Sie sich immer frisches Saatgut, denn es verliert schnell seine Keimfähigkeit.

Sortenbeispiele: 'Gladiator', 'Halblange Weiße', 'Javelin', 'White Gem'.

Pflanzenschutz: Wie bei den Möhren beschrieben.

Ernte: Die winterharten Wurzeln können Sie von Mitte September bis März des nächsten Jahres ernten. Besonders aromatisch schmecken sie, wenn man sie im Spätherbst ausgräbt und einlagert (Mieten, Keller). Pastinaken kann man fein geraspelt als Rohkost essen oder zu Salat, Suppen und Eintöpfen geben. Als Püree passen sie zu geschmortem Fleisch. Junge Blätter lassen sich als Würzkraut verwenden.

KNOLLENSELLERIE

Apium graveolens var. rapaceum

✦ *Wurzelsellerie, Eppich*

Doldenblütler (Apiaceae)

Wie Möhre und Pastinake gehört Sellerie zur Familie der Doldengewächse und ist eigentlich zweijährig, treibt also im zweiten Jahr nach der Aussaat Blütenstiele. Neben der Knollensellerie nutzt man auch die Varietäten Stangensellerie (siehe Seite 186 f.) und Schnittsellerie (siehe Seite 256 f.). Die runzlige Sellerieknolle, die bis zur Hälfte aus der Erde herauswächst, ist sehr gesund. Für den würzigen Geschmack sind ätherische Öle verantwortlich, die eine blutdrucksenkende Wirkung haben sollen. Außerdem stecken im Sellerie viele Ballaststoffe, Vitamine und wertvolle Mineralstoffe. Allerdings kann Sellerie, selbst wenn gekocht, bei manchen Menschen allergische Reaktionen auslösen; besonders wenn man auch von einer Beifuß- und Birkenpollenallergie geplagt ist.

Knollensellerie (Apium graveolens var. rapaceum)

Anbau und Pflege: Als Starkzehrer braucht Sellerie einen Startdünger (Kompost oder Volldünger) und später nochmals mehrere Düngergaben. Er dankt eine gute Kaliversorgung, bei zu viel Kalium im Boden oder hohem pH-Wert droht allerdings Bormangel (siehe Seite 100).

Knollensellerie wird zwischen Ende Februar und April vorgezogen und erst ab Mitte Mai, besser Ende Mai ausgepflanzt. Zu niedrige Temperaturen im Jugendstadium führen leicht zum Schossen. Die Anzucht erfolgt bei 18–22 °C, die Samen sollte man höchstens hauchfein mit Erde abdecken. Nach guter Sämlingsentwicklung wird ein- bis zweimal pikiert, danach hält man die Pflänzchen bei 14–18 °C. Ausgepflanzt wird mit 40 cm x 40 cm Abstand. Setzen Sie die Pflanzen nicht zu tief, nur bis zum Wurzelhals; das Herz mit den Triebknospen muss über die Erdoberfläche kommen. Zur Förderung des Wachstums empfehlen sich regelmäßiges Hacken oder Mulchen und bei Trockenheit durchdringendes Gießen. Gleichmäßige Feuchtigkeit ist gerade auch im Spätsommer und Frühherbst wichtig: Um diese Zeit legen die Knollen im Umfang nochmals kräftig zu.

Sortenbeispiele: 'Bergers weiße Kugel', 'Brilliant', 'Mars', 'Prinz' (alle recht robust beziehungsweise widerstandsfähig gegen Blattfleckenkrankheit).

Pflanzenschutz: Sellerie sollte frühestens nach vier Jahren wieder auf dasselbe Beet kommen und auch nicht nach anderen Doldenblütlern angebaut werden. Anhaltend feuchte Witterung oder häufiges Begießen der Blätter können zur Septoria-Blattfleckenkrankheit führen. Insekten wie Blattläuse oder -wanzen verursachen meist nur geringe Schäden.

Ernte: Die Knolle wird am besten erst gegen Ende Oktober/Anfang November, vor den ersten stärkeren Frösten, geerntet. Anschließend entfernt man Wurzeln und Blätter. An einem kühlen Ort mit hoher Luftfeuchtigkeit oder eingeschlagen in angefeuchteten Sand lassen sich die (ungewaschenen) Knollen längere Zeit lagern. Sie munden nicht nur in Suppen und Eintöpfen, sondern auch roh geraspelt und lassen sich zu einem würzigen Saft verarbeiten. Sie können auch schon ab Juli Blätter als Suppengrün schneiden; bei häufiger Laubernte werden die Knollen aber kleiner.

Knollenfenchel (Foeniculum vulgare var. azoricum)

KNOLLENFENCHEL

Foeniculum vulgare var. azoricum

☼

✦ *Gemüsefenchel*

Doldenblütler (Apiaceae)

Der Knollenfenchel hat seine Heimat im Mittelmeerraum und in Vorderasien. Er fällt unter den Wurzel- und Knollengemüsen etwas aus dem Rahmen, da seine fleischig verdickten, weißen oder hellgrünen Blattscheiden eine Zwiebel oder Scheinknolle mit intensivem, anisähnlichem Aroma bilden. Die Knolle ist sehr bekömmlich, kalorienarm, vitamin- und mineralstoffreich. Ihr hoher Kalziumgehalt wird nur noch von absoluten Spitzenreitern wie dem Grünkohl übertrumpft. Wie beim Gewürzfenchel (siehe Seite 257 f.) lassen sich auch die Blätter an den bis 50 cm hohen Stängeln nutzen.

Speiserüben (Brassica rapa subsp. rapa)

Anbau und Pflege: Die Nährstoffansprüche sind ähnlich wie beim Knollensellerie. Knollenfenchel ist eigentlich eine Langtagpflanze, die im Sommer schnell in Blüte geht, statt Knollen zu bilden. Heute werden jedoch fast nur noch schossfeste Sorten angeboten. Allerdings fördern auch zu niedrige Temperaturen im Jugendstadium die Schossneigung.

Je nach Sorte kann Knollenfenchel zwischen Mitte April und Ende Juli direkt ins Beet gesät werden. Junisaat begünstigt eine gleichmäßige Knollenentwicklung. Oft entwickeln sich die Pflanzen aber noch besser, wenn man sie zwischen März und Mai bei 16–20 °C in Töpfen vorzieht und dann auspflanzt. Günstig ist ein Pflanzabstand von 40 cm x 20 cm. Bei Direktsaat muss entsprechend ausgedünnt werden. Gleichmäßige Feuchtigkeit und Mulchen mindern das Schossrisiko und fördern die Bildung großer Knollen. Sobald sich die noch kleine Knolle an der Erdoberfläche zeigt, wird sie angehäufelt.

Sortenbeispiele: Schossfeste Sorten: 'Finale', 'Perfektion', 'Rondo', 'Selma', 'Zefa Fino'.

Pflanzenschutz: Fruchtwechsel im drei- bis vierjährigen Abstand beugt Krankheiten und Nematoden vor. Gelegentlich treten Blattläuse auf.

Ernte: Je nach Saatzeit werden die etwa faustgroßen Knollen zwischen Juli und Ende Oktober, spätestens vor Frosteintritt, geerntet. Im kühlen Keller oder frostgeschützten Frühbeet eingeschlagen, lassen sie sich rund sechs Wochen lagern. Gedünsteter Fenchel passt sehr gut zu Fisch. Die Knolle schmeckt aber auch roh im Salat oder mit Käse überbacken.

SPEISERÜBE

Brassica rapa subsp. rapa

✦ *Weiße Rübe, Wasser-, Stoppelrübe*

Kreuzblütler (Brassicaceae)

Speiserübe ist ein Sammelbegriff für verschiedene Sortengruppen und Nutzungsformen ein und derselben Unterart:

- **Mairüben:** erinnern an große Radieschen, mit etwa 5 cm Durchmesser; für die Ernte ab spätem Frühjahr bis Herbst;

- **Teltower Rübchen:** kleiner als Mairüben, kegelförmig; vorzugsweise für die Herbsternte, aber auch Frühjahrsanbau möglich;
- **Herbstrüben:** etwas größer als die Mairüben, plattrund bis rettichähnlich, für die Herbsternte;
- **Stielmus, Rübstiel:** durch enge Saat kaum Rübenbildung, stattdessen Ernte der Blätter und Stängel.

Die weißfleischigen, teils rosa oder violett überhauchten Rüben sind in Frankreich als Navets, in England als Turnips bekannt und beliebt. Sie erinnern im Geschmack an Kohlrabi oder sehr milden Rettich. Besonders zart, mit leichtem Meerrettichton und zugleich etwas süßlich, munden die aus dem Brandenburger Raum stammenden Teltower Rübchen. Die Rüben enthalten reichlich Vitamine, Mineralstoffe und gesundheitsfördernde Senföle. Ähnlich bekömmlich ist das Kraut des Stielmus. Diese rheinländische Spezialität schmeckt mild kohlartig und hat große Ähnlichkeit mit manchen Asia-Salaten (siehe Seiten 182 f.). Am leichtesten finden Sie im Handel Saatgut von Mairüben; andere Sorten gibt es teils nur bei Spezialanbietern.

Anbau und Pflege: Speiserüben sind anspruchslose Schwachzehrer und besser für Sandböden geeignet als für Lehm- oder gar Tonböden. Besonders Teltower Rübchen gedeihen nur auf sandigen und zudem eher nährstoffarmen Böden wirklich gut.

Mairüben werden von Mitte März bis August ausgesät, Teltower Rübchen von April bis August. Liebhaber bevorzugen hier allerdings eine späte Saat, die besonders schmackhafte Rübchen bringen soll. Saatzeit für Herbstrüben ist im Juli und August, für Stielmus von März bis September. Je nach Rübengröße sät man in Reihen mit 20–30 cm Abstand und vereinzelt in der Reihe auf 10–12 cm. Für Stielmus genügt ein Reihenabstand von 15–20 cm, das Ausdünnen entfällt. Wichtig ist ein gleichbleibend leicht feuchter Boden, damit die Rüben zart und saftig bleiben und nicht verholzen, außerdem regelmäßiges Hacken.

Sortenbeispiele: Mairüben: 'Market Express' (reinweiß), 'Primera' (oben rötlich), 'Tokyo Cross' (reinweiß). Teltower Rübchen: 'Mairübe Petrowski' (weißlich). Herbstrüben: 'Goldball' (gelblich), 'Plessis' (oben rötlich). Stielmus: 'Namenia'; für Stielmus lassen sich auch Mai- oder Herbstrübensamen nutzen.

Pflanzenschutz: Hier gilt das beim Rettich Gesagte (siehe Seite 204 f.).

Ernte: Mairüben tragen ihren frühesten Erntetermin im Namen und sind oft schon nach sechs bis acht Wochen erntereif, ebenso Teltower Rübchen. Bei den dickeren Herbstrüben liegt die Haupterntezeit im Oktober. Am besten isst man die Rüben frisch als Rohkost oder kurz gegart.

Stielmus wird bereits ab vier bis sechs Wochen nach der Aussaat fortlaufend geschnitten und eignet sich als Salatzutat oder Suppeneinlage sowie zum Dünsten.

KOHLRÜBE

Brassica napus subsp. rapifera

✦ *Steckrübe, Wruke, Erdkohlrabi*
Kreuzblütler (Brassicaceae)

Kohlrüben haftete lange Zeit ein schlechtes Image an, das noch aus dem Ersten Weltkrieg stammt: Im deutschen Hungerwinter 1916/1917 waren sie wochenlang das Einzige, das die Bevölkerung zu essen bekam. In neuerer Zeit entdeckten zunächst manche Biogärtner, dass die kräftige Rübe weit mehr sein kann als eine Notnahrung.

Mittlerweile nehmen sich ihrer sogar Spitzenköche an – und versehen sie gern mit der in England üblichen Bezeichnung Rutabaga. Die Kohlrübe schmeckt mild süßlich würzig, ist gesund, lässt sich auf vielfältige Weise zubereiten und gehört zudem zu den kalorienärmsten Gemüsearten.

Sie hat eine annähernd runde Form, eine derbe Schale und gelbliches Fruchtfleisch. Die Rübe wächst größtenteils über der Erde und kann bis zu 1,5 kg schwer werden. Oberirdisch bildet sie einen Schopf fiederspaltiger Blätter an kräftigen Stielen. Als klassisches Wintergemüse ist die Kohlrübe recht frosthart.

Anbau und Pflege: Kohlrüben bevorzugen mittelschwere, humose Böden. Als Mittelzehrer genügen ihnen eine Kompostgabe zum Start und eine mäßige Nachdüngung im Sommer. Eine gute Kaliversorgung ist förderlich. Kohlrüben eignen sich gut als Nachkultur für Salate, Spinat, Erbsen und anderes früh geerntetes Gemüse. Passende Mischkulturpartner sind Spinat, Salat, Tomaten und Sellerie.

Am besten sät man zunächst ab April auf ein Saatbeet, mit 20 cm Reihenabstand. Etwa sechs Wochen später werden sie dann mit 50 cm x 40 cm Abstand an ihren endgültigen Platz gesetzt. Pflanzen Sie nicht zu tief, da sich sonst verformte, kleine Rüben bilden. Die Aussaat ist bis Juni möglich. Gleichmäßig leicht feucht halten, hacken oder mulchen – die Pflege entspricht der bei anderen Wurzelgemüsen.
Sortenbeispiele: Hier wird fast nur die bewährte Sorte 'Gelbe Wilhelmsburger' angeboten.
Pflanzenschutz: Wie beim Rettich (siehe Seite 204 f.).
Ernte: Kohlrüben reifen etwa drei Monate nach der Pflanzung und können dann vorsichtig mit der Grabgabel aus dem Boden geholt werden. Junge Rüben schmecken besser als die großen Lagerrüben. Wer sie im Keller, in Erdmiete oder Frühbeet einlagern möchte, sollte sie bis November ausreifen lassen und nach der Ernte die Blätter und Wurzeln abschneiden. Die Rüben passen, in Würfel oder Scheiben geschnitten, gut zu deftigen Gemüse- und Fleischgerichten, ebenso in gemischte Rohkostsalate.

Kohlrübe (Brassica napus subsp. rapifera)

SCHWARZWURZEL

Scorzonera hispanica

✦ *Winterspargel*
Korbblütler (Asteraceae)

Die Wildform der in Spanien beheimateten Schwarzwurzel wurde im Altertum vor allem als Heilpflanze genutzt. Man traute ihr sogar eine Wirkung gegen Pest und Schlangenbisse zu. Ab dem 17. Jahrhundert fand sie als Wurzelgemüse auch in Mitteleuropa Verbreitung. Mit der Beliebtheit des edlen Spargels geriet sie als „Spargel des armen Manns" in Misskredit. Doch mittlerweile hat die Schwarzwurzel sogar die Speisekarten der feinen Restaurants erobert. Sie ist besonders reich an Ballaststoffen und genau das Richtige für kalorienbewusste Genießer. Sie enthält viel Eiweiß, Vitamin E, B1 und B6, Eisen sowie das für Diabetiker besonders gut geeignete Inulin.
Die Pflanzen werden mit der Wurzelernte komplett entfernt, sind aber eigentlich ausdauernde Stauden, die ab dem zweiten Jahr gelbe, an Löwenzahn erinnernde Blüten bilden. Aus den rund 30 cm langen, fingerdicken Wurzeln mit braunschwarzem Korkmantel tritt bei Verletzung ein heller Milchsaft aus, der sich schnell braun verfärbt. Die Wurzeln sind recht zerbrechlich, und das nötige Schälen macht schon etwas Mühe – beides Gründe dafür, dass die Schwarzwurzel im Garten eher ein Gemüse für Liebhaber geblieben ist.

Anbau und Pflege: Besonders wichtig ist ein gut gelockerter, tiefgründiger Boden, damit sich lange, kräftige Wurzeln bilden. Schwere Böden kommen höchstens nach gründlicher

Verbesserung infrage. Der Mittelzehrer erhält ausgereiften Kompost zum Start und eine Nachdüngung mit Hornspänen. Förderlich ist eine gute Kaliversorgung. Geeignete Mischkulturpartner sind zum Beispiel Kohlrabi, Porree und Salate.

Achten Sie stets auf frisches Saatgut, da die Keimfähigkeit bei der Schwarzwurzel schon nach einem Jahr stark nachlässt, und behandeln Sie die stäbchenförmigen Samen vorsichtig, damit sie nicht zerbrechen. Gesät wird im März oder April, mit 25–30 cm Reihenabstand. Später vereinzelt man in der Reihe auf 5–7 cm. Der Boden sollte gleichmäßig feucht gehalten, regelmäßig gehackt oder gemulcht werden. Schon im ersten Jahr erscheinende Blütenstände werden am besten entfernt. Für eine Frühjahrsernte schützt man die Pflanzen mit einer Laub- oder Strohabdeckung.

Sortenbeispiele: 'Hoffmanns Schwarze Pfahl', 'Meres' (mehltautolerant), 'Verbesserte nichtschießende Riesen'.

Pflanzenschutz: Schwarzwurzeln werden selten von Krankheiten und Schädlingen heimgesucht. Genügend große Pflanzenabstände und Nichtbefeuchten der Blätter beugen Pilzkrankheiten vor. Am ehesten treten Echter Mehltau (mehliger Überzug) und Weißer Rost (helle Blattflecken) auf. Vor allem über Winter kommt es manchmal zu Wühlmausfraß.

Ernte: Die Wurzeln können von Oktober, nach dem Welken des Laubs, bis März nach Bedarf vorsichtig ausgegraben werden. Oder man erntet komplett im November und schlägt die Wurzeln an einem kühlen Platz in Sand ein. Vor dem Zubereiten werden die Wurzeln gewaschen und vorgegart, damit sich ihre Schale leichter abziehen lässt. Die Wurzelstücke legt man in Zitronenwasser oder in Milch, damit sie schön weiß bleiben. Schwarzwurzeln können wie Spargel gekocht, in Butter gedünstet oder auch gratiniert werden.

KARTOFFEL

Solanum tuberosum

✦ *Erdapfel, Grundbirne*

Nachtschattengewächse (Solanaceae)

Als die Spanier im 16. Jahrhundert Peru und Chile eroberten, stießen sie auf die alte Hochkultur der Inka, die die Kartoffel schon lange als wichtiges Nahrungsmittel anbauten. Von dort gelangte die Kartoffel nach Spanien, England und Irland.

Geradezu legendär ist das Engagement von Friedrich II., der Mitte des 18. Jahrhunderts mit Gewalt und List den Kartoffelanbau in Preußen einführen musste. Dass die Bevölkerung lange skeptisch blieb, lag unter anderem daran, dass es wegen falscher Nutzung zu Vergiftungser-

Schwarzwurzel (Scorzonera hispanica)

scheinungen kam. Statt der Knollen wurden manchmal aus Unkenntnis die Früchte der Kartoffelpflanzen gegessen. Alle grünen Pflanzenteile enthalten aber das giftige Alkaloid Solanin, auch Knollenteile, die über der Erdoberfläche unter Lichteinfluss grün werden. Doch schließlich erkannte man die Vorzüge der nahrhaften Knolle. Sie enthält Stärke, Eiweiß mit wertvollen Aminosäuren, Vitamine und Mineralstoffe, hat aber weniger Kalorien als Nudeln oder Reis.

Bei den Knollen handelt es sich um verdickte unterirdische Sprossteile, die an dünnen Trieben, den Stolonen, gebildet werden. Aus den Augen (Knospen) der Pflanzknolle treiben junge Stolonen, an denen sich neue Knollen bilden.

Nach Pflanz- und Erntetermin werden die Sorten in frühe, mittelfrühe und späte Kartoffeln unterteilt. Nach Frühkartoffeln lassen sich nach der Ernte im Juni noch Spätgemüse auf der gut gelockerten Fläche anbauen. Dafür eignen sich mittelfrühe und späte Sorten meist besser zum Lagern, außerdem gedeihen sie in kälteren Regionen sicherer.

Des Weiteren unterscheidet man fest kochende (zum Beispiel für Kartoffelsalat), vorwiegend fest kochende (zum Beispiel für Aufläufe) und mehlige Sorten (zum Beispiel für Püree und Eintöpfe). Mittlerweile wird auch eine Vielfalt alter Sorten angeboten, teils mit ungewöhnlichen Farben oder Formen und besonderen Geschmacksqualitäten.

Anbau und Pflege: Kartoffeln sind Starkzehrer und vertragen sogar Stallmist, wenn der gut verrottet ist und zeitig im Spätwinter eingearbeitet wird. Andernfalls bringt man drei Liter Kompost pro m^2 aus, angereichert mit ein bis zwei Handvoll Hornspänen. Eine stickstoffreiche Nachdüngung sollte unterbleiben, da sie die Geschmacksqualität mindert und die Krankheitsanfälligkeit erhöht.

Wichtig ist auch eine gute Kalium- und Magnesiumversorgung. Ein zu hoher pH-Wert und Kalken direkt vor Kartoffeln erhöhen das Risiko eines Schorfbefalls durch das Bakterium Streptomyces scabiei. Während der Wachstumszeit ist verdünnte Beinwelljauche (zwei- bis dreimal ausgießen) förderlich.

Kartoffel (Solanum tuberosum)

Früher zerschnitten Gärtner oft selbst geerntete Knollen in Teilstücke mit mindestens einem Auge und verwendeten diese als Pflanzgut. So kann man zum Beispiel auch rare Sorten eine Zeit lang weiter vermehren. Doch im Allgemeinen ist der Kauf von virusfreien, zertifizierten Pflanzkartoffeln sehr empfehlenswert.

Frühkartoffeln werden ab Mitte April gepflanzt und bei Kälte mit Folie oder Vlies abgedeckt. Durch Vorkeimen der Knollen lässt sich die Ernte bis zu zwei Wochen verfrühen. Dazu legt man sie rund vier Wochen vor dem Pflanztermin in flache Holzkisten, die man an einem hellen, aber nicht direkt besonnten Platz bei 12–15 °C aufstellt. Aus den Augen entwickeln sich kurze, kräftige Triebe, auf die man beim Pflanzen gut achten muss, damit sie nicht abbrechen. Mittelfrühe und späte Sorten kommen zwischen Mai und Mitte Juni in die Erde. Ziehen Sie zum Pflanzen 5–10 cm tiefe Rinnen mit 60–70 cm Reihenabstand, legen Sie darin alle 30–40 cm eine Pflanzknolle aus und füllen Sie dann die Rinne mit Erde auf.

Kartoffeln sollten keinesfalls nass gehalten werden, doch bei längerer Trockenheit empfehlen sich regelmäßige Wassergaben alle paar Tage. Hacken Sie regelmäßig, häufeln Sie ab einer Pflanzenhöhe von etwa 15 cm an und ziehen Sie auch später mehrmals Erde heran, sodass schließlich rund 20 cm hohe Dämme entstehen.

Sortenbeispiele: Sehr früh: 'Christa', 'Finka', 'Rosara' (rotschalig, gelbes Fleisch); alle vorwiegend fest kochend. Früh: 'Agila' (fest), 'Belana' (fest), 'Karlena' (mehlig), 'Sieglinde' (fest, alte Sorte). Mittelfrüh: 'Agria' (fest), 'Blaue Schweden' (blauschalig, blauviolettes Fleisch, vorwiegend fest, alte Sorte), 'Melina' (mehlig), 'Nicola' (fest), 'Rote Emma' (rotschalig, rotes Fleisch, vorwiegend fest). Spät: 'Aula' (mehlig), 'Granola' (vorwiegend fest), 'Saturna' (mehlig), 'Vitelotte' (Schale und Fleisch dunkelviolett, fest, alte Sorte).

Pflanzenschutz: Den größten Schaden richtet die Kraut- und Braunfäule, eine Pilzkrankheit, an. Dabei bilden sich an den älteren Blättern gelblich braune Flecken, die sich später schwarz verfärben. Auf der Unterseite zeigt sich ein weißlich grauer Pilzbelag. Die Braunfäule der Knollen erkennt man an blaugrauen Flecken auf der Schale. Im Innern verfärbt sich das Gewebe rostbraun.

Weite Pflanzabstände, kein Benässen der Blätter und möglichst große Entfernung zu Tomaten, die vom selben Erreger befallen werden, sind die wichtigsten Vorbeugungsmaßnahmen, die sich durch Ausbringen von Pflanzenstärkungsmitteln unterstützen lassen. Kartoffeln sollten nur alle drei bis vier Jahre auf derselben Fläche angebaut werden.

Achten Sie auch auf einen Befall mit dem gestreiften Kartoffelkäfer (siehe Seite 163). In den letzten Jahren häufen sich bundesweit die Meldungen über eine verstärkte Ausbreitung, nicht zuletzt begünstigt durch den Klimawandel. Seine rötlichen Larven fressen sich ab MItte Mai bis Anfang Juni durch das Kartoffellaub und können zur echten Plage werden.

Ernte: Frühkartoffeln kann man von Mitte Juni bis Mitte Juli ernten, die mittelfrühen Sorten folgen im August, die späten Kartoffeln sind von August bis September an der Reihe, wenn die Blätter zu welken beginnen.

Kartoffeln lagern am besten in einem dunklen Keller mit hoher Luftfeuchtigkeit und Temperaturen um die 8 °C. Wurden Teile der Knollen während des Lagerns dennoch grün, müssen sie vor dem Verzehr weggeschnitten werden.

SÜSSKARTOFFEL

Ipomoea batatas

✦ *Batate, Knollenwinde*

Windengewächse (Convolvulaceae)

Die aus Mittelamerika stammende Süßkartoffel oder Batate ist in den Subtropen und Tropen seit Langem eine der wichtigsten Nahrungspflanzen. Bei uns lernte man sie erst in neuerer Zeit als angenehm süßliche Delikatesse zu schätzen – erst als Importware, aber immer häufiger dank der wärmer gewordenen Spätsommer- und Herbstwochen auch aus heimischem Anbau. Die recht kälteempfindliche Pflanze bildet sehr lange Ranken und lässt sich damit nicht in jedem Gewächshaus unterbringen. Sie gedeiht aber auch draußen an einem warmen, sonnigen Platz.

Der botanische Name der Süßkartoffel weist auf die nahe Verwandtschaft zur Prunkwinde (Ipomoea purpurea) hin, der beliebten einjährigen Kletterpflanze mit großen violetten Blüten. Auch die Süßkartoffel bildet teils trichterförmige, zartrosa Blüten. Die sind aber eher unauffällig und oft durch die großen Blätter verdeckt.

Bei den schmackhaften Knollen handelt es sich um verdickte Speicherwurzeln. Diese oft spindelförmigen, teils auch rundlichen Knollen können bis 30 cm lang und entsprechend schwer werden. Pro Pflanze werden meist fünf bis sechs Knollen gebildet, die zusammen 1,5 bis 2 Kilogramm auf die Küchenwaage bringen. Richtig süß schmecken die Knollen erst nach dem Garen. Neben Zucker und Stärke enthalten sie gesunde Ballast- und Mineralstoffel sowie Vitamine. Das Fruchtfleisch enthält beachtlich viel Beta-Carotin, besonders wenn es kräftig orange gefärbt ist. Gesund ist auch die bräunlich bis violett gefärbte Schale, die man mitessen kann.

Anbau und Pflege: Als Starkzehrer brauchen Süßkartoffeln einen gut versorgten, humosen und zugleich durchlässigen Boden. Besonders eignen sich sandiger Lehm sowie lehmiger Sand. Wie bei den Kartoffeln empfiehlt sich oberflächliches Einarbeiten von drei Liter Kompost je m^2 samt ein paar Handvoll Hornspäne. Ist der Boden sehr tonhaltig, baut man die Süßkartoffeln besser in aufgeschütteten, rund 60 cm breiten und 20–30 cm breiten Dämmen aus lockerer Erde an. Eine gute Alternative ist der Anbau im Hochbeet. So kann man auch Wühlmausfraß an den Knollen vorbeugen. Eine Kultur in großen Kübeln ist ebenfalls möglich, auch auf Balkon und Terrasse.

Gepflanzt wird je nach Wetter zwischen Mitte Mai und Anfang Juni, mit 60–80 cm Reihenabstand und 30–40 cm in der Reihe; etwa 3–5 cm tief. Die Temperaturen sollten über 10 °C liegen. Sie können die Knollen auch an einem warmen, hellen Platz in erdgefüllten Kisten vortreiben, ab Ende Januar.

Halten Sie nach dem Auspflanzen den Boden stets leicht feucht. Auch später sollte man bei anhaltender Trockenheit regelmäßig gießen, bei starker Hitze täglich. Verschiebt sich die Erntereife bis weit in den Oktober hinein, schützt eine Vliesabdeckung vor Kälteschäden.

Sortenbeispiele: Bewährte Sorten mit orangem Fleisch sind 'Beauregard', 'Covington', 'Evangelina' (besonders süß); mit hellem Fleisch 'Bonita' und 'Murasaki'.

Pflanzenschutz: Süßkartoffeln wurden bisher recht selten von Schädlingen oder Krankheiten geplagt. Bei feuchtem Wetter fressen öfter Schnecken an den Blättern, und im Herbst werden manchmal Wühlmäuse zu unerfreulichen Mitessern an den Knollen.

Ernte: Geerntet wird zwischen Mitte September und Mitte Oktober, wenn die Blätter gelb werden; spätestens vor den ersten stärkeren Frösten. Vorsichtig mit der Grabegabel aus dem Boden holen und Verletzungen an den Knollen vermeiden. Danach das Erntegut abwaschen und trocknen. An einem mäßig kühlen Platz (um 14 °C) lassen sie sich lange lagern, am besten dunkel, eingeschlagen in Papier.

Der manchmal befürchtete Blausäuregehalt hält sich bei den meisten Sorten sehr in Grenzen. Trotzdem ist es sicherer, die Knollen erst nach Erhitzen zu essen, besonders für Kinder. Zudem schmecken sie durch das Garen süßer.

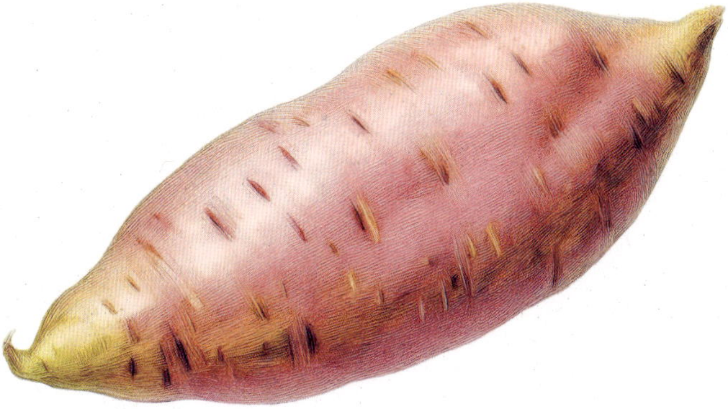

Süßkartoffel (Ipomoea batatas)

TOPINAMBUR

Helianthus tuberosus

✦ *Erdbirne, Indianerknolle, Jerusalemartischocke*

Korbblütler (Asteraceae)

Topinambur stammt aus den Prärien Nordamerikas, wo er wild in großen Beständen vorkommt. Mit seinen 2–3 m hohen Stängeln und den gelben, ab August erscheinenden Blütenkörben zeigt er deutlich seine nahe Verwandtschaft mit der Sonnenblume. Anders als diese wächst er als winterharte Staude mehrjährig und bildet an den Wurzeln runde bis längliche, bräunliche bis rötliche Knollen.

Die nussartig bis süßlich schmeckenden Knollen enthalten wenig Kohlenhydrate, dafür reichlich Ballaststoffe, darunter recht viel Inu-

Topinambur (Helianthus tuberosus)

lin, das die Darmflora fördert und Diabetikern besonders gut bekommt.

Topinambur hat allerdings einen großen Nachteil: Selbst bei gründlicher Ernte bleiben meist genug kleine Knollen und Teilstücke übrig, die neu austrieben. Dadurch können die Pflanzen mit der Zeit stark wuchern. Weil sich Topinambur auch außerhalb der Gärten angesiedelt hat, gilt er mittlerweile als invasive Art, vor allem in Flussauen. Deshalb wird seine Ausbreitung durch die Naturschutzbehörden kritisch beobachtet. Selbst der Zentralverband Gartenbau rät dem Pflanzenhandel, Topinambur aus dem Sortiment zu nehmen. Trotzdem wird er nach wie vor noch häufig angeboten. Hier müssen Gärtnerinnen und Gärtner selbst abwägen, wie sie mit dieser Gemüsepflanze umgehen.

Anbau und Pflege: Topinambur gedeiht in jedem gut gelockerten Boden, sofern dieser nicht zu schwer oder gar nass ist. Die Knollen setzt man von März bis April 8–10 cm tief, mit 30–50 cm Abstand. Werden mehrere Reihen gepflanzt, hält man dazwischen 60–80 cm Abstand. Wer der starken Ausbreitung des Topinamburs vorbeugen möchte, umgibt die Pflanzung am besten mit einer mindestens 50 cm tief eingegrabenen Wurzelsperre aus kräftigem Kunststoff, wie sie für Bambus (als Meterware) angeboten wird. Die Pflanzen werden in jedem Frühjahr mit Kompost (drei Liter je m^2) versorgt und nach Austrieb der neuen Stängel etwas angehäufelt. Eine ausreichende Wasserversorgung ist vor allem zwischen Juni und Oktober wichtig.

Sortenbeispiele: 'Bianka' (relativ schwachwüchsig), 'Gute Gelbe', 'Rote Zonenkugel' (rote, runde Knollen), 'Topstar'.

Pflanzenschutz: Topinambur zeigt sich gegenüber Krankheiten und Schädlingen recht robust. Wühlmäuse haben ihn allerdings zum Fressen gern.

Ernte: Ab Oktober können Sie die Knollen fortlaufend ernten, bis in den nächsten März hinein. Da sich die Knollen schlecht lagern lassen, aber gut frosthart sind, lässt man sie am besten im Boden, erntet bei frostfreiem Wetter nach Bedarf und deckt danach wieder mit Erde ab. Zum Zubereiten reinigt man die Knollen am besten mit einer Gemüsebürste, ohne die Schale zu entfernen. Topinambur mundet roh geraspelt ebenso wie gedünstet oder als Auflauf.

Schwarzwurzeln
Knollensellerie
Knollenfenchel
Topinambur
Kartoffeln

Küchenzwiebel
Gemüsezwiebel
Porree
Lauch-
zwiebel
Knoblauch
Schalotte

ZWIEBELGEMÜSE Schon beim Pyramidenbau im alten Ägypten sollen sich die Arbeiter mit Zwiebeln, Knoblauch und Porree gestärkt haben. Die verschiedenen Zwiebel- oder Lauchgewächse werden seit Jahrtausenden als Heil-, Gewürz- und Gemüsepflanzen genutzt.

Es handelt sich um mehrjährige Pflanzen, die Zwiebeln oder zumindest verdickte Grundachsen bilden. Eine Zwiebel ist ein extrem stark gestauchter Spross, der als Speicher für Reservestoffe dient. Diese benötigt die Pflanze, um ab dem Frühjahr des zweiten Jahres ihre Blätter und den bis zu 100 cm hohen Blütenstand mit der kugeligen Scheindolde hervorzubringen, der bei den verwandten Zierlaucharten als Blütenschmuck sehr geschätzt wird.

„PFLANZLICHES ANTIBIOTIKUM"

Während Porree, Lauch- und große Gemüsezwiebeln komplette Gemüsegerichte liefern, dienen scharfe Zwiebeln und Knoblauch eher als Würze – ähnlich wie Schnittlauch und Bärlauch, die zur selben Gattung gehören. Küchen- und Lauchzwiebeln bilden röhrenförmige Blätter, die sogenannten Schlotten – nicht zu verwechseln mit den Schalotten, einer Varietät der Küchenzwiebel.

Alle Zwiebelgewächse enthalten wertvolle Vitamine, Mineralstoffe und Folsäure, die Küchenzwiebel bietet zudem hochwertigen Fruchtzucker und gesundheitsfördernde Flavonoide. Dazu kommen als besondere Komponente schwefelhaltige ätherische Öle, die den kräftigen Geruch und Geschmack bedingen – und uns beim Zwiebelschneiden die Tränen in die Augen treiben. Solche Schwefelverbindungen, vor allem das Alliin (Vorstufe des Allicins), hemmen die Vermehrung von Pilzen, Viren und Bakterien und unterstützen bei Verzehr so die Immunabwehr des Körpers. Man sagt ihnen nach, dass sie zudem gegen altersbedingte Gefäßverengung helfen, den Blutdruck senken und vermutlich auch den Cholesterinspiegel regulieren können. Knoblauch ist besonders reich an solchen pflanzlichen Antibiotika.

Schon im Beet zeigen die markanten Inhaltsstoffe eine gewisse Wirkung, die auch Nachbarpflanzen zugutekommt. Deshalb baut man Zwiebeln, Porree und Knoblauch gern in Mischkultur mit Möhren, Erdbeeren, Salaten und Fruchtgemüsen (nicht jedoch mit Bohnen oder Erbsen) an.

Dennoch bleiben auch Zwiebelgewächse nicht von Plagen verschont. In feuchten Jahren drohen Grauschimmel, Falscher Mehltau, Rostpilze oder Blattfleckenkrankheiten, teils auch Bakterienkrankheiten, die zum Faulen von Zwiebeln und Knoblauchknollen führen. Um solchen Krankheiten sowie Nematodenbefall vorzubeugen, sollten Zwiebelgewächse nur alle vier bis fünf Jahre auf demselben Beet angebaut werden. Für Fraßgänge in Blättern und Speicherorganen sind Maden oder Raupen von Zwiebelfliege, Porreeminierfliege oder Lauchmotte verantwortlich.

Die effektivste Abwehrmethode ist das Auflegen von Kulturschutznetzen. Da die Eiablage dieser Schädlinge je nach Art und Generation zwischen Anfang Mai und September erfolgen kann, empfiehlt es sich, die Netze während der gesamten Kulturdauer auf den Pflanzen zu lassen, bei Winterzwiebeln und -porree bis zum Oktober.

KÜCHENZWIEBEL, SCHALOTTE

Allium cepa

✦ *Speisezwiebel, Eschalotte*
Zwiebelgewächse (Alliaceae)

Klassiker der guten alte Küchenzwiebel sind die gelben Zwiebeln mit hellbraunen Schalen, die am schärfsten schmecken. Bei rotschaligen Zwiebeln, in Italien beliebt als Cipolla, ist auch das weiße Fleisch rötlich marmoriert. Je nach Sorte haben sie ein scharfes oder leicht süßliches Aroma. Besonders mild sind die großen Gemüsezwiebeln mit gelber oder roter Schale. Auch weiße Zwiebeln munden recht mild; von ihnen nutzt man hauptsächlich kleine, früh geerntete Sorten, die auch als Frühlings-, Silber- oder Perlzwiebeln bekannt sind.

Schalotten (Allium cepa var. ascalonicum) sind rundliche bis spindelförmige, besonders fein würzige Zwiebeln und für jeden Liebhaber der französischen Küche ein Muss. Sie bilden dichte Horste mit vielen Röhrenblättern und entwickeln pro Pflanze nicht nur eine, sondern gleich sechs oder mehr Zwiebeln in Büscheln, mit rötlichen oder hellbraunen Schalen.

Küchenzwiebel und Schalotte (Allium cepa)

Anbau und Pflege: Zwiebeln gehören zu den Mittelzehrern. In der Regel genügt gut ausgereifter Kompost, der schon einige Zeit vor dem Säen oder Pflanzen ausgebracht weerden sollte. Wichtig ist eine gute Kalium-, Phosphor- und Magnesiumversorgung. Zu viel Stickstoff erhöht die Krankheitsanfälligkeit und mindert Festigkeit sowie Lagerfähigkeit der Zwiebeln.

Am einfachsten ist der Anbau mit käuflichen Steckzwiebeln beziehungsweise Pflanzschalotten. Sie werden zwischen Mitte März und April gepflanzt. Robuste Zwiebel- und Schalottensorten gibt es auch als Wintersteckzwiebeln, die im September oder Oktober in den Boden kommen und sich im nächsten Jahr schon früh ernten lassen. Je nach Zwiebelgröße wählt man 25–30 cm Reihenabstand und 5–10 cm Abstand in der Reihe, für Schalotten und Gemüsezwiebeln 15 cm. Nach guter Lockerung lassen sich die haselnussgroßen Steckzwiebeln einfach in den Boden drücken – bei Frühjahrspflanzung nur so weit, dass das obere Drittel herausragt, bei Herbstpflanzung 5 cm tief.

Gesäte Zwiebeln bleiben meist kleiner, eignen sich aber besser zum Lagern. Man sät zwischen Ende Februar und April, Winterzwiebeln im August. Die Abstände sind dieselben wie bei der Pflanzung, in den Reihen muss entsprechend ausgedünnt werden. Bei Gemüsezwiebeln verhilft warme Anzucht (15–20 °C) im Februar oder März zu größeren Exemplaren. Nach dem Pikieren stellt man sie kühler, gegen Ende April können sie ausgepflanzt werden.

Saaten müssen natürlich feucht gehalten werden, doch ansonsten gießt man eher zurückhaltend und nur bei längerer Trockenheit alle zwei bis drei Tage. In den letzten drei bis vier Wochen vor der Ernte wird am besten gar nicht mehr bewässert. Überwinternde Zwiebeln lassen sich mit einer dünnen Laubschicht oder Fichtenreisig vor Frösten schützen.

Sortenbeispiele: 'Braunschweiger dunkelrote', 'Exhibition' (gelbe Gemüsezwiebel), 'Stuttgarter Riesen' (gelb), 'Zittauer gelbe', 'Red Kite' (rot), 'The Kelsae' (gelbe Riesengemüsezwiebel), 'Weiße Frühlingszwiebel', 'Weiße Königin' (Frühlingszwiebel). Wintersteckzwiebeln: 'Electric' (rot), 'Senshyu Yellow' (gelb), 'Silvermoon' (weiß). Schalotten: 'Griselle' (Winter-

Lauch- und Winterheckzwiebel (Allium fistulosum)

schalotte, gelb, spindelförmig), 'Longor' (gelb, länglich), 'Red Sun' (rot, rundlich).
Pflanzenschutz: Wie im Einführungstext zu den Zwiebelgemüsen beschrieben.
Ernte: Wintersteckzwiebeln sind teils schon ab Ende April erntereif, die kleinen weißen Frühlingszwiebeln folgen ab Juni, Schalotten ab Juli. Haupterntezeit für im Frühjahr gesäte und gepflanzte Zwiebeln ist aber August/September, wenn die Röhrenblätter vergilben und abknicken. Nach dem Trocknen an einem luftigen, trockenen Platz lassen sie sich aufgehängt in Netzen oder mit Laubresten zu Zöpfen verflochten sowie in flachen Kisten im dunklen, gut belüftbaren Keller lange lagern.

LAUCH- UND WINTERHECKZWIEBEL

Allium fistulosum

✦ *Winterzwiebel, Frühlingszwiebel, Schlottenzwiebel*
Zwiebelgewächse (Alliaceae)

Diese in Ostasien sehr geschätzte Art entwickelt keine ausgeprägten Zwiebeln und ähnelt eher dem Porree. Die mehrjährige Winterheckzwiebel wird wie eine großblättrige, kräftig schmeckende Variante des Schnittlauchs genutzt. Von den einjährig kultivierten Lauchzwiebeln verwendet man die Schäfte ebenso wie die Röhrenblätter (Schlotten). Teils werden auch Abkömmlinge der Küchenzwiebel (Allium cepa) mit schwacher Zwiebelbildung bei den als Lauchzwiebeln angeboten.

Anbau und Pflege: Die Nährstoffansprüche sind ähnlich wie bei der Küchenzwiebel, Winterheckzwiebeln erhalten in jedem Frühjahr etwas Kompost.

Die meisten Sorten lassen sich zwischen Ende März und Anfang August säen; im Spätsommer gesäte Lauchzwiebeln werden erst im nächsten Frühjahr erntereif. Für die mehrjährigen Winterheckzwiebeln empfiehlt sich eher die Frühjahrssaat. Der Reihenabstand beträgt 20–25 cm, in der Reihe wird auf 5 cm vereinzelt. Lauchzwiebeln brauchen gleichmäßige leichte Feuchtigkeit, Winterheckzwiebeln können etwas trockener gehalten werden, nachdem sie gut eingewachsen sind. Lässt die Austriebsfreude der Winterheckzwiebel nach einigen Jahren nach, gräbt man sie am besten im Frühherbst aus, zertrennt die Horste in Teilstücke und setzt diese an anderer Stelle wieder ein.
Sortenbeispiele: Lauchzwiebeln: 'Baja Verde', 'Kaigaro', 'Rote von Florenz' (rote Schäfte), 'Toga' (rote Schäfte). Winterheckzwiebeln werden meist ohne Sortenbezeichnung angeboten.
Pflanzenschutz: Lauch- und Winterheckzwiebeln sind etwas weniger anfällig für Pilzkrankheiten als Küchenzwiebeln.
Ernte: Lauchzwiebeln werden je nach Saattermin ab Anfang August oder im April/Mai komplett geerntet. Sie lassen sich wie Lauch zubereiten oder roh genießen. Nachdem die Pflanzen gut entwickelt sind, können Sie schon vorher gelegentlich einige Schlotten abschneiden und als Würze verwenden. Die robusten Winterheckzwiebeln liefern das ganze Jahr über würzige Blätter, zum Beispiel für Salate, Suppen oder Quark, bei frostfreiem Wetter selbst im Winter.

KNOBLAUCH

Allium sativum

✦ *Knofi, Knofel*

Zwiebelgewächse (Alliaceae)

Die ursprüngliche Heimat des Knoblauchs liegt wahrscheinlich in Zentralasien, doch schon seit Jahrtausenden ist er in den Küchen vieler Herren Länder zu Hause. Eigentlich eine ausdauernde Staude, wird er in den Gärten meist nur ein- bis zweijährig gezogen. Die sogenannte Knoblauchknolle besteht aus einer Hauptzwiebel, die ringsum von Nebenzwiebeln, den „Zehen", umgeben ist. Ob Knoblauch tatsächlich gegen Haarausfall, Pest und Vampire hilft, wie früher angenommen, ist fraglich. Fest steht aber, dass er mit seiner hohen Konzentration an schwefelhaltigen Inhaltsstoffen verschiedene Infektionen eindämmen kann. Einige dieser Substanzen sind allerdings auch verantwortlich für die berüchtigte „Knoblauchfahne", gegen die es trotz anders lautender Gerüchte kein Gegenmittel gibt.

Knoblauch (Allium sativum)

Anbau und Pflege: Knoblauch entwickelt sich am besten in lockeren, mittelschweren, humosen Böden; in schweren, feuchten Böden kommt es öfter zu Ausfällen. Der Boden sollte nie frisch gedüngt sein, da vor allem zu viel Stickstoff das Ausreifen der Knollen verhindert.

Für den Anbau verwendet man am besten eigens dafür angebotenen Pflanzknoblauch. Gepflanzt wird im März/April oder September/Oktober. Die Herbstpflanzung bringt etwas größere Knollen, und der Erntetermin liegt etwas früher. In kalten Wintern schützt man die Pflanzung am besten mit einer Stroh- oder Fichtenreisigauflage. In Töpfen vorkultivierte Pflanzen können Sie auch über Sommer setzen. Stecken Sie die Zehen einzeln so in die Erde, dass die Spitze etwa 2 cm unter die Oberfläche kommt, mit 15 cm Abstand. Meist werden nur kleinere Mengen benötigt, sodass man einfach ein paar Zehen zum Beispiel zwischen Erdbeeren oder Möhrenreihen pflanzt, die dann von der pilzhemmenden Wirkung des Knoblauchs profitieren. Für größere Ernten steckt man in Reihen mit 20–25 cm Abstand. Knoblauch wächst langsam, deshalb sollten konkurrierende Unkräuter von Anfang an regelmäßig entfernt werden. Wenn während der Hauptwachstumszeit zwischen Mai und Mitte Juni ausgeprägte Trockenheit herrscht, gießt man alle paar Tage zurückhaltend.

Sortenbeispiele: 'Burgenland', 'Messidor', 'Germidour' (rosa gestreift), 'Thermidrome'.

Pflanzenschutz: In sehr feuchten Jahren können pilzliche und bakterielle Fäulniserreger auftreten, ansonsten ist Knoblauch recht robust.

Ernte: Wenn die Blätter vergilben und anfangen, von selbst umzuknicken, wird der Knoblauch erntereif. Man erkennt dann schon deutlich die einzelnen Zehen, die Knolle hat dann aber noch eine intakte Hülle und ist fest mit dem Laub verbunden. Bei im Herbst gestecktem Knoblauch ist das meist gegen Mitte Juli der Fall, bei Frühjahrspflanzung erst im August oder September. Graben Sie die Knollen an einem warmen Tag vorsichtig aus, und lassen Sie sie an einem luftigen Platz abtrocknen. Knoblauch kann – am besten mithilfe der Laubreste zu Zöpfen geflochten – etwas wärmer aufbewahrt werden als Küchenzwiebeln, zum Beispiel auch direkt in der Küche.

Porree (Allium porrum subsp. porrum)

PORREE

Allium porrum subsp. porrum

✦ *Lauch*

Zwiebelgewächse (Alliaceae)

Porree bildet keine Zwiebeln, stattdessen dienen ihm die breiten, verdickten Blattscheiden als Speicherorgane. Als Erntegut schätzen wir die als Schäfte bezeichneten Scheinsprosse, die am besten schmecken, wenn sie unter Erdabdeckung hell und zart bleiben. Nach dem Erntetermin unterscheidet man Sommer-, Herbst- und Winterporree. Die robusten Wintersorten, die sich bis ins folgende Frühjahr hinein ernten lassen, wachsen eher gedrungen und haben blaugrüne Blätter. Der schnellwüchsige Sommerporree dagegen ist heller und bildet meist längere Schäfte aus.

Anbau und Pflege: Porree bevorzugt eher frische, tiefgründige, nährstoffreiche Böden. Sein Nährstoffbedarf ist etwas höher als der der Küchenzwiebel, teils wird er auch als Starkzehrer eingestuft. Am besten arbeitet man zeitig im Frühjahr zwei bis drei Liter Kompost je m^2 ein; drei bis vier Wochen nach der Pflanzung erhält er nochmals eine Gabe Hornspäne. Winterporree wird besser mit einem kalireichen Volldünger nachgedüngt.
Eine Direktsaat mit späterem Vereinzeln ist möglich; da die Jugendentwicklung aber recht langsam verläuft, empfiehlt sich das Vorziehen. Sommersorten werden ab Februar, Herbstsorten ab Mitte März bis April, Wintersorten zwischen April und Juni vorgezogen. Pflanzen können Sie dann ab Anfang April, Winterporree bis Mitte August, mit 30 cm x 20 cm Abstand. Setzen Sie die Pflänzchen so tief, dass gerade noch der Blattansatz frei bleibt, und häufeln Sie später mehrmals an, damit Sie lange weiße Schäfte erhalten. Eine andere Möglichkeit ist das Pflanzen in 10 cm tiefe Furchen, die mit dem Wachstum der Pflanzen nach und nach mit Erde aufgefüllt werden. Gleichmäßige Feuchtigkeit und regelmäßiges Hacken sind wichtig für eine gute Entwicklung.
Herbst- und Winterporree lassen sich mit einer Abdeckung aus Vlies oder Fichtenreisig vor starken Frösten schützen.

Sortenbeispiele: Sommer- und Herbstporree, frühsaatgeeignet: 'Bavaria', 'Easton', 'Pancho'. Herbstporree: 'Elefant', 'Blaugrüner Herbst', 'Davinci' (widerstandsfähig gegenüber Blattfleckenkrankheiten). Herbst- und Winterporree: 'Alaska', 'Blaugrüner Winter', 'Carentan', 'Fahrenheit'.

Pflanzenschutz: Wie im Einführungstext zu den Zwiebelgemüsen (siehe Seite 221) beschrieben. Durch den Anbau früher Sommersorten kann man der zweiten, gefährlicheren Generation der Lauchmotte aus dem Weg gehen. Welken die Pflanzen und lassen sich leicht aus dem Boden ziehen, waren meist die Maden der Zwiebelfliege die Übeltäter: Sie fressen zuweilen die Herzblätter der Pflanze von innen auf. Gelegentlich fressen auch Maulwurfsgrillen oder Erdraupen an den Wurzeln.

Ernte: Sommerporree erntet man ab Anfang Juli bis August, Herbstporree von September bis Dezember und Winterporree ab Spätherbst bis ins nächste Frühjahr. Wenn Sie den Boden neben der Reihe mit der Grabgabel lockern, lassen sich die Stangen leicht aus dem Boden ziehen. Porree lässt sich gut einfrieren.

FRUCHTGEMÜSE

Tomaten, Paprika, Auberginen, Gurken, Kürbisse und Zucchini: All diese Gemüse verwöhnen den Gaumen mit saftigen, deftigen, scharfen oder auch leicht süßlichen Früchten.

Stark ausgeprägt ist die Süße bei Zuckermelonen, die manchmal auch als Obst eingestuft werden. Im weiteren Sinne zählt zudem der Zuckermais mit seinen schmackhaften Körnern zum Fruchtgemüse. Eine andere Spezialität ist die Artischocke, von der wir Teile des Blütenstands als Delikatesse genießen. „Echte" Fruchtgemüse dagegen sind wiederum Bohnen und Erbsen, die mit ihren Hülsenfrüchten aber oft als eigene Gruppe abgetrennt werden.

VON LIEBESÄPFELN UND FEURIGEN FRÜCHTCHEN

Das mit Abstand beliebteste Fruchtgemüse sind die Tomaten, die ursprünglich aus Mittel- und Südamerika stammen. Sie wurden dort schon von den Azteken und Inkas kultiviert, und ihr Name geht auf alte indianische Bezeichnungen wie „tomatl" oder „xitomatl" zurück, was so viel wie „prall geschwollen" heißt. In Europa wurden sie anfangs nur als Zierde gezogen und oft Liebes- oder Goldäpfel genannt. Erst im 19. Jahrhundert begann man allgemein die geschmacklichen Qualitäten reifer Früchte zu schätzen. Bald setzte dann auch eine rege Züchtung ein, in Europa wie in Nordamerika, und die anfangs meist gelben Früchte wurden zunehmend durch rote ergänzt. Manche Experten vermuten, dass seitdem über 3000 Tomatensorten entstanden sind.

Auch der Paprika ist in Mittel- und Südamerika zu Hause und wartet mit einer faszinierenden Vielfalt an Formen mit jeweils verschiedenen Schärfegraden auf. Zu den feurigsten gehören die Chilis, die in Mexiko und Peru schon 7000 v. Chr. als Gewürzmittel und wahrscheinlich auch als Kultobjekte genutzt wurden. Von Christoph Kolumbus 1493 nach Europa gebracht, ersetzten die scharfen Schoten bald den teuren, schwarzen Pfeffer aus dem Orient. Streng botanisch gesehen, sind die Paprikafrüchte allerdings keine „Schoten": Es handelt sich ebenso wie bei den Früchten von Tomate, Aubergine, Gurke, Kürbis und Melone um Beeren. Somit bringen manche Kürbisse die größten Beeren hervor, die es in der Pflanzenwelt gibt.

Da die meisten Fruchtgemüse aus subtropischen oder gar tropischen Regionen stammen, brauchen sie viel Wärme, regelmäßige Wassergaben und zudem reichlich Nährstoffe. Besonders Paprika, Aubergine, manche Gurkensorten und Melonen lassen sich oft nur im Gewächshaus sicher kultivieren, zumal sie teils erst im Herbst richtig ausreifen. Auch ein Anbau im Folientunnel, Tomatenhaus aus Folie oder auf schwarzen Mulchfolien oder -vliesen kann für mehr Wärme sorgen. Vor einer Freilandpflanzung sollten die Jungpflanzen unbedingt abgehärtet werden.

Wachsen Fruchtgemüse im Gewächshaus, müssen Sie eventuell bei der Bestäubung nachhelfen. Blühende Tomaten-, Paprika- und Auberginenpflanzen werden dazu am besten täglich um die Mittagszeit etwas gerüttelt. Besonders bei Melonen und Kürbissen kann es auch nötig werden, die Pollen mit einem Pinsel auf die Narbe des weiblichen Blütenstempels zu übertragen. Gurken dagegen bilden ihre Früchte oft auch ohne Bestäubung (parthenokarpe Sorten).

Zucchini
Zuckermais
'Butternut'
Zuckermelone
Aubergine

TOMATE

Lycopersicon esculentum

✦ *Paradeiser, Paradiesapfel*

Nachtschattengewächs (Solanaceae)

Tomaten sind nicht nur schmackhaft, sondern auch überaus gesund: Die Früchte enthalten reichlich Vitamine (C, A, B1, B2, E und Niacin), Mineralstoffe und weitere gesundheitsfördernde Substanzen. Für die rote Farbe sind Beta-Carotine und Lycopin verantwortlich. Besonders Lycopin soll das Risiko von Herz-Kreislauf-Erkrankungen vermindern. Es wird erst beim Erhitzen von Tomaten freigesetzt, ist also vor allem in Tomatensuppen, Ketchup und Soßen enthalten. Allerdings enthalten die Pflanzen auch einen Giftstoff, das Solanin, und zwar in allen grünen Teilen – auch in unreifen Früchten, die man daher nicht essen sollte.

Es gibt eine schier unüberschaubare Sortenvielfalt. Für experimentierfreudige Gärtner und Gourmets kann das Ausprobieren der unterschiedlichsten Sorten eine spannende, lohnende Sache sein.

Anbau und Pflege: Tomaten sind nicht ganz so wärmebedürftig wie manche ihrer Verwandten, aber auch sie gedeihen an geschützten Plätzen oder unter Glas und Folie am besten. Sie lassen sich auch in großen Töpfen ziehen, kompakte Buschtomaten sogar in geräumigen Balkonkästen. Die Starkzehrer erhalten zum Start reichlich Kompost und, nachdem sie gut eingewachsen sind, alle zwei bis drei Wochen einen kalireichen Tomatendünger (am besten organisch oder organisch-mineralisch). Stattdessen kann man sie auch regelmäßig mit Brennnessel- und Beinwelljauche versorgen.

Wer die Pflanzen selbst vorziehen möchte, kann ab Anfang März loslegen; wenn ein ausreichend heller Platz zur Verfügung steht, auch schon etwas früher. Die Samen keimen am besten bei 18–25 °C; nach dem Pikieren stellt man die Sämlinge bei etwa 18 °C auf. Ins Freiland dürfen die Pflänzchen erst ab Mitte Mai bei einer Bodentemperatur von mindestens 15 °C. Im ungeheizten Gewächshaus kann man sie schon Mitte April auspflanzen.

Wer die Jungpflanzen lieber kauft, ist in der Sortenwahl etwas eingeschränkt, kann dafür aber auch zum Beispiel besonders robuste veredelte Pflanzen wählen. Je nach Wuchsform und Größe pflanzt man mit 50 cm x 60 cm bis 60 cm x 80 cm Abstand. Setzen Sie die Pflanzen tief, bis knapp unter dem untersten Blattansatz ein, sodass sich zusätzliche Wurzeln am Stängel bilden. Doch Vorsicht bei veredelten Pflanzen: Hier darf die Veredlungsstelle nicht mit Erde bedeckt werden. Hochwüchsige Stabtomaten erhalten am besten gleich beim Pflanzen einen Stützstab.

Tomaten brauchen einen gleichmäßig feuchten Boden, damit ihre Früchte nicht aufplatzen. Das lässt sich besonders gut – und ohne Vernässung der Blätter – erreichen, wenn Sie direkt neben den Pflanzen Tontöpfe einsenken und dort hinein gießen. Bei Stabtomaten sollten Sie die in den Blattachseln entstehenden Seitentriebe regelmäßig ausbrechen (ausgeizen, siehe Seite 106). Im Hochsommer schneidet man dann nach Entwicklung von fünf bis sechs Blütenständen die Spitze des Haupttriebs weg oder entfernt zumindest alle weiteren Blütenstände, damit die bereits angelegten Früchte gut ausreifen können. Bei Busch- und Hängetomaten ist das allerdings ebenso wenig nötig wie das Ausgeizen.

Pflanzenschutz: Das häufigste Problem ist die Kraut- und Braunfäule, die ab Ende Juni auftreten kann, vor allem bei feuchtwarmem Wetter. Auf Früchten bilden sich braune, runzlige Flecken, ganze Stängelpartien werden schwarzbraun, Blätter sind erst graugrün, dann braun gefleckt. Bei starkem Befall stirbt die Pflanze innerhalb kurzer Zeit ab. Mit einer einfachen Foliendachkonstruktion kann man die Pflanzen am besten vor dem Nasswerden schützen und so einem Befall vorbeugen. In Gewächs- und Folienhäusern ist eine gute Durchlüftung sehr wichtig. Trotz ihrer angeblichen Selbstverträglichkeit sollten auch Tomaten jährlich das Beet wechseln und weder neben noch nach Kartoffeln angebaut werden.

Ernte: Die ersten Tomaten werden ab Juli reif und lassen sich dann bei mildem Wetter bis in den Oktober hinein laufend frisch ernten. Müssen die letzten Tomaten noch grün gepflückt werden, können sie im Haus an einem warmen, dunklen Platz nachreifen. Reife Tomaten verlieren im Kühlschrank schnell an Aroma, deshalb besser in einem kühlen Raum aufbewahren.

Tomatensorten im Überblick: Die Sortenfülle lässt sich in verschiedene Gruppen und Wuchstypen unterteilen.

Verwirrend ist der Begriff „**Strauchtomaten**": Manche meinen damit die Rispentomaten, andere die Buschtomaten. Als „**Obsttomaten**" werden süß schmeckende Cherry- und Johannisbeertomaten bezeichnet. Viele der hier genannten Sorten sind resistent gegen verschiedene Krankheiten wie Fusarium oder Samt- flecken, einige auch hochtolerant gegen Kraut- und Braunfäule.

- **Stabtomaten:** 120–180 cm hoch, wenig verzweigt, mit großen Früchten. Beispiele: 'Black Ethiopian' (dunkelviolett, alte Sorte), 'Diplom', 'Goldene Königin' (gelb), 'Maestria', 'Phantasia', 'Tigerella' (rotgelb gestreift, alte Sorte), 'Vitella'.
- **Fleischtomaten:** Wuchs wie Stabtomaten, mit gerippten, oft sehr großen Früchten. Beispiele: 'Belriccio', 'Corazon', 'Delizia', 'Luxor', 'Myrto', 'Ruby Gold' (gelbrot gestreift, alte Sorte).
- **Cocktail-, Kirsch- oder Cherrytomaten:** Wuchs meist wie Stabtomaten, mit kleinen, oft süßlichen Früchten in langen Trauben. Beispiele: 'Bistro', 'Dolcevita', 'Orangino' (orange), 'Philovita', 'Rubin Pearl', 'Sweet Million', 'Yellow Pearshaped'.
- **Rispen- oder Trosstomaten:** Meist Cocktailtomaten oder etwas großfrüchtiger, mit sehr gleichmäßiger Abreife, zur Ernte ganzer Fruchtstände. Beispiele: 'Bolzano' (gelborange), 'Durinta', 'Romana', 'Serrat'.
- **Busch- oder Balkontomaten:** 30–60 cm hoch, buschig verzweigt, mittelgroße bis kleine Früchte. Beispiele: 'Balkonstar', 'Hoffmanns Rentita', 'Ida Gold' (gelborange), 'Incas' (eiförmig), 'Miniboy', 'Patio'.
- **Hängetomaten:** Ähnlich wie Buschtomaten, aber mit langen, überhängenden Trieben, auch für Ampeln geeignet, meist kleine Früchte. Beispiele: 'Pendulina Red', 'Tumbler', 'Tumbling Tom Red', 'Tumbling Tom Yellow' (gelb).

Tomaten (Lycopersicon esculentum)

- **Kletter- und Baumtomaten:** Sehr hochwüchsige Stabtomaten, die als recht robust gegen Krautfäule gelten. Beispiele: 'Carnica' (bis 7 m hoch, flaschenförmige Früchte), 'De Berao' (über 3 m hohe „Baumtomate", eiförmige Früchte), 'Himmelstürmer' (bis 5 m hoch, längliche Früchte).
- **Johannisbeer- und Wildtomaten:** Vieltriebig, meist starkwüchsig, teils über 200 cm hoch, Früchte klein, sehr zahlreich und süßlich, oft recht widerstandsfähig gegen Krautfäule. Beispiele: 'Bianca Cherry' (gelb), 'Golden Currant' (gelb), 'Humboldtii' (lachsfarben), 'Red Spoon', 'Rote Murmel'.

Paprika (Capsicum annuum)

PAPRIKA

Capsicum annuum

✦ *Für scharfen Paprika: Chili, Peperoni, Spanischer Pfeffer* *Nachtschattengewächse (Solanaceae)*

Beim Paprika ist die Sortenvielfalt geradezu überwältigend. Grundsätzlich unterscheidet man den mild schmeckenden Gemüsepaprika und den scharfen Gewürzpaprika. Der „klassische" Gemüse- und Tomatenpaprika entwickelt blockförmige Früchte. Zunehmend werden aber auch die in der Türkei und Südeuropa beliebten Spitzpaprika mit oft süßlichem Geschmack angeboten. Gewürzpaprika, auch als Peperoni bekannt, bilden meist schmale, spitzkegelige, mehr oder weniger scharfe Früchte. Hierzu zählen auch die Chilis, Jalapenos und Serranos. Cayennepfeffer und Habaneros entstammen nah verwandten Arten (Capsicum chinense, C. frutescens). Solche oft nur von Spezialversendern angebotenen Arten und Sorten sind meist besonders wärmebedürftig. Paprikapflanzen werden etwa 80 cm hoch, es gibt aber auch kompaktere (um 40 cm) und höhere Sorten, vor allem unter den Chilis (bis 130 cm). Besonders für den Freilandanbau empfehlen sich früh reifende Sorten.
Paprika zählen zu den Gemüsen mit dem höchsten Vitamin-C-Gehalt, besonders gehaltvoll sind rote Früchte. Dazu kommen Carotinoide und recht viel Kalium, Magnesium und Kalzium. Beim Gewürzpaprika sorgt das Capsaicin, das vor allem in den Scheidewänden der Früchte und den Samen steckt, für die intensive Schärfe, die im Übermaß im Mund wie auf der Haut ein unangenehmes Brennen hervorrufen kann. Capsaicin kann den Blutdruck senken und wird äußerlich als schmerzlindernder Wirkstoff in Wundpflastern und -salben eingesetzt.

Anbau und Pflege: Manche Paprikasorten sind als Jungpflanzen erhältlich, teils auch als veredelte Pflanzen. Andernfalls wird Paprika zwischen Februar und März bei 20–26 °C vorgezogen, ein- bis zweimal pikiert und danach bis zum Pflanzen bei 18–20 °C weiterkultiviert. Ab etwa Mitte April können die Pflanzen dann im unbeheizten Gewächshaus gesetzt werden, ab Anfang Mai im Folientunnel. Im Freiland lässt man sich dafür besser bis Ende Mai Zeit. Je nach Wuchshöhe beträgt der Pflanzabstand 40 cm x 40 cm bis 60 cm x 60 cm. Die Pflänzchen können etwas tiefer gesetzt werden, als sie im Anzuchttopf standen. Paprika gedeiht auch in großen Töpfen auf Balkon und Terrasse.

Ansprüche, Pflege und Düngung entsprechen weitgehend dem bei den Tomaten Beschriebenen. Paprika darf man aber keinesfalls ausgeizen. Stattdessen brechen viele Gärtner die erste Blüte („Königsblüte") aus, was den weiteren Fruchtansatz und die Verzweigung fördert. Düngen Sie lieber etwas öfter, dafür aber in geringerer Konzentration, da die Pflanzen bei Überdüngung leicht die Blüten abwerfen. Ebenso empfindlich reagieren sie auf unregelmäßige Wassergaben. Hacken und Mulchen hält die Feuchtigkeit im Boden. Anhäufeln verbessert die Standfestigkeit der Pflanzen. Hohe Sorten mit großen Früchten werden mit Stäben gestützt.
Sortenbeispiele: Gemüsepaprika, blockförmig: 'Mavras' (dunkelviolett, resistent gegen

Tabakmosaikvirus), 'Mohawk' (gelb, niedriger Wuchs), 'Red Tinkerbell' (rot, niedriger Wuchs), 'Szegediner' (gut für grüne Ernte geeignet). Gemüsepaprika, spitzkegelig: 'Lipari' (rot), 'Pinokkio' (gelb, orange), 'Toscana' (rot). Gewürzpaprika und Chilis: 'Apache' (rot, niedriger Wuchs), 'Hot Fire' (orange, blockförmig, klein, sehr scharf), 'Jalastar' (rot, Jalapeno), 'Kekova' (rot, milde Schärfe, resistent gegen Tabakmosaikvirus).

Pflanzenschutz: Paprika sollte erst nach einer Pause von vier Jahren wieder nach sich selbst und anderen Nachtschattengewächsen angebaut werden. Blattläuse können nicht nur direkt schaden, sondern auch das gefürchtete Tabakmosaikvirus übertragen, gegen das manche Sorten resistent sind. Probleme bereiten manchmal auch Spinnmilben, Weiße Fliegen, Mehltau, Rost und pilzliche Welkekrankheiten.

Ernte: Manche Gemüsepaprikasorten munden schon ab Juli im grünen Zustand, sobald sich die Früchte fest anfühlen. Andere, besonders Gewürzpaprika, schmecken dann noch sehr bitter. Mit sortentypischer gelber, oranger, roter oder violetter Ausfärbung werden die Gemüsepaprika zunehmend milder und süßer, Gewürzpaprika zunehmend schärfer. Bei mildem Herbstwetter oder im Gewächshaus kann sich die Ernte je nach Sorte bis in den November hinein erstrecken.

Aubergine (Solanum melongena)

AUBERGINE

Solanum melongena

☼

✦ *Eierfrucht, Melanzani*

☘ *Nachtschattengewächse (Solanaceae)*

Die Heimat der Aubergine liegt in den Tropen Indiens und Chinas. Arabische Händler sollen das Gemüse im 13. Jahrhundert nach Spanien und Italien gebracht haben. Die Früchte waren damals weiß oder gelblich und nur hühnereigroß, daher wurden sie Eierfrüchte genannt. Heute kennt man hauptsächlich die durch Züchtung entstandenen, glänzend violetten, birnenförmigen, bis 30 cm langen Auberginen. Die Früchte sind kalorienarm sowie reich an B-Vitaminen und Kalium; auch ihren Farb- und Aromastoffen wird eine gesundheitsfördernde Wirkung zugeschrieben. Die violetten, ab Juni erscheinenden Blüten erinnern in der Form an die von Kartoffeln und zeigen so deutlich die Verwandtschaft zwischen diesen beiden Solanum-Arten. Die Pflanzen mit den großen eiförmigen, oft gelappten Blättern werden 60–120 cm hoch.

Anbau und Pflege: Für Ansprüche, Anzucht und Pflege gilt grundsätzlich dasselbe wie beim Paprika. Auberginen sind allerdings noch etwas kälteempfindlicher: Ein Auspflanzen im Freien ohne Folientunnel oder ähnlichen Schutz empfiehlt sich höchstens für klimabegünstigte Regionen. Doch selbst hier kann ein kühler, verregneter Spätsommer die Ernte stark beeinträchtigen. Auch von Auberginen sind veredelte, recht robuste und ertragreiche Pflanzen erhältlich. Gepflanzt wird mit einem Abstand von 60 cm × 60 cm. Hohe Sorten bindet man auf. Bei besonders wüchsigen, großfrüchtigen Sorten lässt man am besten nur drei bis vier Triebe mit je zwei Früchten stehen und bricht alle weiteren Triebe und Fruchtansätze aus.

Sortenbeispiele: 'Black Beauty' (lange, violettschwarze Früchte), 'Madonna' (halblang, dunkelviolett), 'Mohican' (birnenförmig, weiß). Kompakt wachsende Mini-Auberginen, gut für Topfkultur geeignet, meist rundliche Früchte: 'Baby Rosanna', 'Ophelia', 'Picola'.
Pflanzenschutz: Wie beim Paprika. Zusätzlich können Kartoffelkäfer auftreten.
Ernte: Die ersten Früchte werden gegen Ende Juli reif, dann nach und nach, bis in den Oktober hinein. Reife Früchte sind gut ausgefärbt und haben einen matten Glanz. Ebenso wie bei Tomaten sollte man keine grünen Früchte essen, da sie das Alkaloid Solanin enthalten. Da auch kleine Mengen in den reifen Früchten verbleiben, genießt man Auberginen nur gedünstet, gekocht oder gegrillt – stets mit den Schalen, die die wertvollsten Stoffe enthalten.

GURKE

Cucumis sativus

Kürbisgewächse (Cucurbitaceae)

Gurken lieben die Wärme und hohe Luftfeuchtigkeit. Kein Wunder – vermuten Botaniker doch ihre ursprüngliche Heimat in den tropischen Tälern des Himalaja. Manche gedeihen deshalb bei uns nur im Gewächshaus; es gibt aber auch vergleichsweise robuste Sorten für den Freilandanbau. Als langtriebige, bis über 200 cm hohe Rankpflanzen lassen sie sich wahlweise am Boden entlang ziehen oder an Gittern, Drähten oder Schnüren hochleiten. Die Früchte sind wegen ihres hohen Wassergehalts besonders erfrischend und kalorienarm, bieten aber auch viele Mineralstoffe. Seit der Antike gelten Gurkenscheiben außerdem als probates Schönheitsmittel gegen unreine, fettige Haut.

Nach Art der Früchte und Nutzung unterscheidet man:

- **Salat- oder Schlangengurken** mit 40–50 cm langen Früchten, hauptsächlich für den Gewächshausanbau;
- **Freilandsalatgurken** oder Landgurken mit 20–40 cm langen Früchten, zunehmend auch in Miniform als kleine „Snack"- oder „Cocktailgurken" angeboten;
- **Senf- oder Schälgurken** mit dicken, rund 40 cm langen Früchten, für Freilandanbau geeignet;
- **Einlege- oder Traubengurken,** von denen kleine, 6–18 cm lange Früchte geerntet werden; für Freilandanbau geeignet.

Viele heute angebotenen Sorten liefern bitterstoffarme oder -freie Früchte und sind zudem rein weiblich und parthenokarp (jungfernfrüchtig), das heißt, sie setzen ohne Bestäubung reichlich Früchte an, die keine Samen enthalten.

Anbau und Pflege: Für den Gurkenanbau ist ein ausreichender Humusgehalt des Bodens besonders wichtig. Vor der Pflanzung sollte er nochmals mit reichlich Kompost, dem man ein paar Handvoll Hornspäne untermischt, oder vorkompostiertem Stallmist versorgt werden. Nachdem die Pflanzen gut angewachsen sind, erhalten sie am besten alle ein bis zwei Wochen einen niedrig dosierten, kalireichen, organischen oder organisch-mineralischen Tomatendünger oder regelmäßige Gaben verdünnter Brennnessel- und Beinwelljauche. Mineralische Dünger müssen chloridfrei sein.

Bei Temperaturen unter 16 °C entwickeln sich die Pflanzen schlecht, unter 12 °C ist das Wachstum stark gehemmt, und bereits angesetzte Früchte werden abgestoßen. Eine zeitige Pflanzung gegen Mitte April ist deshalb nur im beheizbaren Gewächshaus aussichtsreich. Andernfalls pflanzt man die Gewächshaussorten unter Glas oder Folie erst ab Mitte Mai, ebenso wie draußen die etwas robusteren Freilandsorten, die vorzugsweise auf dunklem Mulchvlies oder -folie angebaut werden sollten. Auf Feigenblattkürbis veredelte Jungpflanzen haben etwas geringere Temperaturansprüche und sind widerstandsfähig gegen verschiedene Krankheiten. Eine eigene Anzucht kann April bis Mitte Mai erfolgen, fürs beheizte Gewächshaus bereits ab Anfang März, jeweils bei 22–25 °C. Säen Sie jeweils zwei bis drei Samen in kleine Töpfe und entfernen Sie später die schwächsten Sämlinge.

Freiland-, besonders Einlegegurken, lassen sich recht gut kriechend am Boden ziehen.

Gurken (Cucumis sativus)

Hierfür wählt man 120–150 cm x 40 cm Abstand. In dem Fall bewahren Mulchvlies oder -folie die Früchte auch vor dem Verschmutzen. Andernfalls können Sie die Pflanzen bis 200 cm Höhe an einem kräftigen, an Pfosten angebrachten Maschendrahtgitter hochziehen oder an hohen Stäben beziehungsweise senkrechten Schnüren oder Drähten, die Sie an einem stabilen Lattengerüst oder Querdraht befestigen. Beim Hochleiten genügen 100 cm x 30 cm Abstand. Ab Juni häufelt man aufgeleitete Gurkenpflanzen an der Basis kräftig an und bedeckt den Boden mit einer Mulchschicht. Der Boden sollte stets gleichmäßig feucht gehalten werden, sonst besteht die Gefahr, dass die Früchte abgestoßen werden oder später bitter schmecken. Gießen Sie möglichst mit lauwarmem Wasser, ohne die Blätter zu benetzen.

Schlangengurken im Gewächshaus werden am besten hochgeleitet und geschnitten. Bis 60 cm Höhe entfernt man alle Fruchtansätze und Seitentriebe. Die darüber in den Blattachseln gebildeten Seitentriebe werden nach dem ersten Blatt- und Fruchtansatz abgeschnitten. Schließlich kappt man den Haupttrieb, wenn er 200 cm Höhe erreicht hat, lässt aber die beiden obersten Seitentriebe ungeschnitten wachsen.

Sortenbeispiele: Schlangengurken (Gewächshaus): 'Cordoba', 'Dominica', 'Euphya'. Freilandsalatgurken: 'Burpless Tasty', 'Darina', 'Tanja'. Mini-Salatgurken: 'Iznik', 'Ministars', 'Printo'. Senfgurken: 'Fatum', 'Kampino'. Einlegegurken: 'Amber', 'Bimbostar', 'Claudine'. Die meisten der genannten Sorten sind bitterfrei, parthenokarp und widerstandsfähig gegen Echten Mehltau, teils auch andere Krankheiten.

Pflanzenschutz: Auch wenn es gerade im räumlich begrenzten Gewächshaus schwerfällt, sollten Gurken nur alle drei bis vier Jahre auf derselben Fläche angebaut werden. Besonders fürs Gewächshaus lohnen sich auch veredelte Pflanzen, die gegen Welkekrankheiten und teils auch andere Erreger recht robust sind. Ebenso rentiert es sich, auf Sorten mit Resistenzen gegen Echten Mehltau, Gurkenkrätze und andere Krankheiten zu achten. Lüften Sie im Gewächshaus regelmäßig, vermeiden Sie aber starke Zugluft. Aufgehellte Blätter mit grünen Adern deuten auf Magnesiummangel hin. An Schädlingen treten vor allem Blatt-

Zuckermelone (Cucumis melo)

läuse, Spinnmilben und Weiße Fliegen auf, die sich unter Glas gezielt mit Nützlingen bekämpfen lassen, die Weißen Fliegen auch mit Gelbtafeln.

Ernte: Erntezeit ist von Anfang Juli bis September, im Gewächshaus auch bis Oktober. Mini-Salatgurken werden bei 10–15 cm Länge geerntet. Je öfter Sie die Gurken durchpflücken, umso mehr bilden sich neue Blüten und Früchte. Notfalls lassen sich Salatgurken, geschält und in Scheiben geschnitten, einfrieren. Sie verlieren aber an Geschmack und werden nach dem Auftauen etwas matschig. Einlege- und Senfgurken lassen sich dagegen gut in Essig konservieren.

ZUCKERMELONE

Cucumis melo

Kürbisgewächse (Cucurbitaceae)

Zuckermelonen sind nah mit den Gurken verwandt und wachsen ebenso wie diese einjährig und rankend, mit Sprossen, die etwa 200 cm lang werden können. An Gurken erinnern auch die großen, eingebuchteten Blätter und die hübschen gelben Blüten, aus denen sich rundliche Früchte mit 7–15 cm Durchmesser und saftig süßem Geschmack entwickeln. Die stark wasserhaltigen, kalorienarmen Früchte enthalten reichlich Mineralstoffe und recht viel Vitamin C sowie Provitamin A.

Zu unterscheiden sind:

- **Cantaloup-Melonen** mit weißgrüner, meist stark gerippter, warziger Schale und orange- bis lachsfarbenem Fruchtfleisch. Hierzu zählen auch die recht kleinen, sehr aromatischen Charentais-Melonen, die im Garten hauptsächlich angebaut werden.
- **Netzmelonen** mit netzartig angeordneten Korkleisten auf der meist bräunlichen Schale und überwiegend grünlichem Fruchtfleisch. Zu dieser Gruppe gehören auch die schmackhaften Gaila-Melonen mit hellem, bei manchen Sorten auch orangem Fruchtfleisch.
- **Honigmelonen** mit glatter Schale und weißlichem bis hellgrünem Fruchtfleisch, darunter die Kanarische oder Gelbschalige Honigmelone. Die Früchte reifen später aus als bei anderen Melonen; hier empfiehlt sich ganz besonders ein Anbau im Gewächshaus.

Eine entfernte Verwandte ist die **Wassermelone** (Citrullus lanatus). Sie wird selbst in wärmeren Regionen am besten im Gewächshaus oder unter einem Folientunnel kultiviert. Die kriechend oder kletternd wachsende Pflanze bildet große Früchte mit dunkelgrüner, teils hellgrün gestreifter Schale und rotem, süßem Fruchtfleisch mit hohem Wassergehalt. Die Früchte werden erst gegen Ende August reif.

Anbau und Pflege: Für Ansprüche, Anzucht und Anbau gilt weitgehend das bei Gurken Gesagte, wobei der Wärmebedarf ähnlich hoch ist wie bei Gewächshausgurken. Selbst unter Glas oder Folie pflanzt man Melonen besser erst ab Mai; im Freien – möglichst auf dunklem Mulchvlies oder -folie – erst Ende Mai/Anfang Juni. Entsprechend genügt es, mit der Anzucht frühestens Mitte März zu beginnen. Die Pflanzen werden mit 80–100 cm Abstand gesetzt und können an Rankgittern oder kräftigen Drähten hochgeleitet werden. Zuckermelonen gedeihen auch an einem windgeschützten Ort im Kübel.

Entspitzt man den Haupttrieb nach dem fünften oder sechsten Blatt, kommt dies dem Fruchtansatz und der Fruchtentwicklung zugute. Werden die Pflanzen kriechend am Boden gezogen, sollten man die Früchte mit untergelegten Brettchen vor Feuchtigkeit schützen.

Sortenbeispiele: Charentais-Melonen: 'Marlene', 'Orange Beauty' (beide resistent gegen Fusariumwelke und Mehltau); Gaila-Melonen: 'Masada' (resistent gegen Fusariumwelke); Honigmelonen: 'Doral' (gelbschalig).

Pflanzenschutz: Wie bei Gurken. Auch von Melonen werden besonders robuste veredelte Jungpflanzen angeboten.

Ernte: Die Früchte reifen zwischen Mitte August und Oktober. Der richtige Zeitpunkt ist gekommen, wenn die Melonen ihren typischen Duft verströmen und der Stielansatz kreisförmige Risse zeigt. Zuckermelonen lassen sich an einem mäßig kühlen Ort (10–15 °C) ein bis zwei Wochen lagern. Im Kühlschrank halten sie sich noch etwas länger, verlieren aber stärker an Geschmack und Vitaminen.

ZUCCHINI

Cucurbita pepo

✦ *Zucchetti*

Kürbisgewächse (Cucurbitaceae)

Im Grunde sind Zucchini nichts anderes als eine Form des Gartenkürbisses (siehe folgendes Porträt). Das besagt auch ihr aus dem Italienischen stammender Name, der so viel wie „kleine Kürbisse" bedeutet. Als besonders beliebte Fruchtgemüse haben sie im Garten aber einen eigenen Stellenwert. Typisch sind die Sorten mit länglichen, gurkenähnlichen Früchten. Rundfrüchtige Züchtungen werden teils ebenfalls den Zucchini zugeordnet oder unter der Bezeichnung „Rondini" als gesonderte Gruppe der Gartenkürbisse geführt. Die wüchsigen, großblättrigen Pflanzen können über 100 cm Durchmesser erreichen und wochenlang ständig neue Früchte liefern. Oft reichen schon ein oder zwei Exemplare für eine ausreichende Versorgung. In nassen, kühlen Sommern kann die Ernte allerdings auch mager ausfallen. Nicht nur die kalorienarmen, mineralstoffreichen Früchte bereichern die Küche: Auch die attraktiven gelborangen Blüten sind essbar.

Zucchini (Cucurbita pepo)

Anbau und Pflege: Reichlich Kompost vor dem Pflanzen und nach dem Anwachsen alle zwei bis drei Wochen ein mäßig dosierter, chloridfreier Tomatendünger – so ist dieser Starkzehrer gut versorgt. Zucchini werden gelegentlich als Jungpflanzen angeboten. Ansonsten zieht man sie im April oder Anfang Mai bei 18–24 °C vor oder sät zwischen Mitte Mai und Juni direkt ins Beet. Bei der Anzucht sät man am besten jeweils zwei oder drei Samen in kleine Töpfe und entfernt später die schwächsten Sämlinge. Entsprechend verfährt man auch bei der Direktsaat, mit zwei bis drei Körnern pro Saatstelle. Als Saat- beziehungsweise Pflanzabstand sollten 80 cm x 80 cm gewählt werden. Vorgezogene Pflanzen kommen frühestens Mitte Mai nach draußen. Gießen Sie bei Trockenheit regelmäßig; Wassermangel kann zum Abstoßen der Früchte führen. Sehr günstig ist der Anbau auf dunklem Mulchvlies oder aber eine organische Mulchschicht, die nicht nur die Feuchtigkeit im Boden hält, sondern auch die Früchte vorm Verschmutzen bewahrt.
Sortenbeispiele: 'Defender' (grüne Früchte, resistent gegen Mosaikvirus), 'Diamant' (grün), 'Mastil' (grün, mehltautolerant, resistent gegen Mosaikvirus), 'Mirza' (grün, mehltautolerant, resistent gegen Mosaik- und Gelbfleckenvirus), 'Gold Rush' (gelb). Besondere Wuchsformen: 'Black Forest' (grün, mit kletterndem Wuchs zum Aufleiten), 'Courgette Midnight' (grün, Minisorte, gut für Topfkultur geeignet).
Pflanzenschutz: Zucchini sollten nur alle drei bis vier Jahre auf derselben Fläche angebaut werden. Neben Viruskrankheiten, denen man mit resistenten Sorten begegnen kann, drohen vor allem Echter Mehltau und Grauschimmel, der die Früchte zum Absterben bringen kann. Faulende Blüten und Früchten sollten frühzeitig entfernt werden. Achten Sie nach dem Auspflanzen besonders auf Schnecken und Blattläuse.
Ernte: Die Früchte werden von Juli bis Oktober fortlaufend geerntet, am besten, wenn sie 15–20 cm lang sind; als zarte Mini-Zucchini auch schon ab 8 cm Länge. Spät geerntete „Riesenfrüchte" schmecken noch passabel, haben aber harte Schalen und dicke Kerne, die entfernt werden müssen. Regelmäßiges Ernten fördert den weiteren Fruchtansatz. Man schneidet die Früchte mit einem kurzen Stück des Stiels ab. Man kann sie in Stücken einfrieren, in Olivenöl oder süß-sauer einlegen. Die Blüten munden, kurz angedünstet, als Garnierung für verschiedene Speisen oder werden ausgebacken oder gefüllt.

SPEISEKÜRBIS

Cucurbita-Arten

Kürbisgewächse (Cucurbitaceae)

Die in Mittel-, Südamerika und im Süden der USA beheimateten Kürbisse wurden schon vor Jahrtausenden von den Indios angebaut und zählen zu den ältesten Kulturpflanzen. Nachdem Christoph Kolumbus 1492 die ersten Kürbisse aus Kuba mitgebracht hatte, wurden sie auch in Europa und Asien bekannt. Doch die meisten Züchtungen kommen nach wie vor aus den USA, dem „Stammland" der Kürbisse. So haben sich hierzulande auch etliche amerikanische Begriffe und Einteilungen durchgesetzt, die den Überblick über die gewaltige Formenfülle nicht immer erleichtern. Aus Amerika stammt auch die Unterteilung in Sommerkürbisse, die man den Sommer über fortlaufend unreif erntet und frisch verwendet, und Winterkürbisse, die erst im Herbst voll ausgereift geerntet werden und meist gut lagerfähig sind.

Botanisch betrachtet, gibt es zum einen die verschiedenen Formen des Gartenkürbis (Cucurbita pepo). Sie wachsen überwiegend buschartig oder schwach rankend und werden oft nur rund 100 cm breit; es gibt aber auch stark rankende Sorten. Charakteristisch ist ihr kantiger, im Querschnitt sternförmiger Fruchtstiel. Das Fruchtfleisch ist überwiegend gelblich, teils auch weißlich.

Aber Achtung, Zierkürbisse, die nicht eigens für den Verzehr ausgewiesen sind, schmecken sehr bitter und enthalten Giftstoffe, die zu Erbrechen oder Durchfall führen können.

Gelber Zentner
Muskatkürbis
Halloween
Uchiki Kuri
Floridor
Butternut
Sweet dumpling
Patisson weiß

Zu den Gartenkürbissen zählen neben den Zucchini (siehe vorheriges Porträt):

- **Rondini:** Sommerkürbisse; kugelrunde, kleine Früchte, teils auch als runde Zucchini angeboten; z. B. 'Eight Ball' (dunkelgrün), 'Floridor' (gelb).
- **Patissons** („fliegende Untertassen", „UFOs", öfter auch als Squash bezeichnet): Sommerkürbisse; tellerförmige, weiße oder gelbe Früchte; z. B. 'Custard White', 'Sunbeam' (goldgelb).
- **Crooknecks** (Drehhalskürbisse): Sommerkürbisse; keulenförmige Früchte mit gekrümmtem Hals und verdicktem Ende, meist gelblich und stark bewarzt; z. B. 'Early Golden Summer Crookneck', 'Yellow Crookneck'.
- **Delicata-Typen:** Sommerkürbisse; zylindrische, stark gerippte Früchte mit süßlichem Geschmack, meist etwa 20 cm lang; z. B. 'Delicata Bush', 'Honeyboat Delicata'.
- **Spaghettikürbisse:** Als Sommerkürbisse oder lagerfähige Winterkürbisse nutzbar; ovale, mittelgroße, cremefarbene bis orange Früchte; Fruchtfleisch zerfällt beim Kochen in spaghettiartige Fäden; z. B. 'Orangetti', 'Stripetti', 'White Fall'.
- **Essbare Zierkürbisse:** Je nach Sorte für Sommer- oder Herbsternte; z. B. 'Baby Boo' (kleine, flachrunde, weiße Früchte), 'Sweet Dumpling' (weiß-grün gestreift und gesprenkelt).
- **Acorns** (Eichelkürbisse): Winterkürbisse; eichelförmige, an Papayas erinnernde, kleine, nussartig schmeckende Früchte; z. B. 'Autumn Queen' (grün), 'Festival' (weiß, grüngelb-orange gestreift), 'Tip Top' (grünschwarz, mehltauresistent).
- **Halloween-Kürbisse** (Pumpkins): Winterkürbisse; ballonartige, meist orangerote Früchte, die sich oft gut zum Schnitzen der Schalen verwenden lassen; meist mit gelborangem Fruchtfleisch; überwiegend rankend. Die Palette reicht von „Minis" wie 'Jack Be Little' über mittelgroße wie 'Jack O'Lantern' bis zu großen Kürbissen wie 'Tom Fox'. Noch imposantere Halloween-Kürbisse sind in der Regel Sorten des Riesenkürbis.
- **Ölkürbisse** (Steirischer Ölkürbis): Große, rundliche, grün-gelb gestreifte Kürbisse, die man erst nach dem Absterben der Blätter und Stängel zum Gewinnen der hüllenlosen, schmackhaften Kürbiskerne erntet; z. B. 'Herakles', 'Olga'.

Floridor

Patisson

Ebenso vielfältig sind die Formen des **Riesenkürbis** (Cucurbita maxima), der aus den Tälern der peruanischen Anden stammt. Die Pflanzen sind meist starkwüchsig und bilden lange, rankende Triebe. Sie werden fast alle als Winterkürbisse genutzt. Die Früchte, die an im Querschnitt runden Stielen sitzen, sind nicht immer riesig, können aber bei „Rekordkürbissen" bis 70 cm Durchmesser und 100 kg Gewicht erreichen. Das Fruchtfleisch ist in der Regel orange. Hierzu zählen:

- **Speisekürbisse** mit großen, flachrunden, orangeroten oder gelben Früchten wie 'Gelber Zentner' oder 'Roter Zentner' sowie die ähnlichen Riesen-Halloween-Kürbisse wie 'Big Max' oder 'Prizewinner'.
- **Hubbards** mit meist 20–30 cm langen, oft zwiebelartig geformten Früchten, in vielen

verschiedenen Farben; mit nussigem Geschmack und besonders hohem Carotingehalt; z. B. 'Blue Ballett' (bläulich), 'Golden Hubbard' (orange),

- **Hokkaidos, Kabocha und Buttercups:** Den Hubbards ähnlich, aber oft etwas kleiner und flachrund bis rundlich, besonders aromatisch und vitaminreich, sehr gut lagerfähig; z. B. 'Blue Kuri' (dunkel blaugrau), 'Emerald Bush Buttercup' (grün; buschiger Wuchs), 'Uchiki Kuri' (orange, kastanienartiger Geschmack).
- **Turbankürbisse, Mützenkürbisse, Bischofsmützen:** halbkugelige, wulstige Früchte mit vorstehendem Mittelteil, meist auffällig mehrfarbig (rot, orange, weiß, grün), gern zum Füllen mit Hackfleisch oder Gemüse verwendet, zudem sehr dekorative Zierkürbisse. Wer in Katalogen oder Websites von Spezialanbietern stöbert, stößt auf viele weitere interessante Formen, etwa „Greys and Crowns" mit mittelgroßen, grauen bis blaugrauen, meist flachrunden, gerippten Früchten, z. B. 'Crown Prince', oder Kürbisse mit weißschaligen Früchten, z. B. 'Valentino'.

Eine weitere wichtige Art ist der **Moschuskürbis** (Cucurbita moschata). Seine Sorten sind ebenfalls Winterkürbisse und wachsen fast alle stark rankend; die Fruchtstiele sind hart, mit runden Kanten. Die in Form und Farbe sehr variablen Früchte haben ein meist intensiv oranges Fruchtfleisch mit hohem Carotingehalt sowie mit dezentem Moschusaroma oder leichter Muskatnote. Sie reifen meist sehr spät aus.

Butternuts (Butternüsse), auch Birnenkürbis genannt, sind eine besondere Gruppe der Moschuskürbisse, mit mehr oder weniger birnen- oder glockenförmigen, meist 20–40 cm langen Früchten, überwiegend in Beige- oder Orangetönen. Ihr „buttriges", aromatisches Fruchtfleisch wird besonders geschätzt. Beispiele für recht früh reifende Sorten: 'Early Butternut' (beige, nur schwach rankend), 'Hunter' (beige), 'Mallorca' (grün).

Bei den anderen Moschuskürbissen hat sich noch keine Unterteilung in Formengruppen durchgesetzt. Hier gibt es z. B. 'Fustsu Kurokawa' (runde, kleine, rostfarbene Früchte), 'Langer aus Nizza' (schmal keulenförmig, bis 80 cm lang, hellbraun), 'Muscat de Provence' (flachrund, mittelgroß, braun).

Sweet Dumpling

Erwähnt sei zudem der entfernt verwandte **Flaschenkürbis** (Lagenaria siceraria), auch bekannt als Kalebasse oder Herkuleskeule. Die starkwüchsige, wärmebedürftige Rankpflanze bildet je nach Sorte keulen-, flaschenförmige oder rundliche Früchte, bei Keulenformen mit bis zu 200 cm Länge. Jung, bei etwa 20 cm Länge, geerntet, können sie wie Zucchini oder andere Kürbisse zubereitet werden. Ausgereift, getrocknet und ausgehöhlt dienen sie mit ihren wasserdichten Schalen beispielsweise als dekorative Behältnisse.

Besonders die Riesen-, Moschus- und Gartenkürbisse mit orangem Fruchtfleisch und entsprechend hohem Carotingehalt haben einen beachtlichen Gesundheitswert. Dazu tragen auch die Vitamine B6 und E sowie Mineralstoffe, darunter viel Kalium, bei. Die Kerne und daraus gewonnene Öle sollen lindernd und heilend bei Blasenleiden und Prostatabeschwerden wirken und einen günstigen Einfluss auf den Cholesterinspiegel haben.

Gelber Zentner

Anbau und Pflege: Für Ansprüche, Anzucht und Pflanzung oder Direktsaat sowie Pflege gilt grundsätzlich dasselbe, wie bei den Zucchini beschrieben. Moschuskürbisse brauchen besonders warme, sonnige Plätze, die meisten anderen gedeihen noch gut im Halbschatten. Buschig wachsende Sorten können mit 80–100 cm Abstand gesetzt werden, für rankende bedarf es je nach Wuchsstärke 150–250 cm Abstand. Sorten mit kleinen, nicht allzu schwer werdenden Früchten lassen sich an stabilen Rankgittern oder Drahtgerüsten platzsparender ziehen. Rankende Kürbisse können auch den Komposthaufen verschönern und mit ihren großen Blättern schattieren. Man sollte sie aber nicht auf den Kompost, sondern etwa 50 cm daneben pflanzen. So profitieren sie immer noch vom fruchtbaren Kompost, entziehen diesem aber keine Nährstoffe. Legen Sie ein Holzbrett unter die Früchte, damit sie nicht faulen.

Stark wachsende Ranken können gestutzt werden. Das ist bei großfrüchtigen Winterkürbissen ohnehin ratsam, nachdem sie drei bis fünf Früchte angelegt haben; dann wird auch der Haupttrieb entspitzt. So können sich die verbliebenen Früchte gut entwickeln. Für rekordverdächtige Riesenkürbisse empfehlen Experten sogar, pro Pflanze nur ein bis zwei Früchte zu belassen und alle weitere Blüten und Fruchtansätze konsequent zu entfernen.

Pflanzenschutz: Wie bei Zucchini beschrieben. Zuweilen knabbern, besonders im Herbst, Feldmäuse an den Kürbissen.

Ernte: Sommerkürbisse wie Rondini und Patissons werden von Juli bis Oktober fortlaufend im jungen, unreifen Zustand gepflückt. Auch manche der kleineren Winterkürbisse, besonders Buttercups, munden schon unreif geerntet recht gut. Ansonsten erntet man Winterkürbisse je nach Sorte frühestens ab Ende August, hauptsächlich aber im Herbst (mit Vlies vor Nachtfrösten schützen). Die Früchte sollten ihre sortentypische Farbe haben und eine feste Schale besitzen. Der Stiel fühlt sich bei Reife holzig an; wird er durchtrennt, tritt kein Wasser mehr aus.

Moschuskürbisse reifen auch drinnen, an einem warmen Platz, gut nach, falls sich wegen Frost oder Dauerregen die Ernte nicht mehr aufschieben lässt. Ein drei- bis vierwöchiges Nachreifen an einem warmen Ort empfiehlt sich auch für andere, bereits gut ausgefärbte Winterkürbisse, damit sie ihr Aroma optimal entfalten. Werden sie dann nicht gleich verwendet, kann man sie bei 10–15 °C an einem trockenen Platz lagern. Manche Sorten halten sich so bis zum Frühjahr. Zum Einfrieren werden die Kürbisse halbiert, geschält, mit einem Löffel entkernt und in Würfel geschnitten.

ZUCKERMAIS

Zea mays var. saccharata

☼

✦ *Gemüsemais, Süßmais, Kukuruz*

♣ *Süßgräser (Poaceae)*

Der in der Landwirtschaft hauptsächlich angebaute Futtermais liefert bei Reife stärkereiche, mehlige Körner. Beim Zuckermais dagegen wird der Zucker erst sehr spät in Stärke umgewandelt. So behält er lang seinen süßen

Geschmack, der ihn bei Kindern besonders beliebt macht. Daneben bieten die gelben Körner aber auch viel gesundes Eiweiß sowie Mineralstoffe und Vitamine. Als Mitglied der Süßgräserfamilie ist Zuckermais mit keiner anderen Gemüseart verwandt und bringt somit Abwechslung in die Fruchtfolge. In Reihen gesetzt, können die bis 200 cm hohen, dicht mit langen Blättern besetzten Pflanzen über Sommer als Sichtschutz dienen.

Bei den für den Garten angebotenen Sorten handelt es sich oft um „extrasüße" F1-Hybriden (siehe Seite 72). Anbieter von Biosaatgut legen dagegen Wert auf samenfeste Nicht-Hybrid-Sorten, bei denen aus den Körnern immer wieder Pflanzen heranwachsen, die mit der Elternsorte identisch sind. Eine interessante Variante ist der Popcorn-, Puff- oder Perlmais (Zea mays convar. microsperma), dessen Körner beim Rösten explosionsartig aufspringen.

Zuckermais (Zea mays var. saccharata)

Anbau und Pflege: Zuckermais braucht viel Sonne und als Starkzehrer einen nahrhaften, gut mit Kompost versorgten Boden. Die Pflanzen können ab April bei 18–22 °C vorgezogen werden und kommen dann frühestens Mitte Mai, spätestens Mitte Juni aufs Beet. Von Mitte Mai bis Anfang Juni ist auch eine Direktsaat möglich. Für eine optimale Bestäubung, die durch den Wind erfolgt, empfiehlt sich ein Anbau in mehreren Reihen mit 60 cm Abstand. In der Reihe genügen 20–30 cm Abstand. Wächst im Umkreis von 500(m Futtermais auf benachbarten Äckern, kann es zu einer unerwünschten Bestäubung des Zuckermaises kommen, mit nachteiliger Auswirkung auf den Geschmack. Gießen Sie bei Trockenheit regelmäßig und hacken Sie besonders in den ersten Wochen häufig zwischen den Reihen. Nachdem sich die Pflanzen gut entwickelt haben, ist eine Mulchschicht günstig. Wenn die Rispen erscheinen, wird mit einem stickstoffhaltigen Dünger nachgedüngt.

Sortenbeispiele: Besonders süße F1-Hybriden: 'Early Extra Sweet', 'Golda', 'Tasty Gold', 'Vanilla Sweet'. Samenfeste Sorten: 'Ashworth', 'Black Aztek' (schwarze Körner), 'Golden Bantam', 'Stowells Evergreen' (cremeweiße Körner).

Pflanzenschutz: Ab Mitte Juni legt zuweilen der Maiszünsler, ein kleiner Schmetterling, seine Eier an den Pflanzen ab. Die Raupen fressen an den Blättern und später in den Stängeln, was zum Umknicken der Pflanzen führen kann. Ein Vlies über den Pflanzen beugt der Eiablage vor und schützt gleichzeitig vor Vogelfraß. Wird in der Umgebung Feldmais angebaut, kann es zu Maisbeulenbrand kommen. Dieser Pilz verursacht Wucherungen an den Kolben. Vernichten Sie befallene Pflanzen, und bauen Sie an der Stelle mindestens drei Jahre keinen Zuckermais mehr an.

Ernte: Wenn ab August die aus den Kolben hängenden Staubfäden dunkelbraun werden, können die ersten Kolben geerntet werden. Die Körner schmecken besonders süß, wenn sie gut ausgefärbt sind, sich aber noch leicht mit dem Fingernagel anritzen lassen und auf Druck ein weißer Saft herausquillt. Die letzten Kolben lassen sich noch im Oktober ernten. Verwenden Sie den Mais immer frisch, denn schon wenige Tage nach der Ernte wird der Zucker zunehmend in Stärke umgewandelt. Man kann Zuckermais roh knabbern oder z. B. kurz in kochendem Wasser erhitzen und mit Butter genießen.

Artischocke (Cynara scolymus)

ARTISCHOCKE

Cynara scolymus

Korbblütler (Asteraceae)

Die im Mittelmeerraum verbreitete Artischocke ist eine rund 150 cm hohe, breit ausladende Pflanze mit den dekorativen, graufilzigen Blättern. Sie wächst mehrjährig und lässt sich drei bis vier Jahre lang nutzen. Allerdings ist sie empfindlich gegen starke Fröste und winterliche Nässe, sodass sie selbst mit besonderen Vorkehrungen nicht immer sicher durch den Winter kommt. Gegessen werden die Artischockenherzen, die aus dem zarten Blütenboden und dem fleischigen Blattansatz der unteren Hüllkelchblätter bestehen. Sie sind nicht nur Delikatessen, sondern fördern auch die Fettverdauung und unterstützen die Leber beim Entgiften. In ihnen stecken Bitterstoffe und Flavonoide, außerdem Inulin, was sie für Diabetiker verträglich macht. Verzichtet man auf einen Teil der Ernte, kann man sich ab August am Anblick der leuchtend blauvioletten Blütenkörbe erfreuen.

Anbau und Pflege: Artischocken benötigen einen möglichst warmen, geschützten Standort mit humosem, sehr gut durchlässigem Boden. Vor der Pflanzung sollte man drei Liter Kompost und 100 g Hornspäne pro m^2 einarbeiten. Teils sind Artischocken als Jungpflanzen erhältlich, andernfalls zieht man sie ab Mitte Februar aus Samen an (bei 18–22 °C). Ab Mitte Mai können sie draußen mit einem Abstand von 1 m x 1 m gepflanzt werden. Möglich ist auch die Kultur in großen Kübeln, was eine geschützte Überwinterung erleichtert.

Anhäufeln verbessert die Standfestigkeit, wenn nötig, erhalten die Pflanze einen Stützstab. Bei Trockenheit muss regelmäßig gegossen werden; Mulchen ist vorteilhaft. Während der Wachstumszeit wird ein- bis zweimal nachgedüngt. Im Spätherbst schneidet man die alten Blütenstiele stark zurück und deckt Wurzelbereich und Stängelbasis kräftig mit Laub, Stroh und/oder Fichtenreisig ab. In rauen Lagen ist es sicherer, die oberirdischen Teile weitgehend zurückzuschneiden, den Wurzelballen auszugraben, in einem Kübel mit sandiger Erde kühl, aber frostfrei zu überwintern und im nächsten Mai wieder auszupflanzen. Wenn die Pflanzen neu austreiben, versorgt man sie gut mit Kompost oder organischem Volldünger.

Sortenbeispiele: 'Green Globe', 'Große von Laon', 'Imperial Star' (bildet schon im ersten Jahr viele erntereife Knospen), 'Madrigal'.

Pflanzenschutz: Gelegentlich treten Blattläuse auf. Um Mäuse und Wühlmäuse fernzuhalten, setzt man die Stauden in große Drahtgitterkörbe bzw. überwintert sie im Kübel im Keller.

Ernte: Geerntet werden die geschlossenen, noch grünen, 8–15 cm großen Blütenknospen, im ersten Jahr ab August, in den folgenden Jahren ab Juni. Die meisten Sorten liefern im ersten Jahr nur wenige erntefähige Knospen. Zum Freilegen der Herzen werden die Stielstücke an den Knospen am besten an einer Tischkante abgebrochen, sodass sich die harten Fasern am Boden gut lösen. Faserreste werden abgeschabt, die äußeren Hüllblätter entfernt und von den inneren die stacheligen Spitzen abgeschnitten. Zitronensaft, der beim Verarbeiten auf die Herzen geträufelt und beim Dünsten ins Wasser gegeben wird, beugt braunen Verfärbungen vor.

Gemüsepaprika
Tomaten
Salatgurke
Artischocke
Gewürzgurken
Gewürzpaprika (Chili)

Buschbohne
Stangenbohne
Feuerbohne
Dicke Bohne
Erbse

HÜLSENFRÜCHTE Schmetterlingsförmige Blüten und eiweißreiche Samen in Fruchthülsen kennzeichnen die Familie der Schmetterlingsblütler oder Hülsenfrüchtler (lat. Leguminosen). Die Hülsen werden umgangssprachlich als „Schoten" bezeichnet.

Die nahrhaften Samenkörner gehören seit Urzeiten zu den wichtigsten Nahrungsmitteln. In unseren Breiten wurden Erbsen bereits in der Jungsteinzeit angebaut, und Dicke Bohnen, deren Körner sich gut trocknen lassen, dienen den Menschen seit der Bronzezeit als Wintervorräte. Stangen- und Feuerbohnen stammen aus Mittel- und Südamerika und wurden schon lang von den Maya, Inka und Azteken kultiviert, ehe sie im 16. Jahrhundert auch nach Europa gelangten.

EIWEISSLIEFERANTEN VOM FEINSTEN

Bohnen und Erbsen gehören zu den gesündesten Gemüsearten überhaupt. Bohnen können uns in Kombination mit Getreide mit allen wichtigen Aminosäuren versorgen. Sie enthalten zudem viele Mineralstoffe, etwa Kalium, Magnesium, Eisen und sogar Zink, das sonst nur in tierischen Nahrungsmitteln in größeren Mengen vorkommt. Auch Erbsen liefern hochwertiges Eiweiß und Mineralstoffe sowie Vitamin E und Vitamine aus der B-Gruppe. Sie sind leicht verdaulich und daher als Schonkost geeignet.

Vorsicht ist allerdings bei rohen Bohnen geboten! Ihre Samen enthalten den Giftstoff Phasin, der starke Magen- und Darmbeschwerden verursachen kann, im Extremfall sogar tödlich wirkt. Durch Erhitzen wird dieser Stoff abgebaut. Ähnliche Substanzen finden sich in Dicken Bohnen (Puffbohnen), die man ebenfalls nur gekocht essen sollte. Erbsen dagegen kann man roh genießen, da Phasin hier nur in winzigen Mengen vorhanden ist.

Manche Pflanzen aus der Familie der Schmetterlingsblütler werden eigens als Gründüngungspflanzen angebaut, weil sie dank einer Lebensgemeinschaft mit Knöllchenbakterien den Boden mit Stickstoff anreichern (siehe Seite 58). Das gilt auch für Bohnen und Erbsen, deren Anbau so auch folgenden Kulturen zugutekommt.

Sie selbst brauchen nur zum Start etwas Stickstoff im Boden, wofür meist schon Kompostgaben ausreichen. Eine zu kräftige Stickstoffversorgung kann die Knöllchenbakterien stark beeinträchtigen, ebenso ein zu saurer Boden, der zu Molybdänmangel (siehe Seite 100) führt. Böden mit einem pH-Wert unter 6,5 sollten deshalb schon im Herbst zuvor aufgekalkt werden.

Bohnen und Erbsen sollten generell nicht nach sich selbst oder nach anderen Schmetterlingsblütlern angebaut werden, also auch nicht nach einer Gründüngung zum Beispiel mit Klee oder Wicken. Empfehlenswert ist eine wenigstens dreijährige Anbaupause, ganz besonders bei den ausgesprochen selbstunverträglichen Erbsen. Das beugt auch im Boden überdauernden Schadpilzen wie Fusarium-Welke und Brennfleckenkrankheit vor.

Buschbohne (Phaseolus vulgaris var. nanus)

BUSCHBOHNE

Phaseolus vulgaris var. nanus

✦ *Gartenbohne, Grüne Bohne, Fisole*

Schmetterlingsblütler (Fabaceae)

Als kompakt wachsende, nur 25–50 cm hohe Pflanzen können Buschbohnen mit den Erträgen der Stangenbohnen nicht mithalten. Dafür brauchen sie weniger Platz, benötigen keine Stützen und sind auch etwas robuster als ihre hoch schlingenden Verwandten. Wie alle Phaseolus-Bohnen besitzen sie große, spitz zulaufende, dreiteilige Blätter und entfalten ab Frühsommer hübsche Schmetterlingsblüten, die in Trauben herabhängen und je nach Sorte weiß, gelb, rosa oder lila gefärbt sind.

Daraus entstehen meist grüne Hülsen, bei manchen Sorten auch blauviolette oder gelbe (Wachsbohnen). Violette Hülsen färben sich beim Kochen grün. Die reifen Körner können weiß, gelb, braun, rot, violett, schwarz oder auch farbig marmoriert sein. Sorten mit farbigen und insbesondere mit schwarzen Körnern gelten als besonders robust und wuchsfreudig. Überwiegend erntet man die Früchte mit noch unreifen Körnern und verwendet sie mitsamt der Hülsenwände. An deren Nähten können sich harte, fasrige Fäden bilden, die bei der Zubereitung entfernt werden müssen. Viele der heute angebotenen Sorten gelten als fadenlos – obgleich auch bei ihnen manchmal Fäden auftreten, wenn sie zu trocken gehalten oder zu spät geerntet werden. Sogenannte Brechbohnen sind dickfleischig und lassen sich gut in Stücke zerbrechen. Filetbohnen genießt man als junge, besonders zarte Hülsen, in denen sich noch kaum Samen gebildet haben. Von Körner- oder Trockenbohnen dagegen nutzt man nur die Körner, entweder halbreif und weich oder ganz ausgereift.

Anbau und Pflege: Den Schwachzehrern genügt meist etwas Kompost (rund ein Liter pro m^2), der vor der Saat oder Pflanzung eingearbeitet wird. Als Beetpartner eignen sich z. B. Bohnenkraut, Kartoffeln, Kohlrabi und Salat. Als ungünstige Nachbarn gelten Porree und andere Zwiebelgewächse sowie Erbsen.
Eine Anzucht erfolgt ab Mitte April, pflanzen kann man dann ab Mitte Mai mit 40 cm × 10 cm Abstand. Die meisten Sorten lassen sich bis Ende Juli pflanzen, manche sogar noch bis Mitte August. Zwischen Mitte Mai und Anfang Juli können Sie auch direkt ins Beet säen, am besten in Horsten mit je vier bis sechs Körnern, die alle 30 cm ausgelegt werden. Säen Sie nicht zu tief: Es reicht, wenn die Samen 2–3 cm hoch mit Erde bedeckt sind. Achten Sie auf eine gleichmäßige Wasserversorgung, besonders während der Blütezeit und des Fruchtansatzes. Wenn Sie die Pflanzen bei etwa 15 cm Höhe anhäufeln, verbessert das ihre Standfestigkeit. Wichtig ist auch regelmäßiges Hacken oder Mulchen.
Sortenbeispiele: Die meisten der folgenden Sorten sind fadenlos und werden, soweit nichts anderes genannt ist, hauptsächlich als Brech- beziehungsweise Schnittbohnen verwendet. Wenn im Folgenden „Resistenz gegen mehrere Krankheiten" steht, bezieht sich das auf Bohnenmosaik, Brennflecken- und Fettfleckenkrankheit.
'Admires' (flache Hülsen, resistent gegen mehrere Krankheiten), 'Borlotto rosso' (Trocken-

bohne, Hülsen und Körner rot gesprenkelt), 'Delinel' (Filetbohne, widerstandsfähig gegen Krankheiten), 'Flevoro' (Filetbohne, resistent gegen mehrere Krankheiten), 'Maxi' (robust gegen Kälte und Krankheiten), 'Negra' (Filetbohne, resistent gegen mehrere Krankheiten), 'Purple King' (blauviolette Hülsen), 'Valdor' (gelbe Wachsbohne, resistent gegen mehrere Krankheiten).

Pflanzenschutz: Den wichtigsten Krankheiten lässt sich durch Wahl widerstandsfähiger Sorten und weiten Fruchtwechsel vorbeugen. Die häufigsten Schädlinge sind die Schwarze Bohnenblattlaus, die auch das Bohnenmosaikvirus übertragen kann, und die Bohnenfliege. Die erste, im April und Mai fliegende Generation der Bohnenfliege wird am gefährlichsten, da ihre Larven gern die zarten Keimblätter abfressen. Bei kühlem Wetter ist der Schaden besonders groß. Dem können Sie entgehen, indem Sie die Pflanzen drinnen vorziehen oder erst spät ins Freie säen. Ansonsten empfiehlt sich das Abdecken mit Kulturschutznetzen.

Ernte: Die ersten zarten Filetbohnen lassen sich schon rund sechs Wochen nach der Aussaat ernten. Ansonsten wird je nach Reifezeit der Sorte fortlaufend zwischen Ende Juli und Ende September gepflückt – je öfter, desto besser, weil dies die Pflanzen zur Bildung neuer Blüten und Früchte anregt. Sollen die Körner geerntet werden, lässt man die Hülsen bis zum Herbst ausreifen und bei trockenem Wetter möglichst lang an den Pflanzen hängen. Nach der Ernte werden die Körner herausgelöst, 10–14 Tage nachgetrocknet und dann in gut verschlossenen Gläsern oder Dosen an einem kühlen, trockenen, dunklen Platz aufbewahrt. So können sie sich jahrelang halten. Ein gefürchteter Vorratsschädling ist der Bohnenkäfer, dessen Larven die Körner zerfressen. Seine Ausbreitung kann man eindämmen, indem man befallene oder befallsverdächtige Körner zehn Tage lang einfriert.

STANGENBOHNE

Phaseolus vulgaris var. vulgaris

✦ *Gartenbohne, Grüne Bohne, Fisole*
Schmetterlingsblütler (Fabaceae)

Bei den Stangenbohnen handelt es sich um die ursprüngliche Form der Gartenbohnen. Sie winden sich in Linksrichtung, also entgegen dem Uhrzeigersinn, an Stützen bis 3 m hoch. Stangenbohnen sind in der Kultur ein wenig anspruchsvoller als Buschbohnen und noch etwas kälteempfindlicher. Dafür liefern sie reiche Ernten an besonders aromatischen Hülsen. Wie bei den Buschbohnen gibt es Sorten mit grünen, gelben oder blauvioletten Hülsen und Körnern sowie etwas unterschiedlichen Reifezeiten. Sie werden überwiegend mit unreifen Körnern geerntet und mitsamt den schmackhaften Hülsenwänden als Schnittbohnen verarbeitet.

Anbau und Pflege: Da die Pflanzen reichlich Blattmasse bilden, gehören sie zu den Mittelzehrern und brauchen die doppelte Kompostmenge wie Buschbohnen. Saat- und Pflanz-

Stangenbohnen (Phaseolus vulgaris var. vulgaris)

Feuerbohne (Phaseolus coccineus)

zeiten entsprechen denen der Buschbohnen; bei kühler Witterung lässt man sich aber besser noch etwas Zeit. Die letzte Freilandsaat sollte spätestens Ende Juni erfolgen.

Vor dem Säen oder Pflanzen muss eine Kletterhilfe errichtet werden, z. B. ein zeltartiges Stangengerüst oder Konstruktionen, an denen sich die Bohnen mithilfe kräftiger Schnüre oder Drähte hochschlingen können (siehe Seite 95). Die Stützstangen sollten etwa 60 cm Abstand haben. Werden parallele Reihen angelegt, empfiehlt sich zwischen diesen ein Abstand von 100 cm. Beim Aussäen drückt man um jede Stange herum sechs bis acht Körner in den Boden, dies jeweils nur 2–3 cm tief. Leiten Sie die jungen Pflanzen anfangs an den Stützen hoch. Am besten erhalten die Stangenbohnen zum Blühbeginn noch einmal eine organische Düngung. Ansonsten gleichen die Pflegemaßnahmen denen bei der Buschbohne.

Sortenbeispiele: Die meisten der hier genannten Sorten sind fadenlos: 'Algarve' (grüne, flache Hülsen, resistent gegen Mosaikvirus), 'Blauhilde' (blauviolett), 'Cobra' (grün, resistent gegen Mosaikvirus), 'Eva' (grün, resistent gegen mehrere Krankheiten), 'Marga' (grün, resistent gegen Brennflecken und Mosaikvirus), 'Neckargold' (gelb), 'Tamara' (grün, resistent gegen Brennflecken und Mosaikvirus, tolerant gegen Bohnenrost).

Pflanzenschutz: Wie bei der Buschbohne beschrieben.

Ernte: Die Erntesaison für Stangenbohnen erstreckt sich von Ende Juli bis Anfang Oktober. Die Hülsen sollten jung und zart geerntet werden.

FEUERBOHNE

Phaseolus coccineus

Prunk-, Käfer-, Schmink-, Türkenbohne

Schmetterlingsblütler (Fabaceae)

Feuerbohnen sind wie Stangenbohnen links windende Schlingpflanzen und erreichen bis 4 m Höhe. Sie bringen auffällige, leuchtend rote oder weiße Schmetterlingsblüten hervor, sind schnellwüchsig, robuster als Stangenbohnen und lassen sich auch in großen Töpfen ziehen. Deshalb eignen sie sich prima als schmucke einjährige Kletterer und Sichtschutz, auch auf Balkon und Terrasse. Früher nutzte man sie hauptsächlich zum Gewinnen der voll ausgereiften, kräftig schmeckenden Körner. Nachdem mittlerweile einige fadenlose Sorten zur Verfügung stehen, erfreuen sich auch die jung geernteten Hülsen zunehmender Beliebtheit.

Anbau und Pflege: Wie bei Stangenbohnen. Feuerbohnen sind etwas kälteverträglicher und können schon ab Anfang Mai ins Freie gesät werden. Mit dem Auspflanzen vorgezogener Exemplare wartet man aber ebenfalls bis Mitte Mai. Geht es hauptsächlich um eine gute Ernte, gelten die bei der Stangenbohne genannten Abstände. Sollen die Feuerbohnen dagegen vor allem als Sichtschutz oder zum Begrünen eines Spaliers dienen, können Sie sie auch etwas enger säen oder pflanzen.

Sortenbeispiele: 'Butler' (rot blühend, fadenlos), 'Hestia' (buschiger Wuchs, rot-weiß blühend, fadenlos), 'Lady Di' (rot blühend,

fadenlos; resistent gegen Brennflecken und Mosaikvirus), 'Sunset' (lachsrosa blühend), 'Weiße Riesen' (weiß blühend).
Pflanzenschutz: Wie bei der Buschbohne beschrieben. Feuerbohnen sind im Allgemeinen widerstandsfähiger als Stangen- oder Buschbohnen.
Ernte: Junge Hülsen mit noch weichen Körnern können von Ende Juli bis Oktober fortlaufend gepflückt werden. Für die Ernte und Lagerung der Körner gilt das bei der Buschbohne Gesagte.

Dicke Bohne (Vicia faba var. faba)

DICKE BOHNE

Vicia faba var. faba

✦ *Puffbohne, Acker-, Pferde-, Saubohne*
Schmetterlingsblütler (Fabaceae)

Diese nah mit den Wicken verwandten Pflanzen wachsen aufrecht und bis 120 cm hoch, haben große, paarig gefiederte Blätter und weiße Schmetterlingsblüten mit einem schwarzem Fleck. In den dicken, fleischigen Hülsen entwickeln sich vier bis acht rundlich ovale Körner, die sich mit ihrem kräftigen Geschmack gut für deftige Gerichte eignen und z. B. auch klassischer Bestandteil der italienischen Minestrone sind. Man unterscheidet grün-, weiß-, rotbraun- und schwarzkernige Sorten.

Anbau und Pflege: Mit rund zwei Liter Kompost pro m^2 sind die Mittelzehrer normalerweise schon ausreichend versorgt. Die robusten Pflanzen bevorzugen ein eher feuchtes, kühles Klima. Ihre Samen keimen bereits bei 5 °C Bodentemperatur, und die jungen Pflänzchen tolerieren noch leichte Fröste. Obwohl man sie bis Mitte Mai aussäen kann, werden Dicke Bohnen bevorzugt für Frühsaaten ab Ende Februar genutzt, sodass sich danach z. B. noch späte Kohlarten auf dem mit Stickstoff angereicherten Beet anbauen lassen. Gesät wird mit 40–50 cm Reihenabstand, in der Reihe legt man alle 25–30 cm jeweils drei bis vier Körner in Horsten aus. Anders als bei Gartenbohnen, die nur flach gelegt werden, kommen die Samen rund 5 cm tief in den Boden.

Auch nach dem Aufgang der Pflanzen sollte der Boden gleichmäßig leicht feucht gehalten werden. Ratsam ist zudem regelmäßiges Hacken und mehrmaliges Anhäufeln. Wenn die Pflanzen schon recht hoch gewachsen sind und reichlich Hülsen angesetzt haben, kann man die Spitzen abschneiden, um die Abreife zu fördern.
Sortenbeispiele: 'Aquadulce' (rotbraune Körner), 'Dreifach Weiße' (weiße Körner), 'Hangdown Grünkernig', 'Piccola' (kleine, grüne Körner; tolerant gegen Brennflecken).
Pflanzenschutz: Ärger bereitet vor allem die Schwarze Bohnenblattlaus, die besonders in Trockenperioden fast regelmäßig an Dicken Bohnen auftritt. Durch ihre Saugtätigkeit können Blüten abfallen und Hülsen verkrüppeln. Frühsaaten werden weitaus weniger befallen und geschädigt als späte Aussaaten. Vorbeugend kann man die jungen Pflanzen mit Kulturschutznetzen abdecken. Neben die Bohnen gepflanztes Bohnenkraut soll helfen, die Läuse fernzuhalten.

Ernte: Dicke Bohnen werden je nach Saattermin zwischen Ende Mai und August geerntet. Am besten schmecken die Körner, wenn sie schon ihre endgültige Größe und Färbung haben, aber noch ein wenig weich und milchig sind. Sie lassen sich einfrieren oder getrocknet konservieren.

ERBSE

Pisum sativum subsp. sativum

Schmetterlingsblütler (Fabaceae)

Ebenso wie Stangen- und Feuerbohnen bilden Erbsen keine „starren" Sprossachsen und brauchen Stützen, an denen sie sich mit den Wickelranken an den Spitzen ihrer Fiederblätter festhalten. Auf diese Weise erreichen sie bis 200 cm Höhe. Die meisten Sorten beschränken sich allerdings auf rund 80 cm; manche bleiben noch niedriger und wachsen eher buschartig, sodass sie mit wenig Stützhilfe auskommen. Aus den ab Mai erscheinenden weißen oder violetten Blüten entwickeln sich Hülsen mit meist sieben bis zehn kugeligen Körnern. Nach Nutzung und Beschaffenheit der Körner werden die Erbsen unterteilt in:

- **Schal- oder Palerbsen** mit glatten, etwas mehlig schmeckenden Körnern, die man für den Frischverzehr sehr früh und unreif erntet oder aber ganz ausreifen lässt, um sie als Trockenerbsen zu nutzen;
- **Markerbsen** mit runzligen, süß schmeckenden Körnern, die man nur erntet, solange sie unreif und zart sind;
- **Zuckererbsen,** die in den Hülsen keine zähen Pergamenthäute ausbilden, sodass man die jung und zart geernteten Hülsen komplett mitsamt den zuckerhaltigen Körnern essen kann.

In allen Gruppen gibt es frühe, mittelfrühe und späte Sorten. Werden sie zum falschen Zeitpunkt ausgesät, kann die Ernte sehr mager ausfallen.

Anbau und Pflege: Den Schwachzehrern genügt etwas Kompost, der zeitig im Frühjahr eingearbeitet wird. Erbsen sollten nicht neben Tomaten, Kartoffeln oder Porree und anderen Zwiebelgewächsen stehen. Gute Partner sind dagegen Möhren, Kohl, Gurken, Kopfsalat und Knollenfenchel.

Erbsen werden üblicherweise direkt ins Beet gesät, dies 3–5 cm tief, auf leichten Böden oder wo erfahrungsgemäß Vogelfraß droht, auch bis 6 cm tief. Die robusten Schalerbsen kann man ab Mitte März säen, frühe Sorten der Mark- und Zuckererbsen ab Ende März, späte Sorten teils noch bis Anfang Juli. Brauchen die Sorten eine Stütze, kann man schon vor der Saat ein einfaches Maschendrahtgerüst (siehe Seite 106) errichten oder später kräftige kahle Zweige als sogenanntes Stützreisig neben den Pflanzen in den Boden stecken. In dem Fall sind Doppelreihen mit 20 cm Abstand praktisch: Der Zwischenraum bietet Platz für die Stützen, die dann von den Pflanzen beider Reihen gemeinsam genutzt werden. Zur nächsten Doppelreihe hält man 80 cm Abstand. Einzelreihen sät man mit 30–40 cm Abstand. Als Abstand in den Reihen empfehlen sich 4–5 cm. Um die Keimung zu beschleunigen, kann man ein Vlies oder eine Folie über dem Saatbeet ausbreiten. So schützt man die Kulturen zugleich vor Vögeln, die sich gern die Körner herauspicken. Sind die Jungpflanzen etwa 15 cm hoch, werden sie angehäufelt. Der Boden sollte gleichmäßig leicht feucht gehalten werden, gerade auch ab Beginn der Blüte und während der Ausbildung der Hülsen.

Sortenbeispiele: Schalerbsen: 'Allerfrüheste Mai' (sehr früh), 'Frühe Harzerin' (sehr früh, niedriger Wuchs), 'Germana' (mittelfrüh), 'Kleine Rheinländerin' (früh). Markerbsen: 'Lancet' (mittelfrüh, recht standfest), 'Markana' (mittelspät, durch starke Rankenbildung weitgehend selbststützend; mehltautolerant), 'Sublima' (mittelfrüh, resistent gegen mehrere Krankheiten), 'Wunder von Kelvedon' (mittelfrüh, niedriger Wuchs). Zuckererbsen: 'Delikata' (mittelspät, resistent gegen Echten Mehltau und Fusarium-Welke), 'Norli' (früh, niedriger Wuchs, resistent gegen Fusarium-Welke), 'Zuccola' (Anbau von Frühjahr bis Sommer,

Erbse (Pisum sativum subsp. sativum)

tolerant gegen Echten Mehltau und Fusarium-Welke).

Pflanzenschutz: Gegen Echten Mehltau helfen vor allem widerstandsfähige Sorten; zudem ist bei Frühsaaten das Risiko geringer. Dem Erbsenwickler, dessen Raupen in den Hülsen fressen, kann man durch sehr frühe oder späte Sorten aus dem Weg gehen. Erbsenkäfer und Blattrandkäfer sollte man regelmäßig ablesen und notfalls mit geeigneten Mitteln bekämpfen, ebenso Blattläuse, die auch Viruskrankheiten übertragen können.

Ernte: Erbsen werden je nach Sorte zwischen Juni und September erntereif und können über mehrere Wochen fortlaufend gepflückt werden, was den Blütennachschub fördert. Schalerbsen erntet man vorzugsweise mit grünen, noch zarten Körnern, man kann sie aber auch als ausgereifte Trockenerbsen genießen. Bei Markerbsen dagegen lassen sich die Körner kaum noch verwenden, nachdem sie einmal hart geworden sind. Die Hülsen der Zuckerbsen schmecken am besten, wenn sich die noch kleinen Samen gerade erst unter Hülsenwänden abzeichnen. Vor dem Zubereiten muss man lediglich die Hülsennaht entfernen.

BEWÄHRTE KÜCHENKRÄUTER Die Zeiten, da man sich damit begnügte, Salate mit ein paar Schnittlauchröllchen und kalte Platten mit einem Bündel Petersilie zu garnieren, sind vorbei. Entdecken auch Sie die kulinarische Vielfalt der Kräuter.

Doch dabei haben bewährte Klassiker wie Petersilie, Schnittlauch und Dill längst nicht ausgedient. Im Gegenteil: Sie kommen immer wieder neu zu Ehren, nicht zuletzt, weil sie sich viel abwechslungsreicher einsetzen lassen als so manches „Modekraut". Sie machen nicht nur die unterschiedlichsten Speisen aromatischer und bekömmlicher, sondern bieten oft auch reichlich Vitamine und Mineralstoffe.

GENUSSREICH UND UNKOMPLIZIERT

Neben den hier vorgestellten Würzpflanzen haben sich natürlich auch einige mediterrane Kräuter (ab Seite 269) schon lange in der Küche wie im Garten bewährt. Und bei den Kräutern dieses Kapitels liegt der Ursprung teils ebenfalls im Mittelmeergebiet. Anders als Oregano, Salbei & Co. kommen sie jedoch mit unseren Klimaverhältnissen meist problemlos zurecht, selbst in unfreundlichen Jahren und raueren Lagen. Überwiegend bevorzugen sie eher nährstoffreiche und feuchte Böden und gedeihen deshalb auch gut in Gemüsebeeten. Bei den meisten kann zudem ein halbschattiger Platz den Genuss nicht mindern oder ist sogar vorteilhaft.

Gartenkresse, Kerbel und manch andere schnellwüchsige Einjährige lassen sich über einen langen Zeitraum säen, sodass man durch Folgesaaten im Abstand von wenigen Wochen immer wieder Frisches ernten kann. Schließlich sind viele ebenso wie ihre mediterranen „Kollegen" nicht nur schmackhafte Küchenkräuter, sondern auch traditionelle Heilpflanzen. Dies alles macht sie zu besonders lohnenswerten Gartenkräutern.

Wenn Sie diese Kräuter im Gemüsegarten anbauen möchten, müssen Sie darauf achten, dass die meisten von ihnen zu Pflanzenfamilien gehören, zu denen auch mehrere Gemüse zählen. Besonders bei den Doldenblütlern wie Petersilie, Dill und Kerbel kann es zu Problemen kommen, wenn man sie direkt vor, nach oder auch neben verwandten Arten wie Möhren oder Knollensellerie anbaut. Außerdem zählen dazu Anis, Kümmel und Koriander, die fast nur zum Gewinnen der Samen kultiviert werden. Im Garten lohnt sich das meist nicht.

Erwähnt sei aber der Blattkoriander, der zunehmend Liebhaber findet. Sein Anbau ist ähnlich wie der von Kerbel und Petersilie.

Mit Pfefferminze, Zitronenmelisse und Echter Kamille stellen wir zum Schluss noch drei traditionelle „Heilkräuter" vor, die sich gut anbauen und bei leichten Beschwerden verwenden lassen. Solche Kräuter können bei aller wohltuenden Wirkung aber nicht den Arzt ersetzen. Und auch natürliche Heilmittel aus dem Garten können bei unsachgemäßer Anwendung unangenehme oder sogar gefährliche Nebenwirkungen zeigen. Besondere Vorsicht ist da während Schwangerschaft und Stillzeit geboten. Erkundigen Sie sich im Zweifelsfall bei Ihrem Arzt, vor allem, wenn die Kräuter das Heilen oder Lindern einer schweren Erkrankung unterstützen sollen.

Die Rubrik „Sortenbeispiele" wird Ihnen in den folgenden Kapiteln nur gelegentlich begegnen, da Sorten mit einem eigenem Charakter nur für wenige Kräuter angeboten werden.

Petersilie
Löffelkraut
Bärlauch
Borretsch
Liebstoeckel
Gartenkresse
Kerbel
Schnittsellerie

PETERSILIE

Petroselinum crispum

✦ *Peterle, Peterling, Suppenkraut, Silk*

Doldenblütler (Apiaceae)

Ursprünglich stammt die Petersilie aus dem östlichen Mittelmeerraum, zählt aber schon lang zu den beliebtesten Kräutern in der mitteleuropäischen Küche. Sie gilt als magenstärkend und harntreibend. Besonders hervorzuheben ist ihr hoher Gehalt an Vitamin C und E, Provitamin A sowie an Eisen und Kalzium. Wenn es um Küchenkräuter geht, denkt man zuerst an die Blattpetersilie, die nur dünne Wurzeln bildet. Aber auch die Wurzel- oder Knollenpetersilie (var. tuberosum), deren kräftige weiße Rüben an Pastinaken erinnern, kann Gerichte mit würzigem Aroma bereichern. Bei der Blattpetersilie unterscheidet man Sorten mit gekrausten und mit glatten Blättern, wobei die glattblättrigen kräftiger schmecken. Die meisten Sorten bleiben mit etwa 20 cm Höhe recht kompakt.

Petersilie (Petroselinum crispum)

Anbau und Pflege: Petersilie gedeiht bei leichter Beschattung oft besser als in der grellen sommerlichen Mittagssonne. Wichtig ist ein humoser, tiefgründiger Boden, der nicht zum Vernässen neigt. Petersilie gehört zu den nährstoffliebenden Kräutern, verträgt aber weder Stallmist noch Frischkompost. Auf dem Beet gedeiht Petersilie schlecht mit Salat, aber gut zusammen mit Erdbeeren, Radieschen, Zwiebeln, Porree und Tomaten.

Blattpetersilie kann ab Ende Februar bei 15–20 °C vorgezogen werden. Andernfalls sät man sie zwischen Mitte März und Juli direkt aufs Beet, mit 20–25 cm Reihenabstand, und dünnt später auf 10–15 cm in der Reihe aus. Wurzelpetersilie wird im März oder April gesät, mit 25–30 cm Reihenabstand, und ebenfalls auf 10–15 cm vereinzelt. Da man drei bis vier Wochen Geduld aufbringen muss, bis sich die ersten Blättchen zeigen, empfiehlt es sich, die Saat mit schnell wachsenden Radieschen oder mit Kresse zu markieren. Halten Sie den Boden während der gesamten Kulturdauer leicht feucht, aber keinesfalls nass. Nach dem ersten Schnitt fördert eine mehrmalige Nachdüngung mit mäßig dosiertem Flüssigdünger die Wuchsfreude.

Gut mit Fichtenreisig abgedeckt, lässt sich die zweijährige Pflanze meist heil über den Winter bringen und im Frühjahr nochmals beernten. Sie können die Blattpetersilie aber auch im Spätherbst ausgraben und in Töpfe pflanzen. Drinnen hell und mäßig warm aufgestellt, liefert sie den ganzen Winter über frische Blätter.

Sortenbeispiele: Glattblättrige Petersilie: 'Einfache Schnitt 3', 'Gigante d'Italia' (stark- und hochwüchsig; widerstandsfähig gegen Blattkrankheiten). Krausblättrige Petersilie: 'Darki', 'Mooskrause 2'. Wurzelpetersilie: 'Bardowicker' (lange Rüben), 'Berliner Halblange'.

Pflanzenschutz: Wenn Petersilie kümmert, liegt es oft an zu trockener oder zu nasser Haltung oder an ihrer Selbstunverträglichkeit: Petersilie und andere Doldenblütler sollten erst nach vier bis fünf Jahren wieder an derselben Stelle angebaut werden. Dies beugt zudem verschiedenen Welkekrankheiten vor. Beim Gießen vermeidet man das Benässen der Blätter. Welke Pflanzen sowie Blätter mit Blattflecken, Mehltau oder Rostpilze sollten umgehend entfernt werden. Vor Rüsselkäfern und Möhrenfliegen bewahren früh aufgelegte Kulturschutznetze.

Ernte: Sobald genügend Laub vorhanden ist, können Sie die Blätter nach Bedarf mitsamt Stiel abschneiden. Wenn dabei die inneren Herzblätter stehen bleiben, treibt die Pflanze wieder aus. Sobald im zweiten Jahr die gelben Blütendolden erscheinen, lohnt sich die Ernte nicht mehr. Die Rüben der Wurzelpetersilie gräbt man im Spätherbst aus. Zuvor können von ihr auch gelegentlich einige Blätter geerntet werden. Petersilienblätter passen zu Salaten, Gemüsegerichten und Suppen, werden aber nicht mitgekocht. Sie lassen sich gut einfrieren. Die Rüben munden in Suppen und Eintöpfen oder als gesunde Rohkost.

Dill (Anethum graveolens)

DILL

Anethum graveolens

✦ *Dillfenchel, Gurkenkraut, Kümmerlingskraut*

Doldenblütler (Apiaceae)

Dieses einjährige, 60–120 cm hohe Kraut stammt ursprünglich aus dem Vorderen Orient. Seine fein gefiederten Blätter erinnern an Fenchel, sind aber zierlicher. Die zarten Dillspitzen haben einen ganz eigenen, leicht herben und zugleich süßlichen Geschmack. Aus den hübschen gelben Doldenblüten entwickeln sich ab Spätsommer die würzigen Samen, bei denen es sich streng genommen um Spaltfrüchte handelt. Die ätherischen Öle in Blättern und Samen wirken verdauungsfördernd und appetitanregend und mindern Blähungen.

Anbau und Pflege: An sonnigen, windgeschützten Plätzen bildet der Dill reichlich ätherische Öle. Förderlich sind humose, mittelschwere, gut gelockerte Böden mit ausreichendem Kalkgehalt. Besonders wohl fühlt sich Dill zwischen Möhren und Gurken. Gesät wird für die Samenernte im April oder Mai, für die Blattnutzung bis August. Dill keimt oft recht unregelmäßig, deshalb ziehen manche Gärtner die breitwürfige Aussaat einer Reihensaat (mit 20–30 cm Abstand) vor. Nach dem Aufgehen dünnt man die Sämlinge auf 10–20 cm Abstand aus. Gießen Sie bei Trockenheit regelmäßig, und lockern Sie des Öfteren den Boden. Wenn Sie im Herbst einige Samendolden stehen lassen, sorgt die Selbstaussaat für Nachwuchs.

Sortenbeispiele: 'Delikat' (niedrig, gut für Topfkultur geeignet), 'Goldkrone', 'Sari'.

Pflanzenschutz: Hier gilt weitgehend das bei der Petersilie Gesagte. Pflanzen mit faulenden Blüten- und Samenständen sowie braunen Flecken an den Stängeln sollte man umgehend entfernen, da solche Symptome auf eine Bakterienkrankheit hindeuten.

Ernte: Einzelne grüne Blätter erntet man nach Bedarf von Juni bis zum ersten Frost und gibt sie z. B. zu Gurkensalaten oder an Fischgerichte. Die Dolden schneidet man ab, sobald sich die Samen braun färben, und hängt sie dann kopfüber zum Trocknen auf. Zusammen mit den Blättern sorgen die Samen für die typische Würze bei eingelegten Gurken. Das Kraut kann man einfrieren oder trocknen, wobei es aber deutlich an Geschmack verliert. Die Samen lagern am besten trocken und kühl.

Kerbel (Anthriscus cerefolium)

Schnittsellerie (Apium graveolens var. secalinum)

KERBEL

Anthriscus cerefolium

✦ *Gartenkerbel, Körfel, Suppenkraut*

Doldenblütler (Apiaceae)

Der in Südosteuropa und Westasien heimische Kerbel gelangte schon mit den alten Römern in unsere Gefilde. Er ist einjährig, wächst buschig und wird 30–60 cm hoch. Seine Blätter ähneln denen der Petersilie und sind meist glatt, seltener gekraust. Das Kerbelaroma ist eher anisähnlich, aber dennoch kräftig würzig. Neben Schnittlauch, Petersilie und Estragon ist Kerbel ein wichtiger Bestandteil der französischen Kräutermischung „Fines herbes". Seine ätherischen Öle sollen Kreislauf und Verdauung anregen, die Blättchen enthalten zudem recht viel Vitamin C, Eisen und Magnesium.

Anbau und Pflege: Kerbel gedeiht am besten auf lockeren, humosen, frischen bis leicht feuchten Böden. Gute Beetnachbarn sind Salate und Rettiche. Kerbel kann man von März bis August ins Freie säen. Bei viel Sonne und Trockenheit entfaltet er allerdings recht schnell seine Blüten und wird dann unbrauchbar. Für Saaten zwischen Mai und Juli empfiehlt sich deshalb ein halbschattiger Platz und besonders regelmäßiges, gründliches Gießen. Günstig ist ein Reihenabstand von 20 cm, sehr eng stehende Pflänzchen werden später etwas ausgedünnt. Drücken Sie die Samen an und decken Sie sie höchstens hauchdünn mit Erde ab. Sofern nicht regelmäßig geerntet wird, kann ein Rückschnitt buschigen Wuchs fördern und die Blüte verzögern.

Sortenbeispiele: 'Commum', 'Fijne Krul', 'Mooskrauser'.

Pflanzenschutz: Grundsätzlich wie bei Petersilie. Kerbel ist im Allgemeinen aber etwas robuster.

Ernte: Ab Mai können die jungen Blätter fortlaufend geerntet werden, solange die Pflanze noch nicht ihre kleinen, weißen Doldenblüten entfaltet hat. Schneiden Sie dabei nicht zu tief, damit neue Blätter nachkommen. Kerbel rundet Salate, Soßen, Suppen und Omeletts ab. Die feinen Kerbelblätter sollten erst kurz vor dem Servieren roh untergemischt werden. Einfrieren gleich nach der Ernte ist möglich. Beim Trocknen verlieren die Blätter stark an Aroma.

SCHNITTSELLERIE

Apium graveolens var. secalinum

✦ *Blattsellerie, Suppenkraut, Eppich*

Doldenblütler (Apiaceae)

Im Altertum war Sellerie den Göttern der Unterwelt geweiht und diente als Grabschmuck. Die wild wachsende Urform findet man heute noch auf salzhaltigen Böden in nahezu allen Erdteilen. Die 30–40 cm hohe, einjährig genutzte Kulturform geht auf italienische Züchtungen aus dem 16. und 17. Jahrhundert zurück. Die gefiederten, glänzend grünen Blätter haben ein kräftiges Aroma und erinnern im Geschmack und Aussehen an das Laub von Knollen- (siehe

Seite 209 f.) und Stangensellerie (siehe Seite 186 f.). Sie enthalten Mineralstoffe und Vitamine, sollen verdauungsfördernd und entwässernd wirken.

Anbau und Pflege: Schnittsellerie benötigt einen locker humosen, nährstoffreichen Boden und viel Feuchtigkeit. Vor der Saat oder Pflanzung reichert man den Boden mit etwas Kompost und ein paar Handvoll Hornspänen an. Günstige Partner sind z. B. Bohnen, Porree und Tomaten. Man zieht die Pflanzen zwischen März und Mai bei 18–20 °C vor und pflanzt sie ab Anfang Mai mit 30 cm x 10–15 cm Abstand aufs Beet. Ab Ende April ist auch eine Direktsaat möglich. Die Samen werden nur angedrückt und höchstens ganz fein mit Erde abgedeckt. Halten Sie den Boden gleichmäßig feucht und hacken Sie regelmäßig. Eine Mulchdecke zwischen den Reihen hilft, die Bodenfeuchtigkeit zu bewahren.
Sortenbeispiele: 'Gewone Snij' ('Gewöhnliche Schnitt').
Pflanzenschutz: Wie bei allen Doldenblütlern gilt auch hier das bei der Petersilie Gesagte.
Ernte: Von Juni bis September schneidet man nach Bedarf junge Blätter. Sie schmecken zu deftigen Suppen, Eintöpfen und Soßen, aber auch zu Kräuterquark und Salaten. Die Blätter können eingefroren oder getrocknet werden.

GEWÜRZFENCHEL

Foeniculum vulgare var. dulce

☼

✦ *Römischer Fenchel, Samenfenchel, Süßfenchel*
Doldenblütler (Apiaceae)

Der Gewürzfenchel stammt wie der Knollenfenchel (siehe Seite 210 f.) aus Südeuropa und Vorderasien. Er wächst im milden Klima mehrjährig, bei uns meist nur zweijährig, sorgt aber oft durch Selbstaussaat für seinen Fortbestand. Mit seinem kräftigen, nach oben hin verzweigten Stängel wird der Gewürzfenchel 80–200 cm hoch. Über den filigranen, fein gefiederten Blättern erheben sich im Sommer große Dolden mit gelben Blütchen, aus denen kleine, gerippte Spaltfrüchte entstehen. Kraut und Früchte, die oft vereinfacht als Samen bezeichnet werden, sind süßlich aromatisch und können als Würze sowie für heilkräftige Tees verwendet werden. Sie wirken appetitanregend und verdauungsfördernd, besonders die Früchte lindern auch Husten, Magen- und Darmbeschwerden sowie Blähungen.

Anbau und Pflege: Ideal ist ein sonniger, warmer, aber luftiger Platz mit tiefgründigem, humosem, kalkhaltigem Boden. Fenchel sollte nicht neben Dill oder Koriander gesät werden. Gut harmoniert er dagegen mit Erbsen, Gurken und Salat. Gesät wird im März oder April mit 40–50 cm Reihenabstand, später dünnt man in der Reihe auf 30 cm aus. Obwohl selten Sortennamen angegeben werden, gibt es verschiedene „Typen“, von denen manche noch bis August gesät werden können. Halten Sie den Boden gleichmäßig leicht feucht, und versorgen Sie die Pflanzen im Frühjahr nach der Aussaat mit Kompost. In rauen Lagen empfiehlt sich über Winter ein Abdecken des Wurzelbereichs mit Laub.

Gewürzfenchel
(Foeniculum vulgare var. dulce)

Liebstöckel (Levisticum officinale)

LIEBSTÖCKEL

Levisticum officinale

✦ *Maggikraut, Suppenlaub, Luststecken*

Doldenblütler (Apiaceae)

Ursprünglich stammt diese stattliche, würzige Staude vermutlich aus Persien. Schon im Mittelalter wurde sie in den Bauerngärten kultiviert und als Würz- und Heilpflanze geschätzt. Zudem galt der würzige Liebstöckel als Aphrodisiakum und wurde zu Liebestränken verarbeitet. Die mehrjährige Pflanze mit den dicken, hohlen, verzweigten Stängeln kann über 200 cm hoch und gut meterbreit werden und wirkt durch ihre großen, gefiederten, glänzend grünen Blätter sehr üppig. Ab Juli erscheinen gelbgrüne Blütchen in lockeren Dolden, daraus bilden sich gekrümmte Spaltfrüchte. Die Blätter haben ein intensives, sellerieähnliches Aroma, das in den Früchten und Wurzeln noch stärker ausgeprägt ist. Ihre Inhaltsstoffe erhöhen die Bekömmlichkeit von Speisen und helfen bei Verdauungsstörungen. Die getrocknete Wurzel ist Bestandteil wassertreibender Teezubereitungen. Vorsicht, bei dafür empfindlichen Personen kann ein Kontakt mit den Blättern unter Einwirkung von Sonnenlicht Hautreizungen hervorrufen.

Anbau und Pflege: Liebstöckel gedeiht am besten auf tiefgründig gelockertem, gut mit Kompost versorgtem, frischem bis feuchtem Boden. In der Regel reichen ein oder zwei Pflanzen völlig aus, und bei Bedarf kann man sie später durch abgetrennte junge Schösslinge oder Teilung des Wurzelstocks vermehren. Deshalb ist es am einfachsten, sich nach käuflichen Jungpflanzen umzusehen und diese im Mai zu pflanzen. Andernfalls kann man das Kraut entweder ab März aus Samen vorziehen oder im April an Ort und Stelle säen; die Samen dabei höchstens hauchdünn mit Erde abdecken. Mehrere Liebstöckelpflanzen setzt man mit 60 cm Zwischenraum, zu anderen Pflanzen empfiehlt sich ein Abstand von mindestens 120 cm, da die Staude wachstumshemmende Stoffe abgibt. Halten Sie den Boden feucht, am besten unterstützt durch eine

Pflanzenschutz: Wie bei Petersilie.
Ernte: Die Blätter werden von Juni bis September fortlaufend geerntet. Fein gehackt, passen sie zu Salaten, Soßen, Mayonnaisen und Fisch. Die Früchte reifen im Spätsommer, vor allem bei später Saat oft erst im zweiten Jahr. Sie werden vorsichtig herausgeklopft, wenn sie sich bräunlich verfärben. Man kann die Dolden auch komplett abschneiden, bündeln und kopfüber in einen Beutel hängen, sodass keine Früchte verloren gehen. Mit den ganzen oder gemahlenen Früchten würzt man Gebäck, Brot, Soßen und vor allem Fisch (Bouillabaisse). In der Kräuterhausapotheke finden sie vor allem als Bauchwehtee für Kleinkinder Verwendung.

Mulchdecke, und versorgen Sie die Pflanze jedes Frühjahr mit reichlich Kompost oder organischem Dünger. Breitet sich der Liebstöckel durch die im Frühjahr rötlich austreibenden Schösslinge stark aus, sollte man einige dieser Jungtriebe entfernen.

Pflanzenschutz: Grundsätzlich wie bei Petersilie. An Schädlingen treten vor allem Blattläuse, gelegentlich auch Selleriefliegen auf.

Ernte: Junge Blätter können fortlaufend von Mai bis Oktober geerntet werden. Man gibt sie sparsam zu Suppen, Salaten, Kräuterquark, Omeletten, Soßen sowie zu Fleisch- und Fischgerichten. Sie werden mitgekocht, damit sie ihr ganzes Aroma entfalten. Liebstöckel gehört beispielsweise auch in die Frankfurter Grüne Soße. Die Blätter lassen sich trocknen, verlieren dann aber an Würzkraft. Besser ist Einfrieren. Die Wurzel kann man im September ab dem zweiten Standjahr ausgraben, klein reiben und wie die Blätter verwenden.

Borretsch (Borago officinalis)

BORRETSCH

Borago officinalis

✦ *Gurkenkraut, Gurkenkönig, Himmelsstern*

Borretschgewächse (Boraginaceae)

Das einjährige Kraut ist ursprünglich im östlichen Mittelmeerraum heimisch, wächst heute aber in fast ganz Europa wild. Über einer Blattrosette erheben sich bis 80 cm hohe, beblätterte Stängel, die mit rauen Haaren besetzt sind. Auch die großen, schmal eiförmigen Blätter sind beidseitig behaart, fühlen sich jung aber samtweich an. Die strahlend blauen, sternförmigen Blüten, die sich ab Mai öffnen, locken scharenweise Bienen und Hummeln an. Es gibt auch Formen mit weißen Blüten, außerdem den ausdauernden, blau blühenden Borretsch (Borago laxiflora), der sich mit kompaktem Wuchs gut für Pflanzgefäße eignet. Verwendet werden die zart gurkenartig schmeckenden jungen Blätter und Triebspitzen; auch die Blüten sind essbar. Borretsch sollte jedoch nicht allzu häufig und sparsam in der Küche eingesetzt werden, da er Alkaloide enthält, die die Leber schädigen können.

Anbau und Pflege: Auf durchlässigem, leicht feuchtem, nährstoffreichem, aber nicht frisch gedüngtem Boden entwickelt sich Borretsch am besten. Günstig steht er neben Roten Beten, Kohl sowie Fruchtgemüse wie Zucchini, da er Insekten zur Bestäubung anlockt. Man sät ihn von April bis Juli, am besten nur in kleinen Grüppchen, und dünnt später auf mindestens 30 cm Abstand aus. Da er eine lange Pfahlwurzel bildet, lässt er sich nur schlecht verpflanzen. Bei Trockenheit sollte gründlich gegossen werden. Ansonsten ist Borretsch sehr pflegeleicht und vermehrt sich oft reichlich durch Selbstaussaat, sodass man einen Teil des Nachwuchses entfernen muss, damit er nicht überhandnimmt.

Pflanzenschutz: Durch weite Abstände und Vermeiden des Gießens auf die Blätter lässt sich Mehltau und anderen Pilzkrankheiten vorbeugen. Zu eng stehende Pflanzen sind zudem anfälliger für Blattläuse.

Ernte: Die jungen Blätter kann man von Mai bis Oktober nach Bedarf ernten. Da sie schnell

Gartenkresse (Lepidium sativum)

welken, sollten sie erst kurz vor der Zubereitung gepflückt werden. Borretsch passt zu Salaten, Eierspeisen, Fischgerichten und eingelegten Gurken. Die Blüten eignen sich zum Garnieren von Salaten und Süßspeisen und zum Aromatisieren von Erfrischungsgetränken.

GARTENKRESSE

Lepidium sativum

Kresse, Pfefferkraut
Kreuzblütler (Brassicaceae)

Ursprünglich im Vorderen Orient und in Nordafrika beheimatet, ist die anspruchslose, schnellwüchsige Gartenkresse heute fast weltweit zu finden. Da man sie schon kurze Zeit nach dem Säen erntet, bekommt man selten ausgewachsene, bis 50 cm hohe Pflanzen mit weißen oder rosa Blütchen zu sehen. Die Sprosse und besonders die eiförmigen Blättchen enthalten viel Vitamin C, Senfölglykoside und Bitterstoffe, die für den pikant scharfen Geschmack verantwortlich sind. Sie regen den Appetit an, wirken harntreibend und gelten als blutreinigend.

Anbau und Pflege: Gartenkresse wächst auf fast jedem Boden, sofern dieser stets feucht gehalten wird. Im Freien kann man die rotbraunen Samen von März bis Oktober mit 10 cm Reihenabstand oder breitwürfig säen, im Gewächshaus, Frühbeet und auf der hellen Fensterbank auch über Winter. Decken Sie die Samen höchstens dünn mit Erde ab (Lichtkeimer). Wenn Sie alle ein bis zwei Wochen nachsäen, können Sie ständig frische Kresse ernten. Wechseln Sie dabei aber öfter die Saatstelle. Da Gartenkresse problemlos zwischen anderen Kräuter- und Gemüsereihen gedeiht, findet sich immer ein neues Plätzchen. Auf der Fensterbank lässt sich Kresse in flachen Schalen mit nährstoffreicher, sandiger Erde ziehen, für die Nutzung der zarten Keimsprosse am besten in speziellen Keimboxen.
Pflanzenschutz: Trockenheit kann Erdflöhe fördern, die die Blättchen durchlöchern. Sehr nasse Haltung begünstigt Pilzkrankheiten.
Ernte: Bereits eine bis drei Wochen nach der Aussaat, bei 5–10 cm Pflanzenhöhe, können die beblätterten Sprosse geschnitten werden. Verwenden Sie diese stets frisch. Sie passen gut zu Salat, Kräuterquark, gekochten Eiern oder einfach auf das Butterbrot. Nach der Ernte wächst die Gartenkresse nicht mehr nach. Lässt man sie bis zur Blüte stehen, schmecken die Blätter bitter.

LÖFFELKRAUT

Cochlearia officinalis

Löffelkresse, Lungenkresse, Skorbutkraut, Scharbocksheil *Kreuzblütler (Brassicaceae)*

Dieses Kraut mit den löffelartig gebogenen, dunkelgrünen Blättern wächst wild auf den salzhaltigen, feuchten Böden der Küstenregionen, so etwa an der Nord- und Ostsee, und steht dort unter Naturschutz. Die meist zweijährige, teils auch mehrjährige Pflanze bildet eine 15–20 cm hohe Blattrosette, über der sich ab Mai Stiele mit weißen, duftenden Blütenständen erheben. Ihre kräftigen Blätter bleiben über Winter grün und liefern so auch während der kalten Jahreszeit Frisches und Gesundes für die Küche. Mit scharfem Geschmack an Kresse, Senf und Meerrettich erinnernd, bieten die Blätter sehr viel Vitamin C. Deshalb hatte das Löffelkraut früher große Bedeutung beim Vorbeugen gegen die Vitaminmangelkrankheit Skorbut. Man schreibt ihm auch eine lindernde Wirkung bei Magenbeschwerden, Atemwegserkrankungen, Blasenleiden, Gicht und Rheuma zu.

Anbau und Pflege: Das Löffelkraut wächst am liebsten auf sandig humosem, frischem bis feuchtem Boden. Halbschatten ist meist günstiger als ein Standort in der prallen Sommersonne, selbst an schattigeren Plätzen wächst Löffelkraut oft noch zufriedenstellend. Es wird von März bis April oder August bis Mitte September mit 25 cm Reihenabstand direkt ins Beet gesät. Dünnen Sie nach dem Aufgehen in der Reihe auf 15–20 cm Abstand aus. Sorgen Sie stets für ausreichende Feuchtigkeit, am besten unterstützt durch eine Mulchschicht. Wenn dem Löffelkraut der Standort zusagt, sorgt es durch Selbstaussaat für Nachwuchs.
Pflanzenschutz: Wie bei Gartenkresse. Gegen Erdflöhe und andere Schädlinge kann auch das Auflegen von Vliesen oder Kulturschutznetzen im Frühjahr vorbeugen.
Ernte: Die jungen Blätter können fortlaufend von April bis ins nächste Frühjahr gepflückt werden, über Winter auch unter Schnee und leicht gefroren. Am besten schmecken sie vor der Blüte. Im Sommer sollte man sie nur sehr jung und zart ernten, weil sie dann schnell unangenehm scharf und bitter werden. Die Blätter würzen Salate, Quark und Eierspeisen oder kommen aufs Butterbrot. Man kann sie auch wie Spinat zubereiten.

SCHNITTLAUCH

Allium schoenoprasum

✦ *Binsenlauch, Graslauch, Schnittzwiebel*
Zwiebelgewächse (Alliaceae)

Wo dieser bewährte Kräuter-Klassiker ursprünglich herkam, lässt sich kaum noch nachvollziehen: Schon lang ist der Schnittlauch als Wild- und Kulturpflanze auf der ganzen Nordhalbkugel verbreitet. Das mehrjährige, frostharte Zwiebelgewächs bildet dichte, 20–40 cm hohe Horste aus feinen Röhrenblättern (Schlotten) und schmückt sich ab Frühsommer mit hellvioletten, bei manchen Sorten auch weißen Blütendolden an kräftigen Schäften. Nach der Dicke der Blätter unterscheidet man feinröhrige und besonders standfeste grobröhrige Sorten. Würzig, aber in der Schärfe eher dezent, bietet der Schnittlauch wie alle Zwiebelgewächse eine gesundheitliche „Rundumvorsorge“: mit reichlich Vitaminen und Mineralstoffen sowie Schwefelverbindungen, die die Immunabwehr stärken und zudem Appetit und Verdauung anregen.

Löffelkraut (Cochlearia officinalis)

Anbau und Pflege: Schnittlauch wächst gern auf humosen, sandig lehmigen, kalkhaltigen, leicht feuchten Böden. Im Beet harmoniert er gut mit Erdbeeren, Möhren, Salat, Tomaten und anderem Fruchtgemüse. Von ihm werden öfter Jungpflanzen angeboten, die man vorzugsweise im späten Frühjahr oder Frühsommer pflanzt, mit 25 cm Abstand. Aus Samen kann man ihn ab Ende Februar auf der Fensterbank vorziehen, um dann die Pflänzchen büschelweise aufs Beet zu setzen. Eine Direktsaat ins Freie ist je nach Sorte zwischen März und August möglich. Man sät in Reihen oder Horsten mit 25 cm Abstand. Für die Kultur in Töpfen gibt es im Fachhandel Saatscheiben.

Bei Trockenheit sollte regelmäßig gegossen werden. Die ansprechenden Blüten muss man nicht unbedingt ausbrechen, ein Entfernen kommt aber der Blattentwicklung zugute. Schnittlauch ist winterhart, zieht aber die ab Spätjahr vergilbenden Blätter ein und treibt erst wieder im Frühling aus. Dann ist der Zeitpunkt gekommen, um ihn mit Kompost oder organischem Dünger zu versorgen. Stark beerntete Pflanzen sollten des Öfteren nachgedüngt werden. Zum Erhalten der Wuchsfreude werden die Pflanzen am besten alle paar Jahre im Herbst oder Frühjahr geteilt und die Teilstücke an anderer Stelle neu eingesetzt.

Wer auch im Winter frischen Schnittlauch ernten will, kann ihn an einem hellen Fenster bei 15–20 °C antreiben. Dazu gräbt man im Spätherbst einige Büschel samt Wurzelballen aus und lässt sie nach dem Abschneiden der verwelkten Blätter an einem trockenen Platz liegen, bis sie etwas Kälte oder kurzzeitig auch Frost abbekommen haben. Dann pflanzt man sie in Töpfe, stellt sie ans Fenster und hält die Erde gut feucht, bis sich frische Blätter zeigen.

Sortenbeispiele: Feinröhrig: 'Miro', 'Twiggy'. Grobröhrig: 'Grolau', 'Staro'.

Pflanzenschutz: Schnittlauch und andere Zwiebelgewächse sollten nur alle vier bis fünf Jahre an derselben Stelle angebaut werden. Gegen Schädlinge wie Zwiebelfliege und Lauchmotte helfen ab Anfang Mai aufgelegte Kulturschutznetze. Blätter mit Anzeichen von Pilzbefall (z. B. Rost) werden am besten umgehend entfernt, welkende Pflanzen komplett mitsamt umgebender Erde beseitigt.

Ernte: Sobald die Pflanzen gut eingewachsen sind, kann man die Röhrenblätter ab Austriebsbeginn im Frühjahr bis zum Herbst nach Bedarf abschneiden. Stutzen Sie dabei den Schnittlauch nicht zu stark, höchstens zu zwei Drittel, damit er immer wieder neu austreibt. Klein geschnitten verleihen die Blätter z. B. Quark, Eierspeisen, Suppen und Salaten eine angenehme Schärfe; sie sollten möglichst nicht mitgekocht werden. Die ebenfalls essbaren jungen Blüten geben eine würzige, dekorative Salatbeigabe ab. Die Blätter lassen sich problemlos einfrieren.

Links: Schnittlauch (Allium schoenoprasum), rechts: Schnittknoblauch (Allium tuberosum)

SCHNITTKNOBLAUCH

Allium tuberosum

✦ *Knolau, Knoblauchschnittlauch, Chinesischer Schnittlauch* ⁂ *Zwiebelgewächse (Alliaceae)*

In der asiatischen Küche gilt der Schnittknoblauch als eines der wichtigsten Würzkräuter, mit dem man Wok-Gerichte und Eierspeisen verfeinert. Im Wuchs ähnelt er dem Schnittlauch, doch seine Blätter sind flach und grasähnlich und zeichnen sich durch einen milden, frischen Knoblauchgeschmack aus – hinterlassen aber keine „Knoblauchfahne". In Asien sind auch die Blütenstiele mit den noch geschlossenen Knospen eine begehrte Delikatesse. Die hübschen und aromatischen weißen Blüten öffnen sich zwischen Mai und September.

Anbau und Pflege: Ansprüche, Anbau und Pflege entsprechen dem, was beim Schnittlauch beschrieben ist. Auch vom Schnittknoblauch werden gelegentlich Jungpflanzen angeboten. Bei der Direktsaat muss man aufpassen, damit man die grasähnlichen Sämlinge nicht mit unerwünschten Gräsern verwechselt.

Sortenbeispiele: 'Kobold', 'Neko', 'Sperling`s Knolau'.

Pflanzenschutz: Wie beim Schnittlauch.

Ernte: Auch für Ernte und Verwendung gilt das beim Schnittlauch Gesagte. Mit ihrem kräftigen Geschmack passen die Blätter auch gut zu Kräuterbutter sowie Fleisch- und Fischgerichten. Die Blüten sind besonders zart und eignen sich hervorragend für Salate.

Links: Bärlauch (Allium ursinum), rechts: Meerrettich (Armoracia rusticana), siehe Seite 264 f.

BÄRLAUCH

Allium ursinum

✦ *Wilder Knoblauch, Waldknoblauch, Hexenzwiebel*

Zwiebelgewächse (Alliaceae)

Der Bärlauch ist in unseren feuchten Laub- und Auwäldern zu Hause. Schon im März treiben seine lanzettlichen, lang gestielten Blätter aus, bilden große, geschlossene Bestände und parfümieren den ganzen Wald ihrem Knoblauchduft. Besonders intensiv riecht es dann, wenn im Mai die weißen Blütendolden erscheinen. Sobald die Bäume austreiben, zieht die rund 30 cm hohe Staude ein und kommt erst wieder im Folgejahr zum Vorschein. Bärlauch gehört zu den ältesten heimischen Nutz- und Heilpflanzen. Essbar sind Blätter, Blüten und Zwiebeln. Sein gesundheitlicher Wert ähnelt dem des Knoblauchs, er enthält aber weniger Geruchsstoffe. In den Blättern stecken u.a. viel Vitamin C, Eisen, Schwefel und Magnesium. Er wirkt antibiotisch und antiseptisch und soll vorbeugend bei Arterienverkalkung wirken. Seine ätherischen Öle sollen die Verdauung anregen und einen günstigen Einfluss auf die Atemwege, Leber, Magen und Darm haben.

Achtung: Botanisch Ungeübte könnten die Bärlauchblätter bei der Ernte im Wald mit denen manch giftiger Pflanzen (Maiglöckchen, Gefleckter Aronstab) verwechseln. Mit dem Anbau im Garten geht man daher auf „Nummer sicher" – und kann sich im Frühling zusätzlich an einem zierenden, aromatisch duftenden Gehölzunterwuchs erfreuen.

Anbau und Pflege: Bärlauch gedeiht am besten unter laubabwerfenden Bäumen und Sträuchern auf einem humosen, frischen bis feuchten Boden. Man kann von ihm Zwiebeln kaufen, die im Herbst rund 5 cm tief gesteckt werden, oder Jungpflanzen, die man im zeitigen Frühjahr recht eng nebeneinander setzt. Erhältlich sind auch Samen, die zwischen August und Februar am gewünschten Platz breitwürfig ausgestreut und 1–2 cm hoch mit Erde abgedeckt werden. Gießt man den Bärlauch bei anhaltender Frühjahrstrockenheit und streut gelegentlich etwas Kompost aus, gedeiht er in der Regel unverwüstlich. Oft vermehrt er sich durch Selbstaussaat und über Brutzwiebeln so stark, dass man ihn durch regelmäßiges Abstechen mit dem Spaten im Zaum halten muss.

Pflanzenschutz: An der robusten Pflanze treten Pilzkrankheiten oder Schädlinge recht selten auf. Allerdings fressen gelegentlich Wühlmäuse an Zwiebeln oder Jungpflanzen.

Ernte: Die Blätter werden im Frühjahr gepflückt und frisch als Salat zubereitet. In feine Streifen geschnitten, passen sie auch zu Suppen, Soßen und Kräuterquarks oder lassen sich zu Pesto und Kräuteröl verarbeiten. Essen Sie die Blätter immer frisch, da sie getrocknet jeglichen Geschmack verlieren. Die kleinen Zwiebeln gräbt man im Frühjahr oder Herbst aus und nutzt sie wie Knoblauchzehen.

MEERRETTICH

Armoracia rusticana

✦ *Kren, Beißwurzel, Scharfwurzel*

Kreuzblütler (Brassicaceae)

Der aus Südosteuropa stammende Meerrettich wird bei uns schon seit dem Mittelalter genutzt. Er zählt nicht zu den gewöhnlichen „Kräutern", doch seine scharf aromatischen Wurzeln, bekannt als Meerrettichstangen, sind eine Bereicherung für die deftige wie für die feine Küche. Meerrettich wächst ausdauernd und bildet zunächst einen breiten, bis 60 cm hohen Horst mit langen, derben Blättern. Ab dem zweiten Jahr erscheinen bis 120 cm hohe Stiele mit weißen, duftenden Blüten. Der pikante Geschmack der braunen, innen weißen Wurzeln resultiert aus Senfölen, die antibiotische Wirkung entfalten. Dazu kommt ein hoher Vitamin-C-Gehalt, der ebenfalls die Abwehrkräfte stärkt. Zudem gilt Meerrettich als hustenlösend, verdauungsfördernd und harntreibend, kann bei übermäßigem Genuss allerdings Magen- und Darmbeschwerden hervorrufen.

Anbau und Pflege: Meerrettich liebt einen nährstoffreichen, sandig humosen Boden, der vor der Pflanzung gründlich gelockert und mit Kompost angereichert wird. Als Pflanzgut dienen sogenannte Fechser: Das sind bleistift- bis fingerdicke, 20–30 cm lange Teilstücke von Seitenwurzeln, die man im Fachhandel erhalten und später von älteren Pflanzen selbst schneiden kann. Ein bis zwei Exemplare reichen allerdings meist völlig aus, zumal Meerrettich oft durch seine Ausbreitung lästig wird, da jedes Wurzelstückchen, das im Boden verbleibt, wieder austreibt. Die Fechser werden im Frühjahr oder Herbst schräg in Gruben oder Furchen gelegt, sodass das höher liegende Ende etwa 3 cm unter die Erde kommt. Die Pflanze braucht zu allen Seiten etwa 50 cm Platz. Bis zum Einwurzeln darf der Boden nie ganz austrocknen.

Nach dem Anwachsen muss der Meerrettich nur bei Trockenheit gegossen und gelegentlich mit Kompost versorgt werden. Um kräftige, gerade Stangen zu erhalten, empfiehlt es sich, den Wurzelkopf im Juni vorsichtig freizulegen und bis auf den kräftigsten alle Seitentriebe auszubrechen. Manche Gärtner belassen auch den kompletten Seitenwurzelkranz am unteren Ende und entfernen nur die darüber stehenden Abzweigungen. Danach wird der Wurzelbereich wieder abgedeckt.

Pflanzenschutz: Zu feuchte Haltung und Gießen über die Blätter begünstigen Blattfleckenpilze; bei Trockenheit treten oft Erdflöhe auf. Welkende Blätter und spröde, rissige Wurzeln, die beim Aufschneiden dunkle Verfärbungen zeigen, weisen auf Meerrettichschwärze, eine Pilzkrankheit, hin. Befallene Pflanzen sollten umgehend entfernt werden.

Ernte: Sobald im Herbst das Laub abstirbt, kann man die Wurzeln freilegen und die kräftigsten Stangen ernten. Das lässt sich je nach Bedarf bis zum Frühjahr fortsetzen. Geerntete Stangen halten sich am besten, wenn man sie an einem kühlen Ort in Sand einschlägt. In der Küche sollte Meerrettich rasch verarbeitet werden, da sich die Wurzel schnell braun verfärbt.

Sie wird geschält und anschließend gerieben. Meerrettich passt gut zu Gegrilltem, zu Tafelspitz, Räucherlachs oder als Brotaufstrich, etwa mit Frischkäse angemacht. Seine Schärfe kann man mit Sahnesoße mildern. Auch die zarten, jungen Blätter sind essbar und machen sich gut in Salaten.

PFEFFERMINZE

Mentha x piperita

Minze, Edelminze, Teeminze

Lippenblütler (Lamiaceae)

Es gibt etwa 25 wilde Minzearten, von denen viele in Europa wachsen. Sie kreuzen sich schon in der Natur gern untereinander, und der Mensch hat noch unzählige Arthybriden hinzugefügt. Die Pfefferminze allerdings entstand in England als Spontankreuzung zwischen Ähriger Minze (Mentha spicata) und Wasserminze (M. aquatica), dies vermutlich im 17. Jahrhundert. Als buschige, 50–80 cm hohe Staude mit länglich eiförmigen, dunkelgrünen Blättern und rosavioletten Blütenständen ähnelt sie vielen anderen Minzen. Markant ist allerdings der hohe Mentholanteil im ätherischen Öl. Er bedingt das intensive, etwas scharfe Aroma, wirkt schleim- und krampflösend, antiseptisch, belebend und kühlend. Allerdings kann der intensive Wirkstoff bei Dauergebrauch auch auf den Magen schlagen. Als Alternative gibt es mentholarme oder -freie Arten, etwa die auch als Spearmintminze bekannte Mentha spicata, die Krause oder Marokkanische Minze (M. spicata var. crispa) oder die Apfelminze (M. rotundifolia).

Pfefferminze (Mentha x piperita)

Anbau und Pflege: Pfefferminze mag einen humosen, lockeren, frischen bis feuchten Boden. Man pflanzt sie im Frühjahr oder im Frühsommer mit 30–40 cm Abstand. Da ihre Ausläufer sehr wanderfreudig sind, empfiehlt sich eine Wurzelsperre. Dafür eignen sich zum Beispiel in die Erde eingesenkte große Töpfe oder Baueimer mit herausgetrenntem Boden, in die man die Pflanzen setzt, oder senkrecht eingegrabene Folien und Vliese, die als Wurzelsperren für Bambus angeboten werden. Pfefferminze lässt sich nur über Ausläufer oder Kopfstecklinge vermehren; manche anderen Arten kann man auch von März bis Mai aussäen (Lichtkeimer). Bei längerer Trockenheit sollte gegossen werden. Eine Schutzabdeckung ist nur in strengen Wintern nötig. Im Frühjahr oder nach einem starken Rückschnitt versorgt man die Pflanzen mit Kompost.

Pflanzenschutz: Vermeiden Sie zu engen Stand und das Benässen der Blätter. Treten trotzdem Pfefferminzrost, Echter Mehltau oder Blattfleckenpilze auf, werden die Triebe bodennah abgeschnitten. Die Pflanze treibt danach oft wieder gesund aus. Dasselbe rät sich bei starkem Zikadenbefall. Blatt- und Schildkäfer sowie ihre Larven sollten frühzeitig abgesammelt werden.

Sortenbeispiele: 'Agnes' (mehltauresistent), 'Cinderella', 'Multimentha', 'Nana' (kompakter Wuchs), 'Pluto' (dunkelgrün, rotstielig).

Ernte: Junge Blätter und Triebspitzen kann man von März bis September ernten, zum Trocknen oder Einfrieren schneidet man im Juni oder Juli kurz vor der Blüte. Ein Pfeffer-

Zitronenmelisse (Melissa officinalis)

minztee gilt als hilfreich bei Magen-, Darm- und Gallenbeschwerden, kann aber auch einfach warm oder erfrischend gekühlt als schmackhaftes Getränk genossen werden. In der Küche lassen sich die Blätter als Würze zu Salaten, Fleischgerichten oder Süßspeisen verwenden.

ZITRONENMELISSE

Melissa officinalis

✦ *Melisse, Gartenmelisse, Bienenkraut*

Lippenblütler (Lamiaceae)

Diese 50–80 cm hohe Staude mit dem erfrischenden Zitronenduft lockt ab Juni mit ihren kleinen, weißen Blüten scharenweise Bienen an, worauf schon der aus dem Griechischen stammende Name Melissa (= Honigbiene) hinweist. Die etwas an Brennnesseln erinnernden, gezähnten, hellgrünen Blätter enthalten ätherische Öle und andere Substanzen, die entkrampfend, beruhigend und sogar bakterien- und virenhemmend wirken. Deshalb wurde die aus dem Mittelmeerraum und Vorderasien stammende Pflanze schon in der Antike hoch geschätzt.

Anbau und Pflege: Zitronenmelisse gedeiht noch gut im Halbschatten, wird aber in der Sonne aromatischer. Sie bevorzugt einen humosen, nährstoffreichen, kalkhaltigen, durchlässigen, nicht zu trockenen Boden. Melisse lässt sich ab März aus Samen vorziehen (Lichtkeimer); oft gibt es aber auch fertige Jungpflanzen, die man im Frühjahr mit 30 cm Abstand ins Freie setzt. Vor kalten Nächten sollten sie mit Vlies abgedeckt werden. Ältere Pflanzen kann man durch Teilung oder Stecklinge vermehren. Gießen Sie bei Trockenheit und hacken Sie vorsichtig den Boden, ohne die flachen Wurzeln zu verletzen. Ein kräftiger Rückschnitt nach der Blüte fördert den Neuaustrieb und verhindert Selbstaussaat. Am besten wird die Pflanze während der kalten Jahreszeit mit etwas Nadelholzreisig abgedeckt. Im Frühjahr schneidet man abgestorbene Triebe weg und arbeitet etwas Kompost ein.
Sortenbeispiele: 'Aurea' (goldgelbe Blätter), 'Citronella', 'Relax'.
Pflanzenschutz: Grundsätzlich wie bei Pfefferminze. Gelegentlich treten im Sommer Spinnmilben auf. Vergilbte bis verbräunte, schlaffe Blätter und Triebe im Frühjahr können eine Folge von Spätfrösten sein. Auffällige Rotfärbung der Blätter ist oft ein Anzeichen für zu feuchte Haltung und Stickstoffmangel.
Ernte: Blätter und Triebspitzen pflückt man von Mai bis September nach Bedarf. Zum Konservieren werden die Triebe kurz vor der Blüte geschnitten. Leider geht der Zitrusduft beim Trocknen fast völlig verloren. Melissentee wird schon wegen seines Geschmacks gern getrunken, wirkt aber auch entspannend und lindert nervöse Magen-Darm-Störungen. Die Blätter munden außerdem zu Süßspeisen, aber auch zu Salaten, Tomaten und gegrilltem Fisch. Zu warmen Speisen gibt man sie erst kurz vor dem Servieren.

ECHTE KAMILLE

Matricaria recutita

✦ *Mutterkraut, Feldkamille, Kummerblume*

Korbblütler (Asteraceae)

Die aus dem Mittelmeerraum und Kleinasien stammende Kamille zählt zu den ältesten Heilkräutern. Heute ist sie eine der am besten wissenschaftlich untersuchten Arzneipflanzen. Ihre ätherischen Öle wirken krampflösend, entzündungshemmend und desinfizierend. Die einjährige Kamille ist genügsam und anpassungsfähig und kann bei Spätsaat nach Ausbildung einer Blattrosette überwintern. Die Pflanze wird bis 50 cm hoch und treibt einen vielfach verzweigten Stängel mit länglichen, fiedrig unterteilten Blättern. Die hübschen Blütenkörbchen setzen sich aus dicht gedrängten, gelben Röhrenblüten zusammen, die von einem Kranz weißer Zungenblüten umschlossen sind. Sie erscheinen zwischen Mai und August. Eine mehrjährige Verwandte ist die Römische Kamille (Chamaemelum nobile): Sie wächst teppichartig und meist nur 20–30 cm hoch. Ihre Wirkstoffgehalte sind niedriger als bei der Echten Kamille, dafür verströmt sie einen angenehmen Apfelduft. Besonders die nicht blühende, recht trittfeste Sorte 'Treneague' eignet sich gut für Duftrasen und -pfade.

Echte Kamille (Matricaria recutita)

Anbau und Pflege: Kamille wächst auf jedem normalen Gartenboden, sofern er nicht allzu dicht und nass ist. Nachteilig sind hohe Stickstoffgehalte, zum Beispiel nach stark gedüngtem Gemüse; dies führt leicht zum Umkippen der Stängel und verminderter Blütenbildung. Kamille harmoniert gut mit Erdbeeren, Kohl und Salat, verträgt sich aber schlecht mit Pfefferminze. Man sät sie zwischen Ende März und Mai in Reihen mit 20–25 cm Abstand oder breitwürfig ins Beet und drückt die Lichtkeimersamen gut an. Später wird auf 15–20 cm Abstand ausgedünnt. Sie können aber auch noch Ende August bis September säen; die Blüten erscheinen dann im nächsten Jahr schon recht früh. Entfernen Sie anfangs besonders sorgfältig konkurrierende Unkräuter, und gießen Sie bei Trockenheit regelmäßig, aber zurückhaltend. Kamille sät sich oft selbst aus und kann dann etwas lästig werden.

Pflanzenschutz: Zu enger Stand und Stickstoffdüngung begünstigen Echten und Falschen Mehltau sowie Blattläuse. Zwischen Mai und Juli treten zuweilen die kleinen schwarzen oder grünlichen Kamillenglattkäfer auf, deren Larven die Blütenköpfe zerfressen. Sammeln oder bürsten Sie die Käfer möglichst gründlich ab. Vorbeugend helfen Kulturschutznetze, frühe und Herbstaussaat mindern mögliche Verluste.

Ernte: Die Blütenkörbe sind erntereif, wenn sich etwa zwei Drittel der gelben Röhrenblüten geöffnet haben. Kamillentee soll Magen- und Darmbeschwerden lindern. Aufgüsse zum Inhalieren sind ein altbewährtes Mittel bei Atemwegserkrankungen. Äußerlich helfen Auszüge bei Mundentzündungen, Salben und Bäder bei Hautproblemen. Allerdings können Dampfbäder und andere äußerliche Anwendungen die Augen stark reizen, seltener auch allergische Reaktionen auslösen.

Estragon
Oregano
Bergbohnenkraut
Sommerbohnenkraut
Basilikum
Majoran

MEDITERRANE KRÄUTER Was wären Pizza und Pasta ohne die duftenden Kräuter des Südens? Wohl eine ziemlich fade Angelegenheit. Denn erst mit Thymian, Salbei, Rosmarin und Oregano erhalten mediterrane Gerichte ihren typisch würzig aromatischen Geschmack.

Auch in der Haute Cuisine spielen Mittelmeerkräuter ein wichtige Rolle, doch ebenso gut können sie bewährte Hausmannskost verfeinern. Im Garten erfüllen sie an warmen Tagen die Luft mit würzigen Düften. Manche dieser Kräuter sind zudem traditionelle Heilpflanzen, die als Tees oder in anderen Zubereitungen Krankheiten und Beschwerden lindern sollen.

GENIESSEN MIT ALLEN SINNEN

Während Basilikum, Majoran und Sommerbohnenkraut das Repertoire kurzlebiger Kräuter bereichern, sind viele andere Mittelmeerkräuter ausdauernde, oft immergrüne Pflanzen, die meist mit der Zeit an der Basis verholzen, aber krautige Neutriebe hervorbringen. Solche Pflanzen bezeichnet man als Halbsträucher. Fast alle Kräuter dieser Gruppe gehören zur Familie der Lippenblütler, benannt nach den röhrenförmigen Blüten, die sich an der Spitze mit zwei lippenförmigen Teilen öffnen. Diese sind meist klein, erscheinen aber oft sehr zahlreich in quirlartigen oder ährenähnlichen Blütenständen, in Rosa-, Violett- oder Blautönen oder in Weiß. So haben die „Südländer" nicht nur etwas für Gaumen und Nase zu bieten, sondern erfreuen auch das Auge.

Zur optischen Wirkung tragen bei manchen Arten die bläulichen oder silbergrauen Blätter bei, deren Färbung aus feinen Härchen oder dünnen Wachsschichten resultiert. Dies ist ebenso wie die meist kleinen Blättchen eine Anpassung an die sonnigen, trockenen Naturstandorte. Lavendel, Rosmarin, Oregano und andere Mittelmeerkräuter stammen aus den mediterranen immergrünen Strauchlandschaften, die karge, oft steinige Standorte besiedeln. Deshalb gedeihen diese Kräuter auch im Garten am besten, wenn sie einen vollsonnigen, warmen Standort auf eher magerem, trockenem Boden erhalten. Im Zweifel zieht man sie besser an einem geschützten Platz in Töpfen.

Der markant aromatische Duft und Geschmack werden hauptsächlich durch ätherische Öle in den Blättern geprägt, die sich rasch verflüchtigen, wenn sie in die Luft gelangen. Kommt im Sommer ein leichter Wind auf oder steigen die Temperaturen über 30 °C, entlassen die Drüsenzellen winzige Öltröpfchen in die Luft, die dann unsere Nasen umschmeicheln. Besonders intensiv ist die Duftwirkung, wenn man die Pflanzen berührt. Meist sind die Aromastoffgehalte kurz vor der Blüte oder zu Blühbeginn am höchsten.

Die ätherischen Öle wirken je nach Art und Zusammensetzung auch beruhigend oder anregend, antiseptisch, schleimlösend, durchblutungsfördernd oder krampflösend. Dazu kommen weitere Substanzen wie Gerb- und Bitterstoffe, die Appetit und Verdauung anregen oder Entzündungen hemmen. Im Übermaß können manche dieser Stoffe allerdings auch Magen, Darm oder Leber belasten oder sogar Reizungen und Allergien hervorrufen. Man sollte deshalb gerade besonders aromatische Kräuter eher dezent dosieren und nicht zu einseitig verwenden.

Basilikum (Ocimum basilicum)

BASILIKUM

Ocimum basilicum

✦ *Bronsilke, Königskraut, Pfefferkraut*
Lippenblütler (Lamiaceae)

Basilikum stammt wahrscheinlich aus Vorderindien und gelangte von dort schon während der Antike in den Mittelmeerraum. Seine Blätter haben einen sehr eigenen, kräftigen Geschmack; doch Schärfe, wie sie der Name „Pfefferkraut" nahelegt, findet sich höchstens dezent. Das einjährige, kälteempfindliche Basilikum wächst buschig, je nach Sorte 15–60 cm hoch. Am verbreitetsten ist der sogenannte Mittelmeer- oder Genoveser-Typ mit recht großen, eiförmig zugespitzten, glänzend grünen Blättern. Es gibt aber auch klein-, rot- und krausblättrige Formen und Sorten. Zwischen Juli und September erscheinen kleine weiße, rosa oder violette Blüten.

Wer sich in spezialisierten Kräutergärtnereien umsieht, kann zwischen einer Fülle weiterer Varietäten und Arten wählen. So gibt es verschiedene thailändische Formen, die teils süßlich, teils scharf schmecken, sowie Varietäten mit Zimt- oder Zitronenaroma; außerdem Strauchbasilikum, das sich bei frostfreier, heller Überwinterung mehrjährig kultivieren lässt.

Anbau und Pflege: Anders als die meisten mediterranen Kräuter bevorzugt Basilikum einen nährstoffreichen, mit etwas reifem Kompost angereicherten Boden. Es sollte einen möglichst warmen, windgeschützten Platz erhalten und nicht vor Mitte Mai ins Freie gepflanzt oder gesät werden. Und auch dann ist es ratsam, ihn vor kühlen Frühsommernächten mit Vlies zu schützen. Die Anzucht gelingt am besten von Ende März bis Mai bei 18–22 °C auf der hellen Fensterbank; die Samen des Lichtkeimers werden höchstens hauchdünn abgedeckt. Von Mitte Mai bis Juni können Sie auch direkt aus Beet säen. Als Pflanz- und Saatabstand empfehlen sich 30 cm x 25 cm. Der Fachhandel bietet auch besonders robuste, veredelte Jungpflanzen an, außerdem Saatscheiben für die Topfkultur. Das Kraut wird am besten mit handwarmem Wasser leicht feucht gehalten und alle paar Wochen mit mäßig dosiertem Flüssigdünger nachversorgt, besonders nach größeren Ernten.

Sortenbeispiele: Genoveser Basilikum: 'Aton', 'Großes Grünes Genoveser'. Rotblättrig: 'Bordeaux', 'Chianti', 'Moulin Rouge', 'Purple Ruffles' (gekrauste Blätter). Kleinblättrig, mit kompaktem Wuchs: 'Balkonstar', 'Mini', Busch- oder Griechisches Basilikum (Ocimum basilicum var. minimum).

Pflanzenschutz: An Basilikum können verschiedene Pilzkrankheiten wie Falscher Mehltau, Grauschimmel und Fusarium-Welke auftreten, außerdem Viruserkrankungen. Vorbeugend sollte man ihn und andere Lippenblütler frühestens nach drei Jahren wieder an dieselbe Stelle pflanzen und die Blätter nicht unnötig benässen. Blattaufhellungen und -verbräunungen können allerdings auch aus Kälteschäden resultieren. Wenn sich nach Entfernen betroffener Teile keine Besserung zeigt, werden die Pflanzen besser ganz beseitigt. Dasselbe gilt für starken Befall mit Schädlingen wie Minierfliegen und Zikaden. Kulturschutznetze können der Eiablage der Gammaeule sowie Zikaden vorbeugen.

Ernte: Junge Triebe und Blätter werden von Juni bis September nach Bedarf geerntet. Schneiden Sie anfangs vorzugsweise Triebspitzen, das fördert einen buschigen Wuchs. Zum Konservieren erntet man am besten kurz vor der Blüte im Juni und Juli. Basilikum lässt sich einfrieren, in Öl einlegen oder zu Pesto verarbeiten. Ansonsten sollte es möglichst frisch verwendet und bei Kochgerichten erst am Ende der Garzeit dazugegeben werden. Die Blätter munden hervorragend zu Tomaten, Salaten, Mozzarella, in Kräutersoßen und Kräuterbutter.

Echter Majoran (Origanum majorana)

ECHTER MAJORAN

Origanum majorana

✦ *Mairan, Wurstkraut*

Lippenblütler (Lamiaceae)

Anders als der nah verwandte Oregano (siehe Seite 274) verträgt Majoran kaum Kälte und wird bei uns nur einjährig kultiviert. Er trägt an seinen bis zu 50 cm hohen Stängeln kleine, eiförmige, filzig behaarte Blätter und blüht ab Juli weiß oder hellrosa. Zuweilen findet man in Kräutergärtnereien auch den Sizilianischen Majoran (Origanum x majoricum), eine robustere, relativ winterharte Kreuzung aus Majoran und Oregano, die ähnlich wie Majoran schmeckt. Da er gut beim Verdauen schwerer, fetter Speisen hilft, wird er traditionell bei der Wurstherstellung, besonders von Leberwurst, eingesetzt.

Anbau und Pflege: Majoran gedeiht recht gut in normalem, durchlässigem Gartenboden, besonders wenn dieser eher sandig, aber humos und kalkhaltig ist. Man zieht ihn von März bis Mai bei 15–20 °C vor und pikiert später in Büscheln zu drei bis fünf Stück. Die Samen des Lichtkeimers werden kaum mit Erde bedeckt. Auspflanzen können Sie ab Mitte Mai mit einem Abstand von 25 cm x 20 cm. Ab Mitte Mai bis Juni ist auch eine Direktsaat möglich. Die Saaten brauchen viel Fingerspitzengefühl beim Gießen, da bei zu feuchter Haltung leicht Keimlingskrankheiten auftreten. Nachdem die Pflanzen gut angewachsen sind, gießt man eher zurückhaltend und lockert regelmäßig den Boden.

Pflanzenschutz: Grundsätzlich wie bei Basilikum. Majoran ist sehr selbstunverträglich und sollte nur alle vier bis fünf Jahre am selben Platz sowie nicht nach anderen Lippenblütlern angebaut werden.

Ernte: Junge Triebe und Blätter werden von Juli bis September fortlaufend geerntet. Will man das Kraut trocknen, sollte man die Triebe schneiden, kurz bevor sich die prallen Blütenknospen öffnen. Majoran ist das richtige Gewürz für deftige Gemüse- und Fleischgerichte sowie Eintöpfe und Bratkartoffeln. Ein Tee aus den Blättern regt den Appetit an und hilft bei Verdauungsbeschwerden sowie Erkältungskrankheiten.

SOMMERBOHNENKRAUT

Satureja hortensis

✦ *Gartenbohnenkraut, Kölle, Pfefferkraut*
Lippenblütler (Lamiaceae)

Dieses einjährige, schnellwüchsige Kraut wird 20–40 cm hoch und hat schmale, spitz zulaufende Blätter, die oberseits grün und unterseits grau bis silbrig gefärbt sind. Die weißen oder blassrosa Blüten erscheinen den ganzen Sommer über bis zum ersten Frost. Würzig und fast schon pfeffrig scharf, regen die Blättchen den Appetit an, fördern die Verdauung und lindern Blähungen sowie Krämpfe. Sein Name weist schon darauf hin, dass das Kraut bestens zu Bohnen passt – nicht nur geschmacklich, sondern auch auf dem Beet, wo es die Schwarze Bohnenlaus von den Gartenbohnen fernhalten soll.

Anbau und Pflege: Am besten wächst Sommerbohnenkraut in gut durchlässigem, humosem, kalkhaltigem Boden. Sie können es ab März zum späteren Verpflanzen vorziehen oder von Ende April bis Anfang Juli direkt ins Beet säen, am besten in Folgesätzen, sodass Sie immer frisches Kraut ernten können. Decken Sie die Samen nur dünn mit Erde ab. Günstig sind 25 cm Reihenabstand, zu dicht stehende Sämlinge werden ausgedünnt. Das Kraut verträgt Trockenheit recht gut und sollte nach dem Anwachsen nur mäßig gegossen werden.
Pflanzenschutz: Grundsätzlich wie bei Basilikum; nach gesunder Anfangsentwicklung ist die Pflanze allerdings wenig anfällig. Sommerbohnenkraut sollte man nur alle vier bis fünf Jahre am selben Platz und nicht nach anderen Lippenblütlern anbauen.
Ernte: Blätter und Triebe können fortlaufend ab Juni geschnitten werden. Zum Trocknen, Einfrieren oder Einlegen erntet man das Kraut kurz vor oder während der Blüte. Es passt zu allen Bohnengerichten, zu Suppen, Kartoffel- und Fleischspeisen. Garen Sie es immer mit, damit es sein herbes Aroma voll entwickeln kann. Bohnenkraut lässt sich auch für Tees und als Zusatz für Erkältungsbäder verwenden.

BERGBOHNENKRAUT

Satureja montana

✦ *Winterbohnenkraut, Staudenbohnenkraut, Kölle, Pfefferkraut* *Lippenblütler (Lamiaceae)*

Im Gegensatz zu seinem einjährigen Verwandten wächst das Bergbohnenkraut als ausdauernder Halbstrauch, bietet aber ein ähnliches Erscheinungsbild wie das Sommerbohnenkraut. Seine Blätter sind jedoch ledriger und fester und schmecken noch etwas schärfer. Neben den beim Sommerbohnenkraut genannten Vorzügen wird ihnen auch eine antibakterielle Wirkung zugeschrieben.

Anbau und Pflege: Bergbohnenkraut liebt trockene, magere, kalkhaltige Böden in voller Sonne. Sie können es ab März drinnen vorziehen oder zwischen April und Juli direkt ins Freiland säen (Lichtkeimer). Das Kraut braucht einen Pflanzabstand von rund 25 cm. Später lässt es sich durch Teilung im Herbst oder Frühjahr vermehren und verjüngen. Auch eine Vermehrung über Stecklinge ist möglich. In kalten Wintern sollte man die Pflanzen mit Fichtenreisig oder Laub abdecken. Ein Rückschnitt im Frühjahr fördert kompakten Wuchs und Neuaustrieb. Haben die Triebe stark unter Frost gelitten, schneidet man sie kräftig bis kurz über der Basis zurück.
Pflanzenschutz: Wie bei Sommerbohnenkraut beziehungsweise Basilikum. Bergbohnenkraut ist besonders empfindlich gegen Nässe.
Ernte: Blätter und frische, noch krautige Triebe werden von März bis Oktober fortlaufend geschnitten. Zum Konservieren erntet man Bohnenkraut kurz vor der Blüte. Im Mittelmeerraum würzt man damit nicht nur Bohnen, sondern auch Lamm, Hackfleisch und Geflügel, gern auch in Kombination mit Petersilie, Ysop und Zwiebeln. Am besten werden ganze Triebteile mitgekocht und nach dem Kochen entfernt.

Links: Sommerbohnenkraut (Satureja hortensis), mitte: Bergbohnenkraut (Satureja montana),: rechts: Estragon (Artemisia dracunculus)

ESTRAGON

Artemisia dracunculus

✦ *Schlangenkraut, Bertram, Dragon*

Korbblütler (Asteraceae)

Der vermutlich aus Zentralasien stammende Estragon wird schon seit vielen Jahrhunderten in Südeuropa kultiviert, besonders in Südfrankreich, und ist ein wichtiger Bestandteil der „Fines herbes". Die buschige, 60–120 cm hohe Pflanze wächst als mehrjährige Staude, verholzt also nicht. Sie treibt dünne Stängel mit schmalen, lanzettlichen, kräftig grünen Blättern und zeigt ab Juli an den Triebspitzen gelbgrüne, unscheinbare Blütenrispen, die allerdings bei manchen Auslesen und Herkünften selten oder gar nicht erscheinen. Zur Überwinterung und Ausbreitung dient ein verschlungener, gewundener Wurzelstock, der die Menschen der Antike an Schlangen erinnerte. Daher rührt wohl der botanische Artname „dracunculus" („kleiner Drache"), der so viel wie Schlange bedeutet.

Man unterscheidet den Französischen Estragon mit intensivem, anisartig würzigem Aroma, den ähnlich, aber nicht ganz so erlesen schmeckenden Deutschen oder Thüringer Estragon, der robuster wächst, und den sehr winterharten, anspruchslosen Russischen Estragon mit eher herbem Geschmack. Die Inhaltsstoffe der Blätter sollen die Verdauung fördern und harntreibend wirken.

Anbau und Pflege: Estragon wächst am besten auf einem humosen, gut durchlässigen, nicht allzu schweren Boden. Pflanzzeit ist von April bis Mai, mit einem Abstand von 30–40 cm. Bei Russischem Estragon ist auch eine Direktsaat zwischen April und Juni möglich (Lichtkeimer, höchstens dünn abdecken). Französischer und Deutscher Estragon lassen sich dagegen nur durch Teilung oder Stecklinge vermehren. Um die mit der Zeit starke Ausbreitung des Wurzelstocks zu begrenzen, kann man einen großen Baueimer, bei dem zuvor der Boden herausgeschnitten wurde, im Boden versenken und die Pflanze in dessen Mitte setzen. Oder man steckt rund um die Pflanzstelle kräftige Folie oder ein Wurzelschutzvlies senkrecht in den Boden.

Estragon mag es gleichmäßig leicht feucht, sollte aber keinesfalls zu nass gehalten werden. Besonders Französischer und Deutscher Estragon sollten im Herbst gut mit Winterschutz versehen werden. Ein Rückschnitt kann im Frühjahr, bei Russischem Estragon auch schon im Herbst erfolgen. Im Frühjahr gibt man etwas Kompost zum Neuaustrieb. Lässt die Wuchsfreude nach drei bis vier Jahren nach, kann man die Pflanzen durch Teilung verjüngen.

Pflanzenschutz: Bei feucht kühler Witterung und zu nasser Haltung treten öfter Rostpilze auf, gelegentlich welken Pflanzen wegen Fusarium-Befalls. Hier hilft nur das Entfernen betroffener Blätter oder kompletter erkrankter Pflanzen. Schmetterlingsraupen und Blattwanzen sollten möglichst früh abgelesen werden.

Ernte: Ernten kann man von Ende Mai bis Oktober. Die frischen, grünen Triebspitzen und Blätter haben die höchste Würzkraft. Zum Einfrieren schneidet man die Triebe am besten Anfang Juli. Das Kraut lässt sich auch trocknen, verliert dann aber stark an Geschmack. Estragon kann man, zurückhaltend dosiert, zu Salaten und Soßen (zum Beispiel Sauce Béarnaise) geben, oder man würzt damit Fleisch, Fisch und Eierspeisen. Es wird auch zum Einlegen von Gurken und bei der Zubereitung von Kräuteressig verwendet.

Oregano (Origanum vulgare)

OREGANO

Origanum vulgare

✦ *Dost, Wilder Majoran, Staudenmajoran*

Lippenblütler (Lamiaceae)

Oregano kommt in allen trockenen, warmen Gegenden Europas und Asiens vor. In unseren Breiten ist der Halbstrauch winterhart und bildet bald niedrige Büsche, die mit der Zeit bis 70 cm hoch werden können. Zu den kleinen, eiförmig zugespitzten, grünen Blättern gesellen sich von Juli bis September doldenähnliche Stände mit zahlreichen rosa bis rotvioletten Blüten, die scharenweise Schmetterlinge, Bienen und Hummeln anlocken. Es gibt auch Formen mit weißen Blüten sowie zierenden gelben oder weißbunten Blättern. Die als Würzpflanzen angebotenen Auslesen bieten oft schon ein recht gutes Aroma. Kenner schwören allerdings auf den intensiver schmeckenden Griechischen Oregano (Origanum vulgare subsp. hirtum; auch: O. heracleoticum), der als Pizzagewürz schlechthin gilt. Spezialisierte Gärtnereien bieten eine Fülle weiterer Origanum-Arten an, die teils als noch aromatischer angepriesen werden. Oregano gilt als krampf- und schleimlösend, außerdem entzündungshemmend. Seine ätherischen Öle helfen auch bei Husten und Erkältung.

Anbau und Pflege: Oregano wächst bevorzugt auf gut durchlässigem, nährstoffarmem, trockenem, kalkhaltigem Boden und passt zum Beispiel auch gut in den Steingarten oder auf eine Trockenmauer. Recht häufig erhält man Jungpflanzen, die man ab Mitte Mai mit rund 30 cm Abstand ins Freie setzt. Aus Samen lässt sich der Lichtkeimer ab März bei 16–22 °C vorziehen. Von Mai bis Juni ist auch eine Direktsaat möglich; bis zur Keimung kann es aller-

dings bis zu vier Wochen dauern. Später kann man die Pflanzen durch Teilung oder Stecklinge vermehren. Oregano benötigt höchstens bei anhaltender Trockenheit etwas Wasser. Über Winter versieht man ihn mit leichter Schutzabdeckung; im Frühjahr schneidet man ihn kräftig zurück.
Pflanzenschutz: Oregano ist recht robust. Bei feuchter Witterung und zu häufigem Gießen, besonders über die Blätter, können pilzliche Blattflecken und Welkekrankheiten auftreten. Die trockene, warme Haltung andererseits begünstigt Schädlinge wie Spinnmilben und Zikaden. Gegen manche Schädlinge lassen sich für Menschen und Bienen ungiftige Mittel einsetzen (zum Beispiel auf Neem- oder Kaliseifenbasis). Ansonsten sollten befallene Triebe frühzeitig entfernt, sichtbare Schädlinge abgesammelt und stark betroffene Pflanzen ganz beseitigt werden.
Ernte: Von Mai bis Oktober können Sie Triebspitzen und junge Blätter nach Bedarf ernten. Für den Wintervorrat schneiden Sie die Triebe zu Beginn der Blüte eine Handbreit über dem Boden ab und hängen sie gebündelt zum Trocknen auf. Triebspitzen können auch eingefroren oder in Öl oder Essig eingelegt werden. Oregano ist vor allem als Pizza-Gewürz bekannt, macht sich aber auch gut in Pasta-Soßen, zu Fleisch und Gemüse. Es gibt seinen vollen Geschmack erst beim Erhitzen frei.

ECHTER THYMIAN

Thymus vulgaris

☼

✦ *Gartenthymian, Römischer Quendel*

♣ *Lippenblütler (Lamiaceae)*

Dieser höchstens 40 cm hohe Halbstrauch besitzt kleine, schmale, graugrüne Blätter und bildet schon ab Mai dichte hellviolette Blütenpolster. Als Gewürz sorgt das Kraut für eine bessere Bekömmlichkeit deftiger Speisen. Sein ätherisches Öl enthält vor allem Thymol, das eine krampflösende und desinfizierende Wirkung hat und sich oft als Bestandteil von Hustensäften findet. Neben dem Echten Thymian werden für Garten- und Topfkultur einige weitere Arten angeboten, so etwa Zitronen- und Orangenthymian (Thymus x citriodorus, T. fragrantissimus) mit fruchtiger Duftnote und kriechend wachsende Formen wie Sandthymian (T. serpyllum) und Kümmelthymian (T. herba-barona), der sich gut für begehbaren Duftrasen eignet.

Echter Thymian (Thymus vulgaris)

Anbau und Pflege: Entspricht dem beim Oregano Beschriebenen. Die Pflanzen können mit 20–30 cm Abstand recht eng gesetzt werden. Ältere Exemplare lassen sich durch Teilung vermehren, was sich auch alle drei bis vier Jahre zum Verjüngen empfiehlt.
Sortenbeispiele: 'Compactum' (niedriger Wuchs), 'Deutscher Winter' (gute Frosthärte), 'Fredo' (niedriger, rundlicher Wuchs), 'Silver Posie' (weiß gerandete Blätter), 'Tim' (kompakter Wuchs, gute Frosthärte).
Pflanzenschutz: Wie beim Oregano.
Ernte: Blättchen und Triebspitzen können Sie fast ganzjährig ernten. Schneiden Sie Triebe zum Trocknen, Einfrieren oder zum Einlegen für Kräuteressig am besten zum Blühbeginn oder während der Vollblüte im Hochsommer.

Mit Thymian lassen sich vielerlei gekochte und gebratene Speisen würzen, zum Beispiel Fleisch-, Fisch- und Nudelgerichte. Er eignet sich auch für Tees, Aufgüsse und Bäder zum Lindern von Atemwegserkrankungen.

YSOP

Hyssopus officinalis

✦ *Hysop, Bienenkraut, Eisewig*
Lippenblütler (Lamiaceae)

Ysop ist eine alte Küchen-, Heil- und Bauerngartenpflanze, die schon seit dem Mittelalter in den Klostergärten nördlich der Alpen kultiviert wird. In den Mittelmeerländern wächst der 30–60 cm hohe, stark duftende Halbstrauch wild auf trockenen und felsigen Hängen. Seine immergrünen Triebe mit den schmalen, bis 5 cm langen, kräftig grünen Blättern stehen meist straff aufrecht, an den verholzten Teilen bildet sich eine braune Borke. Ab Juli zeigt der Ysop, dass er zu den attraktivsten Würz- und Heilkräutern gehört: Dann nämlich öffnen sich die leuchtend blauen Blüten, die dicht an dicht in kerzenartigen Scheinähren stehen und von Schmetterlingen, Bienen und Hummeln geliebt werden. Es gibt auch rosa und weiß blühende Varianten. Sehr schön macht sich die Pflanze in kleinen Dufthecken. Niedrig bleibende, oft als Zwergysop bezeichnete Formen, eignen sich gut als Beeteinfassung und für Pflanzgefäße.

Anbau und Pflege: Standort- und Pflegeansprüche sowie Anbau- und Pflegemaßnahmen gleichen denen beim Oregano.
Pflanzenschutz: Wie beim Oregano.
Ernte: Blätter und Triebspitzen werden von Mai bis September nach Bedarf geschnitten. Zum Trocknen oder Einfrieren erntet man die blühenden Triebspitzen. Traditionell werden die herb aromatischen Blätter sparsam für Hülsenfrüchte und Kartoffelgerichte verwendet, sie würzen aber auch Salate, Hackfleisch, Füllungen und Marinaden. Ysoptee lindert Husten sowie Magen-Darm-Beschwerden.

ECHTER SALBEI

Salvia officinalis

✦ *Gewürzsalbei, Gartensalbei*
Lippenblütler (Lamiaceae)

Bereits bei Römern und Griechen stand der Salbei in hohem Ansehen – darauf verweist schon sein botanischer Name Salvia, der sich von „salvare", dem lateinischen Wort für „heilen" ableitet. Sein ätherisches Öl mit den Hauptbestandteilen Thujon, Cineol und Kampfer sowie seine weiteren Inhaltsstoffe wirken bakterizid, desinfizierend, schleimlösend und verdauungsfördernd. Allerdings erweist sich Thujon in hoher Dosis als Nervengift; deshalb sollte man Salbei immer sparsam verwenden.

Im Garten oder im Kübel bietet die 50–80 cm hohe, immergrüne Pflanze mit den länglich ovalen, graugrünen Blättern einen hübschen Anblick – besonders, wenn sich ab Juni die zart blauvioletten Blüten öffnen. Noch attraktiver wirken Sorten mit farbigen Blättern; sie sind aber nicht ganz so aromatisch. Kräutergärtnereien bieten oft noch weitere Arten an, teils mit fruchtigem Aroma, das zum Beispiel an Ananas oder Honigmelone erinnert, und mit auffälligen roten Blüten. Sie sind meist nicht winterhart und eignen sich nur für die Kübelhaltung.

Anbau und Pflege: Salbei verlangt nach einem gut durchlässigen, kalkreichen Boden, der aber gern etwas humoser und nährstoffreicher sein darf als zum Beispiel für Oregano und Thymian. Am besten kauft man Jungpflanzen und setzt diese im Frühjahr mit 30–40 cm Abstand. Sie können Salbei aber auch ab März aus Samen vorziehen oder ab April direkt ins Freie säen. Später kann er durch Teilung oder Stecklinge vermehrt werden. Gießen Sie die Pflanzen nach dem Anwachsen nur bei lang anhaltender Trockenheit. Im Spätjahr werden sie etwas angehäufelt und an der Basis mit Fichtenreisig oder Laub abgedeckt. Im Frühjahr kürzt man die alten Triebe dann auf ein Drittel ein und gibt den Pflanzen gelegentlich eine Handvoll Kompost.

Lavendel
Ysop
Salbei

Sortenbeispiele: 'Berggarten' (großblättrig, geringer Blütenansatz), 'Ceres', 'Icterina' (gelbgrün gemusterte Blätter), 'Nana' (niedriger, kompakter Wuchs), 'Purpurascens' (rotbraune Blätter), 'Tricolor' (weißlich und rosa bis violett gemusterte Blätter).
Pflanzenschutz: Grundsätzlich wie beim Oregano. Gerade beim Salbei kann es sich lohnen, frühzeitig und regelmäßig Pflanzenstärkungsmittel einzusetzen, um Echtem und Falschem Mehltau vorzubeugen. Starker Blattfraß ist meist das Werk von Raupen der Messingeule.
Ernte: Junge Blätter können Sie fast ganzjährig nach Bedarf pflücken, zum Konservieren schneiden Sie die Triebe kurz vor der Blüte. Das markante Würzkraut passt zum Beispiel zu Aal, Geflügel, Schwein und Lamm und ist für Saltimbocca unverzichtbar. Beim Mitkochen oder Mitbraten in Fett entwickelt Salbei das volle Aroma. Ein Blätterauszug zum Gurgeln hilft bei Halsschmerzen, ein Tee lindert zudem Husten und mindert starkes Schwitzen.

ECHTER LAVENDEL

Lavandula angustifolia

Lippenblütler (Lamiaceae)

Besonders in der Provence wird Lavendel großflächig für die Parfüm- und Seifenherstellung angebaut, und junge Blatttriebe sind ein wichtiger Bestandteil der „Herbes de Provence". Auch selbst angebauter Lavendel lässt sich – sparsam – in der Küche nutzen, außerdem für Blütentees gegen Nervosität und Stress, Schlafstörungen und Darmbeschwerden, für anregende Bäder sowie für Duftsäckchen und zum Fernhalten von Motten. Vorrangig schätzt man den bis 90 cm hohen, immergrünen Halbstrauch mit den graugrünen, schmalen Blättern jedoch als Zier- und Duftpflanze, die im Staudenbeet ebenso eine gute Figur macht wie als Rosenbegleiter. Und wenn sich zwischen Juni und August die langen Blütenähren öffnen, wird der Lavendel zum wahren Hummelmagneten.

Anbau und Pflege: Durchlässig, sandig, nicht zu nährstoffreich, kalkhaltig – die Bodenansprüche des Lavendels sind „typisch mediterran". Mit entsprechender Erde gedeiht er auch gut in großen Kübeln. Die reine Art und manche Sorten lassen sich zwar aus Samen anziehen, doch mit gekauften Jungpflanzen geht es wesentlich einfacher und schneller. Man setzt sie am besten im April mit etwa 40 cm Abstand und kann sie später durch im Frühjahr geschnittene Stecklinge vermehren.

Nach dem Anwachsen der Pflanzen müssen Sie im Sommer nur bei langer Trockenheit gießen. Sofern Sie im Sommer nicht reichlich Blütentriebe schneiden, schneiden Sie am Ende der Blütezeit welke Blütenähren weg und kürzen die Triebspitzen etwas ein. Mit leichtem Schutz im Wurzelbereich überstehen die Pflanzen den Winter in der Regel gut. Im Frühjahr schneidet man den Halbstrauch um etwa ein Drittel zurück und gibt ihm etwas Kompost.
Sortenbeispiele: 'Hidcote Blue' (kompakter Wuchs, tiefviolette Blüten), 'Miss Katherine' (rosa), 'Lady' (kompakt, schnellwüchsig, tiefviolett), 'Munstead' (hell blauviolett), 'Staudenhochzeit' (kompakt, weiß).
Pflanzenschutz: Lavendel leidet sehr selten unter Schädlingen und kann sogar Blattläuse und andere Insekten von Nachbarpflanzen fernhalten. Anhaltende Feuchtigkeit oder gar Nässe führt gelegentlich zum Auftreten von Pilzkrankheiten wie Grauschimmel, schlimmstenfalls zum Absterben der Pflanzen durch Faulen der Basis.
Ernte: Junge Blättchen kann man jederzeit nach Bedarf pflücken und sparsam zu Fisch-, Fleisch- und Gemüsegerichten geben. Ganze Zweige passen gut zu Lamm. Sie harmonieren aber auch mit Süßem wie Kuchen oder Eis. Zum Trocknen schneidet man Blütentriebe, wenn sich die kleinen Einzelblüten gerade öffnen.

ROSMARIN

Rosmarinus officinalis

✦ *Rosemarie, Brautkraut, Marienkraut*

Lippenblütler (Lamiaceae)

Der schon seit dem Altertum kultivierte Rosmarin verholzt stärker als andere mediterrane Halbsträucher und wird deshalb teils als echter Strauch eingestuft. Er kann ohne Rückschnitt gut 150 cm hoch werden und verströmt einen harzig balsamischen Duft. Seine stark verzweigten Triebe sind dicht mit nadelartigen, ledrigen, graugrünen Blättern besetzt. Bienen lieben die kleinen, hell blauvioletten Blüten, die in Scheinquirlen am oberen Teil der Zweige stehen und sich ab Mai öffnen. Rosmarinblätter enthalten ätherisches Öl mit hohem Kampferanteil, außerdem reichlich Gerb- und Bitterstoffe. Damit fördern sie die Verdauung, auch bei schweren Speisen, und helfen gegen Völlegefühl.

Rosmarin (Rosmarinus officinalis)

Anbau und Pflege: Rosmarin zählt zu den kälteempfindlichsten Kräutern und lässt sich nicht nur in raueren Lagen am sichersten im Kübel kultivieren, zumal ihm auch Dauerregen stark zusetzen kann. Boden oder Pflanzerde sollten nicht allzu nährstoffreich und gut durchlässig sein, mit hohem Sandanteil. Meist benötigt man nur ein oder wenige Exemplare, sodass sich der Kauf von Jungpflanzen empfiehlt. Diese werden erst gegen Mitte Mai ausgepflanzt oder in Töpfen ins Freie gestellt. Eine Anzucht aus Samen (zwischen März und Juli) ist möglich, aber recht langwierig.

Bei anhaltender Trockenheit sollte man die Pflanzen öfter, aber zurückhaltend gießen. Im Herbst werden Wurzelbereich und Stängelbasis gut mit Fichtenreisig oder Stroh geschützt, drohen frostige Nächte, deckt man die ganzen Pflanzen mit Vlies oder Folie ab. Im Frühjahr werden sie um etwa ein Drittel zurückgeschnitten und erhalten etwas Kompost oder organischen Dünger. Rosmarin im Kübel überwintert am besten hell bei 2–8 °C; er wird auch über Winter behutsam leicht feucht gehalten und darf nie ganz austrocknen. Vermehren kann man den Rosmarin durch im Spätsommer geschnittene Stecklinge.

Sortenbeispiele: 'Abraxas', 'Gorizia', 'Riviera' (hängender Wuchs). Als besonders winterhart gelten 'Arp', 'Blue Winter', 'Gunder', 'Hill Hardy', 'Salem' und 'Veitshöchheim'.

Pflanzenschutz: Schädlinge und Krankheiten sind recht selten. Viel häufiger leiden die Pflanzen unter zu nasser oder auch zu trockener Haltung, unter anhaltendem Regen oder Kälteschäden.

Ernte: Blätter und junge Triebspitzen können nach Bedarf von April bis Oktober geerntet werden; Triebe zum Trocknen, Einfrieren oder Einlegen schneidet man im Juni oder Juli. Rosmarin kann als Teekraut bei Verdauungsbeschwerden helfen, als Badeszusatz regt er den Kreislauf an.

OBSTPORTRÄTS

'Piros'
'Piflora'
'Rebella'
'Alkmene'
'Boskop'
'Reglindis'
'Ananasrenette'
'Berlepsch'
'Ariwa'
'Florina'

KERNOBST Unter dem Begriff Kernobst versammelt man die Baumobstarten, die apfelähnliche Früchte mit einem Kerngehäuse hervorbringen. Dieses vom Fruchtfleisch umschlossene Gehäuse besteht aus fünf pergamentartigen Fächern mit jeweils zwei oder mehr Samenkernen.

Das Kernobst bildet eine sehr überschaubare Gruppe: Es umfasst im Wesentlichen Apfel und Birne sowie die seltener angebaute Quitte und Nashi. Im weiteren Sinn zählt hierzu auch Wildobst mit entsprechenden Früchten, so etwa Eberesche, Mehlbeere und Speierling, außerdem Felsenbirne, Zierquitte und Apfelbeere (Aronia melanocarpa), die strauchförmig wachsen.

VON KERNEN, BLÜTEN UND BIENEN

Anders als die dickschaligen, holzigen Steinobstkerne lassen sich die Kernobstsamen recht leicht zum Keimen bringen. Doch wer sich darin versucht, muss nicht nur lange warten, bis passable Bäumchen herangewachsen sind: Er wird auch Überraschungen erleben, da die Nachkommenschaft sehr unterschiedlich ausfällt und kaum der Mutterpflanze entspricht. Besonders ausgeprägt ist das bei Apfel- und Birnensorten, da diese sich nicht selbst befruchten können und deshalb Samen mit gemischtem Erbgut bilden. So kann praktisch aus jedem Kern im Gehäuse eine neue Sorte hervorgehen. Tatsächlich sind viele bewährte Sorten auf diese Weise und ohne gezielte Kreuzung entstanden. Aufmerksame Gärtner haben dann den Wert solcher Zufallssämlinge erkannt und sie vegetativ, also über Pflanzenteile, weiter vermehrt, damit sie ihre Eigenschaften unverändert bewahren. Dazu dient fast ausschließlich die Methode der Veredlung, bei der man zusätzlich die Vorteile von Unterlagen nutzt (siehe Seite 78). Manche passionierten Hobbygärtner veredeln ihre Bäume selbst, aber das ist schon eine recht anspruchsvolle Vermehrungsmethode, die Detailwissen und besondere Sorgfalt erfordert.

Da die meisten Kernobstsorten ihre Blüten nicht mit den eigenen Pollen befruchten können, braucht man weitere Bäume als Pollenspender. Oft ist das auch ein Grund dafür, dass diese Obstbäume trotz reicher Blüte nicht fruchten. Auch Spätfröste zur Blütezeit können die Fruchtbildung ausfallen lassen, aber das sieht man den Blüten dann deutlich an. Weniger offensichtlich äußern sich Witterungseinflüsse, wenn sie für die Frühjahrsentwicklung der Bienen und Hummeln sehr ungünstig sind und diese dann als Bestäuber weitgehend ausfallen. Das ist ebenfalls eine mögliche Ursache für ungenügende Befruchtung. Eine vielfältige Gartenbepflanzung mit einem reichen Blütenangebot vom Frühjahr bis zum Herbst kommt auch der Obsternte zugute, da sich die bestäubenden Insekten in solch einer Umgebung dauerhaft wohlfühlen. Äußerst wichtig ist zudem der Verzicht auf bienengefährliche Pflanzenschutzmittel, ganz besonders zur Zeit der Obstbaumblüte.

Die in den Porträts genannten Pflanzzeiten beziehen sich zwar hauptsächlich auf wurzelnackte und Ballenpflanzen, sind aber auch für Containerpflanzen vorteilhaft. Die Jungbäume brauchen in der Regel auch einen Stützpfahl, der vor der Pflanzung eingeschlagen wird.

PFLANZENSYMBOLE

Standort
Weitere Namen
Familie

APFEL

Malus domestica

Kulturapfel, Gartenapfel
Rosengewächse (Rosaceae)

Die Wiege des Kulturapfels vermuten Botaniker zwischen dem Kaukasus und dem Himalaja. An seiner Entstehung waren verschiedene westasiatische und europäische Arten beteiligt, darunter der bei uns heimische Holzapfel (Malus sylvestris) mit seinen kleinen, herbsauren Früchten, dessen Einfluss sich vor allem bei den Mostapfelsorten zeigt.

Die Palette angebotener Wuchsformen reicht von höchstens 1,5 m hohen Zwergbäumen bis zu über 10 m hohen, breit ausladenden Hochstämmen. Für den Garten kommen hauptsächlich Busch-, Spindelbusch- und schmale

Säulenbäume infrage. Der Apfel lässt sich außerdem gut als Spalier an Hauswand oder Drahtgerüsten ziehen.

Apfelsorten sind selbstunfruchtbar, das heißt, man muss eventuell eine passende Bestäubersorte dazu pflanzen, wobei sich manche Sorten als besonders gute Pollenspender für andere erwiesen haben. Die weiß bis rosa gefärbten Blütenbüschel öffnen sich zwischen April und Anfang Juni, wobei vor allem früh blühende Sorten durch Spätfröste gefährdet sind. Blüten und Früchte bilden sich überwiegend an den zwei- bis mehrjährigen, meist kurzen Seitentrieben.

Je nach Sorte reifen die Früchte grün, gelb, rot oder mit rötlicher Zeichnung aus und können zwischen säuerlichem oder süßem Geschmack sowie saftigem oder eher mehligem Fruchtfleisch variieren. Sie sind reich an Vitaminen aus der B-Gruppe, an Vitamin C und E sowie an Mineralstoffen. Wenn möglich, sollte man den Apfel mit der Schale essen, denn dort stecken besonders viele gesunde Vitamine, sekundäre Pflanzenstoffe und der Ballaststoff Pektin. Der Genuss von Äpfeln soll die Verdauung anregen, den Cholesterinspiegel senken und der Arteriosklerose vorbeugen.

Anbau und Pflege: Günstig sind warme, etwas geschützte, aber nicht allzu heiße Standorte. Trockene Südhänge oder Spaliere an prallsonnigen Südwänden behagen den Apfelbäumen nicht. Grelle Mittagsstrahlung kann außerdem zu Sonnenbrandflecken auf den Früchten führen. Apfelbäume gedeihen gut in humosen, tiefgründigen, nicht zu trockenen, schwach sauren bis neutralen Böden. Gepflanzt wird vorzugsweise im Herbst.

Im Frühjahr erhalten die Bäume regelmäßig Kompost oder anderen Dünger. Besonders wichtig ist eine gute Kaliversorgung. Mulchen Sie die Baumscheibe nach den letzten Spätfrösten, und gießen Sie bei anhaltender Trockenheit kräftig, besonders während der Fruchtbildung. Hängen die Früchte noch nach dem natürlichen Fruchtfall im Juni sehr dicht,

Apfel (Malus domestica)

Apfelvielfalt, links: Piros, Mitte: Ananasrenette, rechts: Boskop

dünnt man sie am besten auf zwei bis drei pro Fruchtstand aus, an Säulenbäumen auf maximal 30 Früchte. Das fördert die Entwicklung der verbleibenden Früchte und kann jährlich stark wechselnden Erträgen (Alternanz) vorbeugen.

Beim Schnitt von Buschbäumen und ähnlichen Baumformen kommt es darauf an, dass die Krone eine klare Gliederung in Mittelast und Leitäste behält und licht gehalten wird. Beim Spindelbusch müssen vor allem steil nach oben wachsende Seitentriebe entfernt werden. Nach den ersten Ertragsjahren sollte man des Öfteren überaltertes Fruchtholz auslichten.

Säulensorten müssen kaum geschnitten werden, da sie fast nur Kurztriebe bilden. So genügt es, gelegentliche lange Seitentriebe auf 10–15 cm einzukürzen oder direkt am Stamm wegzuschneiden. Nach etwa acht Jahren kann man den Höhenwuchs etwas bremsen, indem man die Spitze bis zu einem schwächeren Seitentrieb zurückschneidet.

Sortenbeispiele: Die Zahl der Apfelsorten wird weltweit auf über 20 000 geschätzt. Viele von ihnen entstanden als Zufallssämlinge, so zum Beispiel auch heute noch populäre Sorten wie ‹Golden Delicious' und ‹James Grieve'. Daneben gibt es eine Vielfalt an alten Lokalsorten, die sich wegen ihrer Anpassung ans regionale Klima oft als besonders robust erweisen, ein intensives Geschmackserlebnis bieten und eine gute Wahl für den Garten sein können. Besonders erwähnenswerte neue Züchtungen sind die aus dem Obstzüchtungsinstitut in Pillnitz bei Dresden: Die „Pi"-Sorten wie 'Pinova' sind sehr robust gegen verbreitete Apfelkrankheiten, die „Re"-Sorten wie 'Rewena' sogar resistent gegen Schorf, Mehltau und teils auch gegen Feuerbrand, Spinnmilben sowie Blüten- und Winterfröste.

Daneben spielt bei der Auswahl die Reifezeit eine Rolle. Hiernach unterscheidet man Sommer- und frühe Herbstäpfel, die gleich nach der Ernte ihren vollen Geschmack entfalten, sowie Herbst- und Winteräpfel, die ihre Genussreife erst einige Zeit nach dem Pflücken entfalten und sich teils über Monate lagern lassen. (Siehe Sorten-Übersicht auf Seite 286.)

Die zu Alternanz neigenden Sorten zeigen oft einen ausgeprägten jährlichen Ertragswechsel.

APFELSORTEN FÜR DEN GARTEN

Sorte	Pfückreife / Genussreife	Geschmack, Baumeigenschaften
'Alkmene'	IX / IX – X	Herbstapfel; zart säuerlich; wenig schorf- und mehltauanfällig, etwas blütenfrostempfindlich; guter Pollenspender
'Ananasrenette'	Mitte X / XI – II	Winterapfel; saftig, aromatisch; schwachwüchsig, wenig schorfanfällig, auch gut für Höhenlagen geeignet
'Ariwa'	Ende IX / X – III	Herbstapfel; süßsäuerlich; schwachwüchsig, schorf- und mehltauresistent, wenig feuerbrandanfällig, recht frosthart
'Berlepsch'	X / XI – III	Winterapfel; sehr saftig, aromatisch; mittelstarker bis starker Wuchs, wenig schorf- und mehltauanfällig, etwas holz- und blütenfrostempfindlich, neigt zu Alternanz; guter Pollenspender
'Boskoop', 'Roter Boskoop'	X / XI – III	Winterapfel; fruchtig säuerlich; starkwüchsig, robust, wenig schorf- und mehltauanfällig, etwas blütenfrostempfindlich
'Discovery'	Mitte VIII / VIII – X	Sommerapfel; fein säuerlich; schwachwüchsig, robust, wenig schorf- und mehltauanfällig, eher für wärmere Lagen
'Florina'	X / X – I	Winterapfel; süßlich mit zarter Säure; starkwüchsig, schorfresistent, wenig blattlaus- und feuerbrandanfällig, leicht alternierend
'Gerlinde'	IX / IX – XI	Sommerapfel; süß, knackig; starkwüchsig, schorfresistent, wenig mehltauanfällig, recht frosthart
'Kaiser Wilhelm'	X / XII – III	Winterapfel; säuerlich süß; altbewährte Sorte, starkwüchsig, sehr robust, auch für schwere Böden und Höhenlagen
'Piflora'	Ende IX / X – I	Herbstapfel; aromatisch; mittelstarker Wuchs, robust, wenig krankheitsanfällig
'Piros'	Anfang VIII / VIII	Sommerapfel; süß aromatisch; schwachwüchsig, wenig krankheitsanfällig; guter Pollenspender
'Rebella'	IX / X – XII	Herbstapfel; kräftig aromatisch, süßlich; mittel- bis starkwüchsig, mehrfach resistent, auch gegen Feuerbrand und Spinnmilben
'Reglindis'	IX / X – XII	Herbstapfel; aromatisch; mittelstarker Wuchs, resistent gegen Schorf und Spinnmilben, sonst gering anfällig, frosthart; guter Pollenspender
'Rewena'	X / XI – III	Winterapfel; herb säuerlich; mittelstarker Wuchs, mehrfach resistent, auch gegen Feuerbrand, frosthart; guter Pollenspender
'Santana'	IX / IX – X	Herbstapfel; süß mit saurer Note, saftig; auch für Allergiker genießbar; schorfresistent, robust, sehr geschätzt im Bioanbau; guter Pollenspender
'Topaz'	Ende IX / X – III	Winterapfel; sehr aromatisch und saftig; mittelstarker Wuchs, schorfresistent, sonst gering anfällig, etwas blütenfrostgefährdet

Die zunehmend beliebten Säulen- und Zwergäpfel gibt es kaum in den gängigen Apfelsorten. Es handelt sich um besondere Züchtungen mit eigenen Sortennamen, die teilweise als selbstfruchtbar gelten. Die erste Generation der 'Ballerina'-Säulenäpfel lieferte noch ziemlich schorfanfällige Früchte mit mäßigem Geschmack. Doch mittlerweile sind zahlreiche neue Züchtungen dazugekommen, oft deutlich schmackhafter und zudem widerstandsfähiger gegen Krankheiten. Dazu zählen zum Beispiel 'La Torre', 'Rondo', 'Starcats' und Sorten der 'Malini'-Serie.

Pflanzenschutz: Besonders verbreitet sind Echter Mehltau und Apfelschorf, der bräunliche Flecken auf Blättern und Früchten hervorruft; gefürchtet ist der Feuerbrand, der zum Absterben von Trieben und schließlich ganzer Bäume führen kann. Mit robusten Sorten kann man vorbeugen, gegen Pilzkrankheiten auch mit luftigem Stand und regelmäßigem Auslichten der Krone. Stark von Mehltau betroffene Triebe sollte man kräftig ins gesunde Holz zurückschneiden.

An Schädlingen treten vor allem Blatt- und Blutläuse, Frostspannerraupen, Apfelblütenstecher und Spinnmilben auf, außerdem Apfelwickler und Apfelsägewespe, deren Raupen oder Larven in den Früchten fressen. Gegen manche von ihnen gibt es nützlingschonende Pflanzenschutzmittel; gegen Frostspanner kann man Leimringe einsetzen, gegen Apfelwickler Fanggürtel aus Wellpappe sowie Granulosevirus-Präparate und Schlupfwesen zur biologischen Bekämpfung.

Nach Jahren mit starkem Krankheits- oder Schädlingsbefall empfiehlt sich gründliches Beseitigen von Falllaub und auf dem Boden oder am Baum verbliebenen Früchten.

Ernte: Äpfel werden je nach Sorte zwischen August und Oktober erntereif, sehr frühe auch schon im Juli. Besonders bei den Herbst- und Wintersorten bietet der Geschmack keinen Anhaltspunkt für den Erntetermin, da sie erst nach Lagerung genussreif werden. Erste Anzeichen für die Pflückreife sind die sortentypische Ausfärbung und das Braunwerden der Stiele. Wenn sich der Apfel dann beim Auf- und Abkippen mit der Hand oder leichten Drehen einfach vom Zweig löst, ist der Erntezeitpunkt gekommen. Lageräpfel halten sich am besten in einem kühlen, luftfeuchten, des Öfteren gelüfteten Raum. Dort bleiben auch Sommeräpfel einige Wochen haltbar, und Winteräpfel lassen sich teils noch bis zum nächsten März genießen.

BIRNE

Pyrus communis

☼

✦ *Kulturbirne, Gartenbirne*

Rosengewächse (Rosaceae)

Birnen gehören mit den Äpfeln zu den ältesten kultivierten Obstbäumen. Sie entstanden aus verschiedenen Wildformen Kleinasiens und der europäischen Holzbirne (Pyrus pyraster) und gelangten über das antike Griechenland und Rom nach Mitteleuropa. Die recht frostempfindlichen Birnbäume zieht man gern als Spalierobst an einer wärmenden Wand, ansonsten bevorzugt als kompakte Busch- oder Spindelbuschbäume, da gut 15 m hohe Hochstämme

Birnen (Pyrus communis)

BIRNENSORTEN FÜR DEN GARTEN

Sorte	Pfückreife / Genussreife	Geschmack, Baumeigenschaften
'Alexander Lucas'	Anfang X / XI – XII	Süß säuerlich, saftig; mittelstarker Wuchs, recht robust, mäßig krankheitsanfällig, blütenfrostempfindlich
'Benita'	Mitte VIII / VIII – X	Sehr aromatisch und saftig; Kreuzung aus Birne und Nashi; starkwüchsig, sehr robust, gering krankheitsanfällig, wenig frostempfindlich
'Bunte Julibirne'	Mitte VII / VII – VIII	Süß säuerlich, saftig; schwacher bis mittelstarker Wuchs, recht robust, wenig schorfanfällig, etwas frostempfindlich
'Clapps Liebling'	Mitte VIII / VIII	Fein säuerlich süß, schmelzend, vor der Vollreife noch hart ernten; starkwüchsig, robust, gering krankheitsanfällig, wenig frostempfindlich
'Concorde'	Ende IX / X – XII	Süßlich, fein aromatisch; mittelstarker bis starker Wuchs, robust, wenig frostempfindlich
'Gellerts Butterbirne'	Mitte IX / X	Süß aromatisch, schmelzend; starkwüchsig, robust, mäßig, krankheitsanfällig, wenig frostempfindlich; guter Pollenspender
'Gute Graue'	IX / IX	Süß, saftig; sehr starkwüchsig, robust, frosthart, auch für hohe Lagen
'Harrow Sweet'	Mitte IX / IX – X	Süß aromatisch, schmelzend; mittelstarker bis schwacher Wuchs, robust, feuerbrandresistent, gering schorfanfällig
'Köstliche von Charneu'	Ende IX / X – XI	Süß säuerlich, saftig; starkwüchsig, robust und wenig frostempfindlich, aber schorfanfällig

nur in wenige Gärten passen. Im Angebot finden sich auch Säulen- und Zwergformen. Kleine Baumformen sind meist auf Quittenunterlagen veredelt, in neuerer Zeit zunehmend auch auf die robustere, kalkverträgliche Unterlage 'Pyrodwarf'. Übliche Unterlagen für große Baumformen sind die ebenfalls kalkverträglichen Birnensämlinge.

Birnensorten sind selbstunfruchtbar, sodass eine jeweils geeignete Pollenspendersorte gepflanzt werden muss, wenn kaum andere Birnen in der Umgebung wachsen. Die weißen Blüten in den dichten Doldentrauben entfalten sich ab April, meist schon etwas früher als beim Apfel, und können empfindlich unter Spätfrösten leiden. Birnen blühen und fruchten hauptsächlich an zwei- bis dreijährigen Seitentrieben. Viele Sorten sind bei Reife grün- oder goldgelb, teils auch rötlich oder bräunlich berostet oder an der Sonnenseite rot gefärbt, seltener komplett rot oder rotbraun. Manche schmecken sehr süß, andere leicht säuerlich. Zudem kann man zwischen eher festfleischigen, knackigen und sehr weichen, saftigen, „schmelzenden" Birnen unterscheiden. Birnen haben den geringsten Fruchtsäureanteil aller Obstarten und sind daher besonders bekömmlich. Sie liefern viel Vitamin C und Vitamine der B-Gruppe sowie Mineralstoffe, vor allem Kalium, das entwässernd wirkt. Unreife, noch harte Birnen belasten dagegen die Verdauung und sollten bei Zimmertemperatur nachreifen.

Anbau und Pflege: Selbst für robustere Sorten sollte man möglichst einen gut besonnten, warmen, etwas geschützten Platz wählen. Birnbäume bevorzugen durchlässige, tiefgründige, humus- und nährstoffreiche, sandig-lehmige Böden. Diese sollten für Birnen auf Quittenunterlagen leicht sauer sein, bei höherem Kalkgehalt empfiehlt sich 'Pyrodwarf'. Gepflanzt wird im Herbst oder Frühjahr.

Eine Mulchschicht auf der Baumscheibe ist günstig und schützt über den Winter auch den Wurzelbereich. Zwischen Blühbeginn und Ende der Spätfrostgefahr sollte der Boden jedoch frei gehalten werden.

Im Frühjahr gibt man den Bäumen Kompost oder kalibetonten Dünger. Bei anhaltender Trockenheit sollte man kräftig wässern, besonders während der Fruchtbildung. Sehr starker Fruchtbehang wird am besten nach Ende des natürlichen Junifruchtfalls etwas ausgedünnt (siehe Hinweise beim Apfel).

Die Triebe der Birnbäume streben oft steil nach oben. Schon bei der Erziehung sollte man sie deshalb durch Herabbinden in einen flacheren Winkel bringen und störende, nicht benötigte Steiltriebe konsequent entfernen oder auf flachere Verzweigungen umleiten. Überaltertes Fruchtholz sollte regelmäßig entfernt werden.

Sortenbeispiele: Wie beim Apfel unterscheidet man Sommersorten, die bald nach der Ernte genossen werden sollten, und Herbst- und Wintersorten, die erst einige Zeit nach dem Pflücken ihr volles Aroma entfalten und sich länger lagern lassen. Auch bei Birnen gibt es Sorten, die zu Alternanz (jährlichen Ertragsschwankungen) neigen.

Einige moderne Sorten wie 'Concorde' gibt es als Buschbaum ebenso wie als schlanke Säule. Ansonsten sind Säulen- und Zwergbirnen oft Spezialsorten, wobei manche „Zwerge" nicht unbedingt einen Pollenspender brauchen.

Pflanzenschutz: An der Birne treten weitgehend dieselben beziehungsweise ähnliche Schaderreger auf wie beim Apfel, sodass die dort genannten Tipps auch hier gelten. Die auffälligste Krankheit ist der Birnengitterrost, der ab Mai orangerote Flecken auf den Blättern hervorruft, aber die Bäume nur bei starkem Blattverlust schädigt. Bei häufigem, starkem Auftreten sollten in der Umgebung wachsende Wacholderarten, die ihm als Winterwirt dienen, beseitigt werden.

Ernte: Sommersorten werden überwiegend im August erntereif. Man genießt sie am besten frisch oder nach kurzer Nachreife, da sie schnell weich und braun werden. Herbst- und Wintersorten sind im September oder Oktober pflückreif und munden erst nach einigen Wochen Lagerzeit. Wie beim Apfel zeigt eine Kipp- oder Drehprobe, ob sich die Fruchtstiele leicht ablösen und der Erntezeitpunkt gekommen ist. Für die Lagerung gilt das beim Apfel Gesagte.

NASHI

Pyrus pyrifolia

☼

✦ *Asienbirne, Apfelbirne, Japanbirne*

Rosengewächse (Rosaceae)

Nashis werden in China und Japan seit alters her kultiviert. Im Habitus erinnern sie an die europäischen Birnbäume, sie bleiben aber von Natur aus kleiner und haben große, ledrige, hellgrüne Blätter. Halbstämme werden etwa 5 m hoch, Busch- und Spindelbuschbäume 2–3 m. Nashis lassen sich auch als Spalierobst ziehen. Sie sind in der Regel auf Birnensämlinge, Quittenunterlagen oder

Nashi (Pyrus pyrifolia)

'Pyrodwarf' (siehe Birne) veredelt. Nashis gelten als recht robust und frosthart, Schäden durch Blütenfröste sind allerdings nicht auszuschließen. Die Blüten erscheinen sehr zahlreich am zwei- und mehrjährigen Holz, sodass der Baum im Frühjahr einen attraktiven Anblick bietet.

Teils gelten Nashis als Selbstbefruchter, doch für einen guten Fruchtansatz ist die Bestäubung durch eine zweite Nashisorte oder eine zeitgleich blühende Birnensorte (zum Beispiel 'Gellerts Butterbirne') ratsam. Die bei Reife bronzefarbenen oder gelblichen Früchte sind meist apfelförmig und bieten ein knackiges, saftiges Fruchtfleisch mit birnenähnlichem, süßem Geschmack.

Anbau und Pflege: Standort- und Pflegeansprüche sind ähnlich wie bei der Birne. Bei Quittenunterlagen darf der Boden nicht zu kalkhaltig sein. Der Pflanzabstand sollte je nach Baumform 2,5–4 m betragen. Bei guter Entwicklung setzen Nashis schon nach wenigen Jahren reichlich Früchte an. Ein sehr dichter Fruchtbehang sollte gegen Ende Juni beherzt ausgedünnt werden. Die Bäume sind oft sehr austriebsfreudig und wüchsig, sodass man sie am besten regelmäßig und auch rigoros auslichtet. Das gilt sowohl für nicht benötigte, zu dicht oder ungünstig stehende Neutriebe als auch für abgetragene Fruchttriebe.

Sortenbeispiele: Die Sorten variieren in der Reifezeit zwischen Ende August und Oktober. Bei bronzefarbenen bis bräunlichen Früchten sind die Schalen oft stark berostet und fühlen sich rau an; die gelben bis grüngelb abreifenden Sorten haben dagegen meist glatte Schalen. Beispiele: 'Chojura' (gelbbraun, spät reifend), 'Hosui' (bronzefarben, früh), 'Kosui' (bronzefarben, mittelfrüh), 'Naddel Pear' (gelb, früh), 'Nijisseiki' (gelb, spät). Eine Besonderheit ist 'Benita', die aus einer Nashi und einer europäischen Birnensorte gekreuzt wurde (siehe Sortenübersicht zu den Birnen auf Seite 288).

Pflanzenschutz: Grundsätzlich wie bei Birne und Apfel. Die reifenden Früchte werden öfter von Wespen oder Vögeln angefressen, sodass sich ein Abdecken mit Netzen oder Vliesen empfiehlt.

Ernte: Die Früchte reifen nach und nach, meist über einen Zeitraum von etwa drei Wochen. Da sie reif direkt vom Baum schmecken, lässt sich der Erntezeitpunkt am besten per „Essprobe" bestimmen, nachdem die Schale ihre sortentypische Ausfärbung zeigt. Denn oft werden die Früchte fast schlagartig weich und sollten dann bald geerntet werden. Nashis lassen sich im Kühlschrank oder an einem kühlen Platz mehrere Wochen lagern. Für die Lagerung pflückt man sie kurz vor der Vollreife, wenn sie noch etwas härter sind.

QUITTE

Cydonia oblonga

Rosengewächse (Rosaceae)

Früher wuchsen Quittenbäume in vielen Bauerngärten. Dass sie etwas außer Mode gekommen sind, liegt daran, dass die Früchte roh nicht genießbar sind, sondern erst verarbeitet werden müssen. Wer sich dennoch für einen Quittenbaum entscheidet, bereichert seinen Garten mit einem attraktiven Gehölz, das mit großen, unterseits weißwollig behaarten Blättern aufwartet und sich ab Mai mit weißen bis rosa gefärbten Blüten schmückt. Auch die goldgelben Früchte gereichen ihm durchaus zur Zierde.

Quitten sind eigentlich Sträucher, die erst durch Veredlung und Erziehung zu Bäumen werden. Als Unterlagen dienen hauptsächlich spezielle Quittenselektionen, auf die man auch Birnbäume veredelt (Quitte A und C), teils auch Birnensämlinge. Meist werden Quitten als Halb- oder Niederstämme sowie als Buschbäume angeboten und erreichen je nach Baumform 2–5 m Höhe. In rauen Lagen und strengen Wintern leiden Holz und Knospen zuweilen unter Frösten. Herbstfröste können die Früchte spät reifender Sorten beeinträchtigen.

Die spät geöffneten Blüten dagegen sind kaum frostgefährdet und können sich bei den meisten Sorten selbst befruchten. Blüten und Früchte erscheinen überwiegend am zwei- bis dreijährigen Holz. Die goldgelben Früchte sind zuerst von einem dicken Flaum überzogen, bis mit zunehmender Reife die wachsige Schale zu sehen ist. Darunter stecken viel Vitamin C, Mineralstoffe (besonders Kalium) und Ballaststoffe wie das Pektin. In der Volksmedizin gelten Quitten als entzündungshemmend und blutreinigend.

Anbau und Pflege: Der Baum gedeiht am besten in sonniger, warmer, geschützter Lage auf nicht zu kalkreichen Böden. Dort pflanzt man ihn bevorzugt im Frühjahr, mit 3–7 m Abstand je nach Baumform. In den ersten Jahren sollte man den Wurzelbereich über Winter mit einer dicken Mulchschicht versehen. Mulchen ist dann auch über Sommer günstig, und bei anhaltender Trockenheit sollte durchdringend gegossen werden. Versorgen Sie den Baum im Frühjahr gut mit Kompost.

Beim Schnitt strebt man eine gut aufgebaute, lichte Krone an. Das macht einem die Quitte durch ihren von Natur aus lockeren Wuchs recht einfach, sodass gelegentliches Schneiden ausreicht. Bei älteren Bäumen muss ab und an das überalterte Fruchtholz ausgelichtet werden. Erfrorene Zweige schneidet man im Frühjahr kräftig bis ins gesunde Holz zurück.

Sortenbeispiele: Nach der Fruchtform unterscheidet man Apfelquitten mit hartem, aber besonders aromatischem Fruchtfleisch und Birnenquitten mit weicherem Fruchtfleisch. Frühe Sorten werden ab Ende September pflückreif, späte ab Mitte Oktober.

Apfelquitten: 'Riesenquitte von Leskovac' (sehr große Früchte, spät reifend, wenig frostempfindlich, nicht selbstfruchtbar), 'Konstantinopeler' (große Früchte, spät, wenig frostempfindlich).

Birnenquitten: 'Bereczki' (große Früchte, früh, etwas frostempfindlich), 'Champion' (mittelgroße Früchte, früh, wenig frostempfindlich, robust), 'Cydora Robusta' (groß, mittelfrüh, wenig frostempfindlich, widerstandsfähig gegen Krankheiten), 'Portugiesische Quitte' (sehr große Früchte, mittelfrüh, frostempfindlich).

Pflanzenschutz: Grundsätzlich wie beim Apfel. Leider ist die Quitte recht anfällig für den gefährlichen Feuerbrand, der die Bäume vor allem in der Blütezeit zum Absterben bringen kann. Eine zu hohe Stickstoffdüngung fördert die Stippigkeit der Früchte, die sich dann nicht lang lagern lassen und schnell faulen.

Quitte (Cydonia oblonga)

Ernte: Je nach Sorte werden die Quitten zwischen Ende September und Ende Oktober vor Frostbeginn gepflückt. Man kann sie vollreif ernten, sollte sie dann aber bald verarbeiten. Oft ist es vorteilhaft, sie schon kurz vorher zu pflücken, wenn die Farbe nach Gelb umschlägt, um sie dann drinnen zwei bis vier Wochen nachreifen zu lassen. Auch noch unreifere Früchte lassen sich nachreifen. Falls die Schalen noch einen Flaum zeigen, sollte er vorsichtig abgerieben werden. Zum Konservieren werden Quitten am besten eingekocht. Die Früchte lassen sich zu köstlichen Gelees und Marmeladen verarbeiten oder auch zu Saft und Likör. Die Samen dürfen nicht mitgegessen werden, da sie Blausäure enthalten.

STEINOBST Pflaumen, Kirschen, Pfirsiche und Aprikosen bezeichnet man als Steinobst, da ihr saftiges Fruchtfleisch einen harten, verholzten Steinkern umhüllt. Sie alle gehören der Gattung Prunus an, zu der auch Ziergehölze wie Japanische Blütenkirsche und Lorbeerkirsche zählen.

In wärmeren Gegenden kann man sich zudem an der üppigen Frühlingsblüte des Echten Mandelbaums (Prunus dulcis) erfreuen, mit dem sich in sehr klimabegünstigten Regionen das Obstrepertoire im Garten erweitern lässt. Dazu können auch robustere, nah verwandte Wildobstarten beitragen, etwa Schlehe oder Kirschpflaume.

ERNTEREIGEN UND WERMUTSTROPFEN

Die frühen Süßkirschen verwöhnen uns bereits Ende Mai mit den ersten saftigen Früchten, gefolgt von den Sauerkirschen. Ab Juli können Pfirsiche und Aprikosen den Erntesegen bereichern, der sich mit späten Pflaumen und Zwetschgen bis in den Herbst hinein fortsetzen lässt.

Doch leider macht das Wetter manchmal einen Strich durch die Rechnung: Besonders die zeitig blühenden Kirschen sowie Pfirsich und Aprikose sind durch Blütenfröste gefährdet. Bei Süßkirschen können kühle Temperaturen während der Blüte auch dazu führen, dass sich zwar Früchte entwickeln, die dann aber „röteln": Das heißt, sie färben sich vorzeitig rötlich und fallen bald ab. Unausgewogene Nährstoff- und Wasserversorgung kann die Neigung zum Röteln, die auch stark von der Sorte abhängt, zusätzlich verstärken.

Dass die Ernte wegen eines fehlenden Pollenspenders ausbleibt, kommt in erster Linie bei Süßkirschen vor. Bei den anderen Steinobstarten sind die meisten Sorten selbstfruchtbar, doch auch hier kann eine zeitgleich blühende Befruchtersorte den Ertrag verbessern.

Als unangenehme Besonderheit tritt beim Steinobst, vor allem an Süßkirsche, Pfirsich und Aprikose, zuweilen der sogenannte Gummifluss auf: Aus dem Stamm oder aus Ästen, seltener auch aus Früchten, dringt eine farblose oder gelbliche bis rotbraune, gummiartige, harzähnliche Masse hervor. Dies besonders an Schnittwunden, aber auch an scheinbar unverletzten Stellen an der Rinde, die dadurch aufreißt. Es handelt sich um eine physiologische Störung, nicht um eine Pilz- oder Bakterienkrankheit, die zum Absterben ganzer Äste führen kann.

Als eine der Hauptursachen werden zu schwere, nasse Böden angesehen. Auch alles andere, was den Baum strapaziert, kann den Gummifluss hervorrufen oder verstärken, so etwa Nässe, Frost, Rindenverletzungen oder unharmonische Nährstoffversorgung. Schaderreger können den Gummifluss dann noch verstärken. An zu Gummifluss neigenden Bäumen werden kräftige Triebe am besten auf Zapfen zurückgeschnitten (siehe Seite 129). Gerade beim Steinobst empfehlen wir einen Schnitt im Sommer, der die schnelle Wundheilung fördert und das Wachstum bremst.

Die in den Porträts empfohlenen Pflanzzeiten gelten in erster Linie für wurzelnackte und Ballenpflanzen, haben sich aber auch bei Containerpflanzen bewährt, auch wenn Sie diese im Prinzip fast jederzeit pflanzen können.

'Bühler Frühzwetschge'
'Ontariopflaume'
'Bellamira'
'Opal'
'Oullins Reneklode'
'The Czar'
'JoJo'

PFLAUME

Prunus domestica

✦ *Kulturpflaume, Zwetschge, Zwetschke, Zwetsche*

Rosengewächse (Rosaceae)

Im allgemeinen Sprachgebrauch bezeichnet man Pflaumen auch als Zwetschgen, doch im Obstbau gibt es feinere Unterteilungen: Die eigentlichen Zwetschgen haben demnach längliche, spitz zulaufende, meist blauviolette Früchte, deren Kern sich leicht vom Fruchtfleisch löst.

Von diesen unterscheidet man die blauvioletten, gelben oder rötlichen „echten" Pflaumen (Rund- und Eierpflaumen), deren Kern sich schwer vom Fruchtfleisch trennen lässt.

Zu den Pflaumen im weiteren Sinn zählen außerdem die kleinen, kugelrunden, gelben Mirabellen sowie die großen, rundlichen, grüngelben oder rötlichen Renekloden, die auch als Reineclauden, Ringlos oder Edelpflaumen bekannt sind.

Frühe Spuren der Pflaume fand man in Kleinasien, aber auch in steinzeitlichen Pfahlbauten am Bodensee. Erstmals kultiviert wurde sie vermutlich im antiken Griechenland.

Pflaume (Prunus domestica)

An ihrer Entstehung waren Schlehe (Prunus spinosa) und Kirschpflaume (P. cerasifera) beteiligt. Zu ihren Urformen zählt auch die Haferpflaume (P. domestica subsp. insititia), aus der „Pflaumenbrand" (klarer Schnaps) destilliert wird.

Die recht robusten Bäume werden bis 15 m hoch und im Alter breit ausladend. Für den Garten sind Pflaumen aber auch in allen kleinen Baumformen verfügbar, vom Buschbaum bis hin zur Zwergpflaume; sie können außerdem als Spalierobst gezogen werden. Es gibt verschiedene Veredlungsunterlagen, die sich in Wuchsstärke, Bodenansprüchen und teils auch Krankheitsanfälligkeit unterscheiden.

Hierzu sollte man sich in einer guten Baumschule beraten lassen, denn die meisten Unterlagen bilden reichlich Wurzelausläufer, die lästig werden können, wenn sie z. B. den Rasen „unterwandern".

Viele Sorten sind selbstfruchtbar, manche benötigen einen Pollenspender. Pflaumen, Zwetschgen, Mirabellen und Renekloden können sich gegenseitig bestäuben. Je nach Blütezeit eignen sich auch Kirschpflaume, Schlehe, Zier- und Blutpflaume als Pollenspender. Die weißen oder grünlich weißen Blüten öffnen sich zwischen April und Mai mit oder kurz vor dem Blattaustrieb und sind bei Frühblühern etwas spätfrostgefährdet.

Blüten und Früchte erscheinen hauptsächlich an zwei- und dreijährigen Kurztrieben, bei manchen Sorten aber auch verstärkt an einjährigen Langtrieben.

Pflaumen bieten nicht nur dem Gaumen einen besonderen Genuss, sondern enthalten auch viele wichtige Vitamine, Mineralstoffe und Spurenelemente, darunter Zink, Eisen und Kalium. Wegen ihres hohen Ballaststoffgehalts wirken getrocknete und in Wasser eingeweichte Pflaumen als mildes Abführmittel.

Anbau und Pflege: Pflaumenbäume sind relativ anspruchslos, gedeihen und tragen aber am besten an einem etwas geschützten Platz auf mittelschwerem, humosem, durchlässigem, leicht feuchtem, kalkhaltigem Boden. Man pflanzt sie im Herbst oder Frühjahr. Nach dem Anwachsen werden die Bäume in jedem Frühjahr mit Kompost oder mit mäßigen Gaben

PFLAUMENSORTEN FÜR DEN GARTEN

PFLAUMEN UND ZWETSCHGEN

Sorte	Frucht / Reifezeit	Hinweise
'Bühler Frühzwetschge'	Mittelgroße, dunkelblaue Zwetschge; ab Ende VII	Robust, wenig anfällig für Scharka und andere Krankheiten
'Hanita'	Mittelgroße, dunkelblaue Zwetschge; ab Ende VIII	Robust, auch für raue Lagen, sehr wenig scharkaanfällig
'JoJo'	Große, dunkelblaue Zwetschge; ab Ende VIII	Robust, scharkaresistent
'Katinka'	Kleine, blauviolette Zwetschge; ab Mitte VII	Robust, wenig scharkaanfällig
'Ontariopflaume'	Große, grünlich gelbe Pflaume; ab Anfang VIII	Robust, wenig scharkaanfällig
'Opal'	Mittelgroße, rotviolette Pflaume; ab Anfang VIII	Wenig scharkaanfällig
'The Czar'	Mittelgroße, dunkelblaue Pflaume; ab Anfang VIII	Robust, wenig scharkaanfällig
'Top'	Mittelgroße, dunkelblaue Zwetschge; ab Mitte IX	Mäßig scharkaanfällig
'Unika'	Große, rote Pflaume; ab Ende VII	Wenig scharkaanfällig, etwas frostempfindlich

RENEKLODEN

'Graf Althans'	Groß, violettblau; ab Ende VIII	Pollenspender nötig; für warme Lagen, gering scharkaanfällig
'Oullins Reneklode'	Groß, gelb; ab Mitte VIII	Robust, widerstandsfähig gegen Scharka, aber moniliaanfällig

MIRABELLEN

'Bellamira'	Groß, gelb; ab Ende VIII	Wenig anfällig für Scharka und andere Krankheiten sowie Blattläuse
'Mirabelle von Nancy'	Klein, gelb; ab Mitte VIII	Robust, widerstandsfähig gegen Krankheiten, weitgehend scharkaresistent

eines Volldüngers versorgt. Mulchen Sie die Baumscheibe nach den letzten Spätfrösten und gießen Sie bei anhaltender Trockenheit kräftig, vor allem während der Fruchtbildung. Wenn aus den Unterlagen neben dem Baum Schösslinge treiben, entfernen Sie diese, indem Sie sie bis zur Basis freigraben und dort mit einem kräftigen Ruck ausreißen. Abschneiden dagegen regt die Ausläufer zur Bildung weiterer Bodentriebe an.

Die Triebe der Pflaumenkronen wachsen oft sehr steil. Man kann sie durch Herabbinden in einen günstigeren, flachen Winkel bringen. Nicht benötigte Steiltriebe sollten regelmäßig entfernt oder auf flachere Verzweigungen zurückgeschnitten werden.

Sauerkirsche
Süßkirsche
Nektarine
Aprikose
Pfirsich

Sehr steilwüchsige Sorten können auch durch Entfernen des Mittelasts als Hohlkrone gezogen werden, damit es im Kroneninnern mehr Platz und Luft gibt. Bei älteren Bäumen sind häufiges Auslichten und das Entfernen abgetragener Fruchttriebe ratsam.
Sortenbeispiele: Hier sind zum einen Sorten je nach Fruchttyp zu unterscheiden, zum andern früh, mittelfrüh und spät reifende Sorten. Ein wichtiges Auswahlkriterium ist auch die Anfälligkeit für die Scharkakrankheit, die in manchen Regionen sehr häufig auftritt. Die Übersicht links stellt eine kleine Auswahl infrage kommender Sorten vor; die meisten dort genannten Sorten sind selbstfruchtbar.
Pflanzenschutz: Bei Verdacht auf die meldepflichtige Scharkakrankheit sollte man sich unbedingt an den zuständigen Pflanzenschutzdienst wenden. Diese Viruskrankheit wird von Blattläusen übertragen. An den Früchten zeigen sich zunächst pockenartige Einsenkungen, dann tiefe Rillen und Furchen. Die Früchte sehen oft aus wie marmoriert, bleiben klein, schmecken bitter und fallen häufig ab. Weitere wichtige Krankheiten sind Monilia-Spitzendürre und -Fruchtfäule, Narrentaschenkrankheit (verursacht missgebildete, hellgrüne, kernlose Früchte) sowie Rostpilze. Häufige Schädlinge sind Blattläuse, Frostspannerraupen und Spinnmilben, in den Früchten fressen manchmal Raupen und Larven von Pflaumenwickler und Pflaumensägewespe. Von Krankheiten oder Schädlingen befallene Früchte sollte man frühzeitig entfernen, ebenso „Fruchtmumien", die im Herbst am Baum verbleiben, sowie Fallobst und Falllaub. Stark befallene Triebe werden kräftig ins gesunde Holz zurückgeschnitten. Gegen manche Schaderreger sind nützlingschonende Mittel verfügbar; gegen Frostspanner kann man Leimringe einsetzen, gegen Pflaumenwickler Fanggürtel aus Wellpappe und Schlupfwesen zur biologischen Bekämpfung.
Ernte: Die Erntezeit erstreckt sich je nach Sorte von Ende Juli bis Oktober. Die Früchte reifen nach und nach, sodass man mehrmals durchpflücken muss. Nachdem sie ihre sortentypische Farbe zeigen, lässt man sie noch ein bis zwei Wochen am Baum reifen. Erntereife Pflaumen geben leicht nach, wenn man sie mit dem Finger zusammendrückt. Die Früchte lassen sich kaum lagern und werden am besten zu Pflaumenmus, Marmelade und Ähnlichem verarbeitet, wenn man sie nicht alle frisch verwerten kann.

SÜSSKIRSCHE

Prunus avium

Rosengewächse (Rosaceae)

Die Süßkirsche ist eine Kulturform der kleinfrüchtigen Vogelkirsche, die seit alters her in Europa, Vorderasien und im Kaukasus wild wächst. Im letzten Jahrhundert war sie auf Privatgrundstücken immer seltener zu sehen. Denn kaum jemand fand noch Platz für die bis 20 m hohen, breitkronigen Bäume, und es gestaltete sich schwieriger als bei anderen Obstarten, geeignete schwachwüchsige Unterlagen zu entwickeln. Mittlerweile aber stehen solche Unterlagen (zum Beispiel 'GiSelA 5', 'Weiroot') zur Verfügung, und so erhält man auch Süßkirschen wahlweise als Halb-, Niederstamm, Busch oder Spindelbusch, ebenso in Säulen- und Zwergformen.

Die meisten Süßkirschen benötigen den Pollen einer geeigneten, zeitgleich blühenden Sorte, um Früchte bilden zu können. Das kann auch eine Sauerkirsche sein. Der Pollenspenderbaum sollte nicht weiter als 80 m entfernt stehen. Im April oder Mai, etwa zeitgleich mit dem Blattaustrieb, hüllen sich die Bäume geradezu in eine Wolke weißer Blüten. Früh blühende Sorten sind durch Spätfröste gefährdet; kühles Wetter kann auch zum Röteln führen (siehe Einführungstext zum Steinobst, Seite 292). Süßkirschen blühen fast nur an zwei- und mehrjährigen Trieben. Besonders fruchtbar sind gestauchte, kurze Buketttriebe mit einem Büschel dicker Knospen an der Spitze.

Die Früchte reifen je nach Sorte rot bis schwarzrot, gelb oder rotgelb ab und werden in Herz- und Knorpelkirschen unterteilt (siehe Sortenbeispiele). Kirschen liefern reichlich Vitamine, Mineralstoffe und weitere gesundheitsfördernde Inhaltsstoffe. Sie sollen die Verdauung

SÜSSKIRSCHEN FÜR DEN GARTEN

Sorte	Frucht; Reifezeit (in Kirschwochen)	Hinweise
'Burlat'	Dunkelrote Herzkirsche; 2. KiWo	Robuste Frühsorte, starkwüchsig; madenfrei, etwas platzanfällig
'Büttners Rote Knorpelkirsche'	Gelbrote Knorpelkirsche; 5.–6. KiWo	Geringe Standortansprüche, starkwüchsig
'Celeste'	Große, dunkelrote, mittelfeste Kirsche; 3. KiWo	Selbstfruchtbar; schwach bis mittelstark wachsend; meist madenfrei, platzanfällig
'Dönissens Gelbe Knorpelkirsche'	Große, gelbe Knorpelkirsche; 5.–6. KiWo	Geringe Standortansprüche, mittelstark bis stark wachsend; weitgehend madenfrei, wegen gelber Farbe selten Vogelfraß
'Johanna'	Schwarzrote mittelfeste Kirsche; 3.–4. KiWo	Mittelstarker Wuchs; meist madenfrei, mäßig platzanfällig
'Kordia'	Große, schwarzrote Knorpelkirsche; 6. KiWo	Geringe Standortansprüche, mittel bis stark wachsend; geringe Platzneigung
'Regina'	Sehr große, rotbraune Knorpelkirsche; 6.–7. KiWo	Starkwüchsig; geringe Platzneigung
'Sunburst'	Große, dunkelrote, mittelfeste Kirsche; 4.–5. KiWo	Selbstfruchtbar; schlanker Wuchs; mäßige Platzneigung
'Sweetheart'	Große, rote Knorpelkirsche; 7. KiWo	Selbstfruchtbar; mittelstarker Wuchs; mäßige Platzneigung
'Sylvia' (Säulen-Süßkirsche)	Große, dunkelrote, mittelfeste Kirsche; 5. KiWo	Besonders kompakter, schlanker Wuchs

fördern und harntreibend wirken. Übrigens gilt die alte Küchenweisheit, auf Kirschen kein Wasser zu trinken, als überholt: Zu Bauchschmerzen kann es höchstens kommen, wenn man gewaltige Mengen an Kirschen auf einmal verzehrt – ganz gleich, ob mit oder ohne Wasser.

Anbau und Pflege: Vor allem frühe Sorten sollten einen geschützten, wenig spätfrostgefährdeten Platz erhalten. Die Bäume wurzeln gern in tiefgründigen, humus- und nährstoffreichen, leicht kalkhaltigen, nicht zu schweren Böden. Beste Pflanzzeit ist der Herbst. Kompost- oder kalibetonte Düngergaben im Frühjahr, Mulchen nach den letzten Spätfrösten, kräftiges Gießen, wenn es während der Fruchtentwicklung sehr trocken ist – das alles fördert Wachstum und Ertrag. Wenn es die Baumgröße zulässt, kann man zeitige Blüten mit einem Vlies vor Frösten schützen.

Die meist starkwüchsigen und austriebsfreudigen Süßkirschen sollten regelmäßig ausgelichtet werden, dies am besten im Sommer beziehungsweise nach der Ernte. Steile Triebe bindet man herunter oder entfernt sie ganz. Das Fruchtholz bleibt meist mehrere Jahre ergiebig und sollte nicht zu früh geschnitten werden.

Sortenbeispiele: Nach den Fruchteigenschaften unterscheidet man zwischen den früher reifenden, weichen Herzkirschen und den festeren, knackigen Knorpelkirschen. Letztere

Links: Süsskirsche (Prunus avium); rechts: Sauerkirsche (Prunus cerasus)

lassen sich einige Zeit lagern, neigen aber am Baum bei Regen zum Aufplatzen und sind wegen der meist späteren Reife stärker durch Fruchtfliegenmaden gefährdet.
Die Reifezeit erstreckt sich in den meisten Regionen zwischen etwa 24. Mai und 20. August. Dieser ganze Zeitraum wird in sieben „Kirschwochen" (Abkürzung: KiWo) unterteilt, wobei eine Kirschwoche jeweils 11–14 Tage dauert. Allerdings haben manche Baumschulen eine leicht abweichende Zählweise, die „stur" mit dem 1. Mai beginnt und bei der jede Kirschwoche zwei kalendarischen Wochen entspricht. Eine kleine Sortenauswahl finden Sie in Übersicht links.
Pflanzenschutz: Die bei der Pflaume genannten Vorbeugungs- und Bekämpfungsmaßnahmen gelten grundsätzlich auch für Kirschen, so etwa der kräftige Rückschnitt kranker Triebe, mit dem sich Monilia, Schrotschusskrankheit (zahlreiche kleine Löcher in den Blättern) und weitere Pilzkrankheiten eindämmen lassen. Schwere, nasse Böden sind oft mitverantwortlich für ein häufiges Auftreten von Monilia oder die Valsakrankheit, die zu krebsartigen Rindenwucherungen und absterbenden Ästen führt, ebenso für den Gummifluss. Neben Schädlingen wie Blattläusen und Frostspanner bereitet vor allem die Kirschfruchtfliege Probleme, deren weißliche Maden das Fruchtfleisch zerfressen. Im Fachhandel gibt es wirksame Kirschfruchtfliegenfallen. Kleine Bäume können mit Kulturschutznetzen vor Kirschfruchtfliegen (ab Ende der Blütezeit) und Vogelfraß der Früchte geschützt werden.
Ernte: Da Kirschen nicht nachreifen, sollte man sie immer vollreif mitsamt Stiel pflücken und bald verwerten. Im Kühlschrank halten sie sich etwa zwei Tage frisch, Knorpelkirschen auch etwas länger. Größere Mengen friert man mit Stein ein – oder man kocht sie als Kompott, Konfitüre oder fruchtiges Gelee ein.

SAUERKIRSCHE

Prunus cerasus

✦ *Weichsel*
Rosengewächse (Rosaceae)

Vermutlich entstand die Sauerkirsche vor Jahrtausenden durch mehrfache Kreuzungen zwischen Süßkirsche und der strauchig wachsenden Steppenkirsche (Prunus fructicosa) in

Pfirsich (Prunus persica)

Osteuropa und Westasien. Die ältesten sicheren Nachweise für ihr Vorkommen in Europa stammen aus Polen, wo sie bereits im 11. Jahrhundert wuchs. Sauerkirschen sind robuster und kleinwüchsiger als Süßkirschen. Hochstämme erreichen im Alter etwa 10 m Höhe, für den Garten stehen aber auch Halb- und Niederstämme, Buschbäume, Spindelbüsche und Spalierformen zur Verfügung. Gelegentlich werden auch Säulen- und Zwergbäume angeboten.

Die meisten Sorten sind selbstfruchtbar. Für die anderen können zeitgleich blühende Sauer- oder Süßkirschen als Befruchter dienen. Zwischen April und Mai, meist noch vor dem Laubaustrieb, sind die Zweige von weißen Blüten übersät. Frühe Sorten blühen etwas später als die ersten Süßkirschen und sind nicht ganz so stark durch Spätfrost gefährdet.

Sauerkirschen blühen und fruchten im Gegensatz zu den Süßkirschen hauptsächlich an einjährigen (vorjährigen) Trieben.

Die Mehrzahl der Sorten zählt zu den sogenannten Weichselkirschen, die dunkelrote, weichfleischige Früchte mit färbendem Saft hervorbringen.

Amarellen oder Glaskirschen dagegen sind heller, teils gelbrot, mit farblosem Saft. Ihre Fruchtsäure macht die Sauerkirschen angenehm erfrischend, und sie bieten noch etwas mehr Vitamine und Mineralstoffe als ihre süßen Verwandten.

Anbau und Pflege: Die Sauerkirsche gedeiht selbst im Halbschatten und auf etwas ärmeren Böden noch passabel. Für gesunde Entwicklung und gute Erträge empfehlen sich aber die bei der Süßkirsche genannten Wuchsbedingungen, ebenso die dort beschriebenen Pflegemaßnahmen. Sauerkirschen brauchen einen stärkeren Schnitt als Süßkirschen, im Frühjahr oder im Sommer nach der Ernte. Schon bei der Erziehung kürzt man die Gerüsttriebe kräftig ein, um einem Verkahlen der Krone vorzubeugen.

Steilwüchsige Neutriebe werden heruntergebunden oder entfernt. Wird die Krone sehr dicht, kann man den Mittelast nach einigen Jahren ganz herausnehmen. Überaltertes Fruchtholz, das bei manchen Sorten in Form dünner Bogentriebe herabhängt, muss regelmäßig entfernt oder stark eingekürzt werden.

Sortenbeispiele: Die Reifezeiten werden wie bei der Süßkirsche in sieben Kirschwochen unterteilt. Neben geschmacklichen Vorlieben und Reifezeit zählt die Widerstandsfähigkeit gegen die Monilia-Spitzendürre zu den wichtigsten Auswahlkriterien. Vor allem in Obstanbaugebieten und eher feuchten Regionen sollte man auf sehr anfällige Sorten besser verzichten. Leider zeigten in den letzten Jahren auch bisher als robust geltende Sorten verstärkt Moniliabefall. Nach derzeitigem Stand kann man gängige und beliebte Sorten etwa folgendermaßen einstufen:

Sehr moniliaanfällig: 'Schattenmorelle' (6.–7. KiWo).

Mäßig bis wenig moniliaanfällig, je nach Region: 'Heimanns Rubin' (4.–5. KiWo), 'Kobold' (7. KiWo, Zwergbaumsorte), 'Köröser Weichsel' (5.–6. KiWo, selbstunfruchtbar).

Gering moniliaanfällig: 'Diemitzer Amarelle' (3.–4. KiWo), 'Gerema' (5.–6. KiWo), 'Morellenfeuer' (5.–6. KiWo), 'Morina' (6.–7. KiWo, nur teilweise selbstfruchtbar).

Moniliaresistent: 'Ludwigs Frühe' (4.–5. KiWo, Amarelle), 'Safir' (6.–7. KiWo).

Pflanzenschutz: Grundsätzlich wie bei Süßkirsche und Pflaume; von der Kirschfruchtfliege werden Sauerkirschen allerdings kaum befallen. Dafür leiden sie, wie erwähnt, teils besonders unter der Monilia-Spitzendürre, bei der die Triebspitzen schon während oder kurz nach der Blüte welken und absterben. Die Infektion erfolgt hauptsächlich bei feuchtkühlem Wetter über die Blüten. Befallene Triebe müssen kräftig bis ins gesunde Holz zurückgeschnitten werden. Nach der Ernte sollte man sämtliche Fruchtreste am Baum und am Boden entfernen. Ansonsten helfen das Lichthalten der Krone und ab Blühbeginn ausgebrachte Pflanzenstärkungs- und -schutzmittel.
Ernte: Die meisten Sorten reifen im Juni oder Juli. Die Früchte werden mitsamt Stiel gepflückt oder abgeschnitten und möglichst bald verwertet, zum Beispiel zu Marmelade oder Saft verarbeitet oder eingefroren.

Nektarine (Prunus persica var. nucipersica)

PFIRSICH, NEKTARINE

Prunus persica

☼

Rosengewächse (Rosaceae)

Anders als sein Artname persica vermuten lässt, stammt der Pfirsich ursprünglich aus China und Tibet. Von dort gelangte er in der Antike über Persien nach Griechenland und Rom, und die alten Römer brachten ihn schließlich in unsere Breiten. Hier konnte sich der etwas holz- und vor allem blütenfrostempfindliche Pfirsich nur in wärmeren Regionen etablieren und wurde hauptsächlich in Weinbauregionen angebaut. Die Nektarine (Prunus persica var. nucipersica) ist eine Varietät mit glattschaligen Früchten.

Pfirsichbäume wachsen mit ausladender, oft flacher Krone bis 10 m hoch. Im Garten zieht man sie gern als Spalier an einer wärmenden Hauswand oder in mittelgroßen bis niedrigen Formen wie Halb-, Niederstamm oder Buschbaum, häufig mit Hohlkrone, also ohne Mittelast. Zunehmend hält aber auch der Pfirsich-Spindelbusch Einzug in den Hausgarten, außerdem werden Zwergbäume angeboten.

Fast alle Sorten sind selbstfruchtbar. Die hübschen hellrosa bis rotvioletten Blüten öffnen sich schon im März oder April, vor oder mit dem Laubaustrieb, was das hohe Spätfrostrisiko erklärt. Pfirsiche und Nektarinen blühen und fruchten überwiegend an einjährigen (vorjährigen) Langtrieben, können aber auch am mehrjährigen Holz Kurztriebe mit fruchtbaren Blütenknospenbüscheln (Buketttriebe) bilden.

Die gelbroten, fruchtzucker- und aromastoffreichen Früchte mit den leicht lösenden Kernen zeigen bei Pfirsichen eine charakteristische Flaumbehaarung, die bei den noch süßer schmeckenden Nektarinen fehlt. Sie bieten hohe Gehalte an Vitaminen und Mineralstoffen. Mit ihrer milden Fruchtsäure regen sie den Appetit an, fördern die Verdauung und die Wasserausscheidung.

Anbau und Pflege: Möglichst sonnig, warm und geschützt – diese Anforderung lässt sich vielerorts am besten mit einem Platz an einer Hauswand erfüllen. Vor einer im Spätwinter und Frühjahr prall besonnten Südwand kann es allerdings auch zu einer Verfrühung von Austrieb und Blüte kommen, sodass sich die

Spätfrostgefahr noch erhöht. Vorbeugend bleibt einem da nur frühzeitiges, vorübergehendes Schattieren oder das Auflegen von Vliesen. Die Bäume wurzeln gern in einem warmen, durchlässigen, humosen, eher kalkarmen Boden, der nicht zu schwer sein sollte. Man pflanzt sie am besten im Frühjahr.

Die Baumscheibe sollte man über Winter mit einer dicken Mulchschicht abdecken. Während der Blüte wird der Boden jedoch frei gehalten, erst danach ist Mulchen wieder günstig. Gießen Sie bei anhaltender Trockenheit kräftig, besonders während der Fruchtbildung. Sehr dichten Fruchtbehang dünnt man im Juni aus, wenn die Früchte etwa Kirschgröße erreicht haben, sonst gibt es später nur viele kleine, pelzige und wenig aromatische Pfirsiche. Reich tragende Zweige müssen eventuell gestützt werden. Im Frühjahr erhalten die Bäume regelmäßig Kompost oder anderen Dünger. Achten Sie auf eine gute Kaliversorgung.

Pfirsichbäume brauchen regelmäßig einen kräftigen Schnitt, damit sich jährlich neue fruchttragende Langtriebe bilden. Dabei ist zwischen Holztrieben, wahren und falschen Fruchttrieben zu unterscheiden (siehe Seite 128).

Sortenbeispiele: Entsprechend der Reifezeit zwischen Ende Juli und Ende September unterscheidet man frühe, mittelfrühe, mittelspäte und späte Sorten. Weiß- und rotfleischige Sorten gelten traditionell als weniger anfällig gegen die Kräuselkrankheit als gelbfleischige. Allerdings deuten neuere Erfahrungen darauf hin, dass davon praktisch alle derzeit angebotenen Züchtungen bedroht sind. Eine kleine Auswahl:

Pfirsichsorten: 'Benedicte' (mittelspät, weißfleischig, nur mäßig krankheitsanfällig), 'Früher Roter Ingelheimer' (früh, weißfleischig, auch für etwas rauere Lagen), 'Kernechter vom Vorgebirge' (= 'Roter Ellerstädter', spät, weißfleischig, auch für rauere Lagen, nur mäßig krankheitsanfällig), 'Red Haven' (mittelfrüh, gelbfleischig), 'Revita' (mittelfrüh, weißfleischig, nur mäßig krankheitsanfällig), 'Roter Weinbergpfirsich' (spät, rotfleischig, auch für etwas rauere Lagen, nur mäßig krankheitsanfällig).

Nektarinensorten: 'Fantasia' (früh, gelbfleischig), 'Nektarose' (mittelspät, weißfleischig, auch für etwas rauere Lagen), 'White Heart' (mittelfrüh, weißfleischig).

Pflanzenschutz: Bei der Kräuselkrankheit kräuseln sich die Blätter stark, vertrocknen und fallen schließlich ab. Ursache ist ein Pilz, der auf den Zweigen überwintert und im Frühjahr die austreibenden Blätter infiziert, besonders bei regnerischem Wetter. Befallene Triebspitzen und Blätter sollten schnell entfernt werden. Pflanzenschutzmittel sind nur erfolgreich, wenn man sie zum richtigen Zeitpunkt (beim Knospenschwellen) anwendet. Daneben können u a. Mehltau, Schrotschuss-, Valsakrankheit, die meldepflichtige Scharkakrankheit sowie Blattläuse und Frostspanner auftreten, auf kühlen und schweren Böden verstärkt Gummifluss und Monilia-Spitzendürre (siehe „Pflanzenschutz" bei Pflaume, Süß- und Sauerkirsche ab Seite 156).

Ernte: Pfirsiche und Nektarinen werden vollreif geerntet, wenn sie gut ausgefärbt sind und sich der Stiel beim Drehen der Früchte leicht löst. Man sollte sie bald verwerten und genießen.

Vorsicht: Die Steinkerne enthalten das giftige Blausäureglykosid Amygdalin und dürfen keinesfalls mitgegessen werden.

APRIKOSE

Prunus armeniaca

✦ *Marille, Barille*

Rosengewächse (Rosaceae)

Der Ursprung der Aprikose liegt wahrscheinlich in China, auch wenn man früher ihre Heimat in Armenien vermutete. Der während der Römerzeit nach Mitteleuropa eingeführte Baum ist noch holz- und blütenfrostempfindlicher als der Pfirsich, sodass sich der Anbau heute auf wenige wärmebegünstigte Regionen beschränkt. Die bis 8 m hohen Bäume werden im Garten hauptsächlich als Spalier an der Hauswand gezogen, es gibt sie aber auch als

Niederstamm, Buschbaum, in Säulen- oder Zwergform.

Aprikosensorten sind überwiegend selbstfruchtbar und entfalten zwischen März und April vor dem Blattaustrieb sehr attraktive, außen rötliche, innen weiße Blüten. Sie blühen und fruchten wie Pfirsiche vorwiegend an einjährigen (vorjährigen) Langtrieben, aber auch an mehrjährigen Kurztrieben mit Blütenknospenbüscheln. Die samtweichen Früchte reifen im Juli oder August, sind meist gelb, bei manchen Sorten auch rot überlaufen, und besitzen ein gelboranges bis rötliches Fruchtfleisch. Sie enthalten viele Vitamine und Mineralstoffe, besonders Carotin und Eisen.

Anbau und Pflege: Standort- und Pflegeansprüche sind sehr ähnlich wie beim Pfirsich – mit noch etwas höheren Anforderungen an einen wohlüberlegten, geschützten Platz und an die Vorkehrungen gegen Blütenfröste. Die Aprikose gedeiht auch noch auf recht trockenen Böden. Wenn sie im Einflussbereich der Hauswand oder unter einem Dachvorsprung nur mäßig Regen abbekommt, ist dies umso besser: Das mindert Blütenschäden und den Befall durch Pilzkrankheiten. Allerdings sollte man dann während der Fruchtausbildung des Öfteren gießen. Übermäßige Stickstoffdüngung muss noch mehr als bei anderen Obstarten vermieden werden.

Die Bäume bilden leistungsfähige und langlebige Fruchttriebe und brauchen daher nur einen mäßigen Auslichtungsschnitt. Oft kann man sich darauf beschränken, senkrechte „Reiter", die sich auf der Astoberseite bilden, und zu dicht stehende sowie deutlich überalterte Zweige zu entfernen. Allerdings sollten schon im Jugendstadium die oft steil wachsenden Triebe heruntergebunden beziehungsweise abgespreizt werden.

Sortenbeispiele: Als robuste, recht frostverträgliche Sorten gelten zum Beispiel: 'Bergeron' (spät reifend, großfrüchtig), 'Goldrich' (mittelfrüh, großfrüchtig, Bestäubersorte ratsam), 'Hagrand' (mittelfrüh, großfrüchtig, wenig krankheitsanfällig, Bestäubersorte ratsam), 'Heidesheimer Frühe' (früh), 'Kuresia' (mittelfrüh, scharkaresistent), 'Mino' (mittelfrüh, großfrüchtig, scharka- und moniliafest),

Aprikose (Prunus armeniaca)

'Nancy-Aprikose' (spät), 'Orangered' (früh, etwas unregelmäßige Erträge, Bestäubersorte ratsam), 'Ungarische Beste' (früh).

Pflanzenschutz: Grundsätzlich wie beim Pfirsich. Die Kräuselkrankheit tritt allerdings seltener auf, dafür leiden Aprikosen häufiger unter Monilia (siehe „Pflanzenschutz" bei Sauerkirsche). Noch nicht eindeutig geklärt ist die sogenannte Apoplexie, bei der Aprikosenbäume nach rund fünf Standjahren plötzlich welken und absterben. Als Hauptursache wird eine Schwächung durch ungeeignete Standort- und Bodenverhältnisse angesehen.

Ernte: Am besten pflückt man Aprikosen vollreif und verwertet sie dann möglichst frisch. Die Früchte lassen sich aber auch nachreifen, wenn man sie bei ungünstigem Wetter etwas früher erntet. Der Kern ist wie beim Pfirsich giftig. Bei übermäßigem Verzehr könnte das darin enthaltene Cyanid Amygdalin wichtige Enzyme der Zellatmung blockieren und im schlimmsten Fall zu innerer Erstickung führen.

Minikiwi
Stachelbeere
Kiwi
Preiselbeere
Jostabeere
Rote und Gelbe
Himbeere
Brombeere
Rote und Weiße
Johannisbeere
Blaubeere
Schwarze
Johannisbeere
Erdbeere

BEERENOBST Was wäre ein Sommer ohne den Geschmack von süßen Erdbeeren und aromatischen Himbeeren – frisch gepflückt und garantiert ohne Pestizide? Gut, dass niemand auf diesen Genuss verzichten muss, Beerensträucher finden auch im kleinsten Garten ein Plätzchen.

Die meisten geben sich selbst mit einem Topf auf Balkon oder Terrasse zufrieden. Wer viele Beerenobstarten hat, kann sich den ganzen Sommer von einer Pflanze zur nächsten durchnaschen: Ende Mai läuten die Erdbeeren die Erntesaison ein, Ende Juni folgen die Johannisbeeren, ab Mitte Juli reifen die Stachelbeeren, im Juli und August die Himbeeren und Brombeeren, und im Herbst sorgen Weintrauben und Kiwis nochmals für vitaminreiche, frische Kost.

BEERENSTARKE FRÜCHTCHEN

Auch wenn viele dieser Früchte als Beeren bezeichnet werden, erheben gestrenge Botaniker zu Recht Einspruch. Denn Erdbeeren sind bei näherer Betrachtung Sammelfrüchte, die sich aus vielen winzigen Nussfrüchten zusammensetzen. Was wir hauptsächlich genießen, ist der rote, fleischig verdickte Blütenboden, auf dem die kernartigen Nüsschen sitzen.

Auch bei Himbeeren und Brombeeren handelt es sich um „Fruchtknäuel", in diesem Fall aus zahlreichen Steinfrüchtchen.

Bei wirklichen Beeren wie der Johannisbeere dagegen werden alle Samen vom selben Fruchtfleisch und derselben Außenhaut umhüllt. Das trifft auch für die Früchte von Kiwi und Weinrebe zu, weshalb man sie durchaus passend dem Beerenobst zuordnen kann.

Allen Beeren und Beerenartigen ist gemein, dass sie möglichst frisch verzehrt und sanft verarbeitet werden sollten. Je ausgereifter sie sind, desto aromatischer schmecken sie. Reife Beeren sind besonders druckempfindlich und verderben leicht. Daher werden sie für den Handel oft unreif gepflückt, um sie besser transportieren zu können – da bleibt der Geschmack auf der Strecke, denn die Früchte reifen nach der Ernte nicht nach.

Beeren stehen auch bei manchen Vögeln bevorzugt auf dem Speiseplan, teils genießen Wespen die süßen Früchte am Baum. Soweit es die Strauchgröße und Wuchsform erlauben, sind engmaschige Kulturschutznetze oder kräftige Vliese, die rechtzeitig und ohne „Einflugschneisen" über die Pflanzen gelegt oder an ihnen befestigt werden, die beste Vorkehrung gegen unerwünschte Mitesser.

Die meisten Beerensträucher bilden ein recht flach verlaufendes Wurzelwerk. Deshalb sollte man in ihrem Umfeld den Boden nur oberflächlich und vorsichtig lockern. Nachdem den Blüten keine Spätfrostgefahr mehr droht, ist Mulchen sehr vorteilhaft: Es erspart das Hacken samt möglicher Wurzelverletzungen und hält die Feuchtigkeit im Boden. Das ist gerade wegen der flachen Wurzeln, die kaum Wasserreserven aus tieferen Schichten nutzen können, besonders wichtig.

Für gesundes Wachstum und nachhaltiges Fruchten benötigt Beerenobst regelmäßigen Nährstoffnachschub. Diese Pflanzen vertragen keinen chloridhaltigen Dünger. Sowohl unter den organischen wie unter den mineralischen Volldüngern gibt es ausgewiesene Beerenobstdünger, die dem Rechnung tragen.

ERDBEERE

Fragaria-Arten

✦ *Rosengewächse (Rosaceae)*

Als nur 20–30 cm hohe, nicht verholzende Pflanzen heben sich die Erdbeeren deutlich vom anderen Beerenobst ab und lassen sich gut als mehrjährige Kultur in den Gemüsegarten eingliedern. Botanisch handelt es sich um gar keine Beerenfrucht, sondern um eine Nüsschenfrucht, wie die außen liegenden Samenkörner zeigen.

Ihre oberirdischen Ausläufer kann man im Beet leicht im Zaum halten. Und mit ihren hübschen weißen Blüten und den leuchtend roten Früchten über den kräftig grünen Blattrosetten bieten sie durchaus auch etwas fürs Auge.

Auf den Beeten prägt meist die großfrüchtige Garten- oder Kulturerdbeere (Fragaria × ananassa), deren Blätter über Winter absterben, das Bild. Sie entstand erst im 18. Jahrhundert, als man in Europa zwei aus Amerika eingeführte Wildarten miteinander kreuzte.

Die „klassische" Gartenerdbeere ist einmal tragend, das heißt, sie bringt nach der Blüte im Mai und Juni einen üppigen Fruchtsegen, der aber höchstens bis Ende Juli anhält.

Die mehrmals tragenden, öfter blühenden (remontierenden) Gartenerdbeeren fruchten im Juni/Juli etwas schwächer und legen dann eine kurze Ruhepause ein, um schließlich nochmals von August bis Oktober Früchte zu tragen. Hängeerdbeeren sind meist mehrmals tragende Spezialzüchtungen mit rund 40 cm langen Ausläufern, die sich besonders für die Kultur in Ampeln oder hoch aufgestellten Gefäßen anbieten. Außerdem gibt es Klettererdbeeren mit bis 150 cm langen Trieben, die man an Stäben oder Rankgittern hochleiten kann und die von Juni bis Ende September mittelgroße Früchte bringen.

Vor der Entstehung der Gartenerdbeere kannte und nutzte man bei uns nur die wild wachsende, immergrüne Walderdbeere (F vesca var. vesca) mit kleinen, sehr aromatischen Früchten, die im Frühsommer erscheinen.

Aus ihr wurden die öfter blühenden Monatserdbeeren (F. vesca var. hortensis, auch: var. F. vesca semperflorens) gezüchtet, die manchmal einfach als Walderdbeeren geführt werden. Sie bilden in der Regel keine Ausläufer und erfreuen einen von Mai bis Oktober mit schmackhaften kleinen bis mittelgroßen Früchten.

Bei der Wiesenerdbeere (F. x vescana) schließlich handelt es sich um eine robuste, stark ausläufertreibende Kreuzung aus Wald- und Gartenerdbeere, die im Juni und Juli recht süße, mittelgroße Früchte anbietet.

Wiesen- und Walderdbeere eignen sich gut als Bodendecker, Monatserdbeeren bieten sich zum Beispiel für Weg- und Beeteinfassungen an, passen aber auch ins Gemüsebeet.

Erdbeeren haben wenig Kalorien und besitzen nach den Schwarzen Johannisbeeren den höchsten Vitamin-C-Gehalt unter den heimischen Früchten. Dazu liefern sie viele weitere Vitamine und Mineralstoffe, darunter recht viel Folsäure und Mangan sowie bekömmliche Fruchtsäuren.

Anbau und Pflege: Am besten reifen die Früchte in der Sonne, Wald-, Monats- und Wiesenerdbeeren fruchten aber noch im Halbschatten gut. Vorteilhaft ist ein durchlässiger, humus- und nährstoffreicher, schwach saurer

Erdbeere (Fragaria-Arten)

Boden, den man etwas mit Kompost anreichert. Monats- und Walderdbeeren pflanzt man vorzugsweise im Frühjahr bis Anfang Mai, einmal tragende Gartenerdbeeren im Juli oder August, mehrmals tragende noch bis Anfang September, Wiesenerdbeeren können Sie zu allen genannten Terminen setzen. Manche Sorten lassen sich auch im Frühjahr aus Samen vorziehen. Der Abstand zwischen den Pflanzen sollte im Beet 25–30 cm und der Reihenabstand 40–50 cm betragen. Zur schnellen Bodenbedeckung können Sie Wiesen- und Walderdbeeren etwas enger setzen (bis sechs Pflanzen je m^2). Achten Sie darauf, dass die inneren Herzknospen über der Bodenoberfläche bleiben und keinesfalls mit Erde bedeckt werden.

Als pilzabwehrende Pflanzpartner haben sich Zwiebel, Knoblauch und andere Zwiebelgewächse bewährt.

Erdbeeren sollten bei Trockenheit regelmäßig gegossen werden, bis in den Frühherbst hinein, weil sich dann schon Blütenanlagen fürs nächste Jahr bilden.

Wiesen- und Walderdbeeren bedecken bald selbst den Boden, die anderen erhalten am besten ab Mitte Mai eine Mulchschicht, die später auch die Früchte vorm Verschmutzen schützt. Ideal sind trockene Materialien wie Stroh, die Fäulnis vorbeugen. Bei Gartenerdbeeren fördert ein Rückschnitt des alten Laubs nach der Ernte einen gesunden Neuaustrieb. Dabei werden auch gleich alle Ausläufer entfernt. Wiesenerdbeeren können Sie gelegentlich nach der Ernte einfach abmähen.

Spätestens nach vier Jahren sollte man Gartenerdbeeren durch eine Neupflanzung auf einem anderen Beet ersetzen. Man kann dafür Ausläufer der alten Pflanzen verwenden. Gesundes Qualitäts-Pflanzgut aus dem Fachhandel bietet allerdings Gewähr, dass keine Pilz- und Viruskrankheiten weiter verbreitet werden.

Sortenbeispiele: Die Übersicht oben stellt eine kleine Auswahl vor. „Reine" Walderdbeeren, teils auch Monats- und Hängeerdbeeren, werden oft ohne Sortenbezeichnung angeboten. Mit Ausnahme einiger alter Liebhabersorten wie 'Mieze Schindler' sind die meisten Sorten selbstfruchtbar.

Pflanzenschutz: Erdbeeren können unter allerlei Pilzkrankheiten leiden, besonders unter Grauschimmel, Mehltau und verschiedenen bodenbürtigen Welke- und Fäulniserregern.

Man sollte sie frühestens nach vier Jahren wieder an dieselbe Stelle pflanzen, bewährte Vorbeugungsmaßnahmen wie Nichtbefeuchten der Blätter und zurückhaltende Stickstoffdüngung berücksichtigen und erkrankte Teile frühzeitig entfernen. Bei häufigem Auftreten von Wurzelfäulen und Welken legt man am besten schon nach zwei bis drei Jahren an einem anderen Platz eine Neupflanzung an.

Das gilt auch bei starkem Befall mit Erdbeermilben, bei dem die Pflanzen nach Kräuseln der Blätter nesterweise kümmern. Der Erdbeerblütenstecher, ein winziger braunschwarzer Käfer, nagt ab April an Blättern und Blütenstielen, sodass die Knospen umknicken, welken und von den Larven zerfressen werden. Abgeknickte, welke und abgefallene Knospen sollten umgehend entfernt werden.

Ernte: Je nach Sorte zieht sich die Erntezeit von Mai bis Oktober hin.

Pflücken Sie die Erdbeeren mitsamt Fruchtkelch und vollreif, aber nicht zu spät. Große Erntemengen lassen sich – als ganze Früchte oder püriert – einfrieren und natürlich auch zu leckerer Marmelade verarbeiten. Aus jungen Blättern kann man einen kreislauffördernden Tee zubereiten.

BEWÄHRTE ERDBEERSORTEN

Sortengruppe	Sortenbeispiele
Gartenerdbeeren, einmal tragende	'Avanta' (früh), 'Darselect' (früh), 'Elsanta' (mittelfrüh), 'Elvira' (mittelfrüh), 'Honeyeye' (sehr früh), 'Korona' (mittelfrüh), 'Polka' (mittelfrüh), 'Tenira' (mittelspät)
Gartenerdbeeren, mehrmals tragende	'Evita', 'Fresca', 'Josee', 'Mara de Bois', 'Mieze Nova', 'Muir', 'Ostara', 'Rapella', 'Seascape', 'Selva', 'Thuriga', 'Tribute'
Hängeerdbeeren	'Cascade', 'Elan'
Klettererdbeeren	'Bakker's Kingsize', 'Hummi', 'Mountainstar'
Monatserdbeeren	'Alexandria', 'Baron von Solem', 'Falstaff', 'Mignonette', 'Rügen›

Himbeere (Rubus idaeus)

HIMBEERE

Rubus idaeus

Rosengewächse (Rosaceae)

Die Stammart unserer Gartenhimbeeren, die wilde Waldhimbeere, ist in Europa weit verbreitet und besiedelt Waldlichtungen und Waldränder.

Von Alters her durch Sammeln von Früchten und Blättern genutzt, wird sie seit dem 16. Jahrhundert auch in Gärten kultiviert. Die modernen Züchtungen sind meist mit Sorten gekreuzt, die von der Amerikanischen Himbeere (Rubus strigosus) abstammen.

Die Halbsträucher bilden aus dem überwinternden Wurzelstock alljährlich aufrechte, bis 2 m hohe, unverzweigte, schwach verholzende, weichstachelige Triebe, die man als Ruten bezeichnet. Im zweiten Jahr entwickeln sie recht kurze Seitentriebe, an denen sich von Mai bis Juni weiße Blüten öffnen.

Die Früchte reifen dann meist im Juli. Dieser Fruchtrhythmus gilt für die sogenannten Sommersorten, auch als einmal tragende Sorten bekannt. Bei den mehrmals tragenden oder Herbstsorten dagegen blühen die Jungruten bereits im Jahr des Austriebs und fruchten zwischen August und Oktober. Lässt man sie stehen, fruchten sie wie Sommersorten nochmals im Juli des Folgejahrs, mindern dann aber oft die Herbsternte der neuen Ruten. Insgesamt fällt die Ernte nicht höher aus, sie verteilt sich nur über einen längeren Zeitraum.

Himbeeren sind selbstfruchtbar, fruchten aber sicherer und reicher, wenn mehrere Sorten gepflanzt werden.

Spätfrostschäden an Blüten treten relativ selten auf. Die Früchte reifen je nach Sorte rot, rosa oder gelb ab und hinterlassen beim Pflücken einen kleinen weißen Zapfen am Fruchtstand. Sie empfehlen sich durch hohe Vitamin-, Mineralstoff- und Ballaststoffgehalte. Das ganz eigene, fruchtige Aroma bewirkt eine Substanz namens Himbeerketon.

Anbau und Pflege: Die Halbsträucher lieben einen humosen, tiefgründigen, nährstoffreichen, leicht sauren Boden an etwas windgeschützter Stelle. Man pflanzt sie im Frühjahr oder Herbst an ein Drahtspalier; meist reichen zwei quer gespannte Drähte in rund 80 cm und 160 cm Höhe aus. Der Reihenabstand beträgt 1,2–1,5 m, in der Reihe werden zwei Ruten pro laufenden Meter gepflanzt.

Setzen Sie die Himbeersträucher so, dass die Triebknospen an der Basis etwa 5 cm unter Bodenniveau kommen, und kürzen Sie die Ruten auf 30–40 cm Höhe ein.

Die Wurzeln verlaufen recht flach, deshalb ist es besonders wichtig, für gleichmäßige Bodenfeuchtigkeit zu sorgen und rund um die Pflanzen nicht zu hacken, sondern stattdessen zu mulchen. Beim Neuaustrieb im Frühjahr bekommen sie Kompost oder eine organische Düngergabe.

Die abgeernteten, vorjährigen Ruten der Sommersorten schneidet man gleich nach der Ernte bis zum Boden zurück, nur die diesjährigen Jungruten bleiben stehen, werden aber, wenn nötig, ausgedünnt. Bei den Herbstsorten empfiehlt es sich meist, auf die eher spärliche Sommerernte zu verzichten und nach dem Genuss der letzten Herbsternte alle Ruten gleich oder im zeitigen Frühjahr unten wegzuschneiden.

Sortenbeispiele: Sommerhimbeeren gelten allgemein als etwas aromatischer, Herbsthimbeeren als pflegeleichter und weitgehend frei von den Maden des Himbeerkäfers. Einige Beispiele:

Sommersorten: 'Elida' (robuste Frühsorte, schwachwüchsig), 'Glen Ample' (mittelstarker Wuchs, stachellos, gering bis mäßig anfällig für Ruten- und Wurzelkrankheiten), 'Meeker' (starkwüchsig, widerstandsfähig gegen Grauschimmel, Rutenkrankheiten, Viruserkrankungen, Himbeerblattlaus), 'Rusilva' (mit Waldhimbeeraroma, mittelstarker Wuchs, resistent gegen Himbeerblattlaus, wenig Rutenkrankheiten), 'Sanibelle' (mittelstarker Wuchs, resistent gegen Wurzelfäule).

Herbstsorten: 'Aroma Queen' (mit Waldhimbeeraroma, mittelstarker Wuchs, widerstandfähig gegen Ruten- und Wurzelkrankheiten), 'Autumn Bliss' (starkwüchsig, widerstandfähig gegen Ruten- und Wurzelkrankheiten sowie Blattläuse), 'Golden Bliss' (gelbfruchtige Selektion von 'Autumn Bliss'), 'Himbo-Top' (mittelstarker Wuchs, wenig anfällig für Rutenkrankheiten).

Pflanzenschutz: Wie die Sortenbeispiele schon zeigen, können besonders pilzliche Ruten- und Wurzelkrankheiten den Himbeerspaß vermiesen, in niederschlagsreichen Sommern auch Grauschimmel an den Früchten. Neben der Wahl widerstandfähiger Sorten greifen die bewährten Vorbeugungsmaßnahmen wie gut durchlüftete Bestände, Vermeiden von Blattbenässung und regelmäßiger Schnitt. Mosaikartige Blattscheckung weist auf Virusbefall hin, dem sich durch Bekämpfen der übertragenden Blattläuse vorbeugen lässt. Erkrankte Pflanzen müssen umgehend entfernt werden. Die kleinen graubraunen Himbeerkäfer fressen ab Mai an den Knospen und Blüten, ihre weißen Larven (Maden) dann in den Früchten. Die Käfer kann man, am besten frühmorgens oder abends, in Schüsseln abklopfen und beseitigen. Herbstsorten werden kaum befallen.

Ernte: Die Erntezeit beginnt bei frühen Sommersorten ab Mitte Juni und erstreckt sich bei Herbstsorten von August bis Oktober. Ernten Sie die Früchte gut ausgefärbt und vollreif, und pflücken Sie mehrmals durch. Himbeeren sollten möglichst frisch verzehrt oder gleich nach der Ernste eingefroren oder verarbeitet werden. Ein Tee aus getrockneten Blättern soll blutreinigend und entzündungshemmend wirken.

Gelbe Himbeere (Rubus sect. idaeus)

BROMBEERE

Rubus sect. Rubus

☼◐

✦ *Brambeere, Kroatzbeere, Schwarzbeere*
☘ *Rosengewächse (Rosaceae)*

Das Kürzel „sect." im ungewöhnlichen botanischen Namen weist darauf hin, dass es sich bei der Brombeere um eine ganze Gruppe (Sektion) handelt, zu der etliche eng verwandte, schwer unterscheidbare Arten und Sippen gehören. Die bei uns heimischen Brombeeren wachsen gern in lichten Wäldern und auf Kahlschlägen, wo sie mit bis 4 m langen Trieben nach oben klettern und sich dabei mit ihren kräftigen Stacheln festhalten. Es gibt aber auch nicht rankende Arten und Sorten sowie stachellose Züchtungen, die hauptsächlich von amerikanischen Wildarten abstammen.

Die als Ruten bekannten Triebe werden jährlich durch Zuwachs aus dem Boden ergänzt. Erst im Jahr nach dem Austrieb erscheinen an den Seitentrieben der Jungruten ab Mai die weißen Blüten und ab Juli die Früchte. Mit der letzten Ernte im Herbst sind die Ruten abgetragen.

Brombeersträucher vertragen nur mäßig strenge Fröste: Bei den meisten Sorten können die Ruten bei Temperaturen unter –15 °C absterben. In der Regel bleibt jedoch der Wurzelstock heil, sodass sie sich durch Neuaustrieb regenerieren.

Brombeeren sind selbstfruchtbar, brauchen also keine Befruchtersorte. Bei früh blühenden Sorten gibt es gelegentlich Probleme durch Spätfröste.

Die süßen, schwarzen Früchte zeichnen sich durch einen besonders hohen Gehalt an Vitamin A und E aus und sind reich an Kalzium, Magnesium und Eisen.

Anbau und Pflege: Brombeeren gedeihen und fruchten am besten an einem sonnigen, warmen, etwas windgeschützten Platz, vertragen aber noch Halbschatten. Ihre Bodenansprüche sind gering, doch auf humosem, durchlässigem, mit Kompost versorgtem Boden können sie sich optimal entwickeln. Beste Pflanzzeit ist das Frühjahr. Mit Ausnahme der „selbstständigen" Sorte 'Navaho' empfiehlt sich für aufrechte wie rankende Sorten das Pflanzen an einem Spalier mit quer gespannten Drähten.

Der Reihenabstand sollte 2,5–3,5 m betragen, in der Reihe setzt man rankende Sorten je nach Wuchsstärke mit 2–3 m, aufrechte mit rund 1 m Abstand. Pflanzen Sie so tief, dass die Triebknospen am Wurzelhals rund 5 cm unter die Erdoberfläche kommen, und schneiden Sie die Ruten auf etwa 30 cm zurück.

Lange Ruten werden an den Drähten waagerecht gebunden, aufrechte Sorten kann man auch fächerartig ziehen. Im Sommer sollte man die Seitentriebe (Geiztriebe) der Jungruten auf zwei bis drei Knospen einkürzen, im Frühjahr dann abgetragene, erfrorene und überzählige Ruten knapp über dem Boden abschneiden.

Über Winter häufelt man die Ruten an und deckt in rauen Lagen die Basis mit Laub ab. Frühjahrsgaben von Kompost oder organischem Dünger fördern den Neuaustrieb, eine gleichmäßige Wasserversorgung die Fruchtentwicklung. Nach den letzten Spätfrösten ist Mulchen sehr vorteilhaft.

Sortenbeispiele: Man unterscheidet bestachelte und stachellose sowie rankende, langtriebige und aufrechte, bis 2 m hoch wachsende Sorten.

Frühe Sorten werden ab Mitte Juli erntereif, späte ab etwa Mitte August.

Einige bewährte und beliebte Sorten: 'Black Satin' (rankend, stachellos, spät reifend), 'Loch Ness' (rankend, stachellos, mittelfrüh), 'Navaho' (aufrecht, kein Spalier nötig, stachellos, robust, mittelfrüh), 'Theodor Reimers' (rankend, stark bestachelt, robust, sehr ertragreich, mittelfrüh), 'Thornless Evergreen' (rankend, stachellos, robust, spät), 'Wilsons Frühe' (aufrecht, nur mäßig bestachelt, früh).

Pflanzenschutz: Weite Pflanzabstände, sorgfältiges Aufbinden, Entfernen der Altruten und zurückhaltende Stickstoffdüngung beugen Pilzkrankheiten wie Grauschimmel, Mehltau und der Brombeerrankenkrankheit vor. Letztere äußert sich in braunen bis rötlichen Flecken auf der Rinde, die mit der Zeit die ganze Rute um-

Brombeere (Rubus sect. Rubus)

BEWÄHRTE JOHANNISBEERSORTEN

ROT

Sorte	Reifezeit	Hinweise
'Detvan'	Ab Anfang VII	Robust, wenig krankheitsanfällig, neigt etwas zum Verrieseln
'Heinemanns Spätlese'	Ab Anfang VIII	Hohe, regelmäßige Erträge, robust
'Jonkher van Tets'	Ab Ende VI	Früheste rote Sorte; etwas krankheitsanfällig, neigt zum Verrieseln
'Junifer'	Ab Anfang VII	Recht robust, etwas mehltauanfällig
'Rolan'	Ab Mitte VII	Robust, wenig regenempfindlich, gering anfällig für Blattfallkrankheit
'Rovada'	Ab Ende VII	Robust, wenig regenempfindlich, wenig krankheitsanfällig

WEISS

'Blanka'	Ab Ende VII	Robust, etwas mehltauanfällig
'Weiße Versailler'	Ab Mitte VII	Ertragreich, anfällig für Blattfallkrankheit, neigt zum Verrieseln
'Zitavia'	Ab Ende VI	Früheste weiße Sorte; wenig krankheitsanfällig, neigt etwas zum Verrieseln

SCHWARZ

'Ben Tirran'	Ab Anfang VII	Robust, wenig mehltauanfällig
'Bona'	Ab Anfang VII	Sehr große Beeren, robust, mehltautolerant
'Leandra'	Ab Ende VII	Wenig anfällig gegen Blattfallkrankheit, Mehltau und Gallmilben, etwas blütenfrostempfindlich
'Titania'	Ab Mitte VII	Robust, wenig anfällig gegen Mehltau, Rost und Gallmilben

fassen und zum Absterben bringen können. Befallene Ruten sollten ganz weggeschnitten werden.

In heißen und trockenen Sommern tritt öfter die an den Beeren saugende Brombeergallmilbe auf. Befallene Früchte reifen nicht mehr aus, sondern bleiben rot und hart und sollten umgehend beseitigt werden. Betroffene Triebe entfernt man spätestens im Herbst komplett.

Im Frühjahr können rapsölhaltige Mittel eingesetzt werden. Weitere Schädlinge sind Blattläuse, Blütenstecher (siehe Seite 165) und Himbeerkäfer (siehe Seite 309).

Ernte: Brombeeren reifen zwischen Juli und Oktober und werden einige Tage nach der Schwarzfärbung gepflückt. Vollreif sind sie, wenn sie sich leicht vom Blütenboden lösen.

Rote und weiße Johannisbeere (Ribes rubrum)

Sie eignen sich zum Einfrieren, lassen sich aber auch als Marmelade, Saft oder Likör köstlich „konservieren“. Aus den getrockneten Blättern lässt sich ein Tee bereiten, der bekömmlich ist und gegen Durchfall hilft.

ROTE JOHANNISBEERE

Ribes rubrum

✦ *Rote Ribisel*

Stachelbeergewächse (Grossulariaceae)

Johannisbeeren tragen ihren Erntetermin schon im Namen: Sie werden oft um den Johannistag am 24. Juni reif. Die seit dem späten Mittelalter kultivierte Rote Johannisbeere stammt von verschiedenen europäischen und nordasiatischen Wildformen ab. Zu ihr zählen auch die als Weiße Johannisbeeren bekannten Sorten mit gelblich weißen, manchmal auch zartrosa gefärbten Beeren.

Diese tragen zwar weniger üppig als rotfrüchtige Formen, dafür schmecken ihre Beeren süßer. Von Natur aus wachsen Johannisbeeren als gut meterhohe Sträucher, machen sich aber auch schön als Stämmchen mit Höhen zwischen 50 und gut 100 cm. Immer öfter werden zudem schlanke Säulenformen angeboten, die nur aus einem Haupttrieb mit sehr kurzen Seitentrieben bestehen.

Die Sträucher fruchten hauptsächlich an zwei- bis dreijährigen, kurzen Seitentrieben, die von den Langtrieben abzweigen. Die grünlichen Blütentrauben öffnen sich im April oder Mai und leiden bei frühen Sorten zuweilen unter Spätfrösten. Johannisbeeren sind selbstfruchtbar, das Pflanzen verschiedener Sorten macht aber die Ernte sicherer.

Die kleinen, kugeligen Beeren enthalten viel Vitamin C, Fruchtsäuren, Pektine, Mineral- und Gerbstoffe sowie Biophenole. Sie sollen antibakteriell wirken und das Immunsystem stärken.

Anbau und Pflege: Johannisbeeren mögen einen hellen, aber nicht prallsonnigen Standort, möglichst spätfrostgeschützt und auf humus- und nährstoffreichem, leicht saurem Boden. Gepflanzt wird im Herbst oder Frühjahr mit einem Abstand von 1,5–2 m. Säulenformen und kleine Fußstämmchen können etwas enger stehen, ebenso Sträucher, die eine Hecke bilden sollen und sich dann auch an einem Drahtspalier gut ziehen lassen. Setzen Sie die Sträucher so, dass die untersten Triebknospen knapp mit Erde bedeckt sind, und geben Sie den jungen Pflanzen eine Stütze. Hochstämmchen und Säulenformen benötigen dauerhaft einen Stützpfahl.

Ab Mitte Mai empfiehlt sich Mulchen, bei Trockenheit sollte man kräftig gießen, zum Austrieb im Frühjahr wird Kompost oder organischer Dünger eingearbeitet. Wenn nötig, gibt man nach der Ernte nochmals Kompost.

Im Spätsommer, gleich nach der Ernte, schneidet man überalterte, dunkle Haupttriebe direkt über dem Boden heraus. Angestrebt wird ein Strauch mit acht bis zwölf Haupttrieben.

Pflanzenschutz: Unter Verrieseln versteht man das Abfallen von noch grünen Früchten. Hauptursachen sind unzureichende Bestäubung, Fröste, nasskaltes Wetter, starke Temperaturschwankungen und Trockenheit während der Blüte. Auch zu stickstoffreiche Düngung oder versäumter Schnitt können das Verrieseln fördern. Allgemeine Vorbeugungsmaßnahmen (siehe Seite 143) sind wichtig, um pilzliche Blattfall- und Blattfleckenkrankheiten, Grauschimmel und ähnliche Erreger an der Ausbreitung zu hindern. Nach einem Befall sollen Falllaub und am Strauch verbliebene Früchte sorgfältig entfernt werden.

Der Stachelbeermehltau befällt vor allem die Triebspitzen, die man konsequent zurückschneiden sollte, wenn sie einen weißlichen Belag zeigen.

Sortenbeispiele: Die Sorten werden nach Fruchtfarbe (rot, weiß) und Reifezeit (früh, mittelfrüh, spät) unterteilt.

Ein wichtiges Kriterium ist auch die Anfälligkeit für das Verrieseln. Eine kleine Auswahl wird in der Übersicht auf Seite 311 vorgestellt.

Ernte: Je nach Sortenwahl kann sich die Erntezeit von Ende Juni bis in den August hinein ziehen. Schneiden Sie die vollreifen Beerentrauben am besten als Ganzes ab. Die Früchte sind nur wenige Tage lagerfähig, lassen sich aber einfrieren – und natürlich zu feiner Marmelade und köstlichem Saft verarbeiten.

Schwarze Johannisbeere (Ribes nigrum)

SCHWARZE JOHANNISBEERE

Ribes nigrum

✦ *Schwarze Ribisel, Ahlbeere, Cassis*
Stachelbeergewächse (Grossulariaceae)

Lange Zeit standen die herben schwarzen Beeren im Schatten der beliebteren roten und weißen Früchte. Seit sich herumgesprochen hat, dass sie nur so vor gesunden Inhaltsstoffen strotzen, bekommen sie immer öfter einen Platz im Garten. Ihr außerordentlich hoher Vitamin-C-Gehalt ist geradezu unschlagbar.

Außerdem stecken in ihnen recht viel Vitamin E, Kalzium, Eisen und Kalium sowie reichlich Anthocyane (Biophenole), die freie Radikale unschädlich machen und sogar Krebserkrankungen hemmen sollen. In der Volksheilkunde verwendet man die Schwarze Johannisbeere als Gicht- und Rheumamittel.

Der in Europa und Westasien beheimatete Strauch wird ebenso wie die Rote Johannisbeere auch als Stämmchen und schmale Säulenform angeboten. Er blüht und fruchtet hauptsächlich an ein- und zweijährigen, langen Seitentrieben.

Johannisbeersorten sind selbstfruchtbar, fruchten aber sicherer und besser, wenn eine zweite Sorte dazugepflanzt wird. Früh blühende Sorten können durch Blütenfröste beeinträchtigt werden.

Anbau und Pflege: Schwarze Johannisbeeren gedeihen und reifen am besten an einem sonnigen Standort.

Ansonsten sind Ansprüche und Pflege sehr ähnlich wie bei der Roten Johannisbeere (siehe Seite 312). Sträucher sollten allerdings eine Handbreit tiefer gepflanzt werden, als sie im Verkaufstopf beziehungsweise im Baumschulbeet standen, um die Bildung von Neutrieben aus der Basis anzuregen.

Beim Schnitt entfernt man jeweils alle Haupttriebe, die älter als drei Jahre sind. Angestrebt wird ein Strauchaufbau mit zehn bis zwölf Haupttrieben.

Sortenbeispiele: Man unterscheidet zwischen frühen, mittelfrühen und späten Sorten, die zwischen Anfang und Ende Juli reifen. Empfehlenswert sind Züchtungen mit geringer Krankheits- und Schädlingsanfälligkeit.

Einige bewährte Sorten sind in der Übersicht auf Seite 311 aufgeführt.

Pflanzenschutz: Grundsätzlich wie bei der Roten Johannisbeere. Das Verrieseln tritt seltener auf. Dagegen ist die Art stärker vom Johannisbeersäulenrost bedroht: Die Blätter befallener-Pflanzen zeigen unterseits ab Juni orangegelbe Pusteln und fallen vorzeitig ab. Man sollte die Sträucher möglichst nicht in die Nähe fünfnadeliger Kiefernarten wie Weymouthskiefer pflanzen, da diese dem Rostpilz als Winterwirt dienen. Auch die Johannisbeergallmilbe schädigt hauptsächlich die Schwarze Johannisbeere; sie verursacht dick angeschwollene Knospen, die nicht austreiben und vertrocknen. Brechen Sie solche Knospen am besten schon im Winter aus und schneiden Sie stark befallene Triebe zurück.

Ernte: Pflücken Sie die Sträucher im Juli ab Schwarzfärbung der Früchte regelmäßig durch. Die Beerentrauben werden am besten komplett abgeschnitten.

Man kann sie einfrieren oder zu Marmelade, Saft und Likör verarbeiten.

Stachelbeere (Ribes uva-crispa)

STACHELBEERE

Ribes uva-crispa

Stachelbeergewächse (Grossulariaceae)

Der bis 1,5 m hohe, stachelig bewehrte Strauch ist in lichten Wäldern Europas und Asiens beheimatet und wird seit dem späten Mittelalter kultiviert. Ihre Glanzzeit hatte die Stachelbeere oder „Gooseberry" im 18. und 19. Jahrhundert in England, der Heimat der meisten Kultursorten, die teils unter Einkreuzung nordamerikanischer Arten entstanden sind. Pflanzen kann man sie als Strauch, Stämmchen oder in schmalen Spindel- beziehungsweise Säulenformen.

Stachelbeersorten sind selbstfruchtbar, die Ernte fällt aber üppiger aus, wenn man eine weitere Sorte dazu setzt. Ihre zwischen April und Mai erscheinenden grünlichen, krugförmigen Blüten sind etwas spätfrostgefährdet. Die besten Beeren reifen an den ein- und zweijährigen Seitentrieben.

Die bei Reife grünen, gelben oder roten, süß säuerlichen Früchte enthalten reichlich Vitamin C und weitere Vitamine sowie Mineralstoffe. Sie fördern die Verdauung und sollen sogar gegen Verstopfung wirken.

Anbau und Pflege: Die Sträucher sind recht anspruchslos und gedeihen gut auf mittelschweren, humosen, durchlässigen Böden in sonniger oder halbschattiger, möglichst spätfrostgeschützter Lage. Gepflanzt wird im Herbst oder Frühjahr mit einem Abstand von 1,5–2 m. Spindeln und kleine Stämmchen können etwas enger gesetzt werden.

Die jungen Pflanzen erhalten einen Stützstab, den Hochstämmchen und Spindeln zeitlebens brauchen. Sträucher lassen sich auch am Drahtspalier ziehen. Stachelbeeren setzt man nur so tief, wie sie vorher in der Baumschule beziehungsweise im Container standen.

Im Frühjahr bringt man eine Schicht Kompost um die Sträucher herum aus. Gießen Sie bei Trockenheit und mulchen Sie nach den letzten Spätfrösten den Boden.

Nach der Ernte schneidet man alle Triebe heraus, die älter als vier Jahre sind. Ein Strauch sollte nicht mehr als acht bis zwölf starke Triebe haben, damit er luftig bleibt (siehe auch Seite 133). Zur Vorbeugung gegen den Stachelbeermehltau sollte man im Herbst dann alle Triebspitzen um 5–10 cm einkürzen.

Sortenbeispiele: Man unterscheidet grün-, rot- und gelbfrüchtige Sorten. Frühe reifen ab Mitte Juli, späte erst im August. Als Sorten mit hoher Widerstandsfähigkeit gegen Stachelbeermehltau und teils auch geringer Anfälligkeit für Blattfallkrankheit gelten zum Beispiel: 'Hinnonmäki' (als gelb- und rotfrüchtige Form erhältlich, früh bis mittelfrüh), 'Invicta' (hellgrün, mittelfrüh), 'Mucurines' (grün, mittelspät bis spät), 'Redeva' (rot, mittelfrüh), 'Rixanta' (gelb, mittelspät bis spät), 'Rolonda' (rot, spät, platzfest). Fast stachellos sind zum Beispiel 'Larell' (rot, mittelspät) und 'Pax' (rot, mittelfrüh).

Pflanzenschutz: Bei Befall mit dem Amerikanischen Stachelbeermehltau zeigen junge Triebspitzen einen weißlichen Belag, der auf die Beeren übergreifen kann, die sich dann braun färben. Der Schadpilz überwintert in den Knospen der Triebspitzen. Befallene Triebe sollten kräftig zurückgeschnitten und erkrankte Beeren komplett entfernt werden.

Achten Sie ab Frühjahr auf Eigelege, Larven oder Raupen von Stachelbeerspanner und -blattwespe und sammeln Sie diese frühzeitig ab. Im Hochsommer können die Früchte durch Sonnenbrand geschädigt werden.

Ernte: Pflücken Sie die Sträucher mehrmals durch. Für den Frischgenuss erntet man die Beeren vollreif, für Marmeladen, Gelees und zum Einkochen oder Einfrieren, wenn sie noch etwas härter sind.

JOSTABEERE

Ribes x nidigrolaria

✦ *Josta, Jochelbeere*

Stachelbeergewächse (Grossulariaceae)

Die Jostabeere entstand als eigenständige Kreuzung aus der Schwarzen Johannisbeere und der Stachelbeere. Der bis 2 m hohe, stachellose Strauch ist im Allgemeinen starkwüchsiger und robuster als seine Elternarten. Seine haselnuss- bis kirschgroßen, tiefbraunen bis schwarzroten Beeren reifen von Juli bis August und besitzen das feinsäuerliche Aroma der Stachelbeeren mit dem herben Beigeschmack der Schwarzen Johannisbeeren, denen sie auch mit einem hohen Vitamin-C-Gehalt nahe kommen. Jostabeeren werden meist in Buschform, gelegentlich auch als Stämmchen angeboten. Sie sind selbstfruchtbar und tragen spätestens ab dem dritten Jahr reichlich Früchte, sowohl an einjährigen Langtrieben als auch an Kurztrieben am älteren Holz. Die sich ab April öffnenden gelblichen Blütentrauben sind etwas spätfrostgefährdet.

Jostabeere (Ribes x nidigrolaria)

Anbau und Pflege: Die Sträucher werden im Herbst oder zeitigen Frühjahr an einen sonnigen, etwas geschützten Platz in humosen, durchlässigen, am besten leicht sauren Boden gesetzt. Wegen ihres kräftigen, ausladenden Wuchses brauchen sie mindestens 2,5 m Abstand zu anderen Pflanzen. Da auch älteres Holz fruchtet, muss man die Haupttriebe nicht regelmäßig erneuern.

Mit der Zeit werden die stark verzweigten Sträucher aber recht dicht. Deshalb lichtet man sie etwa ab dem fünften Jahr nach der Ernte öfter aus. Ansonsten pflegt man die Jostabeere wie Johannisbeeren (siehe Seite 260).

Sortenbeispiele: Jostabeeren findet man im Handel oft ohne Sortenbezeichnung.
Es gibt aber auch Züchtungen, die als besonders widerstandsfähig gegen Rostpilze, Stachelbeermehltau, Blattfallkrankheit und Johannisbeergallmilbe gelten, so etwa 'Jostine' (stark aufrechter Wuchs; mittelspäte Reife) und 'Jogranda' (mittelstarker Wuchs, frühe Reife).

Pflanzenschutz: Grundsätzlich können dieselben Krankheiten und Schädlinge wie an den Elternarten auftreten, Jostabeeren sind aber in der Regel weniger anfällig.

Ernte: Da die Früchte nicht gleichzeitig reifen, wird mehrmals durchgepflückt.
Wenn man den Geschmack mag, munden sie frisch vom Strauch, sie lassen sich aber auch zu Marmelade oder Saft verarbeiten, einkochen und einfrieren.

HEIDELBEERE

Vaccinium corymbosum

✦ *Kulturheidelbeere, Blaubeere*

Heidekrautgewächse (Ericaceae)

In Wäldern, Heidemooren und Zwergstrauchheiden wächst unsere heimische Heidel- oder Bickbeere (Vaccinium myrtillus), deren besonders vitaminreiche, kleine, schwarzblaue Beeren seit jeher gesammelt werden.

Für den Garten eignet sich aber wesentlich besser die Kulturheidelbeere (Vaccinium corymbosum) mit großen, süßeren Früchten, die von nordamerikanischen Wildarten abstammt. Die bis 3 m hohen Sträucher wachsen sehr langsam und etwas sparrig und tragen glänzend dunkelgrüne, spitzovale Blätter, die sich im Herbst oft attraktiv rot verfärben. Im Mai zeigen sich kleine weiße, krugförmige Blüten, aus denen sich die ab Juli reifenden Früchte entwickeln.

Besonders reich blühen und fruchten einjährige Bodentriebe und dann im Folgejahr ihre kurzen Seitentriebe. Den höchsten Ertrag liefern die Sträucher nach etwa sechs Jahren und können dann bis zu 30 Jahre lang tragen.

Kulturheidelbeeren sind selbstfruchtbar, doch die Nachbarschaft von einer, besser noch zwei anderen Sorten steigert den Ertrag. Spätfrostschäden an Blüten treten relativ selten auf.

Heidelbeeren sind reich an Vitamin C sowie an Eisen, Kalium und Natrium. Sie verfügen über einen hohen Gehalt an Anthocyanen, die freie Radikale (chemisch aggressive Moleküle im Körper) unschädlich machen können. Getrocknete Beeren gelten als bewährtes Mittel gegen Magen-Darm-Erkrankungen, während frische eher abführend wirken.

Anbau und Pflege: Heidelbeeren brauchen Sonne, stehen aber nicht gern in der prallen Sommerhitze und am besten etwas windgeschützt. Sie zählen zu den Moorbeetpflanzen und benötigen einen sauren Boden (ph-Wert 3,5–4,5), der humos und gut durchlässig, aber nicht allzu nährstoffreich sein sollte. Der pH-Wert kann durch Einarbeiten von reichlich Nadelkompost oder Rhododendrenerde abgesenkt werden. Oder man gräbt an der Pflanzstelle eine große Bauwanne ein, die zuvor mit Löchern am Boden versehen wurde, bringt zuunterst eine Dränageschicht aus Kies ein und füllt sie dann mit Rhododendronerde auf.

Wählen Sie Pflanzen aus, die bereits mehrere Seitentriebe entwickelt haben. Die Sträucher werden im Frühjahr oder Herbst mit einem Abstand von 1,5–2 m gepflanzt – dies nicht zu tief, sondern so, dass der Wurzelballen gerade eben mit Erde bedeckt ist. Heidelbeeren reagieren empfindlich auf Trockenheit. Am meisten Wasser brauchen sie etwa drei bis fünf Wochen vor der Ernte. Gießen Sie möglichst nicht mit kalkhaltigem Wasser, da

Links: Preiselbeere (Vaccinium vitis-idaea); rechts: Heidel- oder Blaubeere (Vaccinium corymbosum)

dies zu Blattvergilbungen führen kann. Günstig ist eine Bodenbedeckung mit einer etwa 5 cm dicken Schicht aus verrotteter Nadelstreu oder Rindenmulch. Im Frühjahr düngt man die Sträucher zurückhaltend mit Kompost oder kalkarmem Dünger. Erst ab dem vierten oder fünften Jahr muss man gelegentlich nach der Ernte oder im Frühjahr auslichten.

Für den Strauchaufbau genügen fünf bis acht Haupttriebe, die nicht älter als drei oder vier Jahre sein sollten.

Sortenbeispiele: 'Bluecrop' (mittelfrüh reifend, sehr frosthart), 'Duke' (früh), 'Goldtraube' (mittelspät bis spät, sehr robust), 'Hardy Blue' (mittelspät, auch für weniger saure Böden), 'Poppins' (mittelfrüh, gering krankheitsanfällig, sehr frosthart), 'Reka' (früh, gering krankheitsanfällig, sehr frosthart, auch für weniger saure Böden), 'Sunshine Blue' (spät, auch für weniger saure Böden), 'Top Hat' (mittelspät bis spät, niedrig wachsend).

Pflanzenschutz: Heidelbeeren werden relativ selten von Schaderregern geplagt. Zuweilen treten an ungünstigen Standorten Wurzelfäulen auf. Andere Schadpilze verursachen, besonders bei übermäßiger Stickstoffdüngung, das Triebsterben; erkrankte Triebe sind dann kräftig zurückzuschneiden. Die Raupen des Frostspanners können Schäden verursachen, indem sie die Knospen einspinnen und sie von innen fressen. Befallene Triebe sollten rechtzeitig entfernt werden.

Ernte: Die Beeren reifen nach und nach von Juli bis September, sodass sich die Erntezeit mehrere Wochen hinzieht.

Wenn man Heidelbeeren möglichst lange am Strauch belässt, schmecken sie besonders süß. Sie lassen sich im Kühlschrank einige Wochen lagern, eingefroren etwa ein halbes Jahr.

PREISELBEERE

Vaccinium vitis-idaea

Moosbeere, Kronsbeere, Riffelbeere

Heidekrautgewächse (Ericaceae)

Wilde Preiselbeeren findet man auf nährstoffarmen, sauren Böden in Norddeutschland, in den Mittelgebirgen und in den Alpen bis

3000 m Höhe. Sie wachsen nur 10–30 cm hoch und treiben aus unterirdischen Ausläufern kriechende bis aufsteigende Sprosse, die nur zum Teil verholzen.

Ihre kleinen, ledrigen Blätter sind immergrün, von Mai bis August erscheinen weiße bis rosa überhauchte, glockige Blüten in hängenden Trauben, ab Juli die kleinen, glänzend, roten Beeren.

Ähnlich, nur teils ein wenig größer, präsentieren sich die Kultursorten, die sich mit ihren besonderen Bodenansprüchen zum Beispiel gut als Bodendecker unter Rhododendren einsetzen lassen. Das Pflanzen mehrerer Sorten verbessert den Fruchtansatz der an und für sich selbstfruchtbaren Preiselbeeren.

Eine des Öfteren angebotenen Verwandte ist die nordamerikanische Cranberry, Kranichbeere oder Große Moosbeere (Vaccinium macrocarpon) mit größeren Früchten. Reichlich Vitamine, Mineralstoffe sowie Flavonoide machen auch die herbsauren Preiselbeeren zu einem ausgesprochen gesunden Gaumengenuss.

Anbau und Pflege: Entscheidend für das Gelingen der Kultur sind die Bodenverhältnisse: Die Halbsträucher benötigen einen sauren Boden (ph-Wert 3 bis 4,5), der sehr gut durchlässig und am besten sandig humos sein sollte. Sind solche Verhältnisse im Garten nicht gegeben, wird der Boden wie bei der Pflanzung von Heidelbeeren vorbereitet und zusätzlich reichlich Sand untergemischt.

Gepflanzt wird vorzugsweise im Frühjahr mit 25–40 cm Abstand. Setzt man die Pflanzen etwas tiefer in den Boden, als sie im Topf standen, treiben sie fleißig Ausläufer.

Preiselbeeren müssen selbst auf sandigen Böden selten gegossen werden. Nur bei anhaltend trockenem Wetter versorgt man sie mit kalkarmem Wasser. Eine Mulchdecke aus Nadelstreu und Sägespänen oder Rindenmulch sorgt für günstige Bodenverhältnisse. Im Frühjahr erhalten die kleinen Halbsträucher etwas Kompost oder alle zwei bis drei Jahre einen kalkarmen Dünger.

Schneiden Sie gelegentlich die ältesten, abgetragenen Triebe heraus. Eine Abdeckung mit Nadelholzreisig hilft, den Winter besser zu überstehen.

Sortenbeispiele: 'Koralle' (besonders herbsaurer Geschmack), 'Erntesegen', 'Red Pearl'.
Pflanzenschutz: Man sollte die Sträucher nur sehr zurückhaltend düngen, da sie sonst für Pilzkrankheiten anfällig werden. Schädlinge treten kaum auf.
Ernte: Die Beeren werden in zwei Schüben reif: im Juli und dann nochmals im September/Oktober für die Haupternte. Man isst sie frisch oder bereitet aus ihnen Kompott und Marmelade, etwa als Beilage zu Wildgerichten oder Mehlspeisen. Man kann sie auch einfrieren, zu Saft pressen und zu Likör verarbeiten.

KIWI

Actinidia-Arten

☼

✦ *Strahlengriffel, Chinesische und Japanische Stachelbeere* ♣ *Strahlengriffelgewächse (Actinidiaceae)*

Die bis 8 m hoch schlingenden Kiwipflanzen liefern nicht nur leckere, vitaminreiche Früchte, sondern sind mit ihren großen herzförmigen Blättern und schalenförmigen weißen Blüten ab Juni auch sehr attraktive Klettergehölze. Dass man sie trotzdem selten in den Gärten sieht, liegt vor allem an der bekannten Frostempfindlichkeit des Chinesischen Strahlengriffels (Actinidia deliciosa), der auch Chinesische Stachelbeere genannt wird und die bekannten großen Früchte mit brauner, behaarter Schale liefert. Strenge Kälte kann nicht nur den Pflanzen zusetzen, sondern auch eine vorzeitige Ernte der spät im Herbst reifenden Früchte nötig machen. Diese Art lässt sich am sichersten im Weinbauklima kultivieren.

Mittlerweile gibt es aber auch mehrere Sorten der sogenannten Minikiwi oder Japanischen Stachelbeere (A. arguta), die wesentlich robuster und frosthärter ist. Ihre walnussgroßen, glattschaligen Früchte reifen etwas früher aus und können samt Schale gegessen werden. Sie schmecken wie ein Aroma-Cocktail aus Kiwi, Feige und Stachelbeere.

Einen „Schwachpunkt" haben die Minikiwis allerdings mit den großfrüchtigen Sorten gemein: Die Jungtriebe erscheinen bereits früh im März und sind durch Frühlingsfröste gefährdet. Wenn es sich dabei um Seitentriebe handelt, die von einjährigen Trieben aus dem Vorjahr abzweigen, kann das die Ernte beeinträchtigen: Denn an diesen neuen Seitentrieben bilden sich die Früchte, hauptsächlich an ihrer Basis, bei Minikiwis teils auch in Nähe der Triebspitze.

Beide Arten sind von Natur aus zweihäusig; das heißt, dass die Fruchtsorten meist rein weibliche Blüten tragen und eine männliche Befruchtersorte dazugepflanzt werden muss. Im Angebot sind aber auch einige selbstfruchtbare, einhäusige Züchtungen. Allerdings sind bei diesen manchmal Blütenentwicklung und Fruchtansatz beeinträchtigt.

Kiwis (Actinia-Arten)

Anbau und Pflege: Kiwis lieben sonnige, warme, windgeschützte Plätze mit humosem, nährstoffreichem, durchlässigem, leicht saurem Boden. Prallsonnige Südwände sind allerdings ungeeignet.

Zum Hochwinden benötigen die Schlingpflanzen ein stabiles Drahtspalier, Rankgerüst, einen kräftigen Zaun oder eine Pergola. Am besten kauft man veredelte oder stecklingsvermehrte Pflanzen, die schon nach zwei bis drei Jahren blühen, und pflanzt sie gegen Mitte Mai. Die großfrüchtigen Sorten benötigen einen Abstand von 3–5 m, für die Minikiwis genügen 2–3 m. Von den männliche Befruchtersorten, die man mit 1–2 m Abstand daneben setzt, reicht ein Exemplar für bis zu acht weibliche.

Vor allem in den ersten Jahren ist eine Winterschutzabdeckung im Wurzelbereich und an der Sprossbasis ratsam. Geben Sie den Schlingern während der Wachstumszeit und Fruchtbildung stets ausreichend Wasser. Eine dicke Mulchschicht schützt den Boden vor dem Austrocknen. Im Frühjahr versorgt man die Pflanzen mit einer Gabe Kompost. Die zeitig erscheinenden Jungtriebe sollten bei Frostgefahr möglichst mit Vliesen geschützt werden.

Großfrüchtige Kiwipflanzen werden meist mit einem Mitteltrieb und waagerecht abzweigenden, etagenartig angeordneten Haupttrieben gezogen. An der Pergola kann man die Haupttriebe etwas lockerer verteilen. Eher locker ordnet man auch die Haupttriebe der Minikiwis an, sofern man sie nicht sternartig auf der Pergola verteilt (siehe Seite 135). Wenn sich ab dem dritten Jahr die fruchttragenden Triebe bilden, wird besonders bei großfrüchtigen Sorten ein regelmäßiger Auslichtungsschnitt nötig, zwischen Februar und spätestens Mitte März. Die großfrüchtigen Pflanzen erfordern zudem im Sommer einen Rückschnitt der Fruchttriebe.

Sortenbeispiele: Teils werden die Sorten im Handel als „Pärchen" angeboten, sodass gleich eine passende Befruchtersorte dabei ist. Minikiwis: 'Kens Red' (rotschalig und -fleischig), 'Julia' („Sachsen-Kiwi"),'Maki' (rotschalig), 'Weiki' (die bewährte „Bayern-Kiwi"). Männliche Befruchtersorten: 'Maskulino', 'Milano', 'Romeo'. Selbstfruchtbar: 'Issai' Großfrüchtige Kiwis: 'Hayward', 'Monty', 'Starella', 'Yellow Sunrise'. Männliche Befruchtersorten: 'Atlas', 'Matua', 'Tomuri'. Selbstfruchtbar: 'Jenny', 'Solo'.

Pflanzenschutz: Krankheiten und Schädlinge treten selten auf, besonders Minikiwis bleiben in der Regel verschont. Allerdings muss man junge Pflanzen eventuell vor Schneckenfraß

schützen. Gelegentlich verursachen Schadpilze braune Flecken an Blättern oder Früchten, besonders an zu selten ausgelichteten Pflanzen. Befallene Früchte sollten umgehend entfernt, betroffene Triebe stark zurückgeschnitten oder entfernt werden.
Ernte: Die großfrüchtigen Sorten reifen meist erst ab Ende Oktober, teils erst Mitte November. Man lässt die Kiwis möglichst ausreifen, pflückt sie aber in jedem Fall vor den ersten stärkeren Frösten. Sie können bei Zimmertemperatur nachreifen. Bei Minikiwis reifen die ersten Früchte ab Ende September und können dann einzeln gepflückt oder ästchenweise abgeschnitten werden. Besonders gut schmecken sie frisch, etwa unter Joghurt und Quark gemischt. Sie lassen sich aber auch vielseitig verarbeiten (zum Beispiel zu Saft, Marmelade, Kompott), einkochen und einfrieren.

WEINREBE

Vitis vinifera

Rebengewächse (Vitaceae)

Schon um 3 500 v. Chr. bauten die Ägypter und die Babylonier Weinreben an, und im alten Griechenland und Rom gehörte das Rankgewächs mit den fruchtigen Trauben zu den wichtigsten Kulturpflanzen. Als eine der Urformen gilt die Wilde Weinrebe (Vitis vinifera ssp. sylvestris), eine Liane der Auwälder im Mittelmeerraum und am südlichen Oberrhein.

Manche passionierte Hobbywinzer verwandeln ihr Grundstück in einen kleinen Weinberg und rüsten sich mit Zubehör und Fachwissen zum Keltern aus. Doch hauptsächlich pflanzt man im Garten Reben, die köstliche Trauben zum Naschen liefern. Dabei handelt es sich um spezielle Tafeltraubensorten, die auch mit rauerem Klima zurechtkommen und meist widerstandsfähig gegen die häufigsten Pilzkrankheiten sind. Sie wurden mit einer dicken Schale gezüchtet, damit sich ihr Saft längere Zeit in der Frucht hält.

Im Garten erweisen sich die bis 10 m hoch rankenden Gehölze mit den großen, tief eingeschnittenen, frischgrünen Blättern zudem als dekorative Kletterpflanzen, die beispielsweise eine Pergola lauschig beschatten können. Die meisten blaufrüchtigen Sorten warten zudem mit einer wunderschönen roten Herbstfärbung auf.

Die zwischen Mai und Juni erscheinenden, gelbgrünen traubenartigen Blütenrispen fallen allerdings wenig ins Auge. Weinreben blühen und fruchten ebenso wie Kiwis an jungen, diesjährigen Trieben, die von Trieben aus dem Vorjahr abzweigen. Die Kultursorten sind selbstfruchtbar. Ihre umgangssprachlich als Trauben bekannten Beeren reifen je nach Sorte ab August. Den Genuss versüßen hohe Gehalte an Fruchtzucker und bekömmliche Fruchtsäuren, der Gesundheit kommen recht hohe Anteile an Vitaminen und Mineralstoffen zugute.

Anbau und Pflege: Weinreben brauchen viel Sonne und einen warmen, geschützten Platz. Besonders in weniger klimabegünstigten Regionen ist ein Platz an einer Südwand die beste Wahl. Die Pflanzen gedeihen auf jedem normalen Gartenboden, sofern er gut durchlässig und tiefgründig ist; schwere, zu Verdichtung und Staunässe neigende Böden scheiden aus. Weinreben lassen sich auch gut in einem großen Kübel auf Terrasse oder Balkon kultivieren. Man kann die Reben an einem Drahtspalier, Rankgitter oder an der Pergola hochziehen. Als Pflanzgut kommen nur sogenannte Pfropfreben infrage, die auf blutlausresistente Wurzelunterlagen veredelt sind. Die beste Pflanzzeit ist der April. Wer mehrere Rebstöcke pflanzt, setzt sie je nach Wuchsstärke und Erziehungsform mit 1,5–3 m Abstand. Pflanzen Sie so tief, dass die Veredlungsstelle etwa 5 cm über die Bodenoberfläche kommt. Wenn die Rebe an einer Wand wachsen soll, setzen Sie den Ballen etwas schräg und mit 20–30 cm Abstand zur Fassade hin ein. Anfangs hilft ein Stützstab direkt neben der Pflanze bei der Erziehung eines geraden Haupttriebs, auch wenn die weiteren Triebe dann ans Spalier geheftet werden.

Die Weinrebe lässt sich auf ganz unterschiedliche Weise ziehen, zum Beispiel als schmale Pfahlrebe, mit Stamm und waagrecht gebundenen Haupttrieben am Spalier oder mit

'Regent'
'Königliche Esther'
'Bianca'
'Lakemont'
'Glenora'
'Vanessa'
'Rosetta'
'Muscat bleu'

Blaue Tafeltrauben 'Osella' grüne Tafeltrauben 'Romulus'

girlandenartig angeordneten Gerüsttrieben an Fassade oder Pergola. Einige Beispiele finden Sie auf Seite 133 f. Entscheidend beim Schnitt ist, dass sich immer wieder diesjährige, fruchttragende Seitentriebe am einjährigen Holz bilden, dies aber nicht im Übermaß, damit sich die angesetzten Früchte gut entwickeln. Dazu schneidet man im Frühjahr einjährige Triebe beziehungsweise Triebe, die im letzten Jahr gefruchtet haben, immer wieder auf ein bis zwei Knospen zurück und lässt über der oberen Knospe einen etwa 2 cm langen Zapfen stehen. Weitere Maßnahmen im Sommer wie Einkürzen der Fruchttriebe verhelfen dann zu guter Ausreife.

Ältere, gut eingewurzelte Reben müssen nur gegossen werden, wenn es während der Fruchtentwicklung sehr trocken ist. Mulchen erhält die Bodenfeuchtigkeit. Jährlich im Frühjahr versorgt man die Rebstöcke mit Kompost, falls nötig, auch mit magnesium- und kalireichem Volldünger. In rauen Lagen muss die Pflanzenbasis im Winter gut abgedeckt werden. Sie können die Reben auch bis über der Veredlungsstelle anhäufeln, sollten die Erde dann aber im März wieder entfernen. Bedrohen Spätfröste im April oder Mai den jungen Austrieb, hilft eine Vliesabdeckung. Sehr kühles oder nasses Wetter während der Befruchtung kann zum Verrieseln führen, das heißt, zum Abfallen vieler Blüten oder auch junger Früchte. Manche Sorten sind dafür besonders anfällig.

Sortenbeispiele: Sie können zwischen grün oder gelblich, blau bis violett und hell rötlich bis rosa abreifenden Sorten wählen, teils auch mit kernlosen Früchten. Für rauere Lagen empfehlen sich eher früh reifende Sorten. Ein kleine Auswahl von Sorten mit geringer Krankheitsanfälligkeit stellt die tabellarische Übersicht rechts vor.

Pflanzenschutz: Obwohl die meisten Tafeltraubensorten widerstandsfähig sind, können bei starkem Befallsdruck, besonders in Weinbauregionen, Echter und Falscher Mehltau sowie Grauschimmel auftreten und Blätter wie Früchte schädigen. Luftige Erziehung, zurückhaltende Stickstoffdüngung und eventuell das Pflanzen unter einem Dachvorsprung beugen vor.

Kranke Beeren und Triebe sollten umgehend entfernt werden, ebenso Blätter, die we-

PILZFESTE TAFELTRAUBEN FÜR DEN GARTEN

GRÜNE BIS GELBE BEEREN

Sorte	Reifezeit	Hinweise
'Bianca'	Ab Ende VIII	Mittelstark wachsend, sehr frosthart, etwas sonnenbrandanfällig
'Glenora'	Ab Mitte IX	Wenig Kerne; mittelstark wachsend, sehr frosthart
'Lakemont' (= 'New York')	Ab Mitte IX	Kernlos; starkwüchsig, recht robust
'Romulus'	Ab Mitte IX	Kernlos; starkwüchsig, gut frosthart, rötliche Herbstfärbung

BLAUE BEEREN

Sorte	Reifezeit	Hinweise
'Königliche Esther'	Ab Ende VIII	Wenig Kerne; mittelstark wachsend, robust, rote Herbstfärbung
'Muscat bleu'	Ab Ende VIII	Starkwüchsig, sehr frosthart, gelbe Herbstfärbung
'Osella'	Ab Ende VIII	Starkwüchsig, sehr frosthart, rote Herbstfärbung
'Regent'	Ab Anfang IX	Mittelstark wachsend, robust, gelbrote Herbstfärbung
'Venus'	Ab Ende VIII	Kernlos; starkwüchsig, robust, rote Herbstfärbung

ROSA BEEREN

Sorte	Reifezeit	Hinweise
'Decora'	Ab Ende VIII	Mittelstark wachsend, robust
'Suffolk Red'	Ab Anfang IX	Kernlos; starkwüchsig, robust
'Vanessa'	Ab Anfang IX	Kernlos; mittelstark wachsend, sehr frosthart, rote Herbstfärbung

gen Milbenbefalls stark gekräuselt sind oder pockenartige Wölbungen zeigen. Vor Fruchtfraß durch Vögel und Wespen schützen engmaschige Netze oder Gazebeutel, die an die Traubenstiele gebunden werden.

Ernte: Im zweiten oder dritten Jahr trägt die Rebe die ersten Trauben, die je nach Sorte zwischen August und Oktober vollreif gepflückt werden. Eine reiche Ernte lässt sich in Form von Saft, Marmelade, Gelee oder Traubenlikör „konservieren". Zum Keltern eines guten Weins sind die meisten Tafeltraubensorten allerdings nicht geeignet.

FEIGE

Ficus carica

☼

✦ *Echte Feige*

Maulbeergewächse (Moraceae)

Der Feigenbaum stammt ursprünglich aus Südwestasien, wird aber im Mittelmeerraum schon lange als Obstgehölz angebaut. Auch weiter nördlich fand man Gefallen an dem Maulbeergewächs und seinen schmackhaften Früchten. Das Auspflanzen war aber nur in

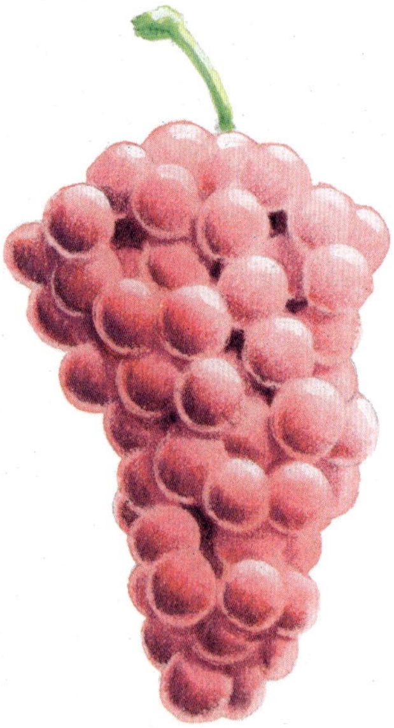

Rote Weinbeeren (Vitis vinifera)

manchen wintermilden Regionen erfolgreich, etwa im Weinbau- oder Küstenklima. Andernorts konnte man Feigenbäumchen nur als dekorative Kübelpflanzen genießen.

Doch mit der Klimaerwärmung wurde der Anbau auch in anderen Landstrichen interessant. Zugleich entstanden neue, kälteverträglichere Züchtungen. Diese brauchen außerdem keine Bestäubung, um Früchte zu bilden. Denn bei den alten, südländischen Fruchtsorten gelang das nur mithilfe einer bestimmten Gallwespe, die hierzulande nicht vorkommt. Trotz alledem bleiben Feigenbäume etwas heikle Gartengehölze. Sie sind vor allem im Jugendstadium empfindlich gegen stärkere Fröste.

Die kleinen Blüten der Feigenbäume sind gewissermaßen versteckt in kugeligen bis birnförmigen, grünen Blütenständen. Diese wandeln sich dann während der Reife um zu den Feigen, bei denen es sich um Fruchtstände handelt. Die eigentlichen Früchte sind die vielen „Kernchen", verteilt im grünen oder roten Fruchtfleisch. Das ähnelt ein wenig den nah verwandten Maulbeeren: Sie bilden sogenannte Sammelfrüchte, zusammengesetzt aus kleinen Einzelfrüchten; ebenso wie zum Beispiel Brombeeren und Erdbeeren.

Die ansprechenden Gehölze wachsen als kurzstämmige Bäume oder breite Sträucher, zwischen 2 und 4 m hoch, mit großen, gelappten, glänzend dunkelgrünen Blättern. Ihre Fruchtschalen sind je nach Sorte braun, grün oder violett.

Anbau und Pflege: Der Standort sollte viel Sonne abbekommen und möglichst geschützt sein vor Frösten und kalten Winden. Gut eignet sich ein Platz vor einer Südwand. Die Feigenbäume lieben warme, tiefgründige, sandig lehmige, humose Böden. Bester Pflanzzeitpunkt ist das Frühjahr, sobald keine Fröste mehr drohen.

Während der Hauptwachstumszeit brauchen die Feigen viel Wasser. Eine Mulchschicht rund um die Pflanzenbasis reduziert die Verdunstung. Wurde das Gehölz in einen humosen, nicht allzu nährstoffarmen Boden gepflanzt, reicht eine jährliche Versorgung mit organischem Dünger im Frühjahr; wenn nötig, mit einer zweiten Gabe im Sommer. Im Kübel dagegen empfiehlt sich eine wöchentliche Düngung bis zum Spätsommer. Oder man verwendet einen guten Langzeitdünger.

Spätestens wenn sich im Winter Fröste ankündigen, sollte man noch junge Feigenbäume gut schützen: mit einer dicken Mulchschicht aus Laub oder Stroh über dem Wurzelbereich und mit Vliesen, Sackleinen oder Fichtenreisig über den jungen Trieben.

Feigen im Kübel kommen im Herbst am besten nach drinnen, um recht kühl (bei 5–10 °C) zu überwintern. Das Winterquartier muss nicht hell sein, weil Feigenbäume ihr Laub abwerfen und bis zum nächsten Austrieb eine Ruhepause einlegen.

Feigenbäume sind gut schnittverträglich. Allerdings regen starke Eingriffe die Bildung neuer Triebe an, was auf Kosten der Fruchtbildung gehen kann. Das Schneiden dient anfangs vor allem dazu, ein lockeres Gerüst der Haupttäste zu fördern. Später werden dann im Frühjahr nur noch zu dicht stehende und sich überkreuzende Triebe ausgelichtet und eventuell erfrorene Zweige entfernt. Stark gewachsene Triebe kann man etwas einkürzen. Auch ein kräftiger Rückschnitt ist möglich, um den Strauch beziehungsweise die Krone wieder neu in Form zu bringen.

Sortenbeispiele: Als „Schmerzgrenze" für Freiland-Feigenbäume gilt eine Temperatur von –15 °C: Das überstehen nur die widerstandsfähigsten Züchtungen, oft auch nur für kurze Zeit. Zumindest aber sollten einigermaßen gartentaugliche Sorten Fröste bis –10 °C erdulden. Allerdings können sich gut eingewachsene Feigen von einem Kälteschaden oft wieder erholen, indem sie nach Rückschnitt erfrorener Äste wieder neu austreiben,

Den Härtetest hat bisher die französische Sorte 'Madeleine des deux Saisons' am besten bestanden. Wie ihr Name nahelegt, bringt sie auch öfter zwei Ernten im Jahr, mit goldgelben bis braunen, rot gestreiften Früchten. Ähnliches gilt für die 'Pfälzer Fruchtfeige' (gelbbraune Früchte), die aber anscheinend nur eine regionale Variante der Sorte 'Brown Turkey' ist. Tatsächlich von der Pfälzischen Weinstraße kommt die robuste 'Martinsfeige'; sie liefert allerdings nur kleine, braunschwarze Früchte. Zu den beliebtesten Züchtungen zählt 'Dalmatie' mit sehr wohlschmeckenden grünen Früchten und nicht allzu starkem Wuchs. Weitere recht kälteverträgliche Sorten sind 'Ronde de Bordeaux' (dunkelviolett) und 'Desert King' (hellgrün). Recht unterschiedliche Angaben und Erfahrungsberichte gibt es zur Frostverträglichkeit der 'Bayernfeige Violetta'.

Pflanzenschutz: Es gibt mehrere Schaderreger, die zuweilen an Feigen auftreten, aber die meisten wurden bisher nur vereinzelt beobachtet. Häufig sind dagegen Spinnmilben, als typische Hitzeschädlinge – oft eine Folge zu trockener Haltung. Gravierender schaden zwei eingeschleppte Schädlinge: zum einen die schon an zahlreichen Obstarten verbreitete Kirschessigfliege, zum anderen die auf diese Pflanze spezialisierte Schwarze Feigenfliege. Beide lassen sich nur sehr schwer bekämpfen. In feuchten Sommerwochen kommt es öfter zu einem Befall mit Rostpilzen. Am besten schneidet man dann betroffene Blätter ganz ab und entfernt sie über den Hausmüll.

Ernte: Die Haupternte beginnt je nach Sorte und Wetterverlauf zwischen Ende Juni und Anfang August. Wann die Feigen reif werden, lässt sich durch Fingerdruck ungefähr feststellen; Dann gibt die Schale leicht nach. Unter günstigen Bedingungen gibt es im Spätherbst noch eine zweite Ernte. Wenn so ein später Fruchtansatz noch nicht voll entwickelt ist, kann er nach einem milden Winter – und mit etwas Glück – noch eine Frühjahrsernte bescheren.

Feige (Ficus carica)

NUSSOBST Harte Schale, weicher Kern: Wenn der Kern dann auch noch schmackhaft ist, zählt man die Früchte zum Nuss- oder Schalenobst. Dazu gehören im weiteren Sinn zum Beispiel auch Esskastanien, Bucheckern, Eicheln und Pistazien.

Doch in Obstgärten unserer Breiten vertreten nur Haselnuss und Walnuss diese Gruppe. Bei der Haselnuss war die Sache schon immer klar: Der Samen ist von einer verholzten Fruchtwand umschlossen – demnach eine typische Nuss. Die Walnuss dagegen wurde wegen ihrer weichen Schale um den gefurchten Kern lange Zeit als Steinfrucht eingestuft, also ähnlich wie Pflaume oder Kirsche. Neuere Untersuchungen haben aber gezeigt, dass diese Schalen viel eher den Hüllen von Bucheckern und Kastanien entsprechen und somit auch die Walnuss unter die „echten Nüsse" eingereiht werden kann.

KRAFTPAKETE MIT HARTER SCHALE

Ungeachtet botanischer Feinheiten eint diese Obstarten natürlich ihr nussiger Geschmack. Damit empfehlen sie sich als frische Knabberei, passen aber auch ausgezeichnet zu Müsli und Salaten oder in Gebäck. Feinschmeckerische Überlegungen waren unseren Urahnen in der Steinzeit weniger wichtig, aber schon sie schätzten Nüsse als eins ihrer wichtigsten Lebensmittel, da sie ausgesprochen nahrhaft sind und sich lange als Vorräte lagern lassen. Tatsächlich sind Nüsse kleine Energiepakete voller Nährstoffe. Mit einer Handvoll Nüsse kann ein Erwachsener bereits ein Viertel des täglichen Energiebedarfs decken – mit größeren Mengen aber auch schnell zunehmen.

Der üppige Kaloriengehalt geht auf den hohen Anteil an Fetten zurück – bei Haselnuss und Walnuss sind es gut 60 Prozent. Dabei handelt es sich aber um „gute Fette", hauptsächlich um mehrfach ungesättigte Fettsäuren, die sich positiv auf das Herz-Kreislauf-System auswirken, die Cholesterinwerte senken und vor Arteriosklerose schützen. Nüsse liefern zudem jede Menge Eiweiß, Mineralstoffe und Vitamine und kurbeln mit ihrem hohen Ballaststoffanteil die Verdauung an. Sie sind vor allem auch als „Nervennahrung" bekannt, denn ihr hoher Gehalt an B-Vitaminen soll die Konzentrations- und Leistungsfähigkeit fördern. Frische Nüsse enthalten außerdem gesundheitsfördernde sekundäre Pflanzenstoffe. In Walnüssen findet sich beispielsweise die Ellagsäure, die Abwehrkräfte stimulieren, freie Radikale bekämpfen und damit krebshemmend wirken soll.

Der wüchsige Haselstrauch und der majestätische Walnussbaum wurden früher nicht nur wegen ihrer Nüsse hoch geachtet, sondern auch mythologisch verehrt. Die Walnuss war für die Griechen und Römer die Speise der Götter, die Hasel für die Kelten ein Sinnbild der Weisheit, und die Germanen sollen beide als Symbole der Fruchtbarkeit verehrt haben. Ihre deutschen Namen lassen sich bis zu Ursprüngen in germanischen Sprachen zurückverfolgen. Über die eigentliche Wortbedeutung der Hasel gibt es aber eher Spekulationen als sichere Erklärungen. Die Walnuss dagegen verdankt ihren Namen offensichtlich dem früher verbreiteten Anbau im heutigen Italien und Südfrankreich. Die Bewohner dieser Länder wurden von der germanischstämmigen Bevölkerung als „Welsche" bezeichnet. Deshalb nannte man den Baum und seine Frucht „Welschnuss", was sich dann sprachlich allmählich zur „Walnuss" abschliff.

Walnuss

„Blut-Hasel“ oder
rote Zellernuss

Haselnuss

HASELNUSS

Corylus-Arten

✦ *Hasel, Welschhasel*

Birkengewächse (Betulaceae)

Als es nach dem Ende der letzten Eiszeit in Europa zunehmend wärmer wurde, breitete sich die Gewöhnliche Hasel (Corylus avellana) so stark aus, dass man die mittlere Steinzeit, die vor rund 8000 Jahren begann, auch als Haselzeit bezeichnet. Das weist schon darauf hin, dass der bis 7 m hohe und 6 m breite Strauch sehr anpassungsfähig ist. Er wird deshalb auch gern für Wildhecken und Schutzpflanzungen eingesetzt. Im Wuchs sehr ähnlich präsentiert sich die nicht ganz so robuste Große oder Lamberts Hasel (C. maxima), von der eine rotblättrige Form, die Bluthasel, häufig als Ziergehölz gepflanzt wird.

Die Früchte der Gewöhnlichen Hasel werden als Zellernüsse bezeichnet, die der Großen Hasel als Lambertsnüsse. Bei den rundlichen Zellernüssen ist die vorn geschlitzte Fruchthülle recht kurz. Bei Reife fallen sie aus ihren Hüllblättern, wenn man den Strauch schüttelt – man braucht sie dann nur noch aufzusammeln. Die länglichen Lambertsnüsse dagegen bleiben in ihrer langen Fruchthülle eingeschlossen, sodass man sie pflücken und aus den Hüllblättern schälen muss. Sie gelten als besonders schmackhaft und wurden deshalb öfter in Zellernusssorten eingekreuzt. So gibt es unter den Fruchtsorten mehrere Hybriden (Kreuzungen), die mal mehr der einen, mal der anderen Art ähneln.

Bereits im Herbst legt die Hasel ihre Blüten an, die teils schon im Februar an den noch unbeblätterten Zweigen erscheinen und den ersten Bienen Nahrung bieten. Dabei stehen die männlichen Kätzchen, die ihre Pollen als gelben Blütenstaub verbreiten, am selben Strauch getrennt von den weiblichen Blüten, die mit ihren roten Fadennarben kaum auffallen. Jeder Strauch setzt im Frühjahr Millionen von Pollen frei, die der Wind dann auf die weiblichen Blüten trägt – aber auch zu den allergiegeplagten Menschen, die dann heftig unter Heuschnupfen und anderen Symptomen leiden.

Für die Hasel jedoch ist die Windverbreitung hilfreich, denn eine Fremdbestäubung verbessert bei den Fruchtsorten den Ansatz von Nüssen, obwohl sie manchmal als selbstfruchtbar eingestuft werden. Neben anderen Sorten eignen sich auch Wildhaseln gut als Befruchter. Fruchtsorten sind oft auf Wildhaselunterlagen veredelt, was kräftigen Wuchs und hohe, früh einsetzende Erträge fördert.

Anbau und Pflege: Die Sträucher tragen die meisten Früchte an einem sonnigen, luftigen Standort, der ein wenig vor Spätfrösten geschützt ist. Sie wurzeln in jedem Boden, der nicht allzu sauer, extrem trocken oder nass ist, schätzen aber auch einen guten Humus- und Nährstoffgehalt. Gepflanzt wird am besten im Herbst oder Frühjahr, mit 2,5–3 m Abstand; nach dem Pflanzen schneidet man die Haupttriebe auf 50 cm zurück.

Der genügsamen Hasel reichen gelegentliche Kompostgaben im Frühjahr, eine Mulchschicht, am besten aus Laubkompost, sorgt für zusätzlichen Nährstoffnachschub. Bei trockenem Hochsommerwetter sollten Sie ausgiebig gießen – das fördert die Bildung großer Nüsse.

Haselnuss (Corylus-Arten)

Schneiden Sie alle zwei bis drei Jahre im Frühling die ältesten Haupttriebe knapp über dem Boden heraus, und entfernen Sie überzählige Jungtriebe an der Basis sowie eventuell aus der Unterlage treibende Schösslinge. Für den Aufbau reichen sechs bis acht Haupttriebe. Wird der Strauch zu groß, verträgt er auch einen radikalen Rückschnitt.
Sortenbeispiele: 'Cosford' (Zellernuss-Hybride, recht anfällig für Gallmilben), 'Fertile de Nottingham'/'Frühe Nottingham' (Lamberts-Hybride, sehr robust), 'Hallesche Riesen' (Zellernuss, sehr robust), 'Rotblättrige Zellernuss' (dekorative bronzerote Blätter, robust), 'Webbs Preisnuss' (früh reifende Hybride, robust), 'Wunder aus Bollweiler' (Zellernuss, sehr robust).
Pflanzenschutz: Gelegentlich treten Pilzkrankheiten wie Echter Mehltau auf, die man am besten durch starken Rückschnitt betroffener Triebe eindämmt. Hauptschädlinge sind Gallmilben und Haselnussbohrer. Gallmilbenbefall führt im Frühjahr zu großen, kugeligen Knospen, die nicht austreiben; sie sollten frühzeitig und gründlich entfernt werden. Das gilt auch für Früchte, in denen die weißen Larven des Haselnussbohrers fressen. Dieser kleine braune Käfer legt ab Ende April seine Eier in die jungen Früchte. Die Käfer sollten regelmäßig, am besten morgens, auf untergelegte Folie abgeklopft werden. Wühlmäuse und Eichhörnchen haben die nahrhaften Nüsse ebenfalls zum Fressen gerne.
Ernte: Es wird Zeit zum Ernten, wenn sich die zunächst grünschaligen Nüsse braun verfärben und hart werden. Frühe Sorten reifen bereits ab Mitte August, späte Züchtungen folgen bis Oktober. Alle müssen des Öfteren durchgepflückt werden. Alte Decken oder Folien unter den Sträuchern erleichtern das Aufsammeln abfallender oder abgeschüttelter Nüsse. Lässt man sie im Warmen gründlich trocknen, können sie an einem kühlen Platz etwa ein Jahr gelagert werden.

WALNUSS
Juglans regia

✦ *Welschnuss, Baumnuss*
Walnussgewächse (Juglandaceae)

Frühe Spuren des Walnussbaums finden sich in Mittel- und Südeuropa sowie in Asien, doch die ersten großfrüchtigen Formen entstanden wahrscheinlich im Mittelmeerraum. In unseren Breiten wurden die Gehölze früher vor allem in klimamilden Regionen als Hausbaum im Hof, am Wegesrand oder auf Weiden gepflanzt, wo sie sich mit den Jahren zu mächtigen, über 20 m hohen Bäumen mit breit ausladenden Kronen entwickelten.

Heute stehen veredelte Walnussbäume zur Verfügung, die sich mit 8–10 m Höhe und Breite begnügen, weniger spätfrostgefährdet sind und schon früher Früchte tragen als aus Sämlingen gezogene Exemplare. Als Veredlungsunterlagen dienen spezielle Auslesen der Walnuss oder der Schwarznuss (Juglans nigra). Auf Schwarznuss veredelte Bäume bleiben etwas kleiner und gelten als frosthärter. Doch

Walnuss (Juglans regia)

„Blut-Hasel" oder rote Zellernuss (Corylus maxima)

auch diese veredelten Formen eignen sich vorwiegend für größere Gärten in nicht allzu frostigen Regionen.

Die großen, gefiederten Blätter entfalten sich erst spät im Frühjahr und verströmen einen aromatischen Duft, der Mücken vertreiben soll. Ab Mai erscheinen männliche Blüten in hängenden Kätzchen und unauffällige weibliche in Ähren. Walnussbäume sind selbstfruchtbar, ihre Früchte mit der glatten, grünen Schale reifen ab September.

Blätter und Wurzeln geben einen Stoff ab, der das Wachstum anderer Pflanzen hemmt. Walnusslaub eignet sich deshalb nicht zum Mulchen zwischen anderen Gewächsen.

Anbau und Pflege: Die Bäume tragen nur gut, wenn sie genügend Licht erhalten. Winterfröste unter –25 °C können das Holz schädigen, Spätfröste im Mai die Blüte und den Neuaustrieb. An den Boden stellt die Walnuss keine besonderen Anforderungen, nur allzu schwer und nass sollte er nicht sein. Gepflanzt wird vorzugsweise im Frühjahr. Halten Sie dabei mindestens 6 m Abstand zu Nachbargrenzen und Gebäuden; mancherorts sind sogar 8 m Grenzabstand vorgeschrieben. Ab und an sollte die Baumscheibe gelockert und der Boden gemulcht werden. In den ersten Jahren ist eine ausreichende Bewässerung besonders wichtig. Dafür muss man Walnüsse im Gegensatz zu den meisten Obstbäumen kaum schneiden. Bei Bedarf entfernt man im Spätsommer lediglich Konkurrenztriebe zu Mittel- oder Leitästen, nach innen wachsende Triebe sowie Zweige, die zu tief am Stramm ansetzen. Walnüsse „bluten", an größeren Schnittstellen tritt reichlich Saft aus. Deshalb schneidet man sie am besten im August oder im Vorfrühling bis spätestens Anfang März, noch vor dem Eintritt des Saftstroms, da die Wunden dann schnell verheilen.

Sortenbeispiele: Einige für Hausgärten geeignete Sorten: 'Esterhazy II' (geschmacklich sehr gut, aber spätfrostgefährdet), 'Geisenheimer Walnuss (Nr. 26)' (kleinkronig, kaum spätfrostgefährdet, wenig krankheitsanfällig), 'Lake' und 'Mars' (kaum spätfrostgefährdet, wenig krankheitsanfällig), 'Weinheimer Walnuss (Nr. 139)' (kaum spätfrostgefährdet, in feuchten Jahren etwas krankheitsanfällig), 'Weinsberg W 1' (besonders kleinkronige Sorte, mäßig spätfrostgefährdet, recht krankheitsanfällig).

Pflanzenschutz: Walnüsse sind recht gesund, doch in nassen, kühlen Jahren leiden die Blätter und Früchte öfter unter dunklen Blattflecken, die durch den Marssonina-Pilz oder den bakteriellen Walnussbrand verursacht werden. In neuerer Zeit tritt die Walnussfruchtfliege auf, ein aus Nordamerika eingeschleppter Schädling. Sie verursacht ebenfalls eine Schwarzfärbung der Nüsse, sodass es zu Verwechslungen mit den genannten Erkrankungen kommen kann. Bei allen bleibt einem nur das Entfernen betroffener Früchte, Blätter und Triebe, vom Baum wie vom Boden.

Ernte: Die Nussernte beginnt je nach Sorte und Standort zwischen September und Oktober. Walnüsse müssen voll ausreifen und sollen von selbst aus der Hülle fallen. Bei unreifen Früchten schrumpelt der Kern beim Trocknen zusammen, sodass sie ungenießbar sind. Die Nüsse werden aufgesammelt, von Hüllresten befreit, gewaschen und dann an einem mäßig warmen, luftigen Platz einige Wochen zum Trocknen ausgelegt.

REGISTER

F

G

H

I, J

K

L

T

U

V

W

Y, Z

Die Stiftung Warentest wurde 1964 auf Beschluss des Deutschen Bundestages gegründet, um dem Verbraucher durch vergleichende Tests von Waren und Dienstleistungen eine unabhängige und objektive Unterstützung zu bieten.

Joachim Mayer ist Gärtner, Diplom-Agraringenieur, Berater für Hobbygärtner und einer der erfahrensten Gartenjournalisten und -autoren im deutschsprachigen Raum. Er hat zahlreiche Titel bei rennomierten Verlagen veröffentlicht, darunter Bestseller wie „Gartenjahr für Einsteiger" und „Gebrauchsanweisung Hochbeete". Für die Stiftung Warentest hat er zwei Standardwerke verfasst, die sein gesammeltes Wissen aus fast 50 Jahren naturgerechtem Gärtnern und Leidenschaft für den Nutzgarten zusammenfassen und in bisher ungesehener Vielfalt und Tiefe präsentieren.

Stiftung Warentest
Lützowplatz 11–13
10785 Berlin
Telefon 0 30/26 31–0
Fax 0 30/26 31–25 25
www.test.de
email@stiftung-warentest.de

USt-IdNr.: DE136725570

Vorständin: Julia Bönisch
Weitere Mitglieder der Geschäftsleitung:
Dr. Holger Brackemann, Daniel Gläser und
Dr. Birger Venn-Hein

Programmleitung: Niclas Dewitz

Autor: Joachim Mayer
Projektleitung: Niclas Dewitz
Lektorat und Textbearbeitung: Uwe Meilahn
Korrektorat: Christoph Nettersheim
Titelentwurf und Design: Daniela Greven
Grafik und Satz Umschlag und Klappen: Annett Hansen
Grafik und Satz Innenteil: Andrea Schulz, FÖRM - Büro für Gestaltung
Bildnachweis Umschlag: GettyImages (Cover); AdobeStock (Rückseite); Illustrationen: Ingo Neumann (Klappen grün), Tobias Pahlke (Klappen weiß)
Bildnachweis Innenteil: AdobeStock: S. 7–14, 22–23, 26, 28–34, 43–88, 94–102, 109–137, 139–142, 146–150 oben, 151, 161, 164, 167, 281, 331; Fotolia.com: S. 145, 150 unten, iStockfoto: S. 15, 16, 24, 90
Illustrationen: Horst Lünser (S. 100, 101, 117 unten, 153–165); Ingo Neumann (S. 2 unten, 4 unten, 19–97, 106–117, oben, 118–136); Tobias Pahlke (S. 2 oben, 3, 4, oben, 5, 168–330, außer S. 217, 325: AdobeStock)
Verlagsherstellung: Rita Brosius (Ltg.), Romy Alig, Susanne Beeh
Litho: Markus Drangsal, Berlin
Druck: Westermann Druck Zwickau GmbH

ISBN: 978-3-7471-0912-0

Wir haben für dieses Buch 100 % Recyclingpapier und mineralölfreie Druckfarben verwendet. Stiftung Warentest druckt ausschließlich in Deutschland, weil hier hohe Umweltstandards gelten und kurze Transportwege für geringe CO_2-Emissionen sorgen. Auch die Weiterverarbeitung erfolgt ausschließlich in Deutschland.